天气雷达探测与应用

胡明宝　编著

气象出版社

内容简介

本书系统地介绍了天气雷达探测原理、探测方法、回波的识别与分析、资料的处理与应用等方面的内容。全书共分十四章，内容全面，资料丰富，尽可能地采用多普勒天气雷达的探测资料，并注重天气雷达探测理论与天气预报保障应用的结合。

本书可作为高等院校大气科学、气象雷达工程等专业本科生的教材或教学参考书，也可供从事天气、大气物理、大气探测的科技人员参考。

图书在版编目(CIP)数据

天气雷达探测与应用/胡明宝编著. —北京：气象出版社，2007.11
ISBN 978-7-5029-4403-2

Ⅰ.天... Ⅱ.胡... Ⅲ.气象雷达—雷达探测 Ⅳ.TN959.4

中国版本图书馆 CIP 数据核字(2007)第 169227 号

出 版 者：气象出版社　　**地　　址**：北京市海淀区中关村南大街 46 号
网　　址：http://cmp.cma.gov.cn　　**邮　　编**：100081
E - mail：qxcbs@263.net　　**电　　话**：总编室：010-68407112
发行部：010-68409198
责任编辑：吴晓鹏　　**终　　审**：纪乃晋
封面设计：阳光图文工作室　　**版式设计**：王丽梅
责任校对：王丽梅
印 刷 者：北京昌平环球印刷厂
发 行 者：气象出版社
开　　本：787mm×960mm　1/16　　**印　　张**：23　　**彩插**：32　　**字数**：503 千字
版　　次：2007 年 11 月第 1 版　　2007 年 11 月第 1 次印刷
印　　数：1～5000
定　　价：55.00 元

前　言

天气雷达是利用云雨目标物对所发射的电磁波的后向散射回波来发现它们，并测定其空间位置、强弱分布，从而了解降水的生消演变和移向移速，它是气象探测装备中一个重要的组成部分。

我国气象部门自20世纪60年代中期开始装备天气雷达，直到20世纪80年代末，在这相当长的时期内，研制、生产、使用的都是常规、模拟式的气象雷达。这类装备的基本电子器件中大量应用电子管、晶体管等元件。从20世纪80年代开始，广泛运用数字技术、计算机技术和现代雷达技术，强化了雷达的信号处理和数据处理能力。而从20世纪90年代开始，天气雷达发展的一个重要方向就是新型脉冲多普勒天气雷达的研制与装备，目前我国已具备X、C、S三个波段的多普勒天气雷达研制与生产能力，并已开始布网使用。

随着雷达装备的更新换代，我们的教材也需重新编写。从总体上讲，雷达气象学涉及的内容广泛而精深，是关于气象雷达的探测原理、探测方法及探测结果的分析和应用的一门学科，一般需要讲授80学时，这在教学中很难完成，为此，本书在保持学科体系完整性，讲授必要的基础理论知识的前提下，侧重于雷达资料的分析与应用。又考虑到有些气象台的天气雷达还没有实现多普勒化，因此，本书还保留了一些非多普勒雷达有关的内容，并在回波分析等章节中保留了一些非多普勒雷达探测的资料。

在编写过程中，主要参考了张培昌、葛润生、马振骅、葛文忠、汤达章、陈良栋、陆佑中、陆汉城、俞小鼎等教授主编的教材或发表的著作，有的还直接从中取材。书中一些雷达回波图片采自很多专家在中国气象局雷达业务工作会，以及中国气象学会雷达气象与气象雷达专业委员会组织的学术会上交流的文章，由于取材广泛，编者很难全部列出。在此一并深表谢意！

本书在编写过程中，还得到了陆佑中、贺宏兵、范广生、李妙英、张鹏等同志的帮助，特此致谢。

本书适用于气象院校各类本科班的教学，大专班也可节选使用，对研究生也有参考价值。

由于水平所限，不足之处在所难免，恳请读者批评指正。

胡明宝

2007年5月

目　录

第一章 天气雷达系统简介

雷达(RADAR)一词是外来语,是英文 RAdio Detector And Ranging 的字母缩写,它的含义是用无线电波进行探测和测距,事实上现代雷达已经远远不是测距那么简单了。雷达技术的出现略早于第二次世界大战爆发前,并在英伦三岛的保卫战中发挥了重要作用,崭露出雷达的技术优势。第二次世界大战后,雷达技术得到迅速发展,出现了不同技术特点、不同用途的雷达,雷达家族被分成很多类型。而用于对大气中发生的各种天气现象进行探测的雷达统称为气象雷达,气象雷达已成为雷达家族中的一个重要成员。目前,气象雷达的种类也已经很多,其中用来探测大气中云雨区的位置、分布、强弱及其变化的雷达称为天气雷达或测雨雷达。在雷达的发射和接收部分,采用多普勒体制,利用多普勒效应可测得降水粒子的运动信息,这样的天气雷达称多普勒天气雷达。目前约有1000部以上的天气雷达布设在世界各地,已经成为气象部门最重要的探测和监测手段之一。

§1.1 天气雷达的发展

天气雷达大致经历了四个发展阶段,这四个阶段的划分是以气象业务中使用的雷达技术体制为原则。考虑到科研的超前性,各种天气雷达新技术的出现时间,一般总是要早一些。

1.1.1 军用雷达的改装使用阶段

20世纪50年代以前,用于气象部门的天气雷达主要是由军用的警戒雷达进行适当改装而成的。第二次世界大战后,雷达技术得到了快速发展,但在使用过程中,经常发现有气象云雨目标造成的雷达回波,对于军用空情警戒雷达而言,气象云雨目标的回波是干扰回波,而气象学家却想到可以利用这种回波来发现云雨目标的位置及强弱性质。因此,对军用空情警戒雷达进行改装,主要根据气象目标特点,对接收处理与显示部分进行适当的改装,如美国国家天气局用的 WSR-1、WSR-3,几乎都是由 ASR 系列雷达改装的。英国生产的 Decca41、Decca43 等也是改装自军用雷达。我国也曾在50年代末引进 Decca41 雷达用于监测天气。当时雷达选用的波长主要采用 X 波段,少量 S 波段,性能与军用的警戒雷达差不多。

1.1.2 模拟式天气雷达阶段

20 世纪 50 年代中期，开始根据气象探测的需求，专门设计用于监测强天气和估测降水的雷达，并命名为天气雷达。1957 年美国天气局设计生产了 S 波段 WSR-57 天气雷达，主要是在波长选择和信号接收处理上作了较多的考虑，对回波信号强度测量和图像显示方面作了不同于军用的要求，以适应气象目标探测要求，用于监测大范围降水和定量估测降水。该时期的雷达属于模拟信号接收和模拟图像显示的雷达，观测资料的存储采用对显示器上显示的回波进行照相的方式，资料处理主要是事后的人工整理和分析。我国在 20 世纪 60 年代末 70 年代初也自行研制成功 X 波段 711 型天气雷达，以后又陆续研制成功 X 波段 712、C 波段 713、S 波段 714 等不同型号的天气雷达，技术水平与国外这个时期的产品相当。

1.1.3 数字式天气雷达阶段

20 世纪 70 年代以后，随着数字技术和计算机技术的发展和使用，计算机速度的加快，使天气雷达信号与数据图像处理能力增强，天气雷达资料的定量处理达到实时性要求，天气雷达与计算机技术结合，出现数字化天气雷达系统。典型产品有美国 WSR-74 天气雷达系统。同时也将数字技术与计算机技术用于对原有的模拟天气雷达进行改造，使其具有数字化处理功能。

我国在改革开放之后，随着对外交流和计算机技术的引进，开始研究天气雷达资料的数字化处理问题，80 年代中期我国出现了数字化天气雷达改装与应用研究的高潮，进行了一些模拟天气雷达的数字化改造工作。

1.1.4 多普勒天气雷达布网使用阶段

多普勒天气雷达出现于 20 世纪 70 年代，但直到 20 世纪 90 年代才开始业务布网使用。刚开始出现的多普勒天气雷达，主要是科研性质的，数量不多且集中在大学与科研机构，进行一些观测科研试验。由于多普勒天气雷达信息丰富、数据量大，因此，受到回波资料处理速度慢与结果难以直观显示两大问题的困扰。直到 70 年代中期以后，计算机速度明显提高且出现彩色显示器，多普勒天气雷达回波的实时处理与实时显示问题才得以解决。美国的雷达气象研究人员开展了大量的观测与研究工作，组织了多普勒天气雷达和普通天气雷达的联合观测试验(JDOP)，试验结果令人鼓舞，从而进一步明确了多普勒天气雷达的优越性。1982 年美国天气局、运输部、国防部等部门联合开始招标研制下一代多普勒天气雷达(NEXRAD)。美国于 1988 年完成下一代多普勒天气雷达(NEXRAD)的研制、测试、考核工作，正式定名为 WSR-88D。在美国国会通过预算后，于 1990 年开始全面更换布设新一代多普勒天气雷达，到 1996 年结束，总计布设 166 部 WSR-88D，分布于美国本土、海外以及教育训练基地，如图 1.1 所示。WSR-88D 不仅有更强的探测能力，较好地定量估测降水的性能，还具有获取风场信息的功能，有丰富的应用处理软件，可为用户提供多种监测和预警产品。美国天气局在雷达布设完成后的观测统计表明，WSR-88D 明显改善了对冰雹、龙卷风等强风暴天气的监测准确率，预警警报发布时间提前了。

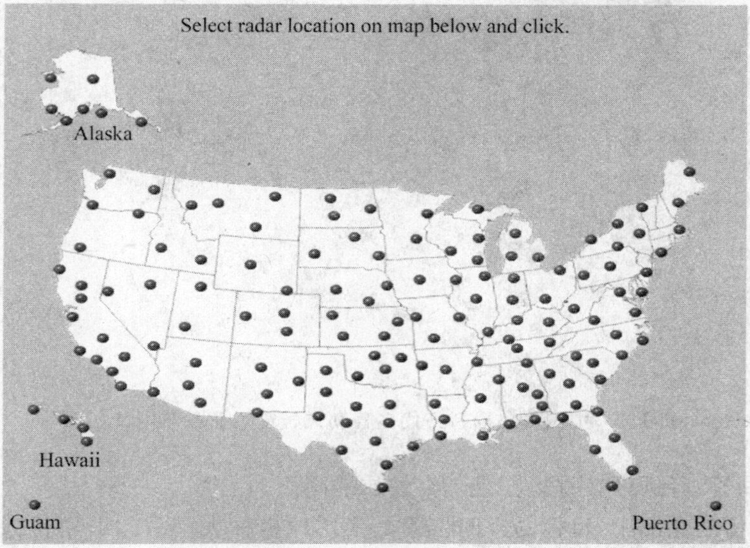

图 1.1　美国 WSR-88D 分布图

我国也十分重视多普勒天气雷达技术的发展。1986 年从美国引进两部多普勒天气雷达，20 世纪 80 年代末研制成功中频锁相技术的多普勒天气雷达，1997 年上海市气象局引进一部 WSR-88D，20 世纪 90 年代后期研制成功全相参技术的多普勒天气雷达，到 20 世纪末我国已具备 X、C、S 三个波段多普勒天气雷达的研制生产能力，并已开始装备气象、民航、军队等部门。在本世纪初，中国气象局开始实施新一代多普勒天气雷达的业务布网工作，计划布设 158 部，其中 C 波段 71 部，S 波段 87 部，大致的分布如图 1.2 所示，目前已布设近百部。

§1.2　天气雷达的基本工作原理

天气雷达的基本工作原理与一般的雷达相同。它间歇性地向空中发射电磁波(称为探测脉冲)，然后接收被气象目标散射回来的电磁波，并根据接收波的返回时间、来向、强度、相位、极化等信息，确定气象目标的空间位置和特性。因此，雷达探测必须解决两个问题，一个是定位，另一个是定性，即目标在哪儿，是什么？对天气雷达探测而

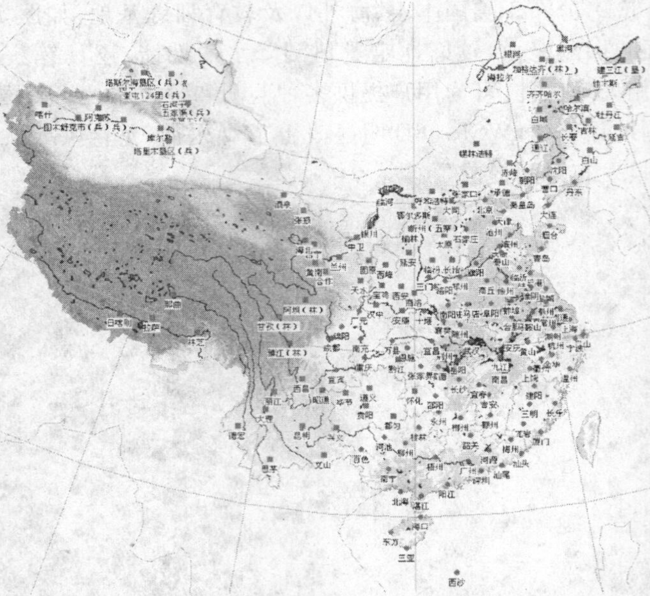

图 1.2　中国气象局新一代多普勒天气雷达业务布网计划图

言，就是要回答：降雨区在哪里？是什么性质的降雨？

在天气雷达探测中，目标的空间位置是采用球坐标表示的。即用目标离雷达站的距离 r、相对于雷达站的仰角 α 和方位角 θ 来表示的（见图 1.3）。

目标离雷达的距离 r 是根据电磁波的传播速度，以及雷达发射出探测脉冲与收到回波信号之间的时间间隔 Δt 来确定的。电磁波在大气中的传播速度与在真空中稍有不同，但对测距精度的影响很小，故仍可取 $c=3\times10^{8}\mathrm{m}\cdot\mathrm{s}^{-1}$。因此

$$r=\frac{1}{2}c\cdot\Delta t \tag{1.1}$$

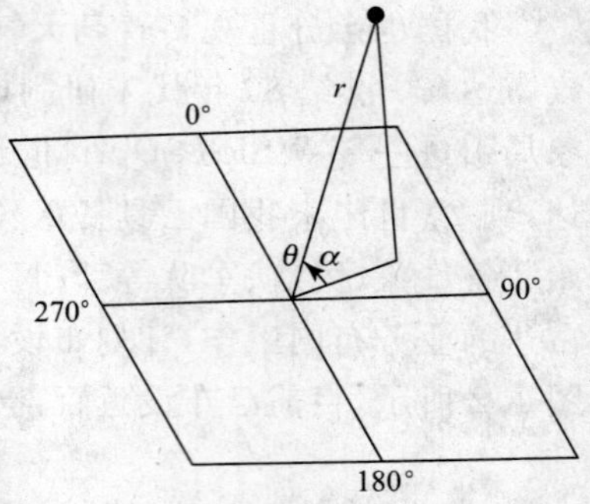

图 1.3　目标位置的确定

目标的方位角和仰角的测定是依靠天线的方向性来实现的。天气雷达的天线具有很强的方向性，它能将探测脉冲的能量集中地向某一方向发射，然后接收来自该方向的回波信号。根据这一原理，当雷达接收到回波时，就认为雷达天线所指的方位角和仰角就是目标相对于雷达的方位角和仰角。

与确定降雨区的位置相比，如何确定降雨的性质要复杂得多，这些将在后面逐步介绍。

§1.3　天气雷达的组成

图1.4是我国某型多普勒天气雷达的实物照片，分别为天线、室内机柜、控制与处理显示终端。

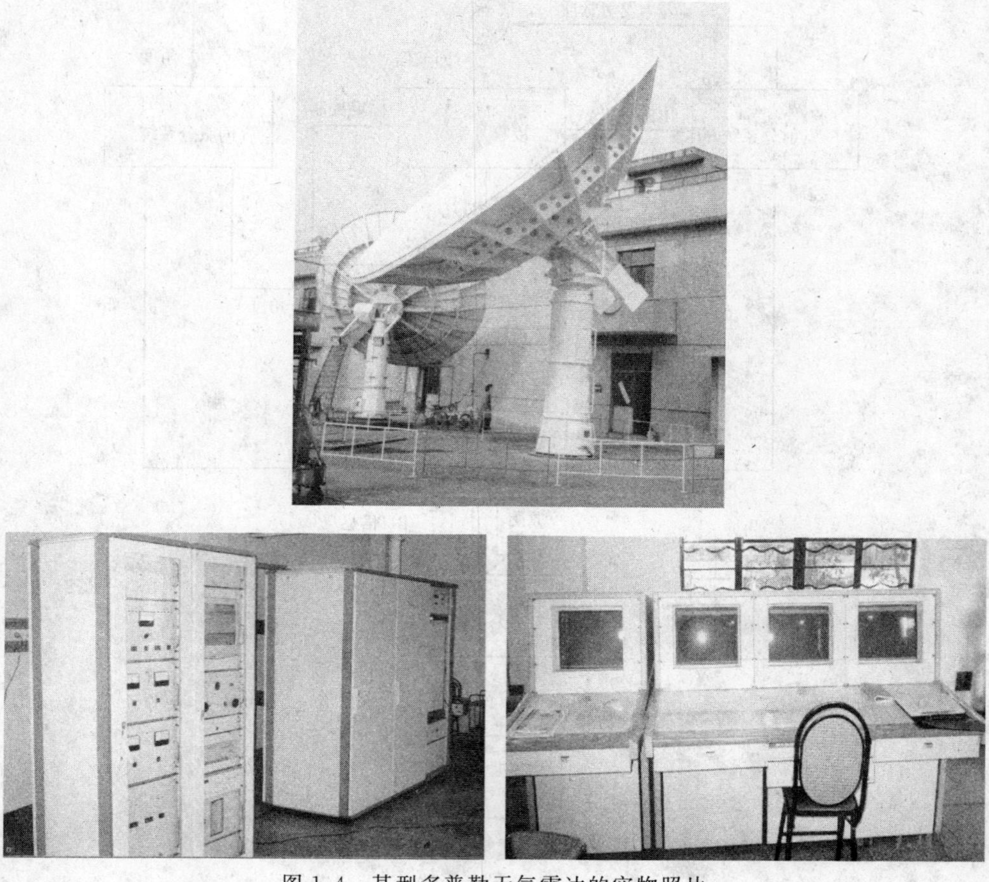

图1.4　某型多普勒天气雷达的实物照片

天气雷达的硬件技术不是本书想要介绍的，我们只从雷达组成框图的角度，介绍各组成部分的功能以及与后续内容有关的主要雷达技术指标，以期帮助非雷达专业的读者了解雷达如何工作的概貌。对雷达硬件感兴趣的读者可参阅参考文献[1]和[2]。

从功能框图上，天气雷达一般由天线馈线分系统、伺服分系统、发射分系统、接收分系统、信号处理分系统、监控分系统、光纤通信分系统、数据处理及显示分系统、电源分系统等组成，如图1.5所示。

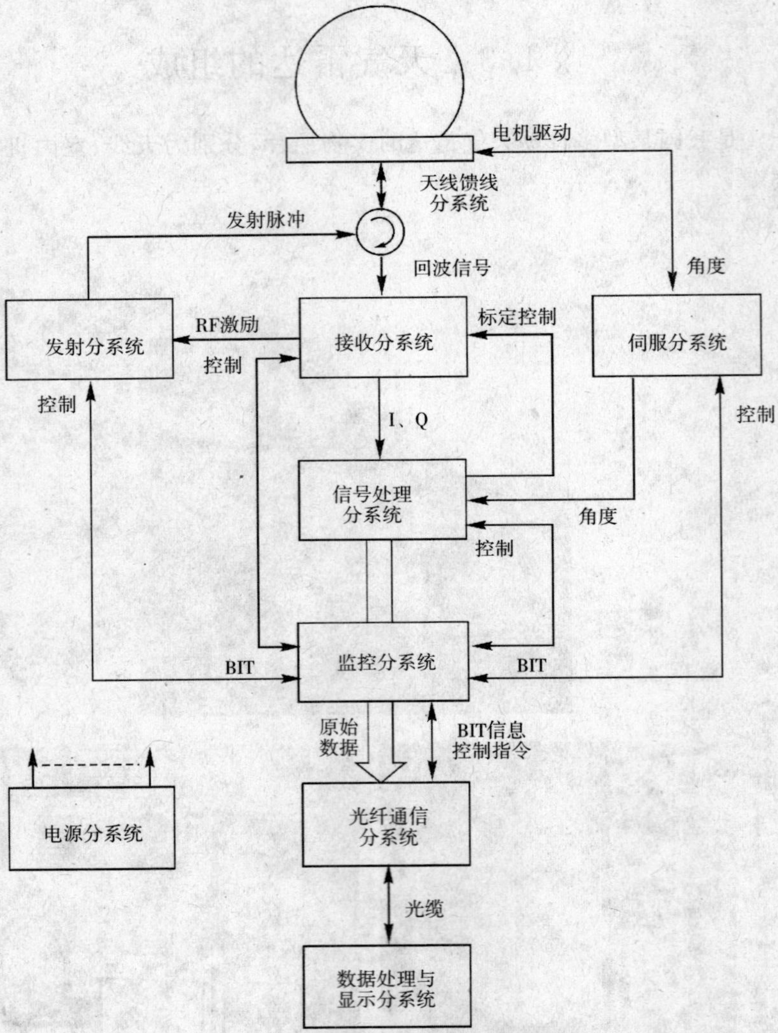

图 1.5 天气雷达组成框图

1.3.1 发射分系统

发射分系统也可简称为发射机，其主要功能是周期性地产生时间上短促而峰值功率强大的高频振荡电磁波，经过天线馈线分系统后再发射出去。发射分系统是间歇性工作的，在短暂的工作时间中产生电磁波并发射出去，然后停息直到进入下一个周期。图 1.6 为发射分系统工作波形图。这种间歇性工作方式类似人的脉搏跳动，所以常把这种发射称为脉冲发射，这种雷达称为脉冲波雷达。

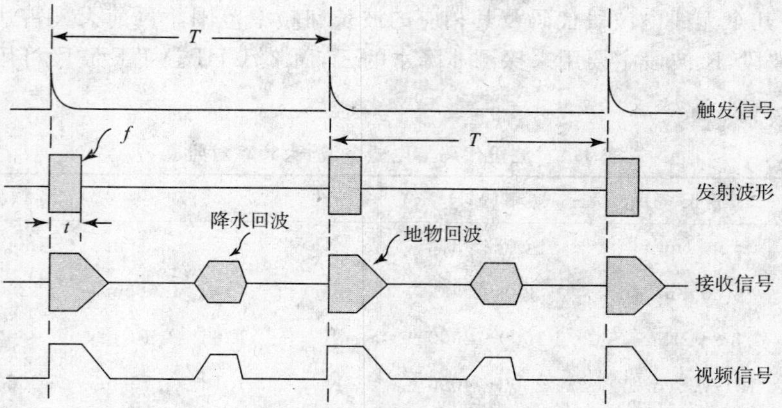

图 1.6 天气雷达波形图

天气雷达发射波通常为极化波，即场强在各方向分布不均匀(光学中称此现象为偏振，无线电学中称为极化，目前常混用)。如果电矢量只在一个平面内振动，称为线极化波；如果电矢量振动的轨迹为圆，称圆极化波；如果电矢量振动的轨迹为椭圆，称椭圆极化波。目前的天气雷达大多只发射并接收水平线极化波。发射分系统有关的主要技术指标如下。

1.3.1.1 脉冲重复频率与脉冲重复周期

每秒钟发射的脉冲数目，称为脉冲重复频率，用 F 表示。两个相邻脉冲之间的时间间隔，称为脉冲重复周期，用 T 表示。F 与 T 之间显然是互为倒数关系。脉冲重复周期决定了雷达的最大探测距离，因为雷达周期性发射出去的脉冲波都是一样的，所以在发射机停息期间，雷达接收机接收到回波时，被默认为是刚刚发射出去的脉冲被云雨目标散射造成的，即位于最大探测距离上的目标的回波信号必须在下一个探测脉冲发射之前回到雷达天线。故雷达最大探测距离 $R_{\max}$ 为

$$R_{\max} = cT/2 = c/(2F) \tag{1.2}$$

如某型多普勒天气雷达探测时脉冲重复频率选为 300Hz，则最大探测距离为 500km。

1.3.1.2 波长 λ

发射分系统产生的高频振荡电磁波的波长，一般用 λ 表示。也可用电磁波的频率 f 来表示。它是决定气象雷达性能的一个很重要的参数，因为同一目标对不同波长的电磁波的散射和衰减特性有很大的差别(参见第二章)，所以不同用途的气象雷达往往具有不同的波长。天气雷达通常使用的波长是厘米波，习惯上划分为不同的波段，第二次世界大战时为了保密起见，曾用不同的英文字母表示，这种表示法一直沿用至今。表

1.1 给出了几个无线电波段代码及其相应的波长和频率范围。目前天气雷达一般采用X、C和S波段，K波段主要用来探测非降水的云，而L、UHF、VHF波段可用于气象测风雷达。

表 1.1 波段代码与电磁波波长、频率对照表

波段	波长	频率(MHz)	波段	波长	频率(MHz)
VHF	10～1m	30～300	X	3.75～2.4cm	8000～12500
UHF	1～0.3m	300～1000	Ku	2.4～1.66cm	12500～18000
L	0.3～0.15m	1000～2000	K	1.66～1.12cm	18000～26500
S	15～7.5cm	2000～4000	Ka	1.12～0.75cm	26500～40000
C	7.5～3.75cm	4000～8000			

1.3.1.3 脉冲宽度 τ

探测脉冲的振荡持续时间，称为脉冲宽度 τ。由于探测脉冲具有一定的持续时间，因而它在大气中传播时也有一定的空间长度 h

$$h = \tau c \tag{1.3}$$

当探测脉冲通过点目标时(如飞机)，它所产生的回波信号具有同样的振荡持续时间 τ，使得雷达接收机收到的回波信号也具有相应的持续时间。

为精确地测定降水区的大小和内部结构，天气雷达通常采用较窄的脉冲宽度。脉冲宽度一般为 1μs 或 2μs。有的天气雷达为了适应探测不同距离目标的需要，设置了几种脉冲宽度。在探测近目标时采用较窄的脉冲宽度；在探测远目标时，为了增大回波信号的强度，采用较宽的脉冲宽度。

1.3.1.4 发射功率 P_t

发射机发出的脉冲，其峰值功率称为发射功率。为了增大天气雷达的探测能力，其发射功率常常很大。目前S波段的雷达一般为500kW左右。不过发射机的平均发射功率并不大，因为在脉冲间歇期间并不发射能量，所以雷达的平均功率一般只在数十瓦至数百瓦之间。

1.3.2 天线馈线分系统

馈线为连接发射机与天线之间的波导管，其主要功能是将发射机输出的高频振荡电磁波送往天线。研制与生产时应尽可能降低电磁波在馈线中传输的损耗。

天线的主要功能有两个，一是将发射机经馈线送来的电磁波辐射出去，二是接收目标散射回来的电磁波。如果这两个功能由同一个天线来完成，则称该天线为收发共用

天线。天气雷达目前多数采用收发共用天线。天线一般由辐射体和反射体两部分组成(图 1.7)。反射体通常采用抛物面型,辐射体是用波导管扩展而成的喇叭口,位于抛物面反射体的焦点上。

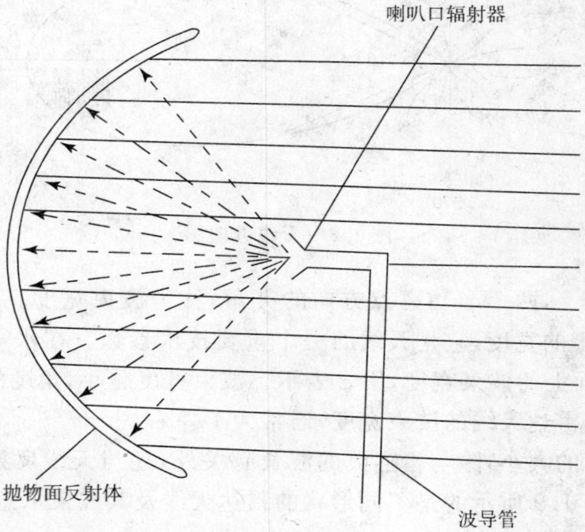

图 1.7　天线示意图

从发射机来的电磁波能量,由喇叭口辐射出来,经过抛物面反射体的反射,聚集成一束狭窄的强电磁波向空间定向辐射出去,形成类似于探照灯的光束。天线的几个主要指标如下。

1.3.2.1　波束宽度

如果天线辐射出去的电磁波能量在空间各个方向均匀分布,则称该种天线为全向天线。如果天线辐射出去的电磁波能量在空间各个方向分布不均匀,并在某个方向能量最强,则称该种天线为定向天线。

描述天线辐射的电磁波能量在空间的分布图,称为天线方向图。天线方向图可在室内或室外,用仪器以及另一标准天线进行测量[1]。天线方向图应该是一个以天线位置为原点的立体图,为便于理解,一般采用过原点的纵切剖面(垂直面)和横切剖面(水平面)来表示。图 1.8 为纵切剖面示意图,以天线的指向为 0°,天线的背面为 180°。曲线上各点与坐标原点的连线长度,代表该方向辐射能流密度的大小,通常以最大辐射能流密度进行归一化后绘制。图中在最大发射方向上的称为主波瓣,侧面的称为旁瓣或副瓣,相反方向的称为尾瓣。当旁瓣较多时,从最接近主瓣的开始依次称为第一旁瓣、第二旁瓣等。

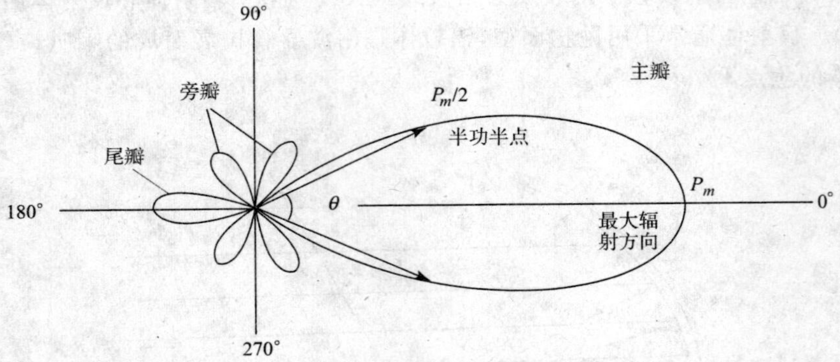

图 1.8　天线方向图

在天线方向图上，两个半功率点方向的夹角，称为波束宽度。通常所说的波束宽度，指的是天线主瓣的宽度，它是天线的一个重要技术参数。在水平面上的波束宽度，用 θ 表示；在垂直面上的波束宽度，用 φ 表示。波束宽度越小，角度的分辨率越高，探测精度也越高。天气雷达天线的波束宽度，通常为 1°左右。

天线波束宽度的大小，除与雷达波的波长有关外，还与天线反射体的形状、截面的几何尺寸有关。图 1.9 所示的是不同形状的雷达天线及其波束示意图。

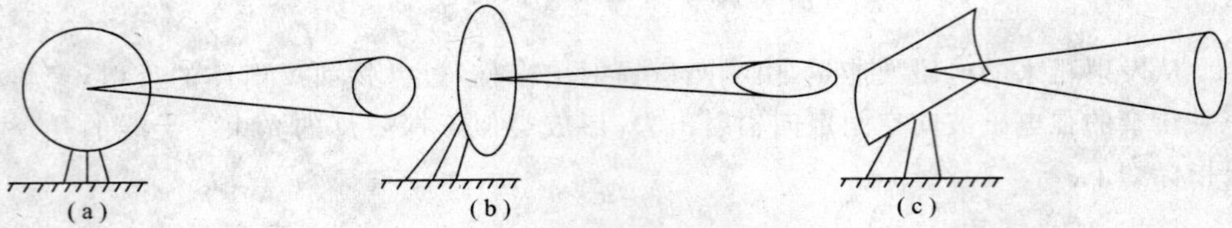

图 1.9　不同形状的天线及其波束示意图

图 1.9(a)中所示的是圆抛物面型反射体，它在水平和垂直方向上波束的宽度相同，为天气雷达所常用。圆抛物面天线的波束宽度一般为

$$\theta = 70\,\frac{\lambda}{d} \tag{1.4}$$

这里 θ 为波束宽度，以度(°)为单位；λ 为波长，以 cm 为单位；d 是反射体的口面直径，以 cm 为单位。可见，波长越短、天线直径越大，波束越窄。

图 1.9(b)中所示的是垂直方向尺寸较大的反射体，其垂直方向的波束宽度较窄，而水平方向的波束宽度较宽。因此，在探测目标的高度和垂直结构时性能较好，但在水平方向上的角分辨率较差。图 1.9(c)中所示的是水平方向尺寸较大的反射体，它的波束的水平宽度较窄而垂直宽度较大，适合于进行水平探测。

1.3.2.2　天线增益

辐射总功率相同时，定向天线在最大辐射方向的能流密度与各向均匀辐射的天线的能流密度之比，称为天线增益，用 G 表示。增益 G 与波束宽度 θ、φ 有下述关系

$$G = \frac{\pi^2}{\theta\varphi} \tag{1.5}$$

天线增益通常很大，一般用分贝数来表示。天气雷达的天线增益一般达 40dB 以上。

1.3.2.3　天线有效面积 A_e

天线的有效面积，指天线反射体能有效地接收回波信号的口径面积。回波的能流密度 S_s 乘以天线的有效面积 A_e，即为天线所收到的总的回波功率 P_r，即

$$P_r = S_s \cdot A_e \tag{1.6}$$

天线的有效面积通常小于几何面积，最大只能等于天线的几何面积。圆抛物面天线的有效面积 A_e 和几何面积 A_P 之间有如下关系

$$A_e = \frac{2}{3}A_P \tag{1.7}$$

天线有效面积和天线增益之间有如下关系

$$A_e = \frac{G}{4\pi}\lambda^2 \tag{1.8}$$

或

$$G = \frac{8\pi}{3\lambda^2}A_P \tag{1.9}$$

可见，天线的尺寸越大、波长越短，天线增益就越高。大的天线增益对于提高雷达探测能力和精度都是很有利的。所以，天气雷达通常具有较大的天线。为了增强天线的抗风性能和减轻重量，天线反射体有时做成栅状，或外加防风罩。

1.3.3　接收分系统

接收分系统又称接收机，它的主要任务是将天线接收的经馈线传入的目标散射回波，放大后送往信号处理分系统进行处理。

雷达天线所收到的回波信号是非常微弱的。所以，雷达接收机必须具有检测微弱信号的能力。这种能力常称为接收机灵敏度，它用接收机的最小可辨功率 $P_{\min}$ 来表示。所谓最小可辨功率，就是回波信号刚刚能从噪声中分辨出来时的回波功率。

接收机必须具有足够的放大倍数，以便使微弱的回波信号能够放大达到后续处理

的要求。接收机的放大倍数用增益(dB)表示。

接收机也必须要有足够的动态范围,能对远距离返回的微弱回波信号进行放大,也能够对近距离返回的强回波信号进行放大。同时,接收机还要能对近距离返回的强的地杂波或干扰波进行抑制。

1.3.4 伺服分系统

伺服分系统作用有二:一是根据用户在数据处理与显示分系统上给出的命令,通过天线传动系统操纵雷达天线进行相应动作的扫描;二是通过同步系统将天线指向的方位角和仰角数据送入信号处理分系统。由于天气雷达探测的是三维空间中的气象目标,所以天线应该能指向任何方向。当前天气雷达扫描方式主要有两种:一种是旋转扫描:天线以选定的仰角环绕垂直轴作圆周扫描;一种是俯仰扫描:在选定的方位上天线不断作上下俯仰扫描。

1.3.5 信号处理分系统

在现代雷达系统中,信号处理分系统起着越来越重要的作用,其功能也越来越强,承担了很多原来由接收机做的工作。在多普勒天气雷达中,信号处理分系统的主要功能是对来自接收分系统的I/Q正交信号进行处理,得到反射率的估测值,即回波强度;并通过脉冲对处理(PPP)或快速富里叶变换(FFT)处理,得到散射粒子群的平均径向速度和速度谱宽。然后传送至数据处理与显示分系统作进一步的处理并显示。

1.3.6 数据处理与显示分系统

当前,雷达的数据处理与显示分系统也起着越来越重要的作用,其功能也越来越强。一般来说,数据处理与显示分系统是一个功能强大的处理软件包,可以完成对整个雷达的控制。数据处理与显示分系统对于信号处理分系统送来的雷达探测的气象目标回波的原始数据进行采集、处理,形成原始数据文件,并进一步处理制作出各种气象产品,在终端显示器上显示。通过服务器和通信网络,还可以将原始数据和气象产品传送给其他用户。

现代天气雷达的终端显示器都是计算机显示屏,可以显示原始回波数据,以及进一步处理的各种产品。原始回波数据的显示方式主要有两种,分别与天气雷达的两种扫描方式相对应。

1.3.6.1 平面位置显示

平面位置显示方式简称平显或PPI,它是天气雷达中应用最广泛的一种显示方式。此时雷达作旋转扫描,给出了雷达站四周云雨区的位置、空间分布、强度分布。

多普勒天气雷达还能提供多普勒速度和速度谱宽分布，图 1.10 即为多普勒天气雷达的平面位置显示图。显示图中的十字线分别指向四个方位，上北下南左西右东，图中的同心圆表示距离圈。需要注意的是由于雷达观测仰角不一定为零度，显示的回波并不是来自一个平面上的云雨区。事实上，即使雷达观测仰角为零度，显示的回波也不是来自一个平面上的云雨区，因为雷达波在大气中传播时因折射而发生弯曲（参见第二章）。

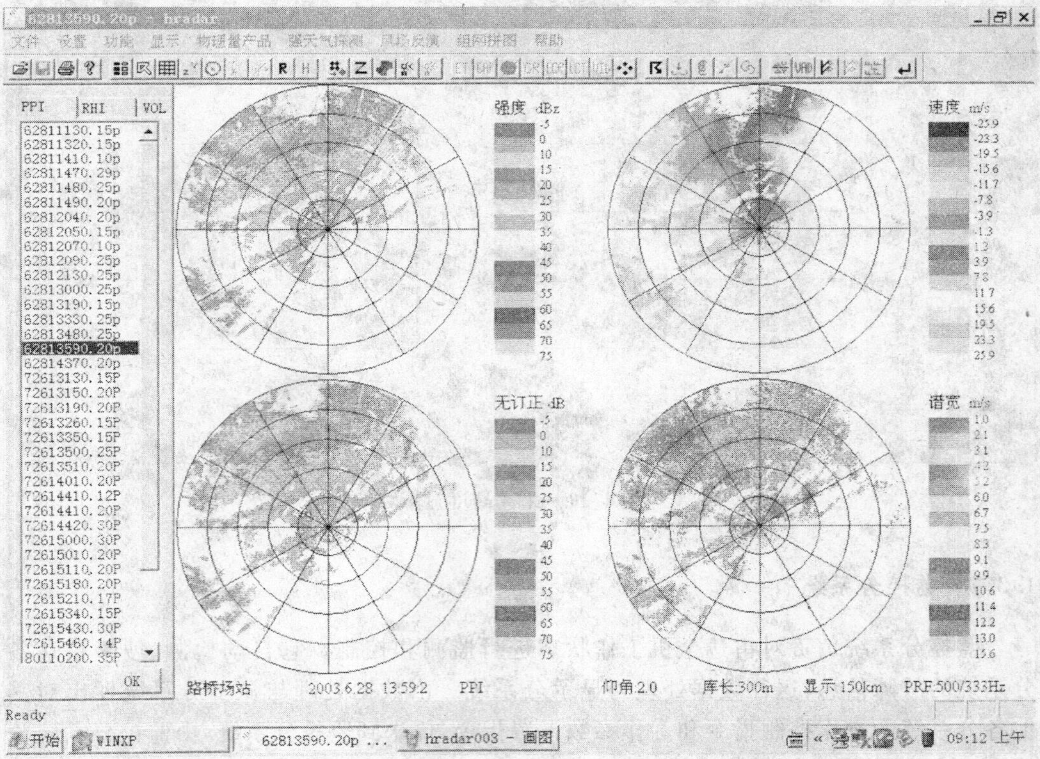

图 1.10 平面位置显示

1.3.6.2 距离高度显示

距离高度显示方式简称高显或 RHI，它也是天气雷达中常用的一种显示方式。此时雷达作俯仰扫描，给出了云雨目标的垂直剖面情况。图 1.11 即为多普勒天气雷达的距离高度显示图。在显示图上，垂直的竖线为等距离线，水平横线为等高度线。

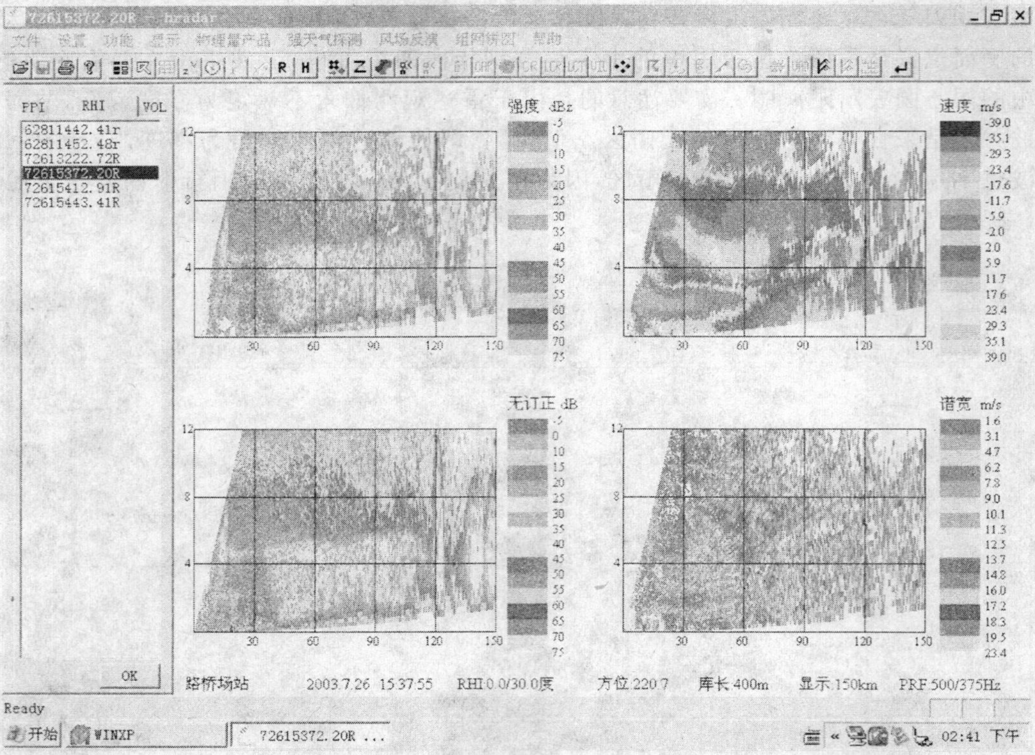

图 1.11　距离高度显示

1.3.7　监控分系统

监控分系统负责对雷达全机工作状态进行监测和控制。它自动检测、搜集雷达各分系统的故障信息，送往数据处理与显示分系统。由数据处理与显示分系统发出对其他各分系统的操作控制指令和工作参数设置指令，传送到监控分系统，由监控分系统分析和处理后，转发至各相应的分系统，完成相应的控制操作和工作参数设置。雷达操作人员在终端显示器上能实时监视雷达工作状态、工作参数和故障情况。

天气雷达的各组成部分通过时序控制，协调运行。表 1.2 给出了几种型号的天气雷达的主要技术指标，由表可以看出，新一代多普勒天气雷达的探测性能指标有较明显的提高。

表 1.2 天气雷达的主要技术指标*

雷达型号	711	716	714CDN	714SDN	CINRAD－SA
波 长 cm	3.2	5.4	5.4	10.7	10.3
发射功率 kW	75	500	250	650	650
脉冲宽度 μs	1	.1	1.0	1.0/4.0	1.57/4.71
脉冲重复频率 Hz	400	300	200－1000	300－1200	318－1304
接收机灵敏度 dBm	－96	－109	－109	－107(1μ)	－122
天线口面直径 m	1.5	2.5	4.0	8.54	8.54
波束宽度(°)	1.5	1.6	1.0	≤1.0	0.99
天线增益 dB	40	38	≥43	≥44	45
技术形式	模拟式	数字化	多普勒	多普勒	多普勒

* 不同生产批次的雷达会略有调整，具体应以随机说明书为准。

§1.4 CINRAD 系统的组成概述

CINRAD 为中国气象局新一代多普勒天气雷达型号标识，在其说明书中沿袭了 WSR-88D 对多普勒天气雷达组成的描述方法，与我们以前的天气雷达装备教材和说明书有所不同，为方便今后对外交流，简要介绍如下。

中国气象局新一代天气雷达型号较多，S 波段新一代天气雷达共有 SA、SB、SC 三种型号，C 波段新一代天气雷达共有 CA、CB、CC、CD 四种型号。以下主要以 CINRAD-SA/SB 为例来介绍[3]。

CINRAD-SA 系统由三个子系统构成，每个子系统都由计算机控制。这与过去的天气雷达有很大不同。这些子系统是：雷达数据采集子系统(RDA)、雷达产品生成子系统(RPG)和基本用户终端子系统(PUP)以及连接它们的通讯线路，RDA 和 RPG 间由一条 1.544Mbits/s 的宽带通信线路连接，RPG 和 PUP 间由一条 9600bits/s 的窄带通讯线路连接。如图 1.12 所示。

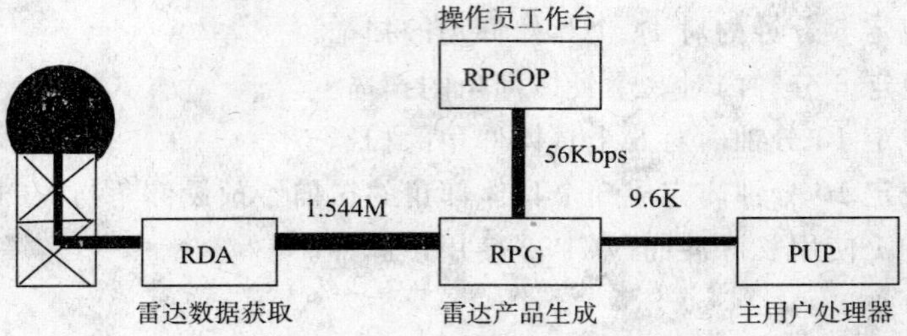

图 1.12 CINRAD-SA 的组成部分

1.4.1　雷达数据采集子系统(RDA)

RDA 是用户所使用的雷达数据的采集单元。WSR-88D 的 RDA 由四个部分构成：发射机、天线、接收机和信号处理器。RDA 四个组成部分的功能与 1.3 节中的介绍相同，这里重点介绍 CINRAD-SA 的天线工作方式。

传统的天气雷达是相对简单的，雷达操作员可直接控制雷达天线。他可以改变雷达天线的仰角、停止天线的转动、使天线指向相反的方向或扫描到垂直方向探测一个雷暴。

CINRAD-SA 要复杂得多，它是完全由计算机控制的。天线是按照扫描方式自动转动的。天线首先在预先确定的最低仰角上旋转 360°扫描，然后在下一个仰角上旋转扫描，接下来再下一个，直到预先确定的所有仰角扫描完(称其为完成一次体积扫描，或简称体扫)。天线然后回到最低仰角，开始另一次体积扫描。雷达操作员不能直接控制天线转动。

天线仰角的设置取决于天线的扫描方式、体积扫描模式和工作模式。雷达操作员不能手动调节天线仰角，天线仰角只能通过上述三要素预设。

1.4.1.1　扫描方式

扫描方式告诉雷达在一次体积扫描中使用多少仰角和时间。WSR-88D 使用三种扫描方式：

扫描方式#1:5 分钟完成 14 个不同仰角上的扫描(14/5)。

扫描方式#2:6 分钟完成 9 个不同仰角上的扫描(9/6)。

扫描方式#3:10 分钟完成 5 个不同仰角上的扫描(5/10)。

扫描方式确定一次体积扫描中使用多少个仰角，而具体是哪些仰角则由体扫模式来规定。

1.4.1.2　体扫模式

CINRAD-SA 可有 20 个不同的体扫模式(volume coverage pattern :VCP)，目前只定义了其中的 4 个：

VCP11:规定 5 分钟内对 14 个具体仰角的扫描。

VCP21:规定 6 分钟内对 9 个具体仰角的扫描。

VCP31:规定 10 分钟内对 5 个具体仰角的扫描。

VCP32:规定 10 分钟内完成 5 个具体仰角的扫描。预设仰角与 VCP31 相同，不同之处在于 VCP31 使用长脉冲而 VCP32 使用短脉冲。

1.4.1.3　工作模式

CINRAD-SA 使用两种工作模式，即降水模式和晴空模式。雷达的工作模式决定了使用哪种 VCP，而 VCP 又确定了具体的扫描方式。

工作模式 A：降水模式，使用 VCP11 或 VCP21。

工作模式 B：晴空模式，使用 VCP31 或 VCP32。

1.4.2　雷达产品生成子系统(RPG)

雷达产品生成子系统(RPG)是一个多功能的单元。它由宽带通讯线路从 RDA 接收数字化的基本数据，对其进行处理和生成各种产品，并将产品通过窄带通讯线路传给用户。RPG 是控制整个雷达系统的指令中心。

1.4.3　基本用户终端子系统(PUP)

PUP 的主要功能是获取、处理和储存接收自 RPG 的产品。PUP 工作站由两个高分辨率的图形监视器、绘图板、应用终端和彩色打印机构成。在这里，操作员提取、展示和加工 CINRAD-SA 产品。

第二章　天气雷达探测的基本理论

为了更好地分析和应用雷达回波资料，掌握和了解天气雷达探测理论是十分必要的。天气雷达探测所涉及的知识非常丰富，本章主要介绍气象目标物对雷达发射电磁波的散射理论，以及雷达波在大气中传播时所发生的衰减与折射理论。其他理论将在后续章节陆续介绍。因限于篇幅，只择要点，感兴趣的读者可参阅参考文献[4]、[5]、[6]、[7]、[8]。

§2.1　气象目标对雷达电磁波的散射

雷达探测的前提，是目标物对雷达发射的电磁波的散射。这些散射波中的一部分被雷达接收机接收，成为雷达回波，雷达根据接收回波的来向、强度、相位、极化等信息，判断目标物所在位置及其性质。因此，目标对雷达电磁波的散射理论是雷达探测最基础的理论。

2.1.1　散射的基本概念

日常生活中我们能见到很多光的散射现象。如天空的蔚蓝色，就是太阳光通过大气层时，空气分子对波长较短的蓝色光散射较强的缘故；夜间从侧面可以看到汽车灯的光柱，也是空气中的杂质把汽车灯光散射开来的结果。

雷达波与光波都是电磁波，只是分属不同波段。雷达电磁波通过大气、云和降水粒子时，也会发生散射现象。按照电磁波理论，可以这样来理解粒子对电磁波的散射过程：当雷达发射的高频振荡的电磁波入射到粒子上时，粒子被极化生成复杂的电荷和电流分布。这些复杂的电荷和电流分布随着入射波的振荡而振荡，它们会向外再次辐射电磁波。这种源自粒子被极化后的二次辐射电磁波，就是粒子产生的散射波。

研究表明，粒子散射的电磁波的频率与入射电磁波的频率相同。粒子散射电磁波的能力，以及散射波在空间的分布状态等，不但与入射电磁波的特性有关，还与散射粒子的大小、形状以及它们的电学特性有关，通常将它们统称为雷达目标特性。

为了定量描述粒子的散射特性，下面引入散射函数（又称散射方向函数）和散射截面等概念。

2.1.1.1　散射函数（方向函数）

设 S_i 为入射于某个粒子的平面电磁波的能流密度，S_s 为散射电磁波的能流密度。

那么，在以该粒子为中心的半径为 R 的球面上任何地方接收到的该粒子的散射能流密度为

$$S_s = \frac{S_i}{R^2}\beta(\theta,\varphi) \qquad (2.1)$$

式中 $\beta(\theta,\varphi)$ 称为散射函数或散射方向函数。$\beta(\theta,\varphi)$ 的物理意义是，当入射波能流密度 S_i 为单位能流密度（即 $S_i=1$）时，在离粒子中心单位距离（即 $R=1$）处 (θ,φ) 方向上的散射波能流密度。如图 2.1 所示，θ 是任意散射方向在 $X-Y$ 平面上的投影与入射波能流密度方向之间的夹角，φ 是任意散射方向与 $X-Y$ 平面之间的夹角。

显然，散射函数可以用来描述该散射粒子向各个方向散射能力的大小。它的量纲是面积。

2.1.1.2　散射截面

在许多实际问题中，往往还关心粒子的总散射能力。

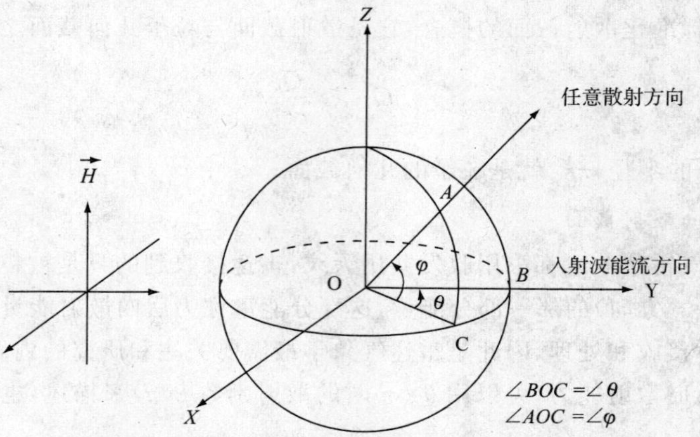

图 2.1　入射波能流方向与散射方向示意图

若要知道粒子在单位时间里向四面八方一共散射了多少能量，即粒子的总散射功率，只要以粒子为中心作一个球面，对整个球面上的散射能流密度进行积分，即得

$$P_s = \oiint S_s \mathrm{d}A = \oiint \frac{S_i}{R^2}\beta(\theta,\varphi)\mathrm{d}A \qquad (2.2)$$

式中，P_s 就是总散射功率，$\mathrm{d}A$ 是球面上的面积元。根据立体角定义

$$\mathrm{d}\Omega = \frac{\mathrm{d}A}{R^2}$$

上式可写成

$$P_s = S_i \int_{4\pi} \beta(\theta, \varphi) \mathrm{d}\Omega \tag{2.3}$$

令

$$Q_s = \int_{4\pi} \beta(\theta, \varphi) \mathrm{d}\Omega \tag{2.4}$$

则(2.3)式可改写为

$$P_s = S_i Q_s \tag{2.5}$$

在(2.5)式中,因为 P_s 的量纲是能量/时间,S_i 是能流密度,其量纲为能量/时间·面积,所以 Q_s 的量纲是面积,称为单个粒子的散射截面。Q_s 的物理意义是该粒子的总散射功率与入射波能流密度的比值。显然,散射截面值越大,说明粒子的总散射能力越强。

需要指出,粒子的散射截面和粒子的几何截面,两者一般并不相等。在讨论有些问题时,还用到标准化散射截面的概念,它是散射截面与粒子几何截面之比,即

$$Q_s^* = \frac{Q_s}{\pi r^2} \tag{2.6}$$

式中 r 为粒子的半径,πr^2 就是粒子的几何截面。

2.1.1.3 后向散射截面

目前,天气雷达一般都采用收发共用天线,雷达接收到的只是被粒子散射后返回雷达天线(即 $\theta=\pi$ 方向)的那一部分能量,这部分能量称为后向散射能量。只有这部分能量才能被雷达接收和处理,因此是雷达气象学最需要关注和研究的内容。

粒子的后向散射能力,可以用 $\theta=\pi$ 时的散射函数 $\beta(\pi)$ 来描述,也可以用后向散射截面来描述。

后向散射截面的定义是:设有一个截面积为 σ 的理想散射体,它能全部接收入射到其上的电磁波能量,然后再各向同性地全部辐射出去,其辐射回到雷达天线处的能流密度正好等于该实际粒子在天线处造成的后向散射能流密度,则称该实际粒子的后向散射截面为 σ。因此,σ 相当于粒子的一个等效面积,S_i 与 σ 的乘积相当于这个等效面积截获的入射能量,然后全部散射开来,这时有

$$S_s(\pi) = \frac{S_i \sigma}{4\pi R^2} \tag{2.7}$$

因此

$$\sigma = \frac{S_s(\pi) 4\pi R^2}{S_i} \tag{2.8}$$

显然 σ 愈大，截获的入射能量愈大，即 $S_i\sigma$ 愈大，那么，造成的后向散射能流密度就愈大。所以，我们可以用粒子的后向散射截面 σ 的大小来描述粒子的后向散射特性。

另外，根据(2.1)式，经过距离 R 散射回到雷达天线的后向散射能流密度 S_s 为

$$S_s(\pi) = \frac{S_i}{R^2}\beta(\pi) \tag{2.9}$$

将(2.9)式代入(2.8)式得

$$\sigma = 4\pi\beta(\pi) \tag{2.10}$$

即后向散射函数 $\beta(\pi)$ 和后向散射截面 σ 都可以用来描述粒子后向散射能力。

与前面介绍过的标准化散射截面类似，在讨论粒子的后向散射能力时，还常用到标准化后向散射截面这个概念。它是以粒子的几何截面 πr^2 为单位表示的后向散射截面，以 σ_b 表示，即

$$\sigma_b = \frac{\sigma}{\pi r^2} \tag{2.11}$$

由上式可见，当 $\sigma_b=1$ 时，说明粒子的后向散射截面正好等于粒子的几何截面；$\sigma_b<1$，说明粒子的后向散射截面小于它的几何截面；$\sigma_b>1$，说明粒子的后向散射截面大于它的几何截面。根据 σ_b 的大小，可以更为形象地了解粒子散射能力的大小。

大气中能够散射雷达电磁波的主要物质是大气介质、云和降水粒子。云和降水是天气雷达的主要探测对象。由于自然界状况千变万化，云和降水粒子的大小、相态、几何形状等因时因地而不同，对雷达波的散射也就不同，因此散射理论必须分别讨论。

2.1.2　单相态球形粒子的散射理论

散射理论就是要建立粒子的散射函数或散射截面的表达式。由于目前天气雷达一般都采用收发共用天线，雷达接收的是后向散射回波，因此，以下给出的都是后向散射截面的表达式。

由于粒子散射电磁波的过程十分复杂，目前主要只对圆球形、圆柱形、椭球形等少数几种几何形状比较简单的粒子的散射能力求出了精确的解析解。

2.1.2.1　瑞利散射理论

19 世纪末英国科学家瑞利(Rayleigh)在试图解释天空为什么呈现蓝色这个问题时，研究了空气分子对自然光的散射。他在假设入射波是水平极化波、散射粒子是球形且半径远小于入射波波长、粒子性质各向同性的条件下，把散射粒子看成是在入射电磁波作用下感生的振荡偶极子，然后计算这个振荡偶极子的辐射，从而得出了现在被称为瑞利散射的基本结论。

经过对偶极子辐射的演算，得到瑞利散射在球坐标中的方向函数为

$$\beta(\theta,\varphi)=\frac{16\pi^4 r^6}{\lambda^4}\left|\frac{m^2-1}{m^2+2}\right|^2(\cos^2\theta\cos^2\varphi+\sin^2\varphi) \tag{2.12}$$

其中 $m=n-ik$ 是复折射指数；n 是普通折射指数，k 是吸收系数，$|m^2-1/m^2+2|^2$ 表示复数模的平方。瑞利散射的方向函数在空间的分布如图 2.2 所示。

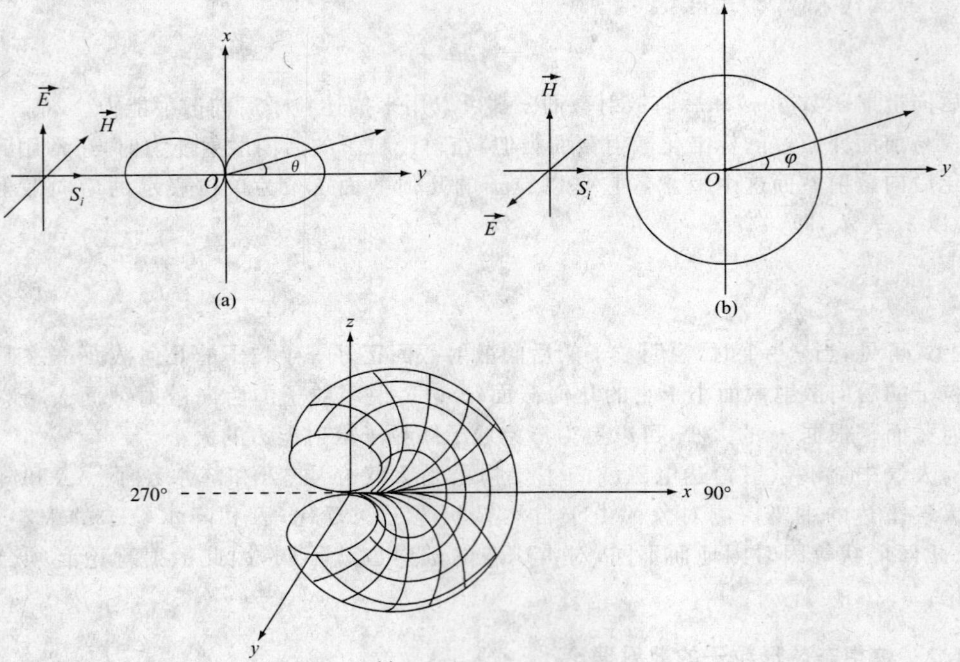

图 2.2 瑞利散射的方向函数在空间的分布

把(2.12)式代入(2.1)式可得瑞利散射时的散射能流密度公式

$$S_s=\frac{S_i}{R^2}\frac{16\pi^4 r^6}{\lambda^4}\left|\frac{m^2-1}{m^2+2}\right|^2(\cos^2\theta\cos^2\varphi+\sin^2\varphi) \tag{2.13}$$

如果只讨论返回雷达的散射，则应该用后向散射截面 σ 表示。利用(2.8)式，这时 $\theta=\pi$、$\varphi=0$，于是有

$$\sigma=\frac{64\pi^5 r^6}{\lambda^4}\left|\frac{m^2-1}{m^2+2}\right|^2=\frac{\pi^5}{\lambda^4}\left|\frac{m^2-1}{m^2+2}\right|^2 D^6 \tag{2.14}$$

式中 D 为粒子的直径。由(2.14)式可见，后向散射截面与入射波波长的四次方成反比，与散射粒子直径的六次方成正比。此外，还与散射粒子的复折射指数 m 有关。

瑞利的研究，虽然是从空气分子的散射出发的，但是只要满足粒子半径远小于入射波波长的条件，对于这样的粒子，比如降雨粒子，也是适用的。通常把粒子尺度系数 $\alpha=(2\pi r/\lambda)$ 远小于 1 时的散射称为瑞利散射（也称为小球粒子散射）。根据气象观测的事实表明，一般小云滴和小雨滴对于厘米波雷达波的散射，可以认为基本满足瑞利假设的条件。下面对(2.14)式作初步讨论。

(1)$\sigma\propto(1/\lambda^4)$，即小球形粒子的后向散射截面与波长的四次方成反比。可见，对同一小球形粒子来说，雷达的波长越短，后向散射截面越大。如表 2.1 所示，对同一小球形粒子，以 10cm 波长为准，当波长改为 5.66cm、3.2cm 时，小球形粒子的后向散射截面将分别增大 9.7 倍、95 倍。也就是说，如果其他条件相同，波长愈短的雷达能接收到较多的散射能量，愈容易发现弱的云雨目标。

表 2.1　雷达波长与后向散射截面的关系

波长 λ(cm)	0.9	1.25	3.2	5.66	10
$\sigma_\lambda/\sigma_{10}$	15200	4560	95	9.7	1

(2)$\sigma\propto r^6$，即小球形粒子的后向散射截面与小球半径的六次方成正比。可见，同样波长的雷达探测小球形粒子时，粒子的半径愈大，后向散射截面愈大。如果其他条件相同，半径为 $10^3\mu m$ 的小雨滴比半径为 $10^2\mu m$ 的大云滴的后向散射截面要大 10^6 倍。所以，雷达发现降水要比发现无降水的云层容易得多。降水强度愈大时，雨滴一般也愈大，所以更容易被探测到。

(3)σ 与复折射指数 m 的关系。表 2.2 给出了不同温度、波长情况下水和冰的 n、k、$|K|^2$ 和 $\mathrm{Im}(-K)$ 值，其中 K 为 $(m^2-1)/(m^2+2)$，$\mathrm{Im}(-K)$ 为 $(-K)$ 的虚部，与雷达波的吸收有关。

由表 2.2 可见，对于天气雷达常用的波段，在温度 0～20℃时，水的 $|K|^2$ 值变化不大，约为 0.93；冰的复折射指数几乎和波长无关，在所有的温度下，冰的 $|K|^2$ 都等于 0.197。因此，根据瑞利散射公式，小冰球的后向散射截面大约只有同样大小的小水球的 1/5。正是这个原因，雷达不容易探测到冰晶云。

需要指出，冰粒子的复折射指数与其密度有关。不含空气的纯冰的密度为 0.92g/cm^3，而由松散聚合的冰晶构成的雪片，密度很小，有时只有 0.05g/cm^3。

表 2.2　不同温度、波长情况下水和冰的 n、k、$|K|^2$ 和 $Im(-K)$

	温度(℃)	水				冰粒
		波长 (cm)				
		10	3.21	1.24	0.62	
n	20	8.88	8.14	6.15	4.44	1.78 (ρ=0.92 g/cm^3，所有温度)
	10	9.02	7.80	5.45	3.94	
	0	8.99	7.14	4.75	3.45	
	−8	/	6.48	4.15	3.10	
k	20	0.63	2.00	2.86	2.59	2.4×10^{-3}(0℃)
	10	0.90	2.44	2.90	2.37	7.9×10^{-4}(−10℃)
	0	1.47	2.89	2.77	2.04	5.5×10^{-4}(−20℃)
	−8	/	/	2.55	1.77	
$\|K\|^2$	20	0.928	0.9275	0.9193	0.8926	0.197 (ρ=1 g/cm^3，所有温度)
	10	0.9313	0.9282	0.9152	0.8726	
	0	0.9340	0.9300	0.9055	0.8312	
	−8	/	/	0.8902	0.7921	
$Im(-K)$	20	0.00474	0.01883	0.0471	0.0915	9.6×10^{-4}(0℃)
	10	0.00688	0.0247	0.0615	0.1142	3.2×10^{-4}(−10℃)
	0	0.01102	0.0335	0.0807	0.1441	2.2×10^{-4}(−20℃)
	−8	/	/	0.1036	0.1713	

2.1.2.2　米散射理论

事实上，气象目标中，云、雨滴的大小并不都能满足瑞利散射条件，在这种情况下，瑞利散射的后向散射截面公式已不适用。这是因为当散射粒子相对于波长比较大时，散射粒子中感生的电荷和电流分布更为复杂，已经不能把散射过程简单地看成是一个电偶极子的振荡过程，而是电多极子和磁多极子的振荡过程。空间某一点上的散射电场是各极子振荡在该点的综合效应。1908 年德国学者米(Mie，G)首先给出了球形粒子散射平面波的公式，被后人称为米氏公式。米在推算球形粒子的散射时，为了使复杂的问题稍作简化，他假设：(1)粒子是球形的，不是导电体，粒子内、外都不含有自由电荷；(2)粒子内、外介质是均匀并各向同性的，粒子外介质一般是空气或真空；(3)入射电磁波是水平极化波。

米氏理论的主要结果是：(1)散射波是以粒子为中心的球面发散波；(2)散射波和入射波同频率；(3)散射波能流密度是各向异性的，大部分能量集中在 $\theta=0°$ 附近的向前方向上，一般说来，尺度系数 $\alpha=(2\pi r/\lambda)$ 愈大，向前散射的能量占全部散射能量的比重愈大，如图 2.3 所示。(4)散射波的强度与入射波波长、散射粒子的半径 r、粒子及环境的物理特性等有关。

米散射时的后向散射截面 σ 可以表示为

$$\sigma = \frac{\pi r^2}{\alpha^2}\left|\sum_{n=1}^{\infty}(-1)^n(2n+1)(a_n - b_n)\right|^2 \tag{2.15}$$

图 2.3　不同尺度系数的粒子的散射方向性示意图

其中，α 为尺度系数，等于 $2\pi r/\lambda$，r 为圆球形粒子的半径，a_n 和 b_n 表示散射场的系数，其中 a_n 项和感生的磁偶极子、磁四极子等的散射有关，b_n 项和电偶极子、电四极子等的散射有关，它们都是以 α 和复折射指数 m 为自变量的球贝塞尔(Bessel)函数和第二类汉克尔(Hankel)函数来表示的。由(2.15)式可见，在米散射情况下，散射强度是一个无穷级数，该级数的各项分别就是各阶极子振荡产生的散射波的强度。

根据米散射公式，可以计算出不同尺度的球形粒子在不同波长时的后向散射截面 σ。图 2.4 所示为水球和冰球的标准化后向散射截面随 α 的变化曲线。

由图可见，球形粒子的 σ 随 α 的变化非常复杂，先随 α 的增大而迅速增大，以后增大的速度减缓，甚至转为不变和减小，尔后又重新增大，呈现振荡式的变化。在有些情况下，粒子的后向散射截面甚至可以超过它的几何截面。从物理意义上来讲，这种复杂的变化是由于入射波在球体内部的各分层界面上产生多次折射和反射引起的干涉效应造成的。

另外，从图 2.4(b)还可以看出，当 α 很小时，冰球的 σ 小于同体积的水球(约为其 1/5)，这一点在前面已经提到；当 $\alpha=1.7$ 时，两者相等；而当 $\alpha>2.5$ 时，冰球的 σ 可以比同样大小的水球大一个量级。考虑到冰雹可以长得很大，不像雨滴大到一定程度在重力和垂直气流的作用下会破碎，所以冰雹往往会造成很强的雷达回波。20 世纪 60 年代初曾对米散射理论进行过实验验证，结果表明，理论值和实际值很一致。

2.1.2.3　瑞利散射理论和米散射理论计算结果的比较

对米散射公式作进一步分析。在粒子的尺度远小于电磁波波长的情况下，即尺度系数 $\alpha \ll 1$ 时，(2.15)式可以简化。如果略去高于 α^5 的项，则有

$$a_1 = -\frac{i}{45}(m^2-1)\alpha^5$$

$$b_1 = -\frac{2i}{3}\left(\frac{m^2-1}{m^2+2}\right)\alpha^3\left[1+\frac{3}{5}\left(\frac{m^2-2}{m^2+2}\right)\alpha^2\right]$$

$$b_2 = \frac{i}{15}\left(\frac{m^2-1}{2m^2+3}\alpha^5\right)$$

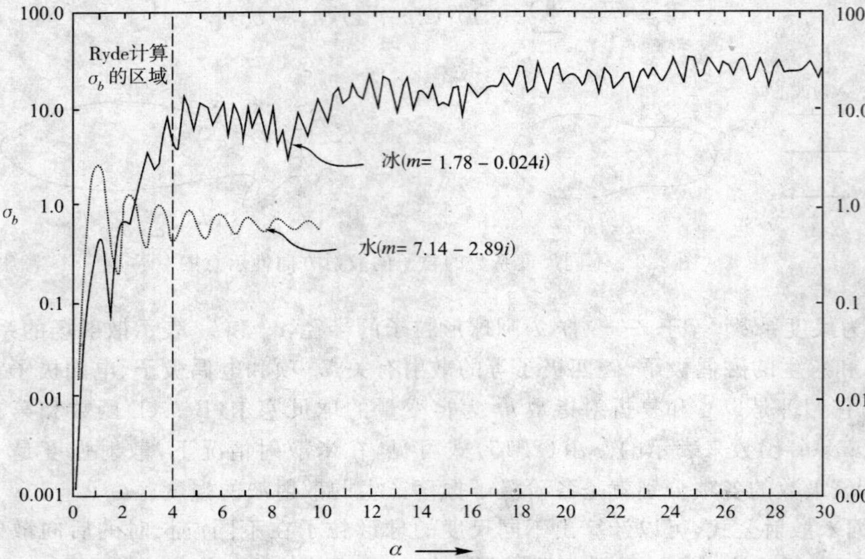

(a)

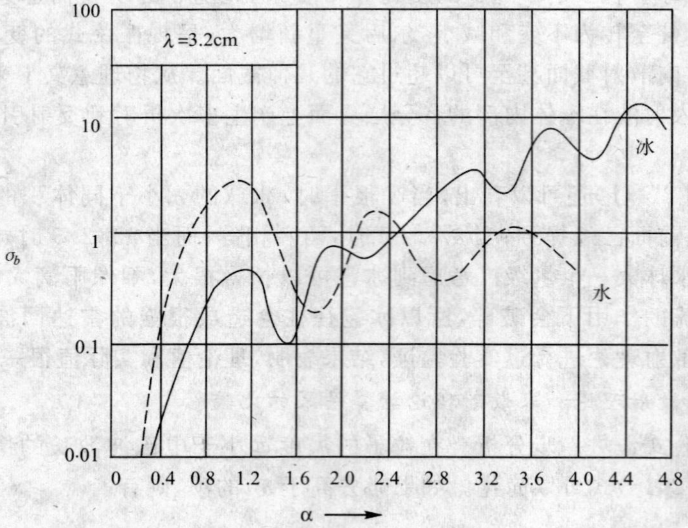

(b) Ryde计算区域曲线的放大图

图 2.4　水球和冰球的标准化后向散射截面的计算值

水球曲线为温度 0℃、波长 3.21cm 的情况；冰球曲线适合于波长 1～10cm 和所有温度的情况

显然，a_1（磁偶极子场的系数）、b_2（电四极子场的系数）都比单个电偶极子场的系数 b_1 的第一项小得多。于是只保留 b_1 的第一项，则得

$$\sigma=\frac{\lambda^2}{\pi}\alpha^6\left|\frac{m^2-1}{m^2+2}\right|^2=\frac{\pi^5}{\lambda^4}\left|\frac{m^2-1}{m^2+2}\right|^2D^6 \tag{2.16}$$

式中 D 为粒子的直径。

上式与前面给出的瑞利的研究结果是一样的，所以也称为后向散射截面的“瑞利近似”。由此，可以认为，米散射公式是一个关于球形粒子散射特性的普遍公式，而瑞利散射公式只是米散射公式在粒子尺度远小于入射波波长时的一个特例。

比较(2.15)式和(2.16)式可见，瑞利散射比米散射的表达式要简明得多，使用起来比较方便。为此，需要了解瑞利散射的适用范围。图 2.5 是 Gunn 和 East(1954)计算的温度 18℃时水球的米后向散射截面 σ_M 与瑞利后向散射截面 σ_R 的比值随 α 的变化曲线。

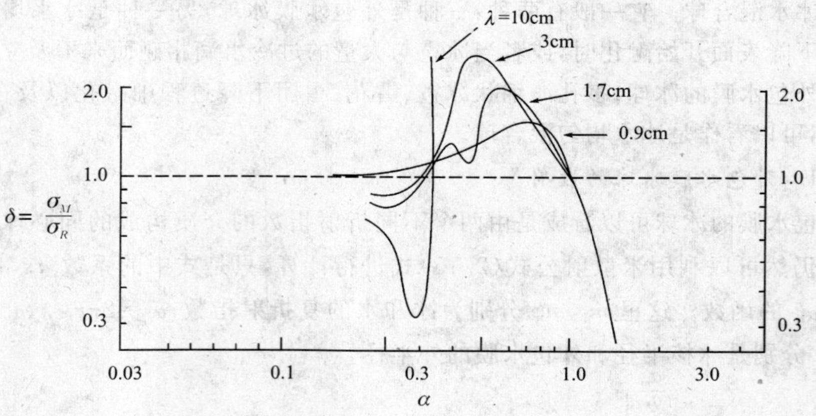

图 2.5 $\frac{\sigma_M}{\sigma_R}$与 α 的关系

由图 2.5 可以看出：

(1)当 $\alpha<0.13$ 时，即 $D<0.04\lambda$ 时，瑞利散射和米散射近似一致，其雷达截面 σ 可以用瑞利散射公式(2.16)式计算。表 2.3 给出了现用气象雷达工作波长采用瑞利公式不必引入订正的水滴最大直径。

表 2.3 采用瑞利近似时的水滴临界大小

λ(cm)	10	5.5	3.2	0.86
D(cm)	4.0	2.2	1.2	0.34

(2)当 $0.13<\alpha<0.32$ 时，除波长等于 0.9cm 那条曲线外，其他都是瑞利后向散射截面大于米后向散射截面，所以在这个范围内用瑞利公式(2.16)式求得的雷达截面将比实际情况大。

(3)当 $0.32<\alpha<0.9$ 时，水滴的米后向散射截面比瑞利后向散射截面大。这时用瑞利公式(2.16)式求得的雷达截面将比实际的小。

观测表明，通常云滴直径只有 10～20μm，最大也不超过 100μm(0.1mm)，而雨滴的直径一般都在 0.5～3mm 之间，其中以 0.7～0.9 mm 范围内的最多，强对流性降水的雨滴直径有时可以超过 4mm，但最大不超过 6mm，否则会自行破裂。因此，一般厘米波天气雷达探测云滴，瑞利公式是完全适用的。当采用 5.6cm 和 10cm 波长雷达时，瑞利公式对绝大多数的雨滴也适用。

2.1.3 冰水混合球形粒子的散射理论

云中的冰晶、雪花和冰雹等，在下落过程中通过 0℃层后融化或与过冷水滴碰并，便成为冰水混合球。它一般有两种：一种是外包水膜冰球，另一种是冰水均匀混合球。当冰粒下降表面开始融化时，或者当冰雹与大量的过冷水滴相碰而来不及立即冻结时，便成为外包水膜的冰球；多孔海绵状冰雹、雪花、雪团下降过程中融化以及在冰球融化的后期，可以看作是冰水均匀混合球。

2.1.3.1 外包水膜冰球的散射

外包水膜的冰球可以看成是由两个不同折射指数的介质构成的同心球，其后向散射截面仍然可以利用米散射公式(2.15)式进行计算，只是式中的系数 a_n 和 b_n 是 m_i、m_w、α_i、α_w 的函数。这里 m_i、m_w 分别为冰和水的复折射指数；$\alpha_i=2\pi r_i/\lambda$，$\alpha_w=2\pi r_w/\lambda$。$r_i$ 和 r_w 分别是冰核半径和外包水膜的外半径。

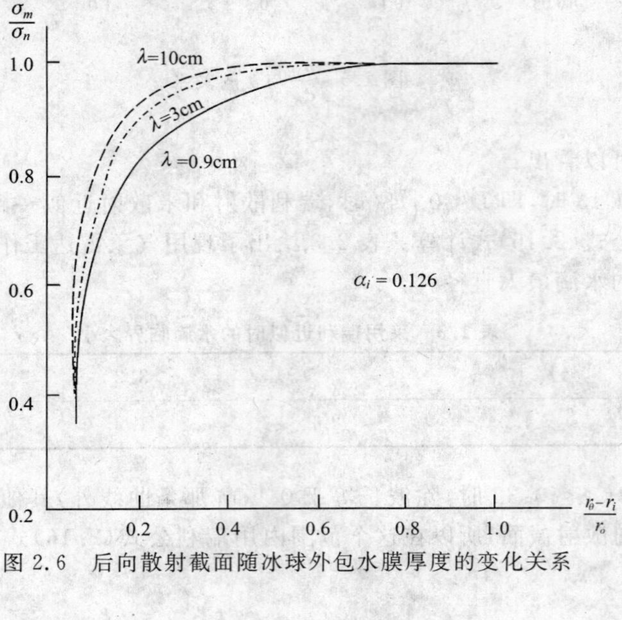

图 2.6 后向散射截面随冰球外包水膜厚度的变化关系

对于小的外包水膜的冰球，满足 $\alpha_i \ll 1$，系数 a_n 和 b_n 中的高次项可以略去。图 2.6 是 $\alpha_i = 0.126$ 时的计算结果。图中纵坐标是外包水膜的融化冰球的后向散射截面 σ_m 与全部融化为水滴时的后向散射截面 σ_n 的比值，横坐标则为外包水膜厚度占的百分比，即 $(r_o - r_i)/r_o$，其中 r_o 为冰球全部融化后的半径，r_i 为冰核部分的半径。

由图 2.6 可见，对于 10、3、0.9cm 波长，都有大体相似的结果，即随着融化水膜的增厚，融化冰球的 σ_m 值迅速增大。例如一个半径为 0.2cm 的冰球，当有 1/10 的半径的冰球部分融化时，对于 10cm 波长的入射波产生的后向散射截面 σ_m 已接近同半径水球后向散射截面 σ_n 的 90%。

对于外包水膜的"大"冰球的散射问题，20 世纪 60 年代初期以来，不少人从实验和理论上作了许多研究。1960 年 Atlas 等曾用 3.3 和 4.67cm 波长的雷达观测吊在气球下的人造冰雹（直径 2～8cm）的后向散射截面，发现冰雹一旦开始融化，后向散射截面就突然减小，这与图 2.4 所示的理论计算结果相一致。Herman 和 Battan（1961）延伸了 Aden 和 Kerker 早期（1951）的工作，用完整的米散射公式计算了 3.21、4.67 以及 10cm 波长时外包水膜"大"冰球的后向散射截面。冰球直径从 0.2 到 8.0cm；水膜厚度从 10^{-8}cm 增加到全部融化。图 2.7 给出了在波长为 3.21cm 时的计算结果。图中纵坐标为标准化后向散射截面 σ_b，横坐标为水膜厚度（cm）。曲线上标的 b 值是整个水球的半径（cm）。由图可见，在冰粒很小，即 b 值在 0.5cm 以下时，随着水膜厚度的增大，后向散射截面将增大。但是当 b 值逼近或超过 0.5cm 时，后向散射截面 σ 随水膜厚度的变化变得很复杂，并与粒子的半径和波长有关。总的来说，只要 $\alpha > 1$，即对 3.21cm 波长的雷达波，b 值大于 0.5cm 时，随着水膜厚度的增大，后向散射截面将是减小的。但是在从纯冰变化到全部融化的过程中，σ 值有时增加，有时减小。在有些情况下，甚至可以超过图 2.4 所示的纯水球和纯冰球标准化后向散射截面的极限值。这种情况的发生，估计是由于从球前表面反射的波和从两个冰水交界面以及球的背面的内部反射波产生干涉造成的。

计算结果还表明，要使融化冰球的 σ_m 值和纯水球时的 σ_n 值一样，对于 3.21、4.67、10cm 的雷达波分别需要的融化水膜厚度为 0.5、0.7 和 1～2cm。然而，这样厚的水膜实际上是不可能存在的。Atlas 等（1960）指出，融化的静止状态下的冰球能够维持的最大水膜厚度只有 10^{-2}cm。在大气中自由降落的冰雹能维持的水膜厚度将更小。所以，实测大冰球融化时 σ 的减小值要比理论上可能的减小值要小。

2.1.3.2　冰水均匀混合球的散射

在瑞利条件下，计算冰水均匀混合球的后向散射截面时，复折射指数项是根据 Debye（1929）提出的方法，按冰水的体积比求得的。

设用 V、V_w、V_i 分别表示均匀混合球总的、水的、冰的体积。由于 $V = (M_w + M_i)/\rho$，$V_w = M_w/\rho_w$，$V_i = M_i/\rho_i$，其中 M 表示质量，ρ 表示密度，下标 w、i 分别表示水和冰的，

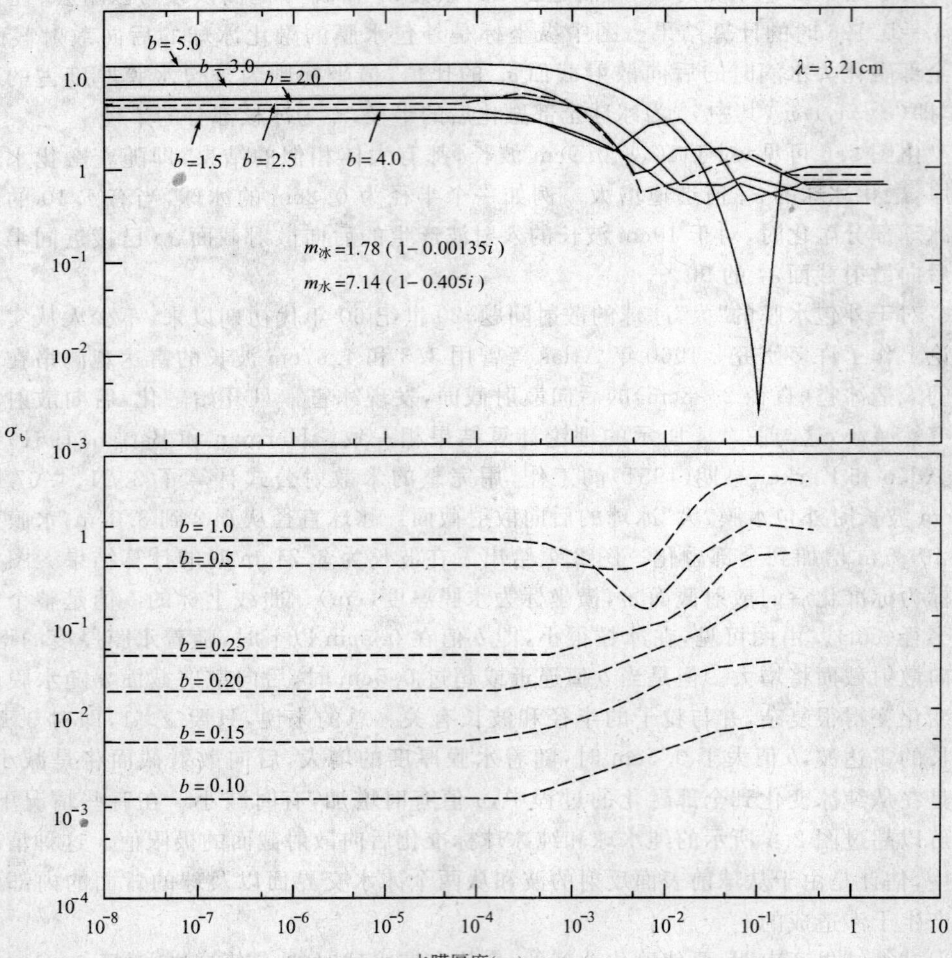

图 2.7　对 3.21cm 波长外包水膜冰球的标准化后向散射截面随水膜厚度的变化

b 为整个球的半径，以 cm 为单位

没有下标的即为总的均匀混合球的。按体积比计算混合球的复折射指数项，就有

$$\left|\frac{m^2-1}{m^2+2}\right|^2=\frac{V_w}{V}\left|\frac{m_w^2-1}{m_w^2+2}\right|^2+\frac{V_i}{V}\left|\frac{m_i^2-1}{m_i^2+2}\right|^2 \tag{2.17}$$

上式中的体积也可用质量和密度的关系代入，即得

$$\left|\frac{m^2-1}{m^2+2}\right|^2=\frac{\rho}{M_w+M_i}\left[\frac{M_w}{\rho_w}\left|\frac{m_w^2-1}{m_w^2+2}\right|^2+\frac{M_i}{\rho_i}\left|\frac{m_i^2-1}{m_i^2+2}\right|^2\right] \tag{2.18}$$

只要知道了冰水的体积比或相应的质量和密度，根据上式即可算出混合球的

$|(m^2-1)/(m^2+2)|^2$值，然后用瑞利散射公式求出其后向散射截面。图 2.8 中的曲线 1 是 Ryde(1946)根据 Debye 的方法第一个计算出来的。图中纵坐标 σ_m/σ_n 是部分融化成均匀混合冰球时后向散射截面与全部融化成水球时后向散射截面之比，横坐标是融化部分的质量和总质量之比。图中曲线 2 则是 Aden—Kerker 计算的外包水膜同心球的情况，相应的横坐标是融化半径与总半径之比。比较图 2.8 中的两条曲线可知，冰水均匀混合球 σ_m 值随融化水量的增加而增加要比外包水膜冰球慢得多。

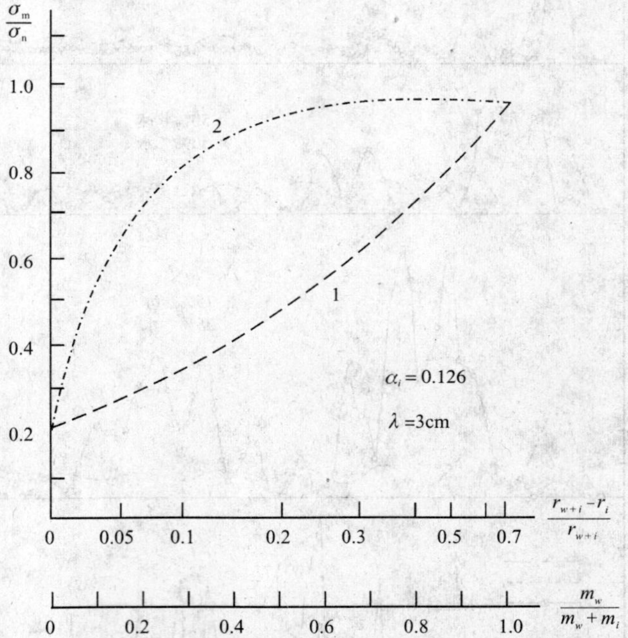

图 2.8　融化冰球的后向散射截面与融化程度的关系

对于大的冰水均匀混合球，则应该用米散射公式计算。Battan 和 Herman(1962)针对雷达波长为 3.21cm 的情况得出的结果如图 2.9 所示。比较所列各图可见，当 $\alpha>3$ 时，若液体水含量增大，σ_b 就减小，液体水含量增加到 50%时，σ_b 值几乎将减小一个量级，近于纯水的数值。当 $\alpha<3$ 时，液体水含量增大，σ_b 减小的幅度要小得多。另外，总的趋势是液体水含量增加，σ_b 的极大值向 α 较小的方向移动，并且幅度减小。

应该指出，上面的这种计算方法，只有在冰水混合体是非吸收体时才能严格成立。实际情况并不能完全满足这个要求。因此，对融化冰球的后向散射截面的计算问题还有待进一步研究，已有的计算结果只能作为一种理论上的探讨。

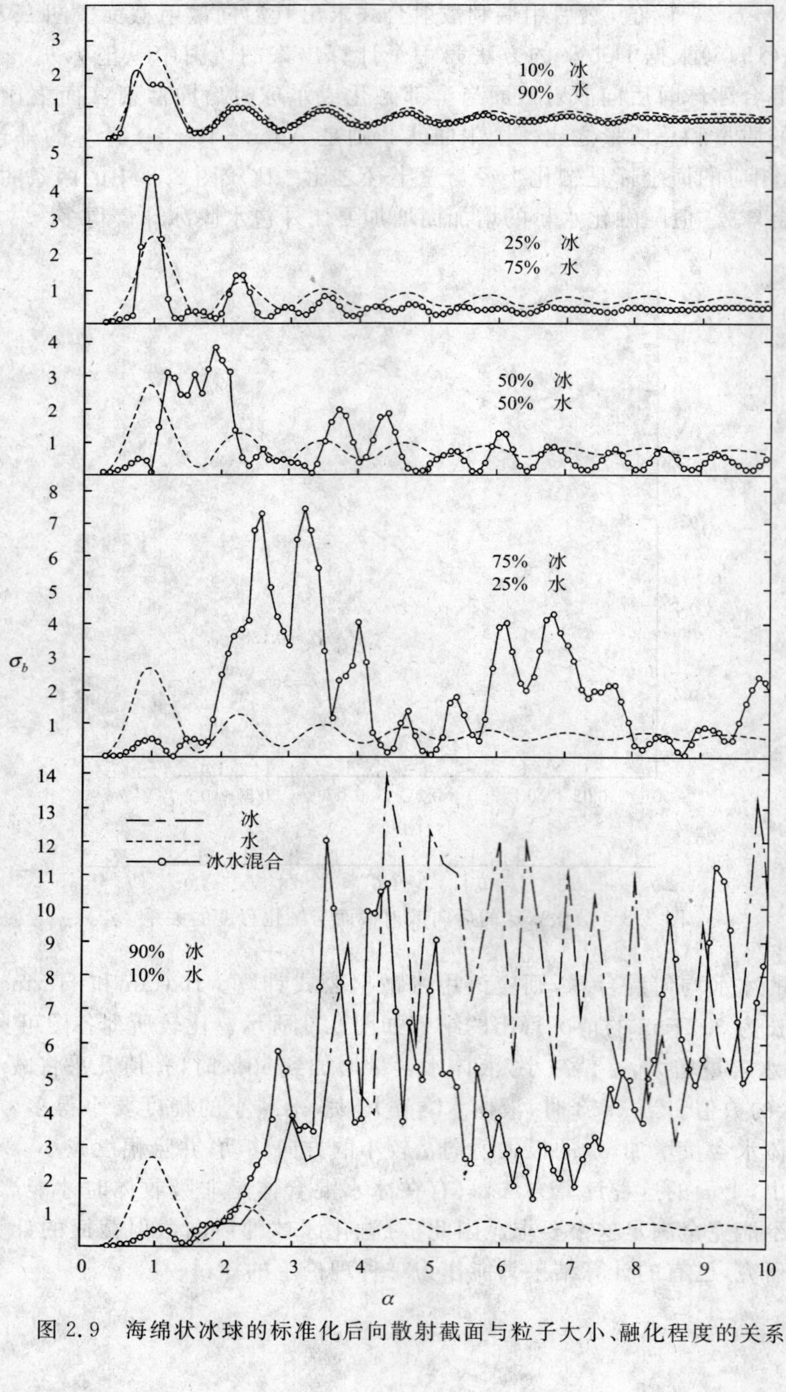

图 2.9　海绵状冰球的标准化后向散射截面与粒子大小、融化程度的关系

2.1.4　非球形粒子的散射

大水滴、冰粒、冰雹、雪花、冰晶等通常不是呈球形的。因此，有必要了解形状变化对散射的影响。由于降水物的形状多种多样，只能就有对称轴的非球形粒子进行一些分析讨论。

在非球形的有对称轴的粒子中最简单的是旋转椭球体，如图 2.10 所示。旋转椭球体有 a、b、c 三个轴，其中有两个相等，如 $b=c$，称为对称轴或直径，另一个绕其旋转的轴(如 a)称为旋转轴，也称主轴。当 $a<b=c$ 时，如图 2.10(a)所示，是扁旋转椭球体。圆片状的冰晶、扁的大雨滴可以近似地看成这种扁椭球体。当 $a>b=c$ 时，如图 2.10(b)所示，是长旋转椭球体。柱状冰晶可以近似地看成这种长椭球体。

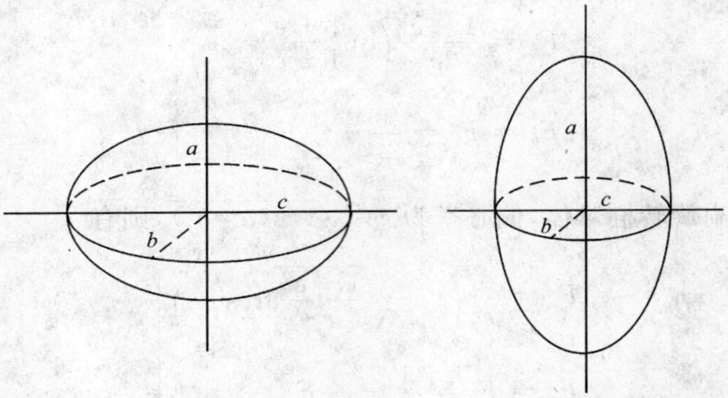

(a) 扁旋转椭球体　　(b) 长旋转椭球体

图 2.10　旋转椭球体

2.1.4.1　单个介质小椭球体的散射

对介质小椭球体散射问题的定量研究，是建立在以下三点基本假设基础上的。

(1)散射粒子是旋转椭球体；

(2)散射粒子的尺度较入射波波长小，可以认为近似满足瑞利散射条件。即椭球体的散射可以看作仅是电偶极子辐射引起的。

(3)入射波是水平极化波，在椭球体粒子中感生出三个正交的偶极矩，这三个偶极矩分别和椭球体的三个轴平行。

下面我们给出椭球体沿三个轴线方向的偶极矩的表达式，然后再分析其散射的一些性质。

设椭球体的三个半轴为 a、b、c，它的介电常数为 ε，按照连续介质电动力学的理论，沿三个半轴方向的偶极矩 P_a、P_b、P_c 可以表示为

$$
\left.\begin{aligned}
P_a &= E_a\left[\frac{abc}{3}\,\frac{\varepsilon-1}{1+(\varepsilon-1)F_a}\right]\\
P_b &= E_b\left[\frac{abc}{3}\,\frac{\varepsilon-1}{1+(\varepsilon-1)F_b}\right]\\
P_c &= E_c\left[\frac{abc}{3}\,\frac{\varepsilon-1}{1+(\varepsilon-1)F_c}\right]
\end{aligned}\right\} \tag{2.19}
$$

其中 E_a、E_b、E_c 是入射波电场沿 a、b、c 三个方向的分量；F_a、F_b、F_c 是由椭球形状所决定的因子，它与体积无关，故称为形状因子。

对于 $a>b=c$ 的长旋转椭球体，其偏心率为 $e=\sqrt{1-(b^2/a^2)}$，则形状因子可表示为

$$
\left.\begin{aligned}
F_a &= \frac{1-e^2}{2e^3}\left(\ln\frac{1+e}{1-e}-2e\right)\\
F_b &= F_c = \frac{1}{2}-\frac{1}{2}F_a
\end{aligned}\right\} \tag{2.20}
$$

对于 $a<b=c$ 的扁旋转椭球体，偏心率为 $e=\sqrt{1-(a^2/b^2)}$，则有

$$
\left.\begin{aligned}
F_a &= \frac{1}{e^2}\left(1-\sqrt{\frac{1-e^2}{e^2}}\arcsin e\right)\\
F_b &= F_c = \frac{1}{2}-\frac{1}{2}F_a
\end{aligned}\right\} \tag{2.21}
$$

为了便于讨论，将(2.19)式简写成

$$
\left.\begin{aligned}
P_a &= gE_a\\
P_b &= g'E_b\\
P_c &= g'E_c
\end{aligned}\right\} \tag{2.22}
$$

其中

$$
\left.\begin{aligned}
g &= \frac{abc}{3}\,\frac{\varepsilon-1}{1+(\varepsilon-1)F_a}\\
g' &= \frac{abc}{3}\,\frac{\varepsilon-1}{1+(\varepsilon-1)F_{b、c}}
\end{aligned}\right\} \tag{2.23}
$$

是沿 a 轴和 b、c 轴方向的极化系数。$F_{b、c}$ 表示 F_b 或 F_c。

在满足瑞利散射的条件下，散射波功率正比于电偶极矩的平方。因此，可以根据(2.22)和(2.23)式来讨论椭球体散射的一些性质。

(1)椭球体的散射功率与椭球体的体积的平方成正比。由于散射功率与偶极矩的平方成正比，而从(2.23)式可见，极化系数 g、g' 是与椭球体的体积($V=(4\pi/3)abc$)成正比的，所以散射功率将正比于椭球体体积的平方 V^2。这个结论同瑞利散射公式中散射功率与散射粒子半径的六次方成正比是类似的。因为对于球形粒子来说，$a=b=c$，$abc=r^3$。

(2)椭球体的散射功率与椭球体的形状有关。这是因为形状因子引起了椭球体各轴极化系数非均一的缘故。由于 $0<e<1$，根据(2.20)、(2.21)式进一步推算可知，F_a、F_b、F_c 为恒小于1的正数，所以，形状因子 F_a、F_b、F_c 对 g、g' 和 P_a、P_b、P_c 以及最后对散射功率的作用总是使它们增大的。对于 $a>b=c$ 的长旋转椭球体可以算得 $F_b=F_c>F_a$，根据(2.23)式就有 $g>g'$，若其他条件相同，在长轴方向产生的偶极矩和散射功率也比较大。对于 $b=c>a$ 的扁旋转椭球体，则可以算得 $F_b=F_c<F_a$，就有 $g<g'$，这样可以得出同样的结论，即在其他条件相同时长轴方向产生的偶极矩和散射功率比较大。

(3)椭球体散射功率受形状的影响还与介电常数有关。由(2.23)式可见，形状因子 F_a、F_b、F_c 只有在介电常数 $\varepsilon\neq1$ 时才对 g、g' 有影响，从而影响 P_a、P_b、P_c。由于水滴的 $\varepsilon=80$，冰粒的 $\varepsilon=3$，所以非球形对水滴的影响要比对冰粒的影响大。对于雪，$\varepsilon=1$，形状因子就不起作用，因此，非球形的雪花可以当作同体积的雪球处理。另外，还有两点需要提及：一是由于冰粒的 ε 值基本上与波长 λ 无关，水滴的 ε 值与波长 λ 关系密切。因此，形状的影响程度是否与波长有关，取决于粒子的相态。特别是当水滴的形状偏离球形较大时，波长 λ 对 ε 从而对极化系数的影响就不容忽视。二是当介电常数是复数时，极化系数 g、g' 一般也是复数；其虚部可以反映出相位关系。不过，从表2.2可见，除了在波长很短时虚部分量较大外，对于普通天气雷达这一影响并不重要。

(4)椭球体的散射功率与其相对于入射波电场的取向有关。当椭球粒子在空间的取向不同或者雷达波束发射的角度不同时，入射波电场沿 a、b、c 三个方向的分量 E_a、E_b、E_c 将不同。由(2.22)式可见，在椭球各轴方向感应出的偶极矩也各不相同，散射功率也就各不相同。例如，当入射电场和椭球体的长轴平行时，长轴方向产生的偶极矩和后向散射就最大。同时还需要指出，由于椭球体极化系数非均一的缘故，如果椭球体的轴与入射波的电场既不平行，又不正交时，散射波的电场除了有与入射波电场平行的分量(称作平行极化分量)外，还会有与入射波电场垂直的分量(称为正交极化分量)，而这一部分散射功率由普通天气雷达是接收不到的，因此，接收到的散射功率将减少。为了进一步说明这个问题，我们举一个最简单的例子。如图2.11所示，设椭球体的椭圆截面处在取向平面内，入射电场极化平面正好和取向平面垂直，入射电场 E_i 正好与椭球体的长轴相交45°。这时，在长轴和短轴方向受到相同的电场分量 $E_i\cos45°$ 的作用，但是由于长轴和短轴方向的极化系数不同，因此感生的偶极矩不同，两者合成以后的偶极矩方向就会偏向长轴方向，而不与入射电场相同。这时散射电场就不但有一般天气雷达能接收到的与入射电场平行的分量 $E_{S//}$，而且还有一部分是接收不到的与入射电场垂直的分量 $E_{S\perp}$。使用另外的天线接收这一部分垂直极化分量，将有助于我们了解散射粒子的形状，这将在后面的章节中介绍。

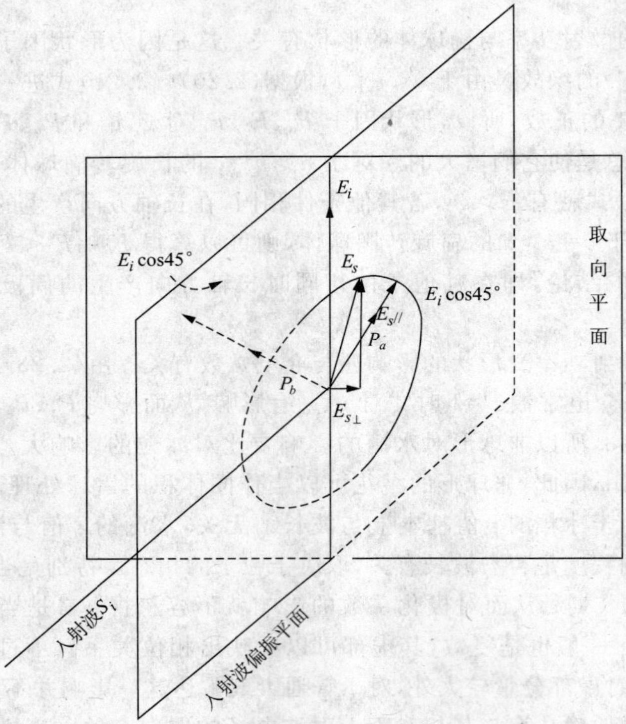

图 2.11　椭球粒子的极化

2.1.4.2　椭球体粒子群在空间任意取向时的散射

以上讨论的是单个椭球体的散射特性。实际上参与散射的粒子很多，由于乱流等的作用，在许多情况下，它们的取向是任意的，可以认为各种取向的机会相等，因此，总的平均散射功率将与粒子在空间相对于入射波的取向无关，而只取决于降水粒子的体积、旋转椭球体的长短轴之比 b/a 和介质的介电常数。

为了分析椭球粒子的散射和球形粒子散射有何不同，我们选择具有同样体积的球形粒子作比较，求取两者散射强度的比值。如令

$$\left.\begin{aligned}K_x &= \frac{I_x}{I_s} \\ K_y &= \frac{I_y}{I_s}\end{aligned}\right\} \tag{2.24}$$

其中 I_x、I_y 是椭球粒子后向散射强度 I 中的电场强度 E 在 x 和 y 方向上的分量 E_x 及 E_y 对后向散射强度的贡献。I_s 是同体积球形粒子的后向散射强度。从 K_x 和 K_y 大于 1 或小于 1 的程度可以了解椭球粒子散射比球形粒子散射强或弱的程度。

对于在空间任意取向的椭球粒子，入射波电场方向与 X 轴重合时，可以推算出

$$\left.\begin{aligned}K_x &= \frac{1}{5g_0^2}\left(g^2 + \frac{4}{3}gg' + \frac{8}{3}g'^2\right) \\ K_y &= \frac{1}{15g_0^2}(g - g')^2\end{aligned}\right\} \tag{2.25}$$

式中 g_0 表示球形柱子的极化系数，g、g' 的含义见(2.23)式。在这种情况下，K_x 的大小也反映了椭球体后向散射截面平行极化分量 $\sigma_{/\!/}$ 与同体积球形粒子后向散射截面 σ 的比值。

图 2.12 就是根据(2.25)式计算的结果绘制的。图中的纵坐标是 $\sigma_{/\!/}$ 与同体积的圆球形粒子的后向散射截面 σ 的比值 $\sigma_{/\!/}/\sigma$，称为“标准化散射强度”。横坐标是椭球体的主轴与同体积圆球形粒子的直径之比。由图可见：

(1)因 $\sigma_{/\!/}/\sigma$ 总是大于 1，所以与球形粒子相比，任意取向的椭球粒子的平行极化分量的后向散射截面都有不同程度的增大。

(2)同样形状的椭球粒子，由于水椭球的介电常数大，所以，水椭球的 $\sigma_{/\!/}/\sigma$ 比冰椭球的大很多。例如，对 3 和 10cm 波长的雷达，当水扁椭球的 a/b 值为 0.1 以及水长椭体的 a/b 值为 10 时，其 $\sigma_{/\!/}$ 要比同体积球形水滴分别增大 10 倍和 25 倍左右。但对非球形的干冰晶来讲，a/b 值即使小到 0.1 或大到 10，平行极化分量的后向散射截面最多增加到同体积冰球的 1.5 倍。不过，应该注意到，实际大气中水滴的变形很难保持例中所说的程度，而冰晶却可能。因此，一旦轴长比很大或很小的冰晶表面融化时，其散射可能大大增加。这时的情况大致可以用图 2.12 中“水”的曲线来表示。至于雪片，尽管可以维持很大或很小的轴长比，但由于其介电常数为 1，已在前面指出，形状因子基本不起作用，所以，其散射与同体积的雪球相同。

2.1.4.3　椭球体粒子群在空间呈一定取向时的散射

实际大气中，降水粒子在空间的取向并不都是任意的无规则的。例如，在风和乱流很小的情况下，受空气动力作用变成扁椭球体的大雨滴，就可能出现旋转轴普遍保持在垂直方向的情况；长椭球状的冰晶下落的过程中，长轴往往会保持在水平面上呈随机排

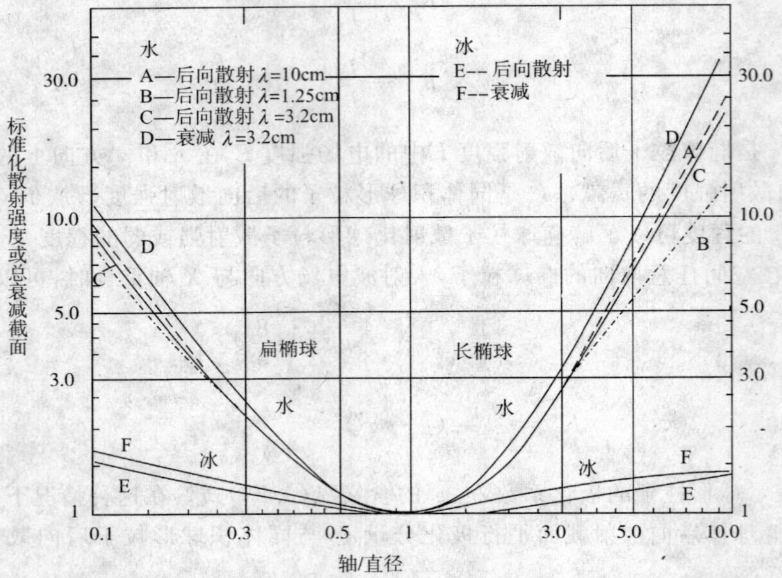

图 2.12 任意取向的水和冰椭球体平行极化后向散射和衰减截面与同体积球体之比

列。对于这种椭球粒子在空间有一定取向情况下的散射，Atlas 等也作了深入的研究。总的结论是，当椭球粒子有一定取向时，如长轴平行入射场的极化方向，则散射强度将比同体积的球大，当这些粒子的短轴平行于极化方向时，散射强度将比同体积的球小。这种现象水滴要比冰粒更加显著，而对低密度的雪片，这种差别就很不显著，以至可以不加考虑。至于具体的散射强度，则可根据粒子相对于雷达波入射方向和极化方向的取向进行计算。图 2.13 给出的是他们研究得出的垂直极化天线在垂直和水平指向这两个特定情况下，主轴垂直的扁椭球和主轴水平的长椭球粒子后向散射的平行极化分量相对于同体积球体后向散射的比值。图中，纵坐标为 $\sigma_{/\!/}/\sigma$，横坐标为主轴与直径之比。以纵坐标 1.0 处为界，上半部分为雷达天线垂直发射(天顶角为 0°)时的情况，下半部分为雷达天线水平发射(天顶角为 90°)时的情况。由图可见，对于轴垂直取向的扁椭球体，10cm 雷达波垂直发射垂直极化波时，椭球愈扁，a/b 值愈小，$\sigma_{/\!/}/\sigma$ 值愈大。对于最大雨滴最大可能保持的形变 $a/b=0.5$ 来说，$\sigma_{/\!/}$ 为同体积球形雨滴的 σ 的两倍。如果雷达波水平发射，则雨滴愈扁，$\sigma_{/\!/}/\sigma$ 值愈小。对 $a/b=0.5$ 的雨滴，$\sigma_{/\!/}$ 为同体积球形雨滴的 σ 的 40%。显然，天线指向不同时，会有不同的结果。对于主轴水平的长椭球体，也可以从图中查到相关的数据。

2.1.4.4 非球形粒子后向散射波的极化

前面已经提及，在许多情况下，非球形粒子的散射波，除了具有与入射波极化方向

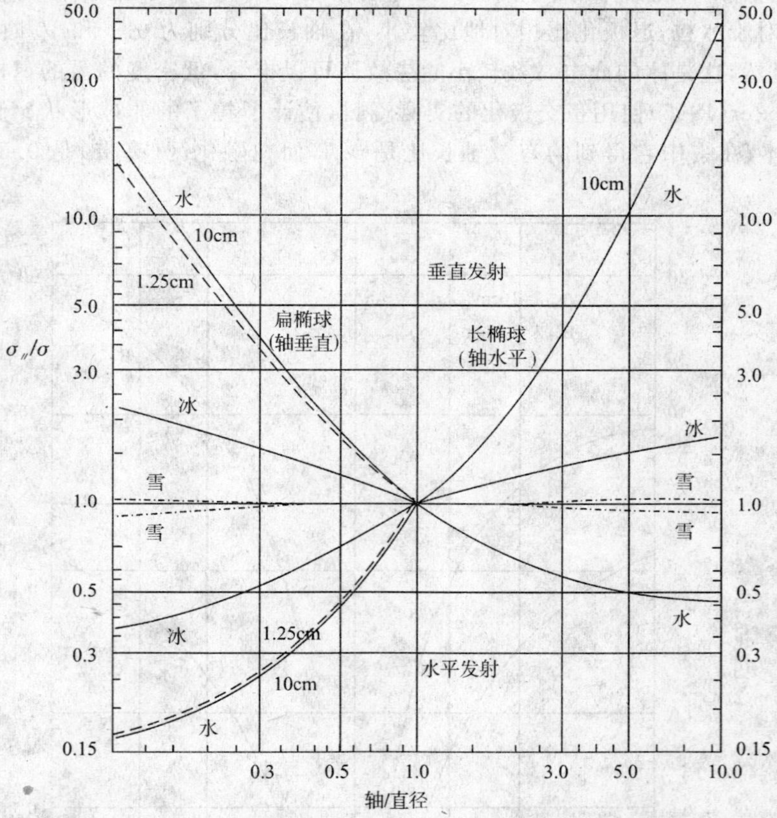

图 2.13　垂直极化天线在垂直和水平指向这两个特定情况下，一定取向粒子后向散射的平行极化分量相对于同体积球体后向散射的比值

一致的平行极化分量以外，还有正交极化分量。这种特性可以用来研究降水质点的形状。为此，雷达需要两组天线，其中一组天线用来发射和接收在一个平面里极化的能量，另一组天线用来接收垂直于发射波极化平面的平面里的正交极化能量，经过接收、放大，最后由两组天线接收的信号就能够计算出“退极化比”，也称为去极化率。所谓“退极化比”，就是正交极化信号强度（P_c）与平行极化信号强度（P_p）的比值。这个比值既可以用百分数表示，也可以用分贝数表示，即

$$D_p(\mathrm{dB}) = 10\lg\frac{P_c}{P_p} \tag{2.26}$$

图 2.14 是 Atlas 等(1953)计算的任意取向水和冰的非球形粒子群的退极化比。图中纵坐标是以百分数表示的退极化比，横坐标是轴长比。由图可见，退极化比都小于 1。

对于扁椭球体和长椭球体的水滴，轴长比分别接近 0.1 和 10 时，退极化比分别为 10% 和 30%。对于冰粒，退极化比相对地比较小，在轴长比分别为 0.1 和 10 时，退极化比为 3%。显然，这是冰的介电常数较小的缘故。可以推测，低密度的雪的退极化比可以忽略。Waxler(1955)使用正交极化的实测资料，估计了粒子的非球形状。假设散射粒子是椭球体，在雪中它得到的有效轴长比是 0.4，而在融化区（亮带）是 0.5，在雨中是 0.75。

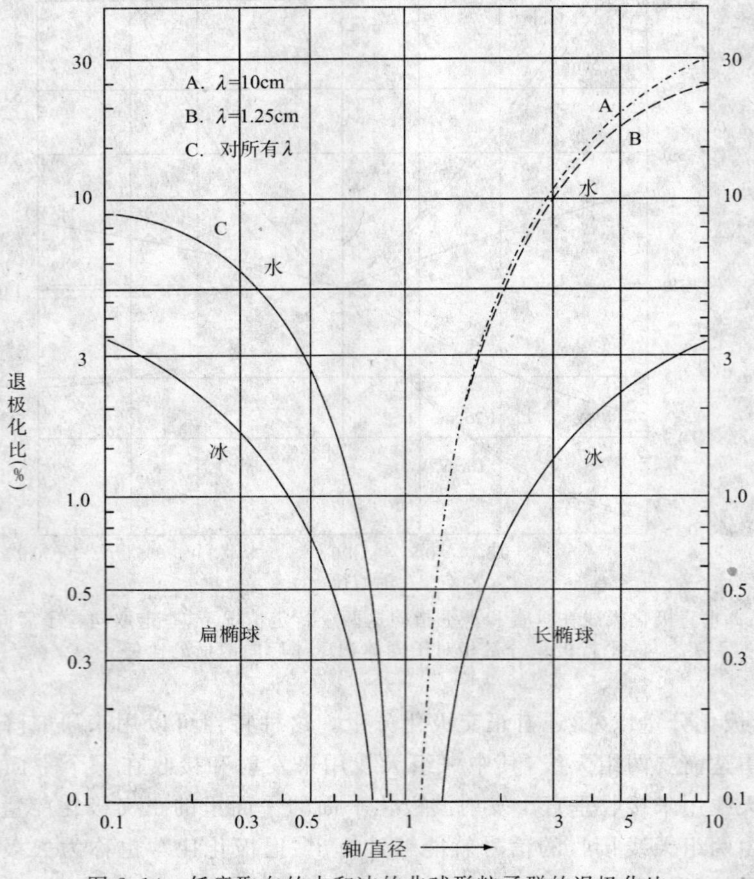

图 2.14　任意取向的水和冰的非球形粒子群的退极化比

使用圆极化波也可以研究降水粒子的形状和相态。圆极化波被球形粒子所散射的回波信号仍然是圆极化波，但是电向量旋转的方向相反。由于发射圆极化波的天线只能接收和发射同方向旋转的圆极化波，因此，圆球形粒子的返回散射功率，将不能被接收和探测。然而，圆极化波被椭球粒子散射的却是椭圆极化波。椭圆极化波可以看成是两个旋转方向相反、振幅不同的圆极化波组成的，这里振幅的差别决定于散射体的椭率。这两个信号的强度比，可以看成是粒子椭率的量度。用 P_{cs} 表示与发射的圆极化波相同旋转方向的后向散射圆极化信号，P_{ca} 表示与发射的圆极化波相反旋转方向的后向散射圆极化信号，两者之比的分贝值称为圆退极化比，即

$$圆退极化比 = 10\lg\frac{P_{cs}}{P_{ca}} \tag{2.27}$$

若采用的是可调极化雷达，即既可以发射圆极化波，又可以发射线极化波。那么当两种极化波照射到非球形粒子上时，分别接收到的回波信号以 P_c 和 P_p 表示，它们的比值的分贝数称为对消比，即

$$对消比 = 10\lg\frac{P_c}{P_p} \tag{2.28}$$

根据对消比的大小，也可以估计出非球形粒子的椭率。

Newell 等(1955)曾对雪、融化层和雨的对消比作过测量。测得的雪、融化层和雨的对消比，各自分布在不同的范围内。雪为－19～－13dB；融化层为－16～－7dB；雨为－19～－12dB。夏季阵雨和冬季降水的对消比很相像。没有发现对消比和信号强度之间有什么函数关系。因此可以认为，变形大的水滴应有大的信号强度。

Newell 等根据测得的对消比计算了相应的椭球的轴长比。假定粒子是扁椭球，他们得到的雪、融化层和雨的轴长比的代表值分别是 0.1、0.4 和 0.7。除了第一个数组以外，其余两个和 Waxler 根据正交极化测量估计的结果相似。

后来，Newell(1958)又比较了测量和计算的对消比。他对用黑布捕获的降落在雷达附近的非球形冻结雨滴进行了照相和计算，表明产生的对消比应为－7.0dB。这和观测所得的－6.5 和－8.0dB 非常一致。

因为冰雹的对消比比较大，许多学者对如何综合运用圆极化和线极化雷达在雨和弱雹中发现大冰雹的问题做了不少研究，得出了一些有用的结论。

§2.2　气象目标对雷达电磁波的衰减

天气雷达进行探测时，回波信号的强度除了与气象目标的散射能力有关外，还与传播路径上气象目标对电磁波的衰减有关。

当电磁波投射到大气分子、云和降水粒子上时，一部分能量将被粒子吸收，变成热能或其他形式的能量，这是电磁波能量被衰减的原因之一；另一部分能量将被粒子散射，使往前传播的电磁波能量受到削弱，这也是传播过程中电磁波能量被衰减的一个原因。因此衰减是吸收和散射两种作用的总和。

一般用衰减系数来描述目标物对电磁波衰减的强弱，其定义是：雷达波功率在目标

物中传播单位距离后，由于目标物衰减的作用所减少掉的分贝数，即

$$k=-10\lg\frac{P_r}{P_{r0}}$$

式中 P_{r0} 为无衰减时雷达波传播单位距离后的功率，P_r 为有衰减时雷达波传播单位距离后的功率，k 为衰减系数，其量纲为分贝/单位距离。

2.2.1 大气气体分子对雷达波的衰减

大气中气体分子对雷达波的衰减主要是由于吸收引起的，散射可以忽略不计。吸收雷达波的大气气体主要是水汽和氧气。Vleak 在理论上详细研究了这些气体对电磁波的吸收衰减。这些气体所以能吸收入射电磁波的能量，是因为每一个分子如同一个偶极子。水汽分子有一个固有的电偶极矩，氧气分子有一个固有的磁偶极矩。入射电磁波使这些分子按一定方式振动和转动。根据量子理论，每一个振动状态和一定的能级相对应。要维持分子在新的能级需要有一定的能量，它由(hf)确定，这里 h 是普朗克常数，f 是频率。这样在分子从低能级跃迁到高能级的时候，从入射波获取能量(hf)。当分子从高能级跃迁到低能级时，重新辐射出能量。不过再辐射时波的取向和位相都是任意的。因此，这种过程的净结果是入射波能量减小。这就是气体分子对电磁波的吸收衰减过程。下面具体讨论水汽和氧气的吸收情况。

水汽的吸收线在厘米和毫米波区域。已经发现水分子偶极矩的共振带的中心波长为 1.35cm，所以水汽对波长为 1.35cm 的电磁波吸收最强。另一簇谱线的中心接近 0.2cm。氧气的吸收主要表现为大量以接近 0.5cm 为中心的窄线。由于气压加宽效应，这些线趋于合并成一个带。图 2.15 给出了水汽和氧气衰减系数与波长(或频率)的关系。其中水汽的吸收曲线适用于平均水汽密度为 7.75g/m^3 的情况。氧气的吸收曲线是在温度 20℃和一个大气压的情况下得到的。

表 2.4 给出了水汽衰减系数与波长、温度、水汽密度、气压之间的关系。表 2.5 给出了波长为 0.7～10cm 时氧气衰减系数与气压、温度订正值。分析图 2.15、表 2.4 和表 2.5 中的曲线和数值可以看出：

(1)氧气和水汽的吸收衰减，总的趋势是随着电磁波波长的减小而增大。从图 2.15 中可见，除了水汽在波长为 1.35cm 处有一个衰减的极大值，在波长为 0.9cm 附近有一个极小值以及氧气在 0.5cm 波附近衰减系数可以达到 10dB/km，需要专门考虑外，波长大于 3cm 的衰减值已经小到可以忽略的程度，除非探测距离很长。如波长为 5cm 时，总的衰减大约是 0.008dB/km，只有在被测目标大于 62km 时才会产生 1dB 的衰减。

(2)从表 2.4 可见，水汽的衰减系数与水汽密度、大气压成正比，并随温度降低而缓慢增加。

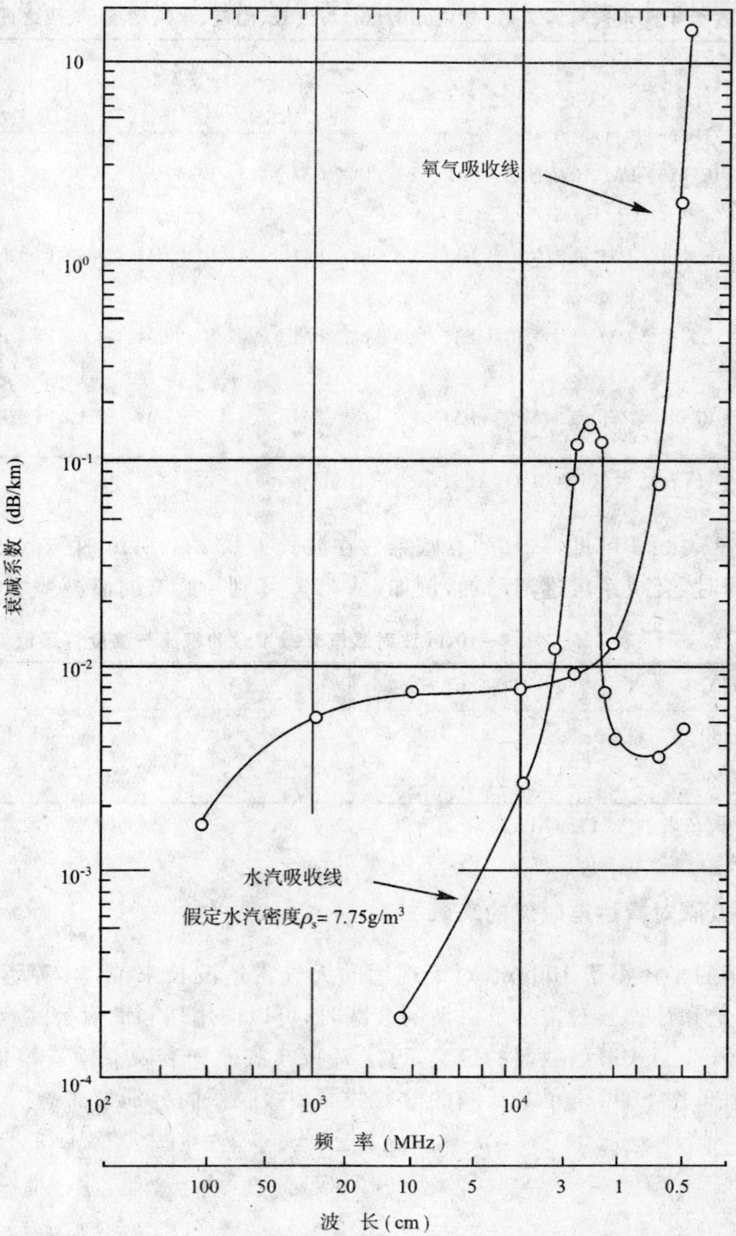

图 2.15　水汽和氧气的衰减系数与波长的关系

表 2.4　水汽衰减系数(单位:dB/km)与波长、温度、水汽密度、气压之间的关系*

t(℃) \ λ(cm)	10	5.7	3.2	1.8	1.24	0.9
20	$0.07\times10^{-3}PM$	$0.24\times10^{-3}PM$	$0.7\times10^{-3}PM$	$4.3\times10^{-3}PM$	$22.0\times10^{-3}PM$	$9.5\times10^{-3}PM$
0	$0.08\times10^{-3}PM$	$0.27\times10^{-3}PM$	$0.8\times10^{-3}PM$	$4.8\times10^{-3}PM$	$23.3\times10^{-3}PM$	$10.4\times10^{-3}PM$
−20	$0.09\times10^{-3}PM$	$0.30\times10^{-3}PM$	$0.9\times10^{-3}PM$	$5.0\times10^{-3}PM$	$24.6\times10^{-3}PM$	$11.4\times10^{-3}PM$
−40	$0.10\times10^{-3}PM$	$0.34\times10^{-3}PM$	$1.0\times10^{-3}PM$	$5.4\times10^{-3}PM$	$26.1\times10^{-3}PM$	$12.6\times10^{-3}PM$

* 表中 P 表示大气压(hPa),M 表示水汽含量(g/m³)。

(3)从表 2.5 可见,氧气的衰减系数在波长为 0.7～10cm 时与气压的平方成正比;温度下降时,衰减系数逐渐增加,例如,从 20℃降到−40℃时衰减要增加 78%。

表 2.5　0.7～10cm 波时氧气衰减系数的气压与温度订正值*

t(℃)	订正因子	t(℃)	订正因子
20	$1.00\times P^2$	−20	$1.45\times P^2$
0	$1.19\times P^2$	−40	$1.78\times P^2$

* 表中 P 表示大气压(hPa)。

2.2.2　云滴对雷达电磁波的衰减

云滴的半径小于 100μm,对于现用的天气雷达波长来说,均满足 $\alpha\ll1$ 的条件,因此,在讨论和计算云对雷达电磁波的衰减时,可以使用瑞利散射公式。

参照(2.5)式散射截面的定义,可定义吸收截面和衰减截面。根据电磁场理论,在瑞利散射条件下,可得单个云滴的散射截面和吸收截面分别为

$$Q_s=\frac{128\pi^5r^6}{3\lambda^4}\left|\frac{m^2-1}{m^2+2}\right|^2=\frac{2\lambda^2}{3\pi}\alpha^6\left|\frac{m^2-1}{m^2+2}\right|^2 \tag{2.29}$$

$$Q_a=\frac{8\pi^2r^3}{\lambda}\mathrm{Im}\left(-\frac{m^2-1}{m^2+2}\right)=\frac{\lambda^2}{\pi}\alpha^3\mathrm{Im}\left|-\frac{m^2-1}{m^2+2}\right| \tag{2.30}$$

(2.30)式中 Im 表示复数的虚部。表 2.2 中已经给出了不同温度、不同波长以及不同相态的 $\mathrm{Im}[-(m^2-1/m^2+2)]$。由于 $\alpha\ll1$,比较(2.29)式和(2.30)式,可见 $Q_s\ll Q_a$,

于是衰减主要由吸收造成，衰减截面 Q_t 近似等于吸收截面 Q_a，即

$$Q_t = Q_a = \frac{8\pi^2 r^3}{\lambda}\mathrm{Im}\left(-\frac{m^2-1}{m^2+2}\right) = \frac{\lambda^2}{\pi}\alpha^3 \mathrm{Im}\left|-\frac{m^2-1}{m^2+2}\right| \tag{2.31}$$

在电磁波传播路径上，云区中都有无数个云粒子，一般可推导得云的总衰减系数为

$$k_{tc} = \left[0.4343\,\frac{6\pi}{\lambda}\mathrm{Im}\left(-\frac{m^2-1}{m^2+2}\right)\right]M(\mathrm{dB/km}) \tag{2.32}$$

其中 M 表示云的含水量，单位是 $\mathrm{g/m^3}$。令

$$K_1^* = \left[0.4343\,\frac{6\pi}{\lambda}\mathrm{Im}\left(-\frac{m^2-1}{m^2+2}\right)\right]$$

则

$$k_{tc} = K_1^* M \tag{2.33}$$

上式中的 k_{tc} 即为液态云滴的衰减系数；K_1^* 是云中单位含水量的衰减系数，量纲为 $(\mathrm{dB/km})/(\mathrm{g/m^3})$。云中液态水含水量一般在 $10^{-1}\sim10^0\,\mathrm{g/m^3}$，积雨云可达 $10^0\sim10^1\,\mathrm{g/m^3}$。在冰云中含水量通常为 $10^{-2}\sim10^{-1}\,\mathrm{g/m^3}$。因此，当存在大片由液态水组成的含水量较大的云时，才需要考虑衰减的影响。

由于复折射指数 m 的值与波长 λ、温度 T 以及粒子的相态有关，因此，不论 $\mathrm{Im}[-(m^2-1)]/[m^2+2]$ 的值还是 k_{tc} 的值，都与波长 λ、温度 T 以及粒子的相态有关。表 2.6 是 Gunn 和 East(1954)给出的在不同波长、温度、粒子相态情况下的 K_1^* 值。在含水量不等于 $1\mathrm{g/m^3}$ 时，只要将表 2.6 中的 K_1^* 值乘上实际含水量 M，就得到相应的衰减系数 k_{tc}。

表 2.6 不同温度、波长、粒子相态情况下的 K_1^* 值(单程)

相态 \ 波长(cm)		0.9	1.24	1.8	3.2	5.0	10.0
水云	20℃	0.647	0.311	0.128	0.0483	0.0215	0.0054
	10℃	0.681	0.406	0.179	0.063	0.022	0.0056
	0℃	0.99	0.532	0.267	0.086	0.035	0.009
冰云	0℃	8.74×10^{-3}	6.35×10^{-3}	4.36×10^{-3}	2.46×10^{-3}		
	−10℃	2.94×10^{-3}	2.11×10^{-3}	1.46×10^{-3}	8.19×10^{-4}		
	−20℃	2.0×10^{-3}	1.45×10^{-3}	1.0×10^{-3}	5.63×10^{-4}		

由表 2.6 可知：

(1)液态云滴的衰减随波长增加而迅速减小。例如，当雷达波长不是3cm而是10cm时，衰减几乎减小了一个量级。

(2)液态云的衰减随温度降低而增大。例如，当温度由20℃降到0℃时衰减约增加1.5～2.0倍。

(3)对于10cm波长的雷达波，云的衰减非常小，可以忽略不计。5cm雷达波受云的衰减一般也可以忽略，但3cm雷达波穿过较长距离的云层时，要考虑衰减的影响。例如，当含水量为0.3g/m³的云的水平范围为100km时，若温度为20℃，则波长为10、5、3.2cm的雷达波将分别衰减0.32、1.29、2.90dB。

(4)冰云的衰减要比液态云的衰减小2～3个量级。如果再考虑到冰晶云的含水量通常只有0.1～0.01 g/m³，则冰云的实际衰减值要比表2.6中所列的值小得更多，完全可以忽略不计。冰云衰减小的原因是由于冰的介电常数小的缘故。

2.2.3 雨对雷达电磁波的衰减

雨滴的半径一般大于100μm，大的雨滴半径甚至可大于0.3cm，比云滴大得多，因此，在计算 Q_t、Q_s、Q_a 时一般不能用瑞利近似公式，而必须用米散射的关系式，即

$$Q_t = \frac{P_t}{S_i} = -\frac{\lambda^2}{2\pi}\mathrm{Re}\sum_{n=1}^{\infty}(2n+1)(a_n+b_n) \tag{2.34}$$

$$Q_s = \frac{P_s}{S_i} = \frac{\lambda^2}{2\pi}\sum_{n=1}^{\infty}(2n+1)(|a_n|^2+|b_n|^2) \tag{2.35}$$

$$Q_a = \frac{P_a}{S_i} = Q_t - Q_s \tag{2.36}$$

在(2.34)式中Re表示复数的实部。

2.2.3.1 雨滴的衰减截面 Q_t

用米散射理论的关系式计算衰减截面很复杂。实际应用时为了避免复杂计算，事先作出 Q_t(米)/ Q_t(瑞利)随不同的 α 值变化的关系曲线，如图2.16所示。

若雨滴直径为0.1cm，雷达波长为10cm，α=0.03，则由图2.16可见 Q_t(米)/ Q_t(瑞利)趋于1，说明10cm波长雷达对于直径小于0.1cm的雨滴的 Q_t，可以用瑞利近似式计算。对于3和1cm的雷达波，对0.1cm的雨滴其 α 值分别为0.1和0.3，这时 Q_t(米)/ Q_t(瑞利)分别为1.7和5.0。说明这时用瑞利近似公式计算出的衰减截面 Q_t(瑞利)与实际的衰减截面相比将有较大误差。

我们知道，直径大于0.1cm的雨滴是经常可以观测到的，所以若使用的是小于10cm波长的雷达，一般都应采用米散射公式来计算，或先求出 Q_t(瑞利)，再乘以 Q_t(米)/ Q_t(瑞利)，从而得到 Q_t(米)。

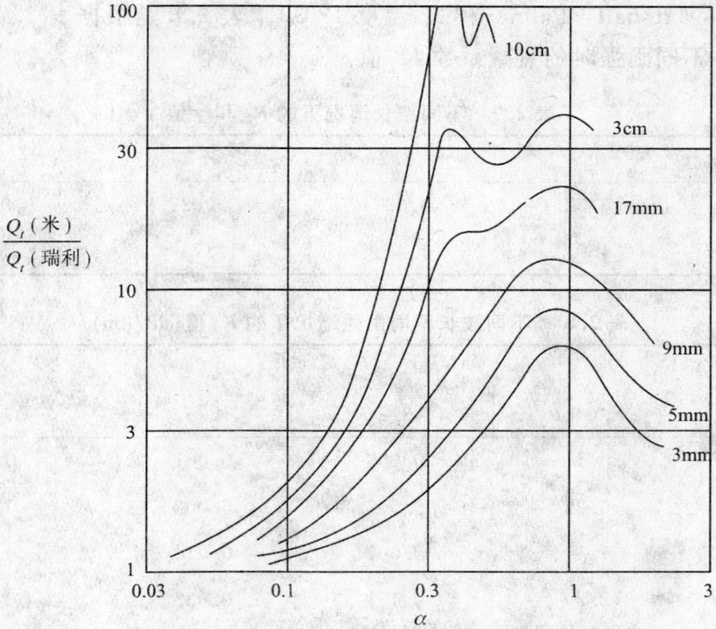

图 2.16　水球的 Q_t(米)/Q_t(瑞利)与 α 值的关系

前面已有提及,雨滴大到一定程度以后会产生形变,从而给衰减截面带来影响。显然,这时候雨滴的衰减截面还与雨滴粒子在空间相对于雷达波及其极化方向的取向有关。

2.2.3.2　雨的衰减系数 K_{tr} 与雨强 I 之间的关系

Gunn 和 East 以及 Hitschfeld 和 Bordan(1954)提出了雨的衰减系数 K_{tr} 与降水强度 I 之间的经验关系

$$K_{tr} = K_2 I^{\gamma} \tag{2.37}$$

其中 K_2 和 γ 都是与波长和温度有关的系数,并且因雨滴谱不同而有差异。上式也可写为

$$K_{tr} = K' I \tag{2.38}$$

式中

$$K' = K_2 I^{\gamma-1} \tag{2.39}$$

K' 可理解为单位降水强度(即 $I=1$mm/h)时的衰减系数,单位是(dB/km / mm/h)。但应注意 K' 也与降水强度有关。

表 2.7 是 Gunn 和 East 在 1954 年发表的不同波长情况下 K_2 和 γ 值研究结果(假

定雨滴谱符合 Marshall－Palmer 模式，温度 18℃）。表 2.8 是根据表 2.7 算得的常用的几种波长在不同雨强时的衰减系数 K_{tr} 值。

表 2.7　不同波长情况下的 K_2 和 γ 值

波长(cm)	0.9	3.2	5.7	10.0
K_2	0.22	0.0074	0.0022	0.0003
γ	1.0	1.31	1.17	1.00

表 2.8　不同波长不同雨强情况下的 K_{tr} 值(dB/km)

雨强 (mm/h)	波长(cm)			
	0.9	3.2	5.6	10.0
0.5	0.11	0.003	0.001	0.00015
1	0.22	0.007	0.002	0.0003
5	1.1	0.061	0.014	0.0015
10	2.2	0.151	0.033	0.003
20	4.4	0.375	0.0732	0.006
50	11	1.25	0.214	0.015
100	22	3.08	0.481	0.030
200	44	7.65	1.083	0.060

从表 2.7 和表 2.8 可以看出，随着波长的增加，雨对雷达波的衰减迅速减小。当波长等于 10cm 时，甚至雨强达到 100mm/h，衰减系数也只有 0.03dB/km。但是波长为 3cm 时，衰减相当严重，往返穿过距离为 100km、雨强为 10mm/h 的降水区，回波信号的衰减可达 30dB。波长为 5.7cm 的雷达波，在上述情况下，回波信号的衰减则为 6dB 多。

衰减系数还因雨滴谱的不同而有所差异。实际上雨滴谱不但与降水的性质有关，还与各地的地理环境有一定关系。因此，如果需要作精确的计算，还应根据当地的实测资料统计出适合本地的经验数据，供实际应用。

最后应该指出，由于雨滴谱和降水强度在雷达波束所经过的路径上往往并不相同，因此，要作精确计算时，必须分段进行考虑。

2.2.4　雪对雷达波的衰减

雪片的形状比较复杂，要进行精确的理论计算比较困难。所以对雪的研究，只能将其形状加以简化。如果雪是干的，而且密度较小，这时形状因子起的作用很小，可以作为球形粒子来处理。若这种球的直径比波长小得多，就可以应用瑞利近似公式来计算它的衰减系数。也可以通过对实测资料的分析，找出雪的衰减系数 K_{ts} 和降水强度之间的经验关系。

在 0℃时干雪散射引起的衰减可以表示为

$$K_{ts(s)} = 3.5 \times 10^{-2} \frac{I^2}{\lambda^4} \tag{2.40}$$

在 0℃时干雪吸收引起的衰减可以表示为

$$K_{ts(a)} = 2.2 \times 10^{-3} \frac{I}{\lambda} \tag{2.41}$$

将(2.40)和(2.41)式相加，就获得干雪在 0℃时的衰减系数 K_{ts} 为

$$K_{ts} = 3.5 \times 10^{-2} \frac{I^2}{\lambda^4} + 2.2 \times 10^{-3} \frac{I}{\lambda} \tag{2.42}$$

表 2.9 列出了由(2.42)式计算得到的，在几个不同波长和不同降水强度时干雪的衰减系数值。从表中可以看出，对 10cm 波长的雷达波，干雪的衰减完全可以忽略；比 10cm 短的波长，降水强度和距离较大时，衰减值就不能简单忽略不计，但它仍比雨的衰减要小。

表 2.9　低密度雪在 0℃时的单程衰减系数(dB/km)

波长(cm) \ 降水强度(mm/h)	1	10	100
1.8	0.0046	0.344	33.5
3.2	0.0010	0.040	3.41
10.0	0.00022	0.0026	0.057

如果干雪降到 0℃以上的气层时，就会变成湿雪。湿雪的衰减要比干雪大。原因是湿雪外面包有一层水膜或者成为冰水均匀混合体，并且这时形状因子的影响不容忽视。正如第一章中曾经指出的，包有一薄层水膜的小冰球粒子，其雷达截面近似与同样体积的小水球相等。另外，雪片可以看作是扁椭球，其轴长比最小可以小于 0.1。这时，如果把干雪看作扁的干冰粒，其衰减截面将为同体积球形冰粒的 1.5 倍。如果把湿雪看成扁的水椭球，其衰减截面将为同体积水球粒子的 10 倍左右(见图 2.12)。因此，湿雪的衰减要比干雪大得多。例如，在波长为 3.2cm 时，若降水强度 I=10mm/h，用表 2.8 和表 2.9 相比可知，在球形情况下，湿雪的衰减接近干雪衰减的 4 倍。若再考虑形状因子的影响，湿雪的衰减还要大 10 倍。但应指出，图 2.12 的结果只适用于任意取向

的粒子。而雪片由于其长轴几乎是水平的，有取向一致的趋势。因此，若用水平极化波雷达作近于水平发射时，雷达波束受到的衰减将比上面指出的更大；若用的是垂直极化波雷达，衰减就会比上面指出的要小。

2.2.5　冰雹对雷达波的衰减

冰雹对雷达波的衰减比云、雨要严重得多。由于冰雹的尺度较大，因此，冰雹的衰减必须用米散射理论公式来计算。

2.2.5.1　大球形粒子的衰减

如果大球形粒子完全由液态水组成，对于波长为 3.2 和 5.5cm 的雷达波，其标准化衰减截面 Q_{tw}^* 随 α 的变化可参看图 2.17。由图中实曲线可见，Q_{tw}^* 值开始是随 α 变大而增加到数值 3，α 再增大，Q_{tw}^* 值就缓缓地减小，$\alpha=5$ 时，Q_{tw}^* 值减小为 2.5。另外，从图中的虚线及其上标出的数值可以看出，在 $\alpha>1$ 时，波长 5.5 和 10cm 时的衰减截面，与

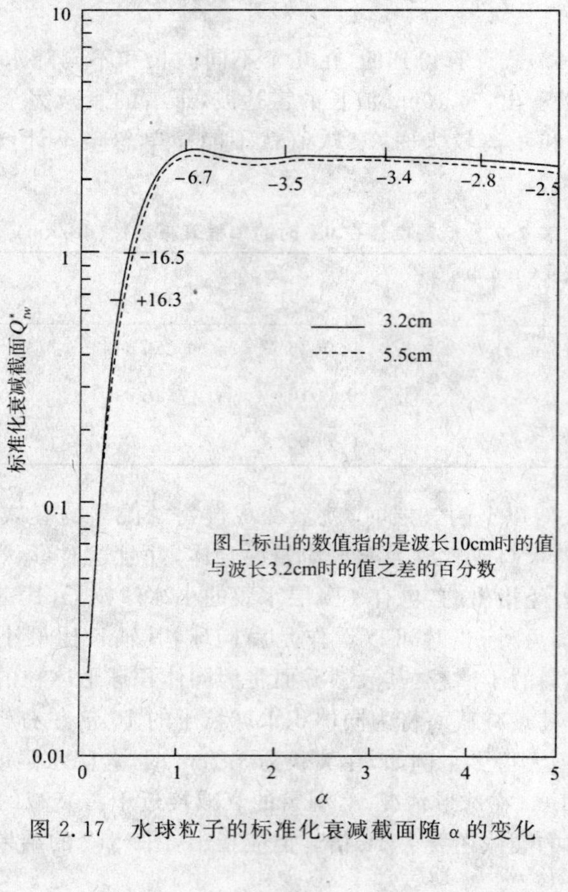

图 2.17　水球粒子的标准化衰减截面随 α 的变化

3.2 cm 时的衰减截面之差在 5%之内。

对于大的冰球，其标准化衰减截面 Q_{ti}^{*} 随 α 的变化情况可以参看图 2.18。由图可见，干冰球的标准化衰减截面 Q_{ti}^{*} 可以比水球时的要大，特别是 α 值在 2 与 3 之间时，可以使 Q_{ti}^{*} 值接近于 5，即约为同体积水球的 Q_{tw}^{*} 值的两倍。但当 α 值变得非常大时，Q_{ti}^{*} 值就接近于 2。

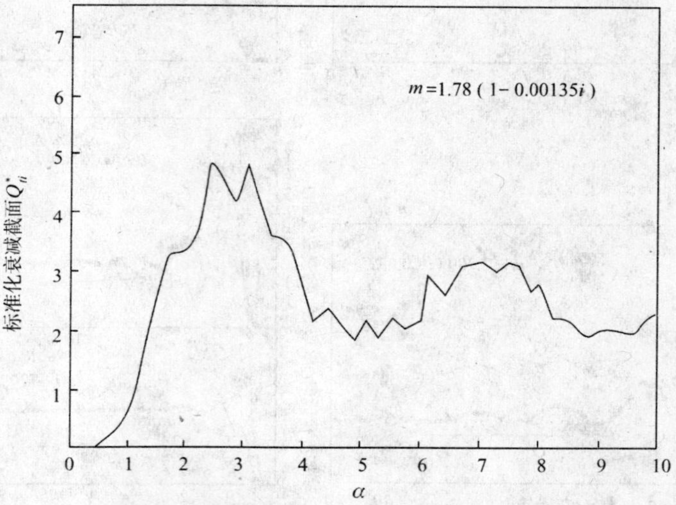

图 2.18　冰球粒子的标准化衰减截面随 α 的变化

对于冰水混合的海绵状冰球，其标准化散射截面、标准化吸收截面和标准化衰减截面随 α 的变化可以参看图 2.19。尽管如前面已经提到的，这时用于计算的复折射指数如何确定还是一个问题，但是，所得的结果对于了解衰减截面中散射和吸收的贡献程度还是可以的。从图中可见，当海绵冰球中 90%是冰组成时，衰减几乎都是散射引起的；只有 10%是冰时，吸收引起的衰减变得十分重要。另外，从图中还可以看出，冰球中的含冰量愈多，衰减截面随 α 增大而振荡愈显著。

对于外包水膜的湿冰球的标准化衰减截面随水膜厚度和波长的变化情况，可以参看图 2.20。由图可见，只要整个球的直径小于 $\lambda/2$，水膜厚度在 0.01～0.05cm 范围内，标准化衰减截面 Q_{t}^{*} 随 α 变大将很快变大。

2.2.5.2　冰雹的衰减系数

以上讨论的只是单个冰雹的衰减。对于一块冰雹云或者是一个冰雹区引起的衰减，则要计算它们的衰减系数。然而，由图 2.18～图 2.20 可以明显看出，对于直径

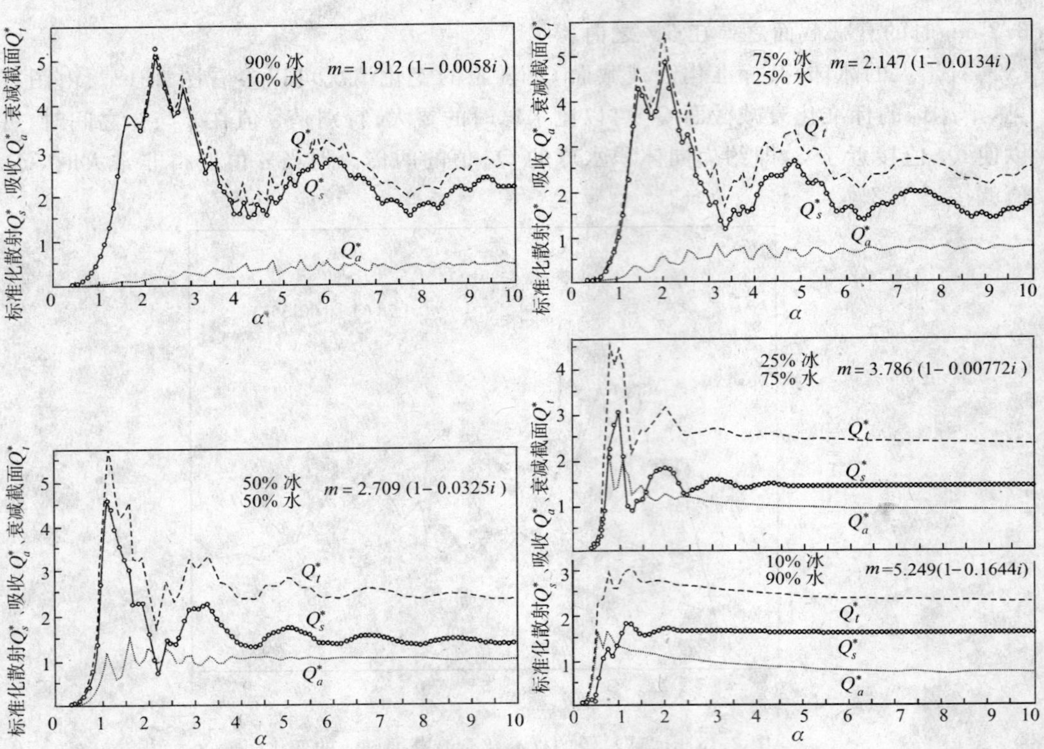

图 2.19　海绵冰球的标准化吸收截面、散射截面和衰减截面

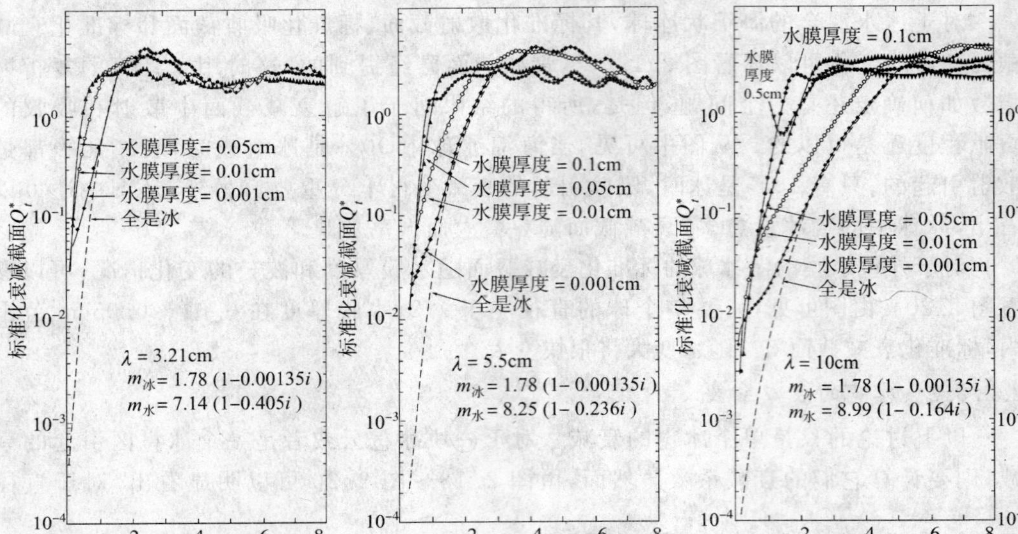

图 2.20　包有一层均匀水膜冰球的标准化衰减截面

在几毫米到几厘米范围内的冰球，衰减截面不可能写成 α 的简单表达式，再加上冰雹的形状比雨滴更不规则，复折射指数也不易确定，所以衰减系数的精确计算是困难的。尽管如此，我们还是可以根据已知的或者假定的冰球的组成、折射指数以及粒子大小的分布，应用米散射公式计算出衰减系数的近似值，从而获知雹暴引起的衰减程度。

关于冰雹的尺度谱，Douglas(1964)提出，若某些雷暴中的含水量归一化为 1g/m³，则可以用下式表示：

$$N_D = N_0 e^{-3.09D} \tag{2.43}$$

式中 D 为冰雹的直径，范围是 0～4cm，N_D 是直径在 $D \sim D+\Delta D$ 之间的冰雹数目，单位是 $m^{-3} \cdot cm^{-1}$。这里 $\Delta D = 0.32$cm；N_0 是常数，等于 $31m^{-3}cm^{-1}$。知道了 N_D 和 Q_t 与 D 的函数关系，并设定冰雹最大直径 D_{max} 后就可以计算出作为冰雹最大直径、冰雹外层水膜厚度以及波长的函数的衰减截面值，然后可求出冰雹的衰减系数 K_{th}。图 2.21 就是 Battan(1971)计算的结果。由图可见，当冰雹可以近似地看作球形时，衰减是很可观的。特别是当外面包有一层水膜时衰减值更大。一些有代表性的数据同时列在了表 2.10 中。从表中可以看出，冰雹对 3cm 雷达波的衰减相当严重，在有些情况下，双程衰减可以达到 8dB/km。对 5cm 波长的雷达波，衰减也很大。

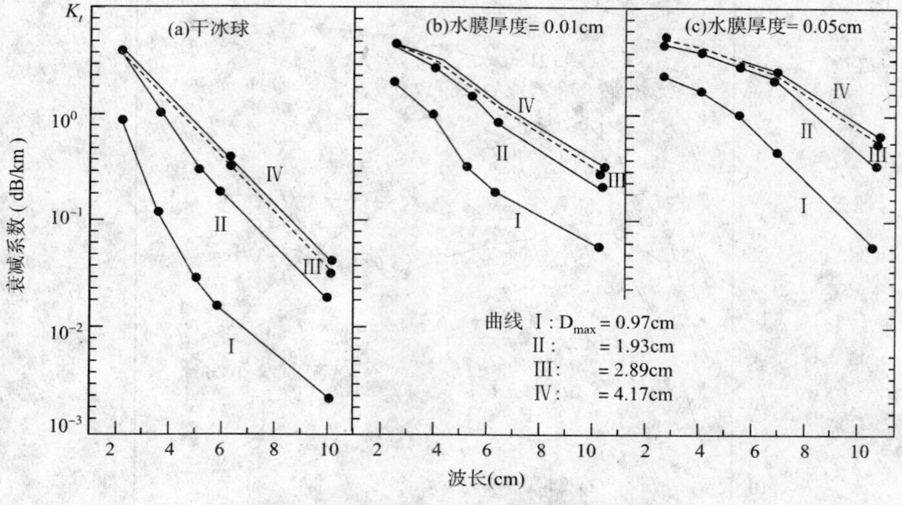

图 2.21　干冰球和外包水膜冰球的衰减系数

表 2.10 冰雹的单程衰减系数(dB/km)

分布	D_{max} (cm)	波长 3.21cm				波长 5.5cm				波长 10.0cm			
		水膜厚度											
		干	0.01	0.05	0.10	干	0.01	0.05	0.10	干	0.01	0.05	0.10
Ⅰ	0.97	0.12	0.91	1.68	1.50	0.015	0.19	0.56	0.94	0.002	0.051	0.058	0.080
Ⅱ	1.93	1.21	3.01	3.72	3.49	0.18	0.79	2.48	2.30	0.017	0.15	0.34	0.89
Ⅲ	2.89	1.66	3.46	4.03	3.79	0.33	1.12	2.82	2.60	0.034	0.19	0.60	1.18

图 2.21 中几条曲线表明，在冰雹的尺度谱符合(2.43)式分布时，超过 2cm 直径的冰球对衰减的贡献几乎不再增加，Ⅲ、Ⅳ两条曲线靠得很近。其原因可以由图 2.22 加以说明。图 2.22 中的细曲线表示衰减截面 Q_t 随球的直径、波长不同而变化的情况。作为直径 D 的函数的 N_D 值也在图中用阶梯状的虚线绘出。$N_D Q_t$ 是每个 D 间隔(ΔD=0.32cm)对衰减的贡献。由图可见，在直径小于 0.5cm 时，Q_t 值很小，所以，$N_D Q_t$ 值也很小；当直径超过 2cm 时，N_D 数目明显变小，尽管 Q_t 仍是增大的，$N_D Q_t$ 值还是明显减小。因此可知，在冰球包有 0.01cm 厚的水膜的情况下，大部分雷达波的衰减是由于直径在0.5～2.0cm 的冰球造成的。这就解释了图 2.21 中几条曲线为什么在 D_{max}>2cm 时靠得很近。

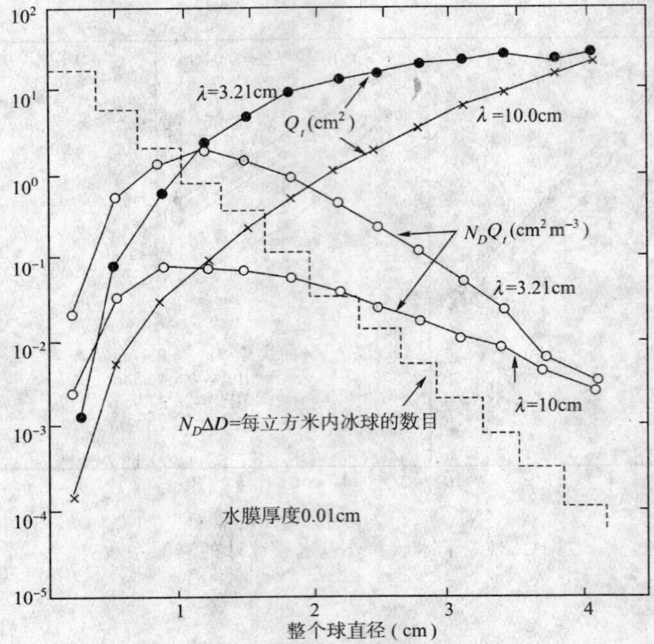

图 2.22 Q_t 和 $N_D Q_t$ 值随 D 的变化

综上所述，冰雹对雷达波的衰减比起其他降水粒子要严重得多。因此，当雷达波束通过冰雹云以后，会受到比较严重的衰减，雹云后面的云雨回波往往会"变"得很弱，甚至探测不到，造成回波范围和强度分布的失真。特别严重时，还会在雹云远离雷达的一侧出现如图 2.23 所示的"V"形缺口。在分析回波时，如果发现这样的"V"形缺口，一方面要注意，缺口后面可能还有回波；另一方面，"V"形缺口本身也是判定强冰雹云的一个重要标志。

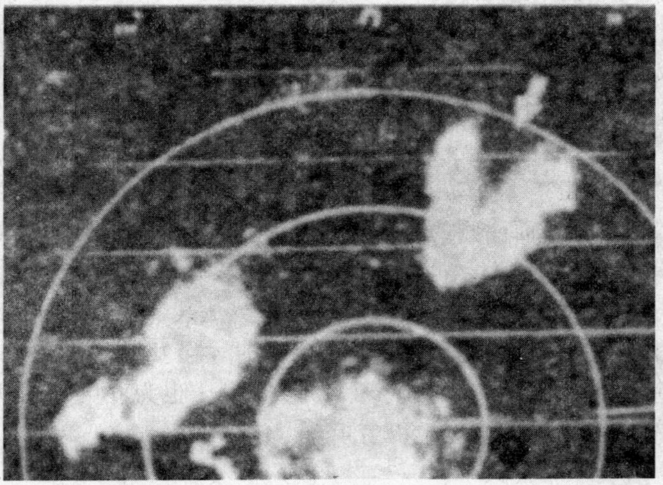

图 2.23　强冰雹云造成的"V"形缺口

§2.3　电磁波在大气中的折射

电磁波在真空中是以约 3×10^8 m/s 的速度直线传播的。但是在大气中，由于气象要素的不均匀分布，电磁波会出现明显的曲线传播现象。这种现象称为电磁波在大气中的折射。

本节将从折射现象的物理本质着手，引进折射指数、介电常数等概念，进一步讨论球面分层大气中的折射定律、折射指数与气象要素的关系、折射指数随高度变化和水平分布非均一对射线以及雷达探测的影响。至于波长较长的电磁波（如无线电通信的短波、中波），在大气中传播时主要受电离层的影响，和属于超短波、微波的雷达波大不一样，本节不作讨论。

2.3.1 球面分层大气中的折射定律

2.3.1.1 折射现象的物理原因和折射定律

折射现象是由于电磁波在不均匀介质中传播速度不同引起的。如图 2.24(a),设 t_0 时刻电磁波的前沿处于介质 1 中的 AB 位置。t_1 时刻前沿上的 B 点以介质 1 中的传播速度 v_1 到达 D 点。这样,在 $\Delta t=t_1-t_0$ 时段内 B 点移动的距离就是 $BD=(t_1-t_0)v_1$。而在同一时段 Δt 内,电磁波前沿上的 A 点在介质 2 中以速度 v_2 传播,它的移动距离为 $AC=(t_1-t_0)v_2$。由于 v_1 大于 v_2,所以有 $BD>AC$。由此引起电磁波的前沿由 t_0 时刻的 AB 变成了 t_1 时刻的 CD。图中 AD 为介质 1 和介质 2 的分界面,FG 为垂直于 AD 的法线。与 t_0 时刻的电磁波前沿 AB 垂直的线 SA,称为入射线,它与法线的夹角 i 称为入射角;与 t_1 时刻的电磁波前沿 CD 垂直的线 AE 称为折射线,它与法线的夹角 r,称为折射角。显然,由于 $v_1>v_2$ 导致入射角 i 大于折射角 r,从而产生了射线折向法线的折射现象。如果分界面两侧的介质的性质是另外一种情况,即介质 1 中的传播速度 v_1 小于介质 2 中的传播速度 v_2。这时,电磁波从介质 1 进入介质 2 后,如图 2.24(b)所示,导致折射角 r 大于入射角 i,即射线将折离法线。需要指出,这种折射现象必须是在电磁波斜向通过两个不同性质介质的界面时才会发生。如果电磁波入射方向与介质的分界面垂直,即入射角 i 等于 0。那么,折射角 r 也为 0,尽管在两种介质中电磁波的传播速度仍然不同,但不会发生折射现象。

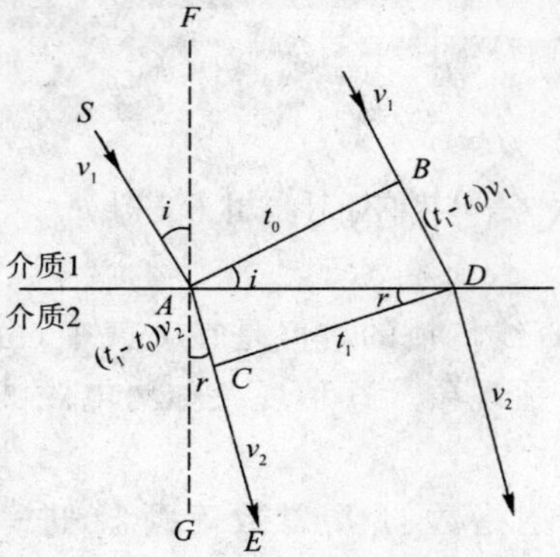

(a) $v_1>v_2$

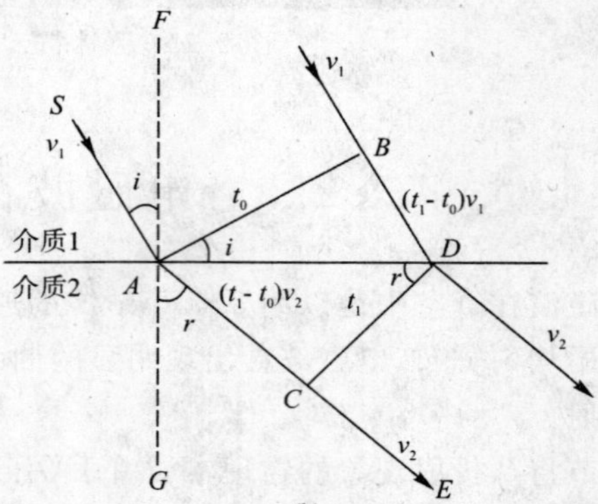

(b) $v_1<v_2$

图 2.24 电磁波的折射示意图

根据图 2.24,可以得出入射角和折射角的大小与传播速度之间的定量关系为

$$\frac{\sin i}{\sin r}=\frac{v_1}{v_2} \tag{2.44}$$

这就是折射定律。

大气折射就是起因于电磁波在大气中传播时传播速度的变化。而电磁波在大气中的传播速度及其变化是和大气的折射指数和介电常数密切相关的。

2.3.1.2　折射指数和介电常数的关系

用麦克斯韦方程组研究平面波时可得到

$$v = \frac{1}{\sqrt{\varepsilon' \mu'}} \tag{2.45}$$

其中 v 是电磁波在某种均匀介质中的传播速度，ε' 和 μ' 是该介质的绝对介电常数和绝对导磁系数。而介质的折射指数 n 通常定义为

$$n = \frac{c}{v} \tag{2.46}$$

式中 c 是电磁波在真空中的传播速度，并同样地有

$$c = \frac{1}{\sqrt{\varepsilon_0 \mu_0}} \tag{2.47}$$

式中 ε_0 和 μ_0 分别是真空的绝对介电常数和绝对导磁系数。把(2.45)和(2.47)式代入(2.46)式，即得：

$$n = \frac{\sqrt{\varepsilon' \mu'}}{\sqrt{\varepsilon_0 \mu_0}} = \sqrt{\varepsilon \mu} \tag{2.48}$$

式中 $\varepsilon = \varepsilon'/\varepsilon_0$ 称为介质的相对介电常数，简称介电常数；$\mu = \mu'/\mu_0$ 称为介质的相对导磁系数，简称导磁系数。对于大多数介质，其导磁系数近似等于 1，故(2.48)式又可简化为

$$n^2 = \varepsilon \tag{2.49}$$

此式表达了折射指数和介电常数之间的关系。

需要指出，折射指数最普遍的形式是复数，这在前面已经用到过，即

$$m = n - ik \tag{2.50}$$

式中 m 称为复折射指数，而 n 就是普通折射指数，虚部 k 是取决于电磁波在介质中传播时衰减情况的一个系数。衰减已在前面作过讨论，不再涉及这个问题，因此只讨论折射指数 n。

2.3.1.3　球面分层大气的折射定律

利用(2.46)和(2.49)式，(2.44)式又可写成

$$\frac{\sin i}{\sin r} = \frac{v_1}{v_2} = \frac{n_2}{n_1} = \frac{\sqrt{\varepsilon_2}}{\sqrt{\varepsilon_1}} \tag{2.51}$$

也可写成

$$n_1 \sin i = n_2 \sin r \tag{2.52}$$

这就是平面分层介质的折射定律。然而,地球大气是一个球面。球面分层大气中的折射定律与上式略有不同。如图 2.25 所示,设大气为球面分层,折射指数仅为高度的函数,把大气分为一层层足够薄的同心球层,各层的折射指数分别为 n_1、n_2、…。电磁波射线在每一层中均呈直线传播,而在各层分界面上发生折射。射线在各层的入射角分别为 i_1、i_2、…,折射角分别为 r_1、r_2、…,则在各分界面上有

$$\left.\begin{aligned} n_1 \sin i_1 &= n_2 \sin r_2 \\ n_2 \sin i_2 &= n_3 \sin r_3 \\ &\cdots\cdots \end{aligned}\right\} \tag{2.53}$$

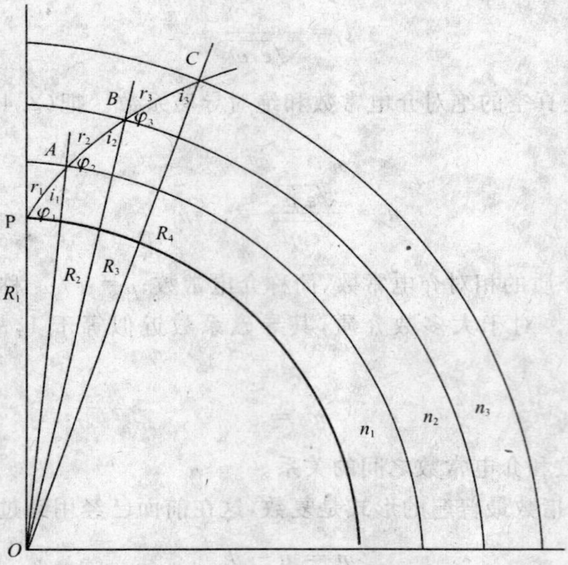

图 2.25　球面分层大气中雷达射线的折射

在以地球为中心的各三角形中有

$$\begin{aligned} &\text{对 } \Delta OPA: \quad \frac{R_1}{\sin i_1} = \frac{R_2}{\sin r_1} \\ &\text{对 } \Delta OAB: \quad \frac{R_2}{\sin i_2} = \frac{R_3}{\sin r_2} \\ &\cdots\cdots \end{aligned} \tag{2.54}$$

将(2.54)式代入(2.53)式，有

$$n_1 R_1 \sin r_1 = n_2 R_2 \sin r_2$$

$$n_2 R_2 \sin r_2 = n_3 R_3 \sin r_3 \tag{2.55}$$

$$\cdots\cdots$$

一般而言，就有

$$nR \sin r = 常数 \tag{2.56}$$

由于 $\varphi + r = \frac{\pi}{2}$，所以(2.56)式也可写成

$$nR \cos\varphi = 常数 \tag{2.57}$$

上式中，R 为地球中心到各大气薄层之间的距离，φ 为射线与各大气薄层的夹角。这就是球面分层大气中的射线轨迹方程，常称斯涅尔(Snell's)定律。

2.3.2　大气折射指数的不均匀分布与雷达波射线曲率之间的关系

2.3.2.1　大气折射指数与温、压、湿的关系

根据极化理论，以及理想气体状态方程，可以导得大气折射率 N 单位为：

$$N = (n-1)10^6 = \frac{A}{T}\left(P + \frac{Be}{T}\right) \tag{2.58}$$

其中 A、B 由演算过程中所有的系数项合并而成，T 是绝对温度，P 为大气压，e 为水汽压。若电磁波波长在 2～300 cm 之间，那么有 $A=77.6$，$B=4810$。于是得到超短波在大气中传播时，大气折射指数与气象因子温、压、湿之间的关系式为

$$N = (n-1)10^6 = \frac{77.6}{T}\left(P + \frac{4810e}{T}\right) \tag{2.59}$$

其中 $N=(n-1)10^6$，称为折射指数的 N 单位。采用这种单位的原因是大气的 $(n-1)$ 值太小，应用起来不方便。

必须指出，在推求(2.59)式时，认为大气是洁净的，即只考虑到干空气和水汽，而没有考虑其他杂质、云雨滴的影响，不过它们对 N 值的影响不大，通常不会超过 1%。另外，不同的实验和不同的时间求得的 A、B 系数也有一些差异。

在实际大气中，一般 P、e 都是随高度增加而减小的，根据(2.59)式可知，由此将引起 N 值随高度减小；而气温一般也是随高度减小的，由此又会引起 N 值随高度增加。但是，由于气压随高度呈指数减小，而温度随高度呈线性减小，两者综合的结果，前者的影响大。所以，在一般情况下，大气折射指数是随高度减小的。由此根据斯涅尔折射定律可知，以一定仰角向上发射的电磁波的传播路径通常是微微向地球表面弯曲的。当

然，大气温、压、湿的垂直分布以及水平分布，不同的时候往往会出现复杂的情况，因此，射线的路径也会相应出现各种复杂的情况，进而影响到雷达探测的结果。

2.3.2.2　射线曲率与折射指数垂直梯度的关系

我们设想大气由许多厚度为 dh 的平行薄层构成，下面一层空气的折射指数为 n，上面一层的折射指数为 $n+\mathrm{d}n$，i 为电磁波的入射角，$i+\mathrm{d}i$ 为电磁波的折射角，$\overline{MM'}$、$\overline{M'M''}$是电磁波的射线。因 dh 很小，$\overline{MM'}\approx$弧 MM'，$\overline{M'M''}\approx$弧 $M'M''$，都用 ds 表示。见图 2.26。

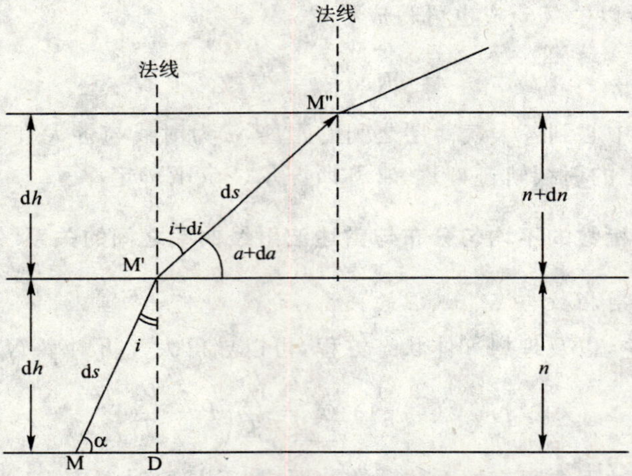

图 2.26　大气折射指数 n 的垂直分布和射线曲率的关系

在数学中，关于曲率 K 的定义为

$$K = \frac{\mathrm{d}\alpha}{\mathrm{d}s} \tag{2.60}$$

(2.60)式同时表明，$K>0$ 时，曲线凹向法线的正向，$K<0$ 时，曲线凹向法线的负向。为了讨论问题的方便，我们定义 K 为

$$K = \frac{\mathrm{d}i}{\mathrm{d}s} \tag{2.61}$$

由于 $\alpha=\frac{\pi}{2}-i$，$\alpha+\mathrm{d}\alpha=\frac{\pi}{2}-(i+\mathrm{d}i)$，则有

$$\mathrm{d}\alpha = -\mathrm{d}i$$

可见(2.61)式仅与(2.60)式差一个负号，表明按(2.61)式定义曲率，$K>0$ 时，曲线凹向法线的负向，$K<0$ 时，曲线凹向法线的正向。在 $\Delta MM'D$ 中有

$$\frac{dh}{\cos i} = ds$$

代入(2.61)式有

$$K = \frac{di}{dh}\cos i \tag{2.62}$$

另外，由(2.52)式有

$$n \sin i = (n + dn)\sin(i + di)$$

展开并略去二阶小量，同时考虑到当 di 很小时，$\sin di \approx di$，$\cos di \approx 1$，可得

$$n\, di \cos i + dn \sin i = 0$$

$$di = -\frac{dn \sin i}{n \cos i}$$

把上式代入(2.62)式，得

$$K = -\frac{\sin i}{n}\frac{dn}{dh} \tag{2.63}$$

上式即为雷达电磁波射线曲率与折射指数随高度变化之间的关系式。

考虑到雷达探测天气时，天线仰角一般接近于 0°，这时 $i \approx 90°$，$\sin i \approx 1$。同时近地面的大气折射指数 n 一般在 1.0003 左右。所以，(2.63)式可以简化为

$$K = -\frac{dn}{dh} \tag{2.64}$$

上式说明射线曲率在数值上等于大气折射指数的垂直梯度。当$(dn/dh) < 0$ 时，$K > 0$，根据(2.61)式的定义可知，射线将向下弯曲偏向地球表面。当$(dn/dh) > 0$ 时，$K < 0$，则射线将向上翘起偏离地球表面。

2.3.2.3　等效地球半径

大气折射造成雷达波在地球表面曲线传播的现象给实际绘图、计算和分析工作带来了不便。为此，希望在计算时，能把雷达射线画成直线，而又不影响各种计算的结果。为了满足这个要求，就要想办法使射线与地球表面之间的相对曲率保持不变。即如果原来射线是向地表弯曲的，现在要把它画成直线，就必须设想地表要相应地向上抬起，使得在不同水平距离上射线与地表之间的距离保持和原来一样。这个设想的地球表面对应的就是一个等效地球半径，用 R'_m 表示。也就是说，如果以等效地球半径来绘制地球表面，那么，就可以用直线来表示在它上面传播的射线。当然，随着大气折射情况的不同，射线的弯曲程度不同，等效地球半径也将不同。下面就来讨论等效地球半径与地球半径、大气折射指数的垂直分布之间的关系。

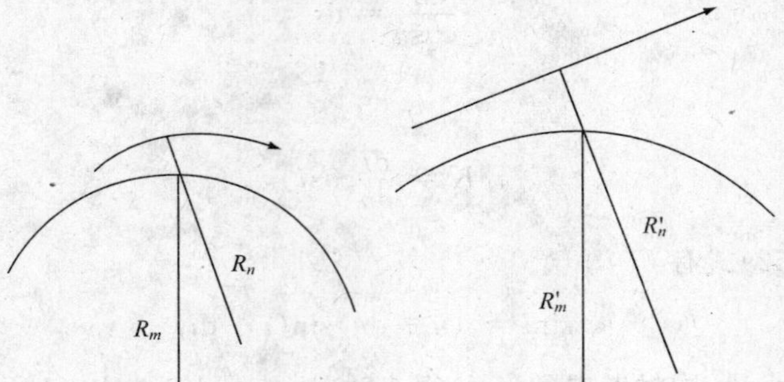

图 2.27　引入等效地球半径示意图

如图 2.27 所示，若以 R_n 表示实际射线的曲率半径，则实际射线的绝对曲率为

$$K=\frac{1}{R_n}$$

而实际地球表面的绝对曲率为 $1/R_m$，其中 R_m 为实际地球半径。这样，实际射线与实际地球表面的相对曲率为 $(1/R_m)-(1/R_n)$。若用 R'_m 表示等效条件下的地球表面曲率半径，R'_n 表示等效条件下的射线曲率半径，则在等效条件下的相对曲率为 $(1/R'_m)-(1/R'_n)$。现在要求实际情况下和等效条件下的相对曲率保持不变，则应有

$$\frac{1}{R_m}-\frac{1}{R_n}=\frac{1}{R'_m}-\frac{1}{R'_n}$$

同时，等效条件下要求射线画成直线，于是应有 $R'_n=\infty$，即 $1/R'_n=0$；另据(2.64)式有

$$\frac{1}{R'_m}=\frac{1}{R_m}+\frac{\mathrm{d}n}{\mathrm{d}h} \tag{2.65}$$

故可得等效地球半径 R'_m 为

$$R'_m=\frac{R_m}{1+R_m\dfrac{\mathrm{d}n}{\mathrm{d}h}} \tag{2.66}$$

由上式可见，等效地球半径的大小与大气折射指数的垂直梯度有关。若 $(\mathrm{d}n/\mathrm{d}h)<0$，亦即实际射线向地表弯曲，(2.66)式中的分母将小于 1，于是等效地球半径将大于实际地球半径。可以算得，在标准大气情况下，$\mathrm{d}n/\mathrm{d}h=-4\times10^{-8}\mathrm{m}^{-1}$，代入(2.66)式可得 $R'_m=(4/3)R_m=8500\mathrm{km}$。引入 R'_m 后，在有关问题的计算中就可以用 R'_m 来代替实际的地球半径，从而把电磁波的射线按直线传播来处理。

2.3.2.4　订正折射指数——M 单位

根据前面的讨论已知，由于大气折射指数垂直梯度的存在，影响着电磁波射线的曲

率，从而也影响了射线的路径。如图 2.28 所示，电磁波射线的高度 h 和仰角 ϕ 将随着离雷达站水平距离 S 的改变而改变。

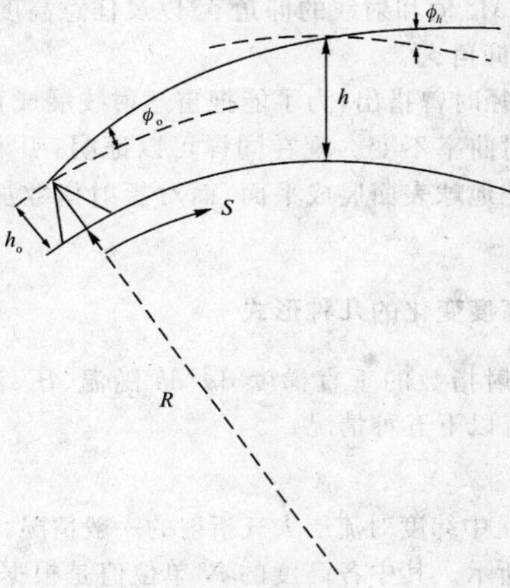

图 2.28　射线路径示意图

可以证明，当 $\mathrm{d}n/\mathrm{d}h$ 很小，足以应用射线理论时，射线的高度随水平距离变化的微分方程为

$$\frac{\mathrm{d}^2 h}{\mathrm{d}s^2}-\left(\frac{2}{R_m+h}+\frac{1}{n}\frac{\mathrm{d}n}{\mathrm{d}h}\right)\left(\frac{\mathrm{d}h}{\mathrm{d}s}\right)^2-\left(\frac{R_m+h}{R_m}\right)^2\left(\frac{1}{R_m+h}+\frac{1}{n}\frac{\mathrm{d}n}{\mathrm{d}h}\right)=0 \quad (2.67)$$

若雷达近似作水平探测，ϕ 角很小，且有 $\phi\approx\frac{\mathrm{d}h}{\mathrm{d}s}$，则 $(\mathrm{d}h/\mathrm{d}s)^2\ll1$。另外，$n$ 也很接近于 1，且 $h\ll R_m$，所以，(2.67)式可简化成

$$\frac{\mathrm{d}^2 h}{\mathrm{d}s^2}=\frac{1}{R_m}+\frac{\mathrm{d}n}{\mathrm{d}h} \quad (2.68)$$

考虑到

$$\frac{\mathrm{d}^2 h}{\mathrm{d}s^2}=\frac{\mathrm{d}}{\mathrm{d}s}\left(\frac{\mathrm{d}h}{\mathrm{d}s}\right)=\phi\frac{\mathrm{d}\phi}{\mathrm{d}h}$$

把上式代入(2.68)式，并设雷达天线所在的高度为 h_0，在 h_0 高度上射线的仰角为 ϕ_0，折射指数为 n_0，则积分后可得

$$\begin{aligned}\frac{1}{2}\phi_h^2-\frac{1}{2}\phi_0^2&=\frac{h-h_0}{R_m}+n-n_0\\&=\left(\frac{h}{R_m}+n\right)-\left(\frac{h_0}{R_m}+n_0\right)=(M_h-M_0)10^{-6}\end{aligned} \quad (2.69)$$

式中 $M_h=[(h/R_m)+(n-1)]10^6$，$M_0=[(h_0/R_m)+(n_0-1)]10^6$，称为订正折射指数。这是折射指数的另一种表示方法，称为 M 单位表示法。由(2.69)式可知，引进 M 以后，只要知道高度 h_0 上的 M_0 值和射线的仰角 ϕ_0 以及任意高度 h 上的 M 值，就可以直接计算出 h 高度上的射线仰角 ϕ_h。

前面引入等效地球半径时曾指出，为了能把雷达射线展成直线，必须引入等效地球半径，才能保持原有的相对曲率不变。现在同样可以证明，引入折射指数的 M 单位表示法，其物理意义是为了把地球表面展成平面，而对折射指数加上的订正，以保持原有的相对曲率不变。

2.3.3 大气折射指数随高度变化的几种形式

前面已经指出大气折射指数的垂直梯度 $\mathrm{d}n/\mathrm{d}h$ 随温、压、湿在垂直方向的变化而变化，在实际大气中通常有以下五种情况。

2.3.3.1 标准大气折射

标准大气折射代表的是中纬度对流层大气折射的一般情况。国际上和我国都对标准大气作了规定，如表 2.11 所示。其中各高度的 N 单位值是根据表中给出的各高度上的温、压、湿值应用(2.59)式计算得到的。订正折射指数 M 单位值根据(2.69)式计算而得。

表 2.11 标准大气条件下各气象要素值和折射参数值

高度(m)	温度(℃)	气压(hPa)	水汽压(hPa)	N	M
0	15.0	1013	10.2	318	318
150	14.0	995	9.6	312	336
300	13.0	977	9.0	306	353
500	11.0	955	8.3	299	378
1000	8.5	894	6.7	278	435
1500	5.2	845	5.3	261	497

从表 2.11 还可以计算出：

$$\left.\begin{aligned}
&\frac{\mathrm{d}n}{\mathrm{d}h}=-4\times10^{-8}\,\mathrm{m}^{-1}\\
&\frac{\mathrm{d}N}{\mathrm{d}h}=\frac{\mathrm{d}n}{\mathrm{d}h}\times10^{6}=-4\times10^{-2}\,\mathrm{m}^{-1}\\
&\frac{\mathrm{d}M}{\mathrm{d}h}=0.117\,\mathrm{m}^{-1}\\
&K=-\frac{\mathrm{d}n}{\mathrm{d}h}=4\times10^{-8}\,\mathrm{m}^{-1}>0
\end{aligned}\right\}\tag{2.70}$$

因为 $K>0$，所以射线传播路径不是直线，而是微微向下弯曲的，但 K 值比地球曲率 $1/R_m=15.7\times10^{-8}\,\mathrm{m}^{-1}$ 要小，因此，在标准大气情况下，传播路径的曲率在直线和地球曲率之间。

2.3.3.2　临界折射

射线相对于地球表面的相对曲率等于零时，即射线的绝对曲率与地球表面的绝对曲率相同时的折射称为临界折射。此时，电磁波将环绕地表面在一定高度上传播而不与地面接触。这时有

$$\frac{1}{R'_m}=\frac{1}{R_m}+\frac{\mathrm{d}n}{\mathrm{d}h}=0$$

可得

$$\left.\begin{aligned}\frac{\mathrm{d}n}{\mathrm{d}h}&=\left(-\frac{1}{R_m}\right)=-15.7\times10^{-8}\,\mathrm{m}^{-1}\\\frac{\mathrm{d}N}{\mathrm{d}h}&=\frac{\mathrm{d}n}{\mathrm{d}h}\times10^{6}=-15.7\times10^{-2}\,\mathrm{m}^{-1}\\\frac{\mathrm{d}M}{\mathrm{d}h}&=\left[\frac{1}{R_m}+\frac{\mathrm{d}n}{\mathrm{d}h}\right]\times10^{6}=0\end{aligned}\right\}\qquad(2.71)$$

上述结果给出了产生临界折射时，N 和 M 的垂直分布应满足的条件。对于 $\mathrm{d}M/\mathrm{d}h=0$，可以作这样理解，即在临界折射时，若把地球展成平面，则 M 值不随高度变化；若把射线看作直线，则它的等效地球半径 $R'_m\to\infty$，即这时地球表面也展成平面。简言之，若雷达作水平探测，那么雷达射线将沿地球球面传播，其探测将不受地球球面弯曲的影响。

2.3.3.3　超折射

1. 超折射形成的条件

雷达波射线的绝对曲率 $K=-(\mathrm{d}n/\mathrm{d}h)$ 大于地球表面的绝对曲率时的折射，称为超折射，这时

$$\frac{1}{R'_m}=\frac{1}{R_m}+\frac{\mathrm{d}n}{\mathrm{d}h}<0$$

因为

$$\frac{1}{R_m}=15.7\times10^{-8}\,\mathrm{m}^{-1}$$

所以

$$\left.\begin{aligned}&\frac{\mathrm{d}n}{\mathrm{d}h}<-15.7\times10^{-8}\,\mathrm{m}^{-1}\\&\frac{\mathrm{d}N}{\mathrm{d}h}<-15.7\times10^{-2}\,\mathrm{m}^{-1}\\&\frac{\mathrm{d}M}{\mathrm{d}h}=\left[\frac{1}{R_m}+\frac{\mathrm{d}n}{\mathrm{d}h}\right]\times10^{6}<0\end{aligned}\right\}\tag{2.72}$$

(2.72)式就是产生超折射所必须满足的 n、N、M 的垂直分布条件。这时由于射线的绝对曲率 K 大于地球表面的绝对曲率，故射线将弯向地面，经地面反射后进入大气继续向前传播，又被大气折射弯向地面，这种过程多次重复，使射线在地面和某一大气层之间辗转地向前传播。因这种情况和波导管中微波的传播相似，所以又叫做大气波导传播。使电磁波产生超折射的大气层称为大气波导层。按射线定义，超折射犹如光的折射超过临界折射时会发生全反射一样，超折射也是一种反射现象。若以等效地球半径来分析超折射情况，则根据 $1/R'_m=(1/R_m)+(\mathrm{d}n/\mathrm{d}h)<0$ 的条件，有 $R'_m<0$，这说明如把射线看作直线传播，那么这时等效的地球表面就成为凹面，故射线将与地面相交。

由于超折射现象的存在会导致雷达射线明显地向下弯，使原来雷达波探测不到的目标物在雷达荧光屏上显示出来，增加了雷达探测的极限距离，这是好的一面。但是由于这种现象存在，会增加超折射地物回波和雷达探测误差，特别是测高误差。因此在实际工作中最好能知道为了避开超折射层应具有的雷达临界发射仰角。

2. 避开超折射层的雷达最小临界发射仰角

根据(2.69)式大气中可能出现大气波导层的三种可能 M 值分布情况见图 2.29。

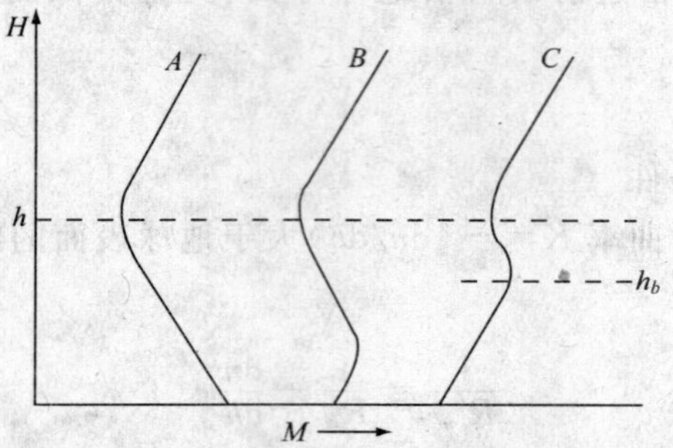

图 2.29 能够产生波导层的三种 M 值分布

如果出现的是 A 型曲线的情况，在 h 高度以下 M 值随高度增加而减少，结果使得 ϕ_h 值随高度增加变得愈来愈小，射线逐渐弯向地面，产生超折射现象。若事先知道 $\mathrm{d}M/\mathrm{d}h$ 值，利用(2.69)式容易得到为了避开超折射层所需的雷达最小临界发射仰角 $(\phi_0)_{\min}$ 值。当 $\phi_h=0$ 时，M_h 即为 $M_{\min}$，(2.69)式变为

$$(\phi_0)_{\min} = [2(M_0 - M_{\min}) \times 10^{-6}]^{\frac{1}{2}} \tag{2.73}$$

其中 $M_{\min}$ 为 h 高度上，也即超折射层顶部的 M 值。若 M_0 和 $M_{\min}$ 值在 h=0m、50m 处分别取 355M 和 350M 单位，则这时 $(\phi_0)_{\min}$ 等于 0.2°。另外，对广州、南京、哈尔滨地区 1981 年探空资料计算表明，对于一般超折射波导层的 $(\phi_0)_{\min}$ 值，几乎不超过 0.9°，仅有个别例外。必须着重指出，在推导出公式(2.73)式时，我们把雷达波视作射线，但实际情况是发射的雷达波具有一定波束宽度，若以两半功率点之间的宽度定为波束宽度，那么对垂直波束宽度为 1.5°的雷达而言，这个避开超折射层的雷达最小临界发射仰角应为 1.65°。

3. 形成超折射的气象条件

将(2.58)式中各物理量对高度 h 求偏导数可得

$$\frac{\partial n}{\partial h}10^6 = \frac{A}{T}\frac{\partial P}{\partial h} - \frac{A}{T^2}\left(P + 2\,\frac{B_e}{T}\right)\frac{\partial T}{\partial h} + \frac{AB}{T^2}\,\frac{\partial e}{\partial h} \tag{2.74}$$

由(2.74)式可知，要形成超折射，就要求该式等号右边各项综合起来满足

$$\frac{\partial n}{\partial h}10^6 < -15.7 \times 10^{-2}\,\mathrm{m}^{-1}$$

通常在实际大气中总有 $\partial P/\partial h < 0$，若出现 $\partial T/\partial h > 0$ 和 $\partial e/\partial h < 0$，则该式等号右边三项均为负值，有利于满足产生超折射所要求的条件，即逆温愈显著、水汽压 e 随高度减少愈迅速，愈易形成超折射。因此，最容易出现超折射的气象条件是：

(1)大陆上晴朗夜晚，由于地面辐射，使近地层降温强烈而形成辐射逆温。特别当地面潮湿时，由于逆温存在使水汽不能向上输送，而形成水汽压随高度增加急剧减小，这时就易发生超折射现象，按其生成原因，可称为辐射超折射。

(2)当暖而干的空气移到冷水面上时，使低层空气冷却，同时湿度有所增加。在这种情况下，会产生很强的 A 型波导层。它常在大陆上干燥而炎热的空气吹向海面时发生，称为平流超折射。

(3)雷暴消散期，其底部下沉辐散的冷气流也会造成地面层附近几百米高度处出现逆温，从而形成超折射，习惯上称它为雷暴超折射。因为雷暴是一种具有强烈垂直混合的不稳定天气现象，故低层稳定的垂直递减率存在的时间短促，大约为 30 分钟到 1 小时。只要仔细监视雷达显示器，根据地面目标物数目的突然增加与减少，就容易发现超折射传播条件的建立和破坏过程。

B 型波导出现的频数比 A 型波导出现的频数少。由图 2.30 可见，它的出现有时伴随着比湿急剧降低的低层逆温。这种情况可以由以下两种原因造成：

(1)接近地面的下沉逆温可能是一种适当的条件，当近地层空气最初非常潮湿时，尤其如此。

(2)当暖而干的空气移到冷水面上,又有湍流抬升了地面逆温时,有可能出现 B 型波导。

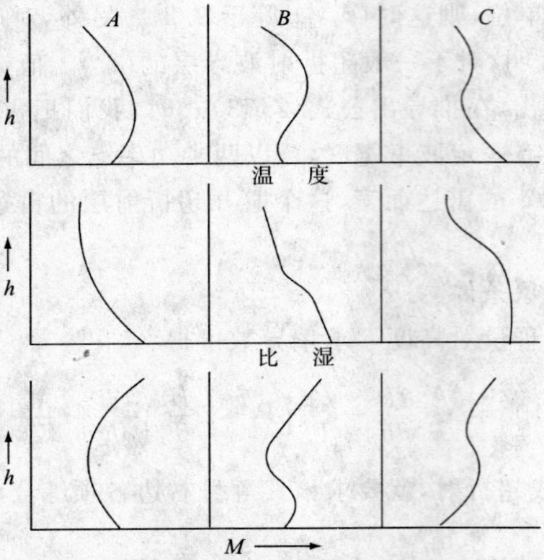

图 2.30 温度、比湿和相应的 M 值的垂直分布

C 型波导的形成过程和 B 型波导的形成过程相似,所不同的只是形成 C 型波导时的逆温和强烈温度梯度出现在较高的高度上。

以上讨论了标准大气折射、临界折射和超折射三种情况,由于它们都满足 $k>0$ 这个条件,所以统称为正折射。它们的共同点是 n 随高度的增加而减小,射线向地面方向弯曲,但弯曲程度不同。超折射时弯曲最大,临界折射时射线的曲率与地面曲率相同,标准大气时的曲率在直线和地表面曲率之间。

2.3.3.4 零折射

射线传播路径绝对曲率等于零时的折射称为零折射,这时

$$\left.\begin{aligned} &K=0,\frac{\mathrm{d}n}{\mathrm{d}h}=0\\ &\frac{\mathrm{d}M}{\mathrm{d}h}=\left[\frac{\mathrm{d}n}{\mathrm{d}h}+\frac{1}{R_m}\right]10^6=0.157\mathrm{m}^{-1}\\ &R'_m=R_m \end{aligned}\right\} \tag{2.75}$$

(2.75)式就是产生零折射所必须满足的 n、M 的垂直分布条件和 R'_m 值。这时的大气是均质的,在实际大气中不大可能经常发生这种现象。

2.3.3.5 负折射

当射线传播路径的绝对曲率小于零时的折射称为负折射,这时

$$\left.\begin{aligned}&\frac{\mathrm{d}n}{\mathrm{d}h}=-K>0\\&\frac{\mathrm{d}N}{\mathrm{d}h}=\frac{\mathrm{d}n}{\mathrm{d}h}10^6>0\\&\frac{\mathrm{d}M}{\mathrm{d}h}=\left[\frac{\mathrm{d}n}{\mathrm{d}h}+\frac{1}{R_m}\right]10^6=\frac{\mathrm{d}n}{\mathrm{d}h}10^6+0.157\mathrm{m}^{-1}>0.157\mathrm{m}^{-1}\end{aligned}\right\}\tag{2.76}$$

因为

$$\frac{1}{R'_m}=\frac{1}{R_m}+\frac{\mathrm{d}n}{\mathrm{d}h}$$

所以发生负折射现象时，等效地球半径小于实际地球半径。

(2.76)式也就是产生负折射所必须满足的n、N、M的垂直分布条件和R'_m值。由于$K<0$，和$\mathrm{d}n/\mathrm{d}h>0$，故利用折射定律可知，这时射线是向上弯曲的。射线向上弯曲的现象会使雷达可探测的极限距离减小，原来在雷达显示屏上可看到的地物回波就会探测不到。因此，在雷达探测中必须引起注意，以防出现差错。

形成负折射所必须满足的气象条件也可以从分析(2.74)式得到，因为在实际大气中，总是$\partial P/\partial h<0$，故只有在

$$\frac{\partial e}{\partial h}>0$$

以及

$$\gamma=-\frac{\partial T}{\partial h}>\gamma_{\mathrm{d}}$$

即湿度随高度增加而增加，温度随高度增加的递减率γ比干绝热递减率γ_{d}还要大时，才满足产生负折射的条件。当冷空气移到暖水域上空时或者移到盛夏沙漠上空时，就有可能形成这种负折射现象。

为了便于掌握和区分上述五种折射现象，下面列出表2.12，并把五种折射的射线传播路径描绘在图2.31中。

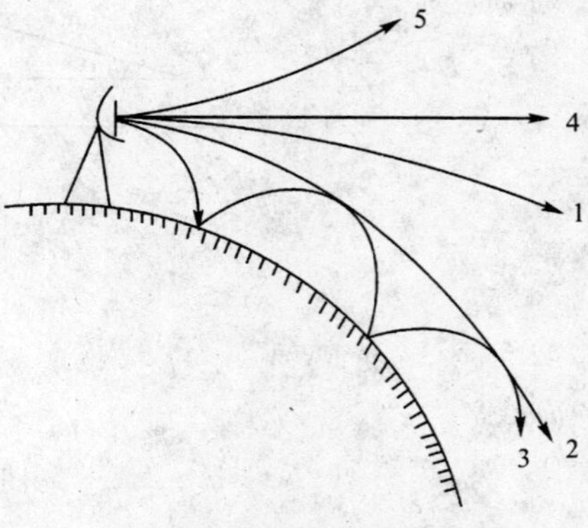

图2.31　五种折射的射线传播路径

表 2.12　几种折射条件下的$\frac{dN}{dh}$、$\frac{dM}{dh}$、R'_m值

类别＼折射值＼物理量	$\frac{dN}{dh}$(m^{-1})	$\frac{dM}{dh}$(m^{-1})	R'_m(km)
标准大气折射	-4.0×10^{-2}	0.117	8500
临界折射	-15.7×10^{-2}	0	∞
超折射	$<-15.7\times10^{-2}$	<0	<0
零折射	$=0$	0.157	$=R_m$
负折射	>0	>0.157	$<R_m$

2.3.4　雷达测高公式

在天气雷达探测中，回波的高度是以发生标准大气折射形式时射线的传播路径来计算的，以下做简要推导。

先不考虑地表弯曲和大气折射的作用，视地表为平面，雷达波束成直线传播，则如图 2.32(a)所示，测高公式应为

$$H = h + R\sin\delta \tag{2.77}$$

式中 H 为目标高度，h 为天线高度，R 为目标的斜距，δ 为雷达观测的仰角。

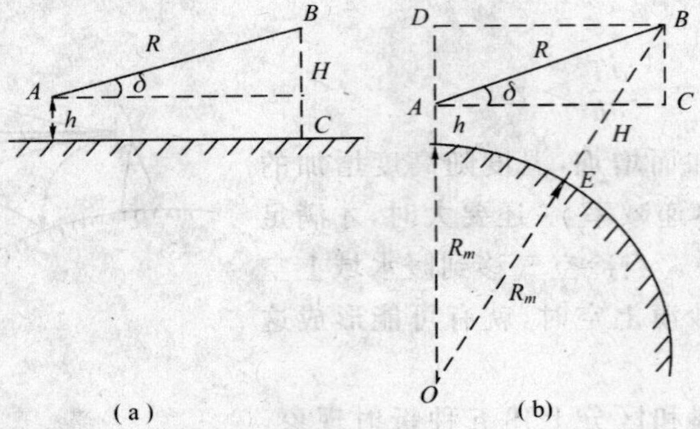

图 2.32　测高示意图

现在考虑地表为球面弯曲，但仍视雷达波束成直线传播，则如图 2.32(b)所示。目标 B 的高度 H 为线段 BE。在直角三角形$\angle OBD$ 中有 $OB^2=OD^2+BD^2$。由于 $OB=H+R_m$，$DB=R\cos\delta$，$OD=R_m+h+AD=R_m+h+R\sin\delta$，从而得到

$$(R_m + H)^2 = (R_m + h + R\sin\delta)^2 + (R\cos\delta)^2$$

将上式展开、化简并注意到 $H\ll R_m$，可略去小项，可得尚未考虑大气折射时的测高公式

$$H = h + R\sin\delta + \frac{R^2}{2R_m} \tag{2.78}$$

比较(2.77)式和(2.78)式可知，考虑了地表曲率以后，公式右边增加了第三项，一般称它为“地曲补偿项”。

最后，再考虑地表为球面弯曲，大气有折射的情况。此时，在图 2.32(b)中 AB 将不是一条直线，而是微微向下弯曲的。利用§2.3.2.3 引出的“等效地球半径”的概念，将(2.78)式中的地球半径 R_m 换成等效地球半径 R'_m 就可以了。于是有

$$H = h + R\sin\delta + \frac{R^2}{2R'_m} \tag{2.79}$$

这就是既考虑了地表曲率又考虑了大气折射的测高公式。其中等效地球半径 R'_m 由(2.66)式计算，因大气折射指数垂直分布的不同而异。

前面已经给出，在标准大气条件下，等效地球半径是实际地球半径的 4/3 倍，即 8500km，于是可得标准大气情况下的测高公式为

$$H = h + R\sin\delta + \frac{R^2}{17000} \tag{2.80}$$

上式中 H、h、R 都是以 km 为单位的。

根据(2.80)式可以制作出如图 2.33 所示的高度查算图。从图中可以看出，雷达即使采用 0°探测仰角，所给出的结果也不是一个平面上的天气情况，在距离天线 50km 处，雷达波束高出地面已达 147m。

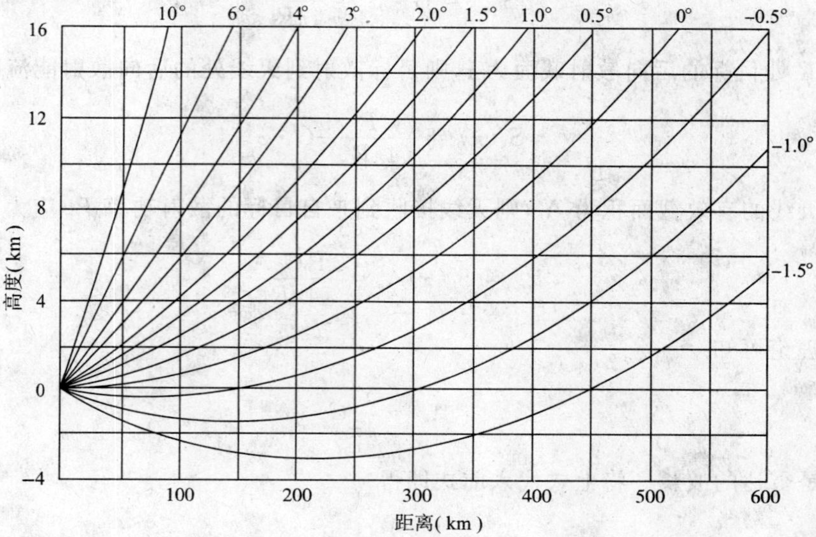

图 2.33　高度查算图(适用于标准大气条件)

第三章　气象雷达方程

气象雷达方程是描述气象雷达接收到的回波功率与哪些因子有关的表达式。气象雷达作为雷达家族中的一种，它也服从雷达探测的基本规律，为此，我们将从普遍的雷达方程说起，再进一步讨论气象雷达方程。

§3.1　单个目标的雷达方程

设雷达的发射功率为 P_t，又假设雷达天线是各向同性地向外辐射的，那么，在距离 R 处雷达波的能流密度为

$$S = \frac{P_t}{4\pi R^2}$$

实际上，一般雷达都采用具有高度方向性的辐射天线，它使大部分能量集中在一个很窄的波束范围内朝一定的方向发射出去。根据天线增益(G)的定义，则在定向天线最大辐射方向上距离 R 处的能流密度为

$$S_{\max} = G \cdot S = \frac{P_t G}{4\pi R^2}$$

若 R 处目标的后向散射截面为 σ，则目标散射到天线处的后向散射能流密度为

$$S_s(\pi) = \frac{P_t}{(4\pi R^2)^2} G \cdot \sigma$$

若天线的有效截面积为 A_e，则天线接收到来自目标的散射功率 P_r 应为

$$P_r = S_s(\pi) A_e = \frac{P_t G \sigma A_e}{(4\pi R^2)^2}$$

从天线理论可知

$$A_e = \frac{\lambda^2}{4\pi} G$$

其中 λ 是雷达的波长。将上式代入前式即得

$$P_r = \frac{P_t G^2 \sigma \lambda^2}{(4\pi)^3 R^4} \tag{3.1}$$

这是一个普遍的雷达方程，适用于飞机、舰船、单个雨滴等任何一种单个目标。

由(3.1)式可见，雷达回波功率的大小取决于雷达参数(发射功率 P_t、天线增益 G、波长 λ)、目标的雷达截面 σ、目标离雷达的距离 R。

§3.2　气象雷达方程

天气雷达探测云和降水等气象目标时，回波功率是云和降水粒子群散射的总和。那么，究竟是由多少个粒子散射的总和呢？为此，需要先引入有效照射深度和有效照射体积的概念，然后才能在单个目标雷达方程的基础上，导出适用于云和降水等粒子群的气象雷达方程。

3.2.1　有效照射深度和有效照射体积

雷达发出的探测脉冲具有一定的持续时间，即脉冲宽度 τ，在空间的电磁波列就有一定的长度，即脉冲长度 $h=\tau c$，c 为电磁波的传播速度。位于雷达波束和探测脉冲长度范围内的所有云和降水粒子，都可以同时被雷达波所照射。但是，并不是所有粒子产生的回波都能同时回到雷达天线。离天线距离相等的那些粒子可以同时被探测脉冲照射，能同时产生回波，并同时回到雷达天线。与天线距离不相等的粒子的回波信号也有可能有一部分能同时回到雷达天线。这是因为探测脉冲具有一定的宽度 τ，因而在它通过每一个粒子时，每个粒子产生的回波信号都将持续 τ 时间。这样距离不太远的两个粒子，虽然它们开始产生回波的时间并不相同，但是在各自持续的 τ 时间内，仍有可能有一部分回波信号能够同时回到雷达天线。可以证明，在每一瞬间，径向距离为 R 到 $R+(h/2)$ 范围内的那些粒子产生的回波信号，可以同时回到雷达天线。

图 3.1 表示在雷达脉冲照射下，有 A、B 两个粒子，A 粒子离开雷达的距离为 R_1，B 粒子离开雷达的距离为 R_2。

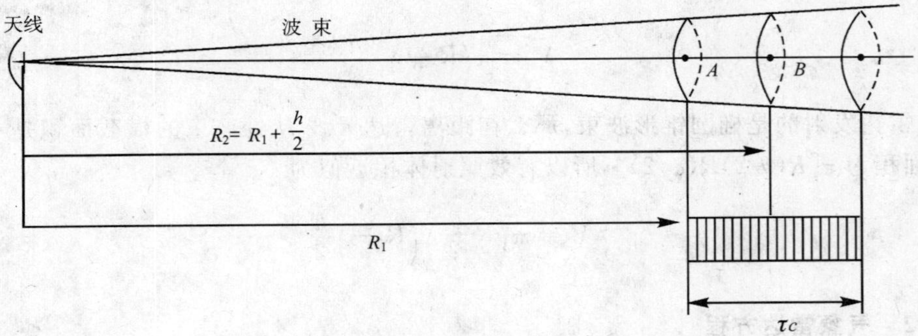

图 3.1　有效照射深度示意图

取天线开始发射脉冲的时间为时间的起点，那么，天线收到脉冲波前沿在 A 粒子产生的回波的时间为 $t_1=2R_1/c$；天线收到脉冲波前沿在 B 粒子产生的回波的时间为 $t_2=2R_2/c$，天线收到脉冲波后沿在 A 粒子产生的回波的时间为 $t_3=(2R_1/c)+\tau$。若脉冲波前沿在 B 粒子产生的回波恰好和脉冲波后沿在 A 粒子产生的回波一起回到雷达天线，则应有

$$t_2 = t_3$$

即

$$\frac{2R_2}{c} = \frac{2R_1}{c} + \tau$$

于是有

$$R_2 - R_1 = \frac{c\tau}{2} = \frac{h}{2} \tag{3.2}$$

上式说明，在每一瞬间有 $R_2-R_1=h/2$ 径向范围内的粒子的回波能够一起回到雷达天线，这个在径向方向的空间长度 $h/2$，就称为雷达的有效照射深度。对于脉冲宽度 $\tau=1\mu s$ 的天气雷达，有效照射深度就是 $h/2=\tau c/2=150m$；对于脉冲宽度 $\tau=2\mu s$ 的天气雷达，有效照射深度就是 $h/2=\tau c/2=300m$。

知道了波束的有效照射深度后，根据波束的几何形状，可以进一步求出波束的有效照射体积。有效照射体积的含义是，在这个体积内的云和降水粒子产生的回波可以同时回到雷达天线。根据以上分析，有效照射体积应该是在径向上长度为有效照射深度的一段波束，参见图 3.1。

如果雷达发射的是圆锥形波束，其水平波瓣宽度 θ 和垂直波瓣宽度 φ 近似相等，则距离雷达天线 R 处波束的横截面积近似为 $\pi(R(\theta/2))^2$，于是有效照射体积可以近似地表示为

$$V = \pi\left(R\frac{\theta}{2}\right)^2 \frac{h}{2} \tag{3.3}$$

如果雷达发射的是椭圆锥形波束，那么在距离雷达天线 R 处波束的横截面积是一个椭圆，面积为 $\pi[R(\theta/2)R(\varphi/2)]$，所以有效照射体积近似为

$$V = \pi\left(R\frac{\theta}{2}\right)\left(R\frac{\varphi}{2}\right)\frac{h}{2} \tag{3.4}$$

3.2.2 气象雷达方程

根据前面的讨论可知，雷达发射电磁波束以后，每一瞬间接收到的云雨回波都是由

有效照射体积内所有的云和降水粒子的散射回波共同组成的。因此，将单个目标的雷达方程(3.1)式中的雷达截面σ换成有效照射体积中所有云和降水粒子的后向散射截面的总和，就可以得到

$$\overline{P_r} = \frac{P_t G^2 \lambda^2}{(4\pi)^3 R^4} \sum_{v} \sigma_i \tag{3.5}$$

假设在有效照射体积中所有云和降水粒子谱均匀分布，任何一个单位体积都可以作代表，则上式也可以写成

$$\overline{P_r} = \frac{P_t G^2 \lambda^2}{(4\pi)^3 R^4} V \sum_{\text{单位体积}} \sigma_i \tag{3.6}$$

式中V为雷达的有效照射体积，$\sum\limits_{\text{单位体积}} \sigma_i$为单位体积内云和降水粒子后向散射截面的总和。将(3.4)式代入(3.6)式，经整理后则有

$$\overline{P_r} = \frac{P_t G^2 \lambda^2 h\theta\varphi}{512\pi^2 R^2} \sum_{\text{单位体积}} \sigma_i \tag{3.7}$$

式中单位体积中云和降水粒子后向散射截面的总和，称为气象目标的反射率，用η表示，常用单位是$\mathrm{cm^2/m^3}$，即

$$\eta = \sum_{\text{单位体积}} \sigma_i \tag{3.8}$$

于是，(3.7)式可以写成

$$\overline{P_r} = \frac{P_t G^2 \lambda^2 h\theta\varphi}{512\pi^2 R^2} \eta \tag{3.9}$$

这就是适用于探测云和降水的气象雷达方程的初步形式。

我们知道，在满足瑞利散射条件时，σ可以写成

$$\sigma = \frac{\pi^5}{\lambda^4} |K|^2 D^6$$

式中$|K|$为介电常数项$|(m^2-1)/(m^2+2)|$，D为云和降水粒子的直径。于是有

$$\eta = \sum_{\text{单位体积}} \sigma_i = \frac{\pi^5}{\lambda^4} |K|^2 \sum_{\text{单位体积}} D_i^6 \tag{3.10}$$

将(3.10)式代入(3.9)式，可得

$$\overline{P_r} = \frac{\pi^3 P_t G^2 h\theta\varphi}{512\lambda^2 R^2} |K|^2 \sum_{\text{单位体积}} D_i^6 \tag{3.11}$$

在(3.11)式中，单位体积中云和降水粒子直径六次方的总和，称为气象目标的反射率因子，用Z表示，常用的单位为$\mathrm{mm^6/m^3}$，即

$$Z = \sum_{单位体积} D_i^6 \tag{3.12}$$

于是(3.11)式可写成

$$\overline{P_r} = \frac{\pi^3 P_t G^2 h\theta\varphi}{512\lambda^2 R^2} \mid K \mid^2 Z \tag{3.13}$$

这就是瑞利散射条件下的气象雷达方程。

如果瑞利散射条件 $\alpha=\pi D/\lambda \ll 1$ 不能满足，就不能用瑞利散射公式，而应该用米散射公式来计算降水粒子的后向散射截面，这时

$$\eta = \sum_{单位体积} \sigma_i \neq \frac{\pi^5}{\lambda^4} \mid K \mid^2 Z$$

由于用瑞利散射公式来表示后向散射截面比较简洁、方便。为此，参照上式的形式，把米散射条件下的反射率 η 表示成

$$\eta = \sum_{单位体积} \sigma_i = \frac{\pi^5}{\lambda^4} \mid K \mid^2 Z_e \tag{3.14}$$

式中 Z_e 称为等效反射率因子，常用的单位也是 mm^6/m^3。于是，将(3.14)式代入(3.9)式，即可得到米散射条件下的气象雷达方程

$$\overline{P_r} = \frac{\pi^3 P_t G^2 h\theta\varphi}{512\lambda^2 R^2} \mid K \mid^2 Z_e \tag{3.15}$$

§3.3 气象雷达方程的讨论

前节得出的气象雷达方程，把决定回波功率大小的因子已经基本上考虑到了，可以作为定性讨论回波功率与各因子之间关系的依据。但是，有的因子考虑得还不够细致，有的还没有考虑到。因此，需要作进一步完善。

3.3.1 有关天线增益 *G* 的修正

在实际应用中发现，用(3.13)和(3.15)式来计算气象目标的平均回波功率，普遍高于实验得到的结果。最初，采用乘以一个经验订正系数的办法来修正。1962 年 Probert—Jones 分析指出，早先的推导有的假定与实际不符。主要是在推导时假定了天线波束宽度范围内各个方向的电磁波辐射能流密度都和最大辐射方向一样，而实际上天线波束的能量分布如图 3.2 所示，除了最大辐射方向以外，其他方向的辐射能流密度都要比最大辐射方向小。偏离最大辐射方向的云和降水，得到的辐射能量必然小于 G 倍。在(3.5)式中一概乘以 G，必然导致算得的回波功率偏高。另外，在推导有效照射

体积时，只计算了波束宽度（即波束两个半功率点夹角）范围内的体积，实际上在两个半功率点以外，也有部分能量辐射出去，并散射回来。忽略了这一部分，也会带来计算结果的误差。

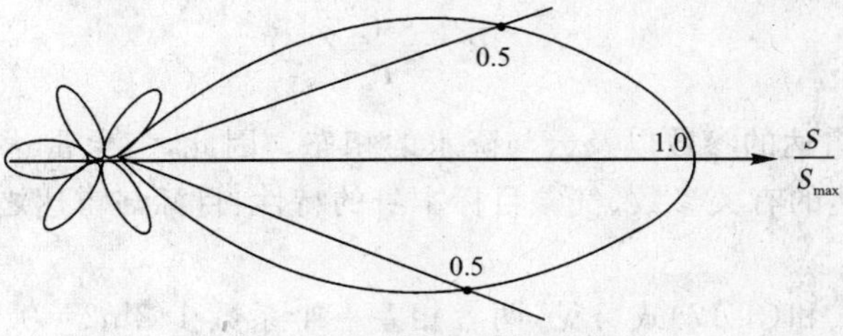

图 3.2　圆形抛物面天线的波瓣图

在上述分析的基础上，考虑到天线辐射的不均匀分布，在表述距离天线 R 处的目标得到的辐射能流密度时，就不能简单地一律乘上一个天线增益 G，而应该利用天线方向图函数来修正。于是在 R 距离处，偏离天线主轴 θ、φ 角的面积元 $\mathrm{d}s$ 上的功率应该表示为

$$\mathrm{d}P_i = \frac{P_t}{4\pi R^2}\mathrm{d}s \cdot G \mid f(\theta,\varphi) \mid^2 \tag{3.16}$$

这里 $f(\theta,\varphi)$ 为天线方向图函数，表示为

$$\mid f(\theta,\varphi) \mid = \frac{\mid E(\theta,\varphi) \mid}{\mid E(0,0) \mid}$$

其中 $|E(0,0)|$ 是天线主轴方向（也就是最大辐射方向）上的电场强度振幅值，$|E(\theta,\varphi)|$ 是与波束轴线水平和垂直方向的夹角分别为 θ 和 φ 处的电场强度振幅值。所以，天线方向图函数 $|f(\theta,\varphi)|$ 就是天线辐射的电场强度随偏离主轴方向而变化的振幅比值，是个无量纲数，在数值上恒有 $|f(\theta,\varphi)|\leqslant 1$。由于能流密度正比于 E 的平方，所以(3.16)式乘的是 $|f(\theta,\varphi)|^2$。

根据天线互易定理，在天线方向图中，发射能力最大的方向也是接收能力最大的方向，反之亦然。因此，在求气象目标的回波功率时，还应该再乘以一个方向图函数的平方，即乘以 $|f(\theta,\varphi)|^4$。

为了精确求算回波功率，应该对 $|f(\theta,\varphi)|^4$ 进行积分，经过数学演算（参见参考文献[7]），Probert—Jones(1961)推导出的气象雷达方程为

$$\overline{P_r} = \frac{\pi^3}{1024\ln 2} \cdot \frac{P_t h G^2 \theta\varphi}{\lambda^2} \cdot \frac{1}{R^2} \cdot \left|\frac{m^2-1}{m^2+2}\right|^2 Z \tag{3.17}$$

如果令

$$C = \frac{\pi^3 P_t G^2 \theta\varphi h}{1024(\ln 2)\lambda^2} \cdot \left| \frac{m^2 - 1}{m^2 + 2} \right|^2 \tag{3.18}$$

则瑞利条件下的气象雷达方程可以简写成

$$\overline{P_r} = \frac{C}{R^2} Z \tag{3.19}$$

式中 C 只决定于雷达的参数以及云与降水的相态。因此，气象雷达方程建立了回波功率大小与气象雷达的有关参数、气象目标本身的特性、目标与雷达之间的距离三者之间的关系。

比较(3.13)式和(3.17)式可见，两者相差一个系数 $1/2\ln 2 = 0.72$。可见考虑了天线辐射的不均匀分布后由(3.17)式算得的回波功率只及(3.13)式算得的 72%。基本上解决了用(3.13)式计算回波平均功率普遍高于实验结果的问题，该方程被国内外雷达气象工作者所普遍采用。

3.3.2　充塞系数和衰减因子订正

在前面推导气象雷达方程时，都是假定在有效照射体积内充满着云和降水粒子的。然而实际探测时，这个假定并不能完全满足。如图 3.3 所示，雷达以一定的仰角发射电磁波探测 A、B、C 三个云和降水区，在波束通过 A 区时，云和降水可以充满有效照射体积；通过 B 区时，只能部分充满；通过 C 区时，有效照射体积内没有云和降水粒子存在。显然，这三种情况下雷达接收到的回波功率是不同的。

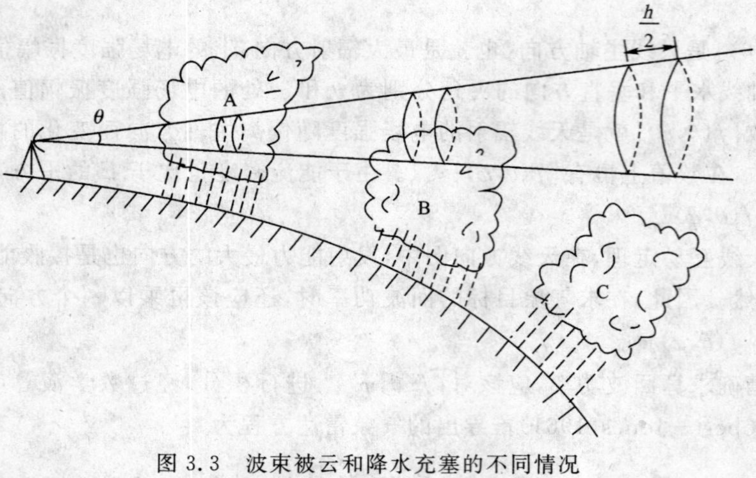

图 3.3　波束被云和降水充塞的不同情况

习惯上把云和降水粒子充满有效照射体积的程度，称为充塞程度。充塞程度是用有效照射体积中云和降水占的体积除以有效照射体积来表示，称为充塞系数 ψ。由于在径向方向上，一般来说，云和降水区的大小比脉冲长度大得多；在波束的水平切向方向上，气象雷达的水平波束宽度并不宽，而云和降水区的范围一般又比较大。所以，除了在云和降水区的首尾端或两侧边缘，一般来说，在水平方向上有效照射体积都能被充满。而在垂直方向上，因为云和降水的垂直伸展相对来说是有限的，在距离雷达较远一点的地方，就常常会出现云和降水不能充满有效照射体积的情况。垂直方向的充塞系数可以表示成

$$\psi = \frac{H_t - H_b}{R\varphi} \tag{3.20}$$

式中 H_t 和 H_b 分别是波束内云和降水的上界高度和下界高度，R 是雷达站到被测目标之间的距离，φ 是以弧度为单位的波束垂直宽度，$R\phi$ 则是波束在垂直方向的线宽度。

由图 3.3 和(3.20)式可以看出：

(1)当云和降水的高度以及波束垂直宽度 φ 一定时，波束的垂直充塞系数与距离 R 有关。距离 R 小时，波束的线宽度 $R\varphi$ 也小，波束容易被充满，ψ 值就大，一般可接近或达到 1；当距离增大时，$R\varphi$ 变大，ψ 值就可能小于 1。由于地球曲率和大气折射的影响，ψ 值在远距离处甚至会等于 0。

(2)对于同样高度的云和降水，在同样的距离 R 处，波束窄，$R\varphi$ 小，容易被充满，ψ 值就大；反之，就不易被充满，ψ 值就小。

(3)由图 3.3 可见，ψ 值的大小还与云和降水的顶高以及天线的仰角有关。云和降水的顶越高，越能在远距离上使 ψ 等于 1。一般测雨雷达能探测到 300km 附近的对流云降水，对流云发展的高度较高也是一个原因。天线的仰角越低，波束被云和降水充满的机会越多，ψ 值就可能在较大的范围内保持为 1。

另外，在前面讨论气象雷达方程时，还没有考虑电磁波在大气中传播引起的衰减。根据衰减系数的定义式，有

$$P_r = P_{r0} 10^{-0.1\int_0^R k \,\mathrm{d}R}$$

在天气雷达探测中，发射电磁波向前传播时要被衰减，散射回波返回时也要被衰减，因此是双程衰减。于是可以写出加入了充塞系数和衰减因子后的气象雷达方程为

$$\overline{P_r} = \frac{P_t \lambda^2 G^2 \theta\varphi h}{1024(\ln 2)\pi^2 R^2} \sum_{\text{单位体积}} \sigma \cdot \psi \cdot 10^{-0.2\int_0^R k \,\mathrm{d}R} \tag{3.21}$$

这就是目前在形式上最为完善的气象雷达方程。

§3.4　气象雷达方程的应用

气象雷达方程建立了回波功率大小与气象雷达的有关参数、气象目标本身的特性、

目标与雷达之间的距离三者之间的关系。因此，根据所需探测的气象目标特性，利用气象雷达方程，可以指导气象雷达的设计与研制。反之，对于给定的某气象雷达，也可以利用气象雷达方程，分析其对气象目标的探测性能。在实际探测工作中，气象雷达方程也是测定目标强弱，准确判定气象目标特性的依据。

3.4.1 气象雷达参数的选择

根据(3.21)式，可以分析雷达参数对天气探测的影响，在雷达研制论证过程中，指导合理选择雷达指标。具体分析如下。

3.4.1.1 发射功率 P_t

气象目标的回波功率与雷达的发射功率 P_t 成正比。因此，增大发射功率可以使回波功率增大，从而提高雷达发现较弱气象目标的能力和雷达的最大探测距离。当然，雷达发射功率的提高受技术条件和经济条件的制约。而且，雷达最大探测距离还受脉冲重复频率和地球曲率的限制。所以，雷达的发射功率要根据各方面的条件综合考虑后确定。目前，一般天气雷达的发射功率(脉冲功率)为几十千瓦到几百千瓦。

3.4.1.2 天线增益 G

回波功率与天线增益的平方成正比。所以，雷达天线增益大，回波功率也大。在工作波长一定的情况下，天线抛物面反射体的几何面积愈大，天线的增益就愈大。正是这个原因，气象雷达的天线都有一个较大的抛物面反射体。但是，反射体的几何面积太大，将影响雷达天线的旋转性能、机动性能和抗风能力。

3.4.1.3 波束宽度

回波功率与波束宽度成正比。这是因为波束宽度宽，则雷达的有效照射体积将会增大，同一时间造成回波的云和降水粒子增多，所以回波功率就大。但是，这样将带来一个相反的效果。这就是每一瞬间的回波信号将是更多的不同强弱的回波的总和，必然淡化了回波的极大值和极小值，模糊了回波强度分布的细微结构，同时，也会降低雷达的角分辨率。所以设计气象雷达时，一般都是在综合考虑各方面因素的前提下尽可能使波束宽度窄一些，这时辐射能量将更集中，雷达的角分辨率将会提高，并且探测天气时雷达波束也更容易被充满。

3.4.1.4 脉冲长度

回波功率与脉冲长度成正比，也是源于脉冲长度长，有效照射体积就大，参与同一瞬间回到雷达天线的回波的云和降水粒子就多，回波功率就大。但是，脉冲长度长，会降低雷达的距离分辨能力，不易探测到气象目标的细微结构，而且还会增大雷达的盲区。后者的原因是天线发射脉冲时，天线的收发开关与发射机接通。因此，前半个脉冲长度 $h/2$ 范围内产生的回波回到雷达天线时，正好是后半个脉冲向外发射的时间，雷达是无法接收的。这个离雷达站 $h/2$ 的距离称为雷达的盲区。如果某一型号的雷达，脉冲宽度为 1μs，那么，脉冲长度 h 为 300m，盲区则为 150m。显然，脉冲长度越长，雷达的盲区会越大。为了解决这个问题，有的雷达设计成脉冲长度是可调的，在探测近距离降水时采用短脉冲（1μs），探测远距离降水时采用长脉冲（4μs）。

3.4.1.5　雷达的工作波长

表面上看回波功率与波长的平方成正比，实际上 G、θ、ϕ 等因子都和波长 λ 有关，在瑞利散射条件下云、降水粒子的后向散射截面与波长的四次方成反比。所以，在其他条件相同的情况下，波长越短，回波越强，越能探测到弱的气象目标。反过来说，在具有同样的探测能力和探测精度的情况下，波长短的雷达可以采用较小的发射功率和天线面积。但是，另一方面，波长愈短，电磁波的衰减愈严重，这将大大地影响雷达的探测距离和精度。所以，在选择气象雷达的波长时，要根据探测对象、探测目的以及当地的降水情况全面考虑。

目前，专门用来探测和研究非降水云的雷达通常采用毫米波（如 8.6mm 和 1.25cm）；探测降水的雷达通常采用厘米波。其中在降水强度较小的高纬度地区或车载的机动天气雷达，通常采用 3.2cm 波长；在降水强度较大的低纬度地区，特别是为探测台风以及降水区内部结构的雷达，通常采用 10cm 的波长。5.6cm 波长的雷达兼顾了 3.2cm 和 10cm 波长雷达的优点，也为一些国家所采用。

3.4.2　气象目标强度的雷达度量

天气雷达测量的是回波信号的强弱，即回波功率，而用户需要的是云雨区的强度，这两者正是通过气象雷达方程联系在一起的。

人们习惯用 dB 的概念来表示回波功率的大小。它的含义是：

$$N(\text{dB}) = 10 \cdot \lg \frac{P_r}{P_{\min}} \tag{3.22}$$

式中，$P_{\min}$ 为雷达的最小可测功率；N 仅是一个分贝值，而不是回波功率值。N 值需通过下式计算后才能得到回波功率值。

$$P_r = P_{\min} \cdot 10^{\frac{N(\text{dB})}{10}} \tag{3.23}$$

由于反射率因子 Z 的变化区间很大，甚至可跨越几个数量级，为方便起见，人们常用 dBZ 来说明反射率因子的大小，即：

$$\text{dBZ} = 10 \cdot \lg \frac{Z}{Z_0} \qquad (Z_0 = 1\text{mm}^6/\text{m}^3) \tag{3.24}$$

由此可知，dB 和 dBZ 是两个完全不同的概念，在使用过程中不可混淆。当回波功率（P_r）和距离（R）已知时，利用气象雷达方程，可计算出反射率因子，即：

$$Z = \frac{R^2 P_r}{C} \tag{3.25}$$

由(3.25)式可以导出 dB 和 dBZ 之间的关系，即：

$$10\lg Z = 20\lg R + 10\lg P_r - 10\lg C \tag{3.26}$$

$$\mathrm{dBZ} = 20\lg R + 10\lg \frac{P_r}{P_{\min}} - 10\lg \frac{C}{P_{\min}} \tag{3.27}$$

$$\mathrm{dBZ} = 20\lg R + \mathrm{N(dB)} - 10\lg \frac{C}{P_{\min}} \tag{3.28}$$

式中，左侧是反射率因子的 dBZ 表示值，右侧第一项（$20\lg R$）称为距离订正项，第二项是接收功率（也可称为回波功率）与雷达最小可测功率之比的分贝数，即 dB 值。第三项是只与雷达性能有关的常数，也可称为雷达参数订正项。

(3.28)式给出了 dBZ 和 N(dB)之间的定量关系。早期的模拟式天气雷达都要根据该式制作 dB 和 dBZ 之间的查算图，观测时一般称由显示器读出的 N 值为回波强度，利用查算图查出的 dBZ 值为目标强度。现代的天气雷达都是数字式的，都配有很强的信号与数据处理软件包，软件处理时用上式直接给出 dBZ 值，用户无需再查算，因此，目前回波强度与目标强度两个概念已经混用，都指 dBZ。

3.4.3　衰减对雷达探测的影响

利用气象雷达方程可以分析由于云雨区对电磁波的衰减，对雷达回波造成的影响。图 3.4(a)给出了一种假设的降水分布，中心降水强度为 100mm/h，降水强度自中心向四周均匀递减，等降水强度线是圆对称的。图 3.4(b)、(c)是考虑了雨的衰减作用以后的降水强度分布。可见，10cm 雷达探测到的雨区的分布与原来假设的差别不大；然而

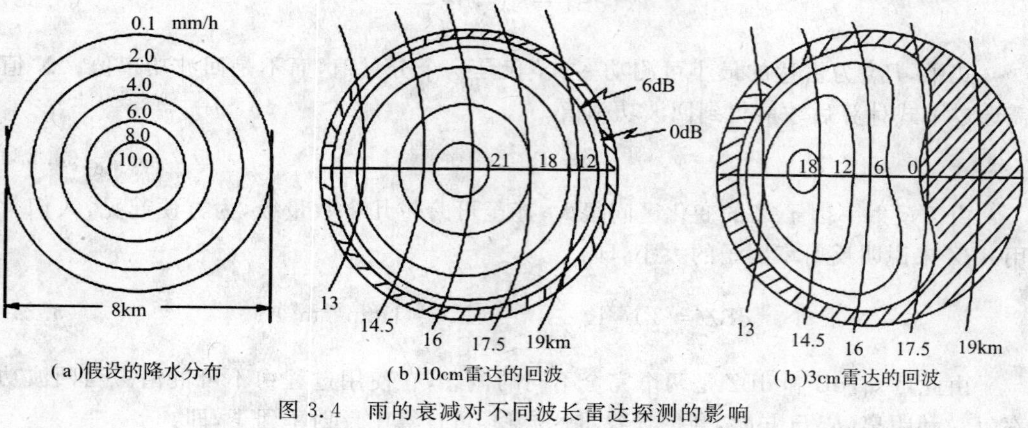

图 3.4　雨的衰减对不同波长雷达探测的影响

3cm 雷达探测到的却有很大的畸变，回波的面积在远离雷达的一侧缩小了很多，回波的强中心偏到靠近雷达一侧，并且强中心的相对强度也没有 10cm 雷达探测到的强。这种由于衰减作用引起的变化为回波畸变（或称回波失真），在分析雷达回波时必须加以注意。有时，如果探测中发现某一部分回波被严重衰减，也可以反过来帮助我们判断在波束传播的路径上存在着特别强的降水。

中国气象局气象科学研究院大气探测研究所和北京市气象台曾于 1975 年夏对 3cm 波长和 5cm 波长的雷达波的衰减情况进行了对比观测。图 3.5 就是对比观测中的一个例子。图 3.5(a)是 5cm 雷达的回波图，按离本站的距离由近到远在测站南面可以看到三条雨带；图 3.5(b)是 3cm 雷达的回波图，由于 3cm 雷达波通过第一、二两条雨带后受到的衰减比 5cm 雷达波要大，所以只能探测到第三条雨带的强中心部分，很难判断出它是一条比较长的雨带。

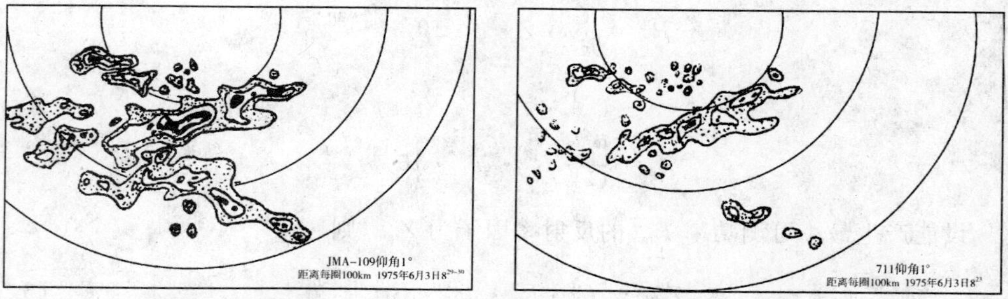

(a)5cm雷达的观测记录　　(b)3cm雷达的观测记录

图 3.5　3cm 和 5cm 波长雷达回波的对比(北京)

3.4.4　距离对雷达探测的影响

气象雷达方程中实际上有三项涉及到距离因子，除了衰减随着目标距离的增大而增大、充塞系数也因距离增大而往往变成小于 1 以外，另外，还很明显的是回波强度与距离平方成反比。

从(3.1)式单个目标的雷达方程可见，回波强度与波长的四次方成反比。这是因为电磁波在雷达站与目标之间往返两次都要把能量分散到 $4\pi R^2$ 的球面上的缘故。但是从(3.21)式可见，气象雷达方程中回波功率仅与距离的平方成反比。这是因为气象目标的回波功率是有效照射体积内所有粒子散射回波的总和，当距离增大时，有效照射体积也相应增大，且与距离平方成正比，所以对消掉一个 R^2。由于气象目标的回波功率随距离的增加而减小，并且雷达只能显示回波功率大于某一定值的信号，所以同一个气象目标若处在不同的距离时，在雷达显示器上的回波强度和尺度等也将发生变化。当目标移近时，回波强度增强，尺度变大，容易误认为云和降水发展加强了；当目标远离时，回波强度减弱，尺度缩小，容易误认为云和降水减弱消散了。

对一条回波带或一个回波群来说，随着距离远近的不同，回波排列的紧密程度也不同。回波带（或群）远时，只有少数强回波的强中心才能显示出来，雷达显示器上回波稀少，带（或群）的特征不明显；在距离近时，较弱的回波也都能显示出来，形成排列紧密的回波带（或群）。

3.4.5　天气雷达探测能力的分析

3.4.5.1　天气雷达的测云能力

波长 3～10cm 的天气雷达，通常用来探测降水或云内含有降水粒子的部分。普通的云由于云滴的直径很小，不足以产生足够强的回波功率，所以探测不到。

由气象雷达方程

$$\overline{P}_r = \frac{C}{R^2} \cdot Z \cdot \psi \cdot 10^{-0.2\int_0^R k\,dR}$$

得

$$Z = \frac{\overline{P}_r}{C} \cdot R^2 \cdot \psi^{-1} \cdot 10^{0.2\int_0^R k\,dR}$$

设能产生最小可测功率 $P_{\min}$ 的反射率因子为 $Z_{\min}$，则

$$Z_{\min} = C' \cdot R^2 \cdot \psi^{-1} \cdot 10^{0.2\int_0^R k\,dR} \tag{3.29}$$

式中 C' 为 $P_{\min}/C$。如果不考虑途中的衰减，并假设充塞系数 $\psi=1$，将天气雷达的参数代入上式，对于波长为 3.21cm 的 711 雷达有

$$Z_{\min} = 4.1 \times 10^{-3} R^2 \tag{3.30}$$

对于波长为 5.56cm 的 713 雷达有

$$Z_{\min} = 8.7 \times 10^{-4} R^2 \tag{3.31}$$

上述两式中 $Z_{\min}$ 的单位为 mm^6/m^3，R 的单位为 km。若取 R=1km、10km、100km，即可求得相应的 $Z_{\min}$ 值，如表 3.1 所示。另外，据已有的云、雨滴谱资料，计算得到各种云雨的平均 Z 值，如表 3.2 所示。

表 3.1　几种距离下 711、713 雷达能探测到的最小 Z 值

种类	711			713		
距离(km)	1	10	100	1	10	100
$Z_{\min}(mm^6/m^3)$	4.1×10^{-3}	4.1×10^{-1}	4.1×10^{1}	8.7×10^{-4}	8.7×10^{-2}	8.7×10^{0}

表 3.2　几种云、雨的平均 Z 值

云、雨和种类	Ac	As	Sc	St	Cu	Cb	小雨 1.25mm/h	中雨 5mm/h	大雨 12.5mm/h
$Z(\mathrm{mm}^6/\mathrm{m}^3)$	7.1×10^{-4}		7.6×10^{-4}		3.6×10^{-3}		4.5×10^{2}	4.5×10^{3}	1.4×10^{4}

比较表 3.1 和表 3.2 可见，两种波长的雷达，一般都不能探测到层状云，713 雷达可以探测到近距离的对流云。但是表 3.2 中所列的数据是平均值，实际上各类云的个别情况和平均情况可以相差很多。例如，对流云和层状云中均发现有直径大于 100μm 的特大云滴，而上述两类云的云滴平均直径各自分别只有 20～24μm，10～12μm。因此，两种雷达在近距离探测到一些含有大水滴的云是可能的，如专门研究云层结构，则必须采用波长更短的，如 1.25cm 或 0.86cm 雷达。

3.4.5.2　天气雷达的测雨能力

比较前面的表 3.1 和表 3.2 已经可以看出，波长分别为 3.21cm 和 5.56cm 的 711 和 713 天气雷达在 100km 的距离上发现小雨、中雨、大雨都是不成问题的。

因为降雨程度是用雨强来表示的，通常还可以用某一距离 R 处的最小可测雨强 $I_{\min}$，或某一降水强度 I 的最大探测距离 $R_{\max}$ 来表达天气雷达的测雨能力。

在假设充塞系数等于 1 的情况下，可以利用气象雷达方程和已知的雷达反射率因子 Z 与降水强度 I 之间的关系，从理论上计算出天气雷达的探测能力。

如果是探测零星的对流性降水，途中介质的衰减仅由大气引起，即 $k=k_g$。把 Jones(1956)得出的对流性降水反射率因子 $Z(\mathrm{mm}^6/\mathrm{m}^3)$与雨强 $I(\mathrm{mm/h})$的经验关系

$$Z = 486I^{1.37}$$

代入(3.29)式，得

$$I_{\min} = \left(\frac{C'}{486}\right)^{0.73} \cdot R^{1.46} \cdot 10^{0.146\int_0^R k\,\mathrm{d}R} \tag{3.32}$$

式中 $I_{\min}$ 为与 $Z_{\min}$ 相应的降水强度，称为最小可测雨强。根据已知的雷达参数 C' 和衰减系数 k 就可以利用上式计算出不同距离处的最小可测雨强。

如果探测包括本站在内的大范围均匀降水区，则电磁波在途中的衰减由大气和降水引起，即 $k=k_g+k_p$。我们用一定雨强的最大探测距离 $R_{\max}$ 来表示雷达的探测能力。由(3.29)式，再假设充塞系数 $\psi=1$，则有

$$Z = C' \cdot R_{\max}^2 \cdot 10^{0.2\int_0^R k\,\mathrm{d}R}$$

因大范围降水通常是由层状云产生的。将 Marshall—Palmer(1948)得到的层状云降水反射率因子 $Z(\mathrm{mm}^6/\mathrm{m}^3)$与雨强 $I(\mathrm{mm/h})$的经验关系

$$Z = 200I^{1.6}$$

代入上式，则得

$$I=\left(\frac{C'}{200}\right)^{0.625}\cdot R_{\max}^{1.25}\cdot 10^{0.125\int_0^R k\,\mathrm{d}R} \tag{3.33}$$

图 3.6 就是根据(3.32)式和(3.33)式，针对天气雷达常用的 X、C、S 三个波段的雷达参数和相应 k_g、k_p 值所得的曲线。其中(a)为雷达探测零星对流性降水的探测能力理论计算值，(b)为探测大范围降水的探测能力理论计算值。

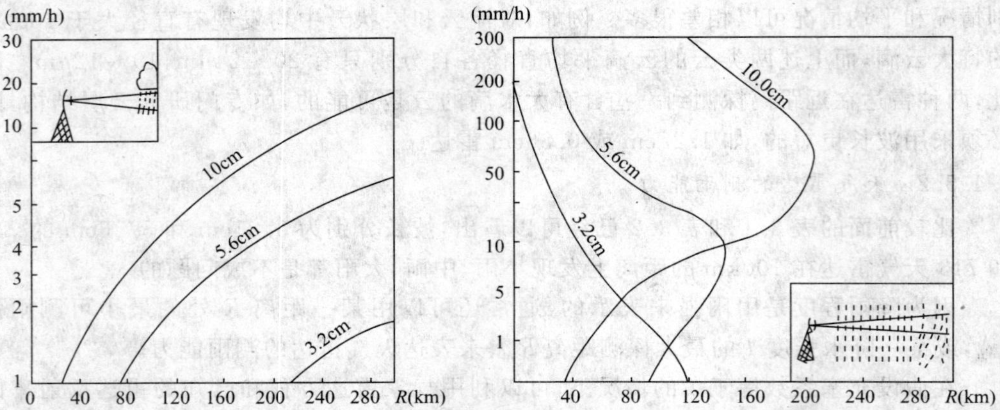

图 3.6 天气雷达探测能力的理论计算

从图 3.6(a)可见，在探测零星对流性降水时，3.2cm 波长的雷达探测能力较强，对 1.0 mm/h 的小雨，探测距离可达 200km 以上；而 5.6cm 波长的雷达只探测到 80km 左右。随着雨强的增加，三个波长雷达的最大探测能力都增强。

而在图 3.6(b)上，在探测大范围降水时，3.2cm 波长的雷达对 1.0 mm/h 的小雨，最大探测距离不到 100km，明显小于探测零星对流性降水时的探测能力，这是由于传播路径上的降水对电磁波的衰减造成的。而 5.6cm 波长的雷达，当雨强较小时，随着雨强的增加，雷达的最大探测距离也增大，但是当雨强达到 10mm/h，最大探测距离达到 150km 以后，雨强再进一步增大，雷达的最大探测距离反而减小，这也是降水对电磁波的衰减引起的。而 10.0cm 波长的雷达，在雨强增大到 50mm/h 以上时，雷达的最大探测距离才开始减小，这是由于波长较长的雷达受降水的衰减小的缘故。

所以在我国中东部，由于锋面、台风等经常造成大范围降水，所以一般应布设 S 波段天气雷达，而在西北等地可以布设 X 或 C 波段雷达。

需要指出，由于实际雷达所达到的指标不一样，其实际探测能力与图 3.6 会有差别，如新一代多普勒天气雷达的探测能力有很大提高，但最大探测距离与雨强的关系曲线仍具有如图 3.6 所示的变化趋势。感兴趣的读者可以用类似上面的方法作理论推算。

第四章　回波视频涨落与积分处理

天气雷达探测时,接收到的回波是很多个降水粒子共同作用的结果,从而造成总的散射回波强度的涨落变化,使得某一时刻对回波强度的一次测量不具有代表性,影响了回波强度定量测量的准确性,为此要对一段时间的回波强度测量值进行平均处理。现在的问题是平均时间的长短如何确定?这就需要首先讨论回波强度是如何变化的?其分布规律是什么?以及如何平均?平均的影响有哪些?这就是本章讨论的主要内容。

§4.1　回波涨落现象

云雨目标是由很多个降水粒子在空间中呈弥散分布的,天气雷达探测时,会带来两个问题。一是若粒子相互间距离太近,一个粒子的表面便成为另一个粒子散射场的边界条件,产生近场相互作用;二是若粒子间的相对位置随时间固定不变,各部分波会相干叠加,产生类似于光学中各光束干涉的效应,即所谓相干散射。经过不少理论和实践的研究认为,降水质点的半径为 100~6000μm,数密度为 $10 \sim 10^4$ 个/cm^3,在这种情况下,粒子间的距离比粒子半径都要大 10 倍以上,近场相互作用可以忽略;又由于大气中几乎总是存在空气的湍流运动,散射粒子随之作无规则运动,彼此间相互位置随机变化,各部分波的位相相互独立,相干散射效应在对流层大气散射问题中一般可以忽略,所以粒子群的合成散射问题可以看成位相独立的波的叠加问题,即粒子群的合成散射波强度等于各个粒子散射波强度的代数和,从而造成合成散射波的涨落脉动变化,称回波涨落现象。

4.1.1　粒子群散射造成瞬间回波功率的涨落

回波强度的涨落现象在模拟雷达的短余辉距离显示器上最为明显,而新一代天气雷达可在雷达接收机中频检波后用示波器测量显示。图 4.1 是用高速照相机在距离显示器上拍摄的雨的回波。照片的时间间隔是 0.003s,它和雷达发射脉冲的周期相对应,图的右下角是 8 次回波的综合图,从中可以看出回波强度的高速涨落现象。

造成降水回波强度涨落现象的原因,除了雷达系统本身的不稳定以及大气折射率的变化外,主要是在大气湍流、风切变等的作用下,降水粒子之间随机的相对运动造成的。

为了具体说明这个问题,下面先分析两个粒子造成的回波。如图 4.2 所示,设粒子

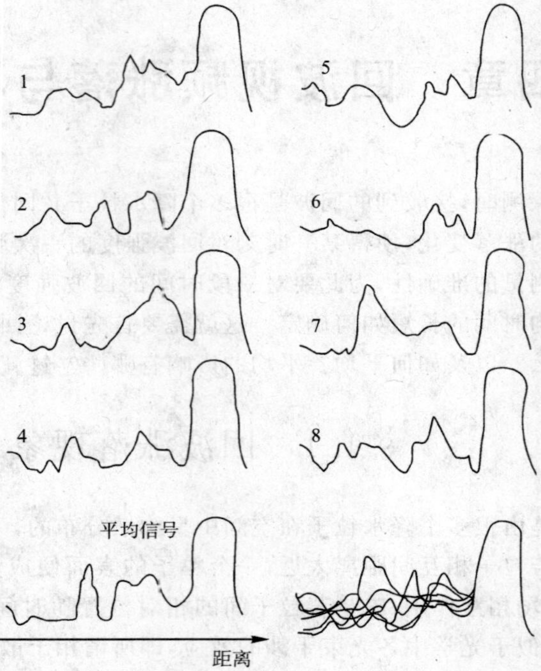

图 4.1　雨的回波随时间的涨落

“1”和粒子“2”散射的能量可以同时被雷达天线所接收，它们离雷达的距离分别为 R_1、R_2，在雷达天线处的电场强度分别为 E_1、E_2，则有

$$E_1 = E_{1m}\cos(\omega t - kR_1)$$
$$E_2 = E_{2m}\cos(\omega t - kR_2) \tag{4.1}$$

其中 E_{1m}、E_{2m} 是散射电场的振幅；ω 是雷达波的角频率；t 表示时间；$k = 2\pi/\lambda$，称为圆波数，它表示单位距离相位的变化值，其中 λ 为波长；kR_1、kR_2 分别是两个粒子的回波同时到达天线处时各自的初相角。

若粒子“1”和“2”与天线之间可以近似看作在同一直线上，它们在天线处产生的合成回波的电场，就可以当作传播方向、振动方向以及频率都相同的波的叠加问题来处理。这时，合成电场 E 为

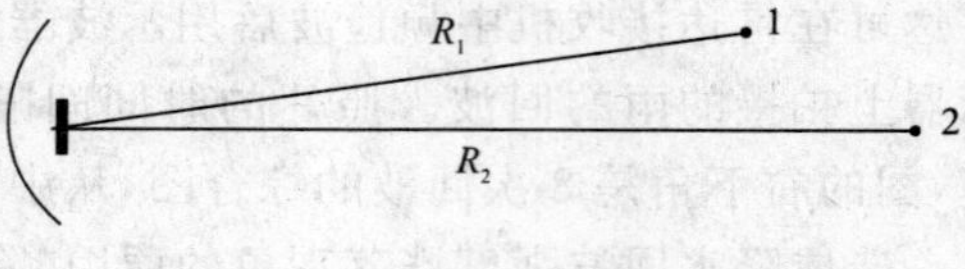

图 4.2　两个粒子散射的示意图

$$E = E_{1m}\cos(\omega t - kR_1) + E_{2m}\cos(\omega t - kR_2) \tag{4.2}$$

应用两角差的余弦公式，(4.2)式可以改写成

$$E=(E_{1m}\cos kR_1+E_{2m}\cos kR_2)\cos\omega t+(E_{1m}\sin kR_1+E_{2m}\sin kR_2)\sin\omega t \tag{4.3}$$

因为 E_{1m}、E_{2m} 以及 kR_1、kR_2 都是定值，故可令

$$\left.\begin{aligned}(E_{1m}\cos kR_1+E_{2m}\cos kR_2)&=E_m\cos\theta\\(E_{1m}\sin kR_1+E_{2m}\sin kR_2)&=E_m\sin\theta\end{aligned}\right\} \tag{4.4}$$

将以上两式平方后相加可得

$$E_m^2=E_{1m}^2+E_{2m}^2+2E_{1m}E_{2m}\cos k(R_2-R_1) \tag{4.5}$$

将(4.4)式中的两式相除可得

$$\mathrm{tg}\theta=(E_{1m}\sin kR_1+E_{2m}\sin kR_2)/(E_{1m}\cos kR_1+E_{2m}\cos kR_2) \tag{4.6}$$

将(4.4)式代入(4.3)式，合成电场可写为

$$E=E_m\cos\theta\cos\omega t+E_m\sin\theta\sin\omega t=E_m\cos(\omega t-\theta) \tag{4.7}$$

由(4.7)式可见，粒子“1”和“2”的回波在雷达天线处叠加后，其合成振幅为 E_m，初相角为 θ，频率与原单个粒子的回波频率相同。

将(4.5)式开方后得

$$E_m=\sqrt{E_{1m}^2+E_{2m}^2+2E_{1m}E_{2m}\cos k(R_2-R_1)} \tag{4.8}$$

由(4.8)式可见，回波信号振幅 E_m 的大小和两个粒子回波的行程差(R_2-R_1)的大小有关。因此，在雷达探测过程中，若两个粒子固定不动，则 E_m 为定值，若两个粒子存在无规则运动，则 E_m 就是不断变化的。

若同时产生回波的粒子共有 N 个，合成回波的场强应为：

$$E(t)=\sum_{i=1}^{N}E_i\cos(\omega t-kR_i)=\sum_{i=1}^{N}E_i\cos(\omega t-\varphi_i) \tag{4.9}$$

其中 $\varphi_i=(2\pi/\lambda)R_i$ 是第 i 个粒子的回波初相角。由上面分析可见，只要存在粒子之间无规则的相对运动，各个粒子产生的回波的初相角就处于无规则的变动中，它们同时到达雷达天线的回波将时而互相叠加，时而相互抵消，粒子群的合成回波就呈现出脉动状态，在显示器就出现幅度的上下涨落现象。

4.1.2　粒子群散射功率的平均

回波幅度的涨落变化，使得某一时刻对回波强度的一次测量不具有代表性，影响了回波强度定量测量的准确性，为此要对一段时间的回波功率测量值进行平均处理。

为了简便起见，仍以两个粒子为例。把(4.5)式两边对时间作平均，可得

$$\overline{E_m^2} = E_{1m}^2 + E_{2m}^2 + \frac{2E_{1m}E_{2m}\int_0^t \cos k(R_2 - R_1)\mathrm{d}t}{\int_0^t \mathrm{d}t}$$

其中，t 是时间，$\overline{E_m^2}$ 表示 E_m^2 对时间的平均值。上式右边第三项根据粒子之间彼此独立并作无规则变动的假设，$k(R_2-R_1)$ 值将随时间作迅速的无规则的变化。在极短的时间内可以认为 $k(R_2-R_1)$ 出现各种数值的机会是随机的，但在相对来说足够长的时间内，可以认为它们出现各种数值的机会相等。因此，对于足够长时间，就有 $\int_0^t \cos k(R_2-R_1)\mathrm{d}t = 0$，上式即可写为

$$\overline{E_m^2} = E_{1m}^2 + E_{2m}^2 \tag{4.10}$$

(4.10)式说明，两个粒子散射到天线处产生的回波功率的时间平均值，等于每个粒子各自产生的回波功率的总和。

上面的结论可以推广到 N 个粒子的情况。只要对足够长的时间作平均，同样分析可得

$$\overline{P_r} = \sum_{i=1}^{N} P_i \tag{4.11}$$

其中，$\overline{P_r}$ 为平均回波功率，P_i 代表来自第 i 个粒子的回波功率。(4.11)式说明，来自 N 个粒子的回波功率的时间平均值，等于各个粒子的回波功率的和，因此，只要对回波功率 P_r 取适当长时间的平均值，就可以获得比较准确的数值。现在的问题是这适当长的平均时间如何确定？这就需要首先讨论回波功率是如何变化的？其分布规律是什么？

§4.2 回波功率及其平均值的分布律

为了使来自 N 个粒子的回波功率的时间平均值，等于各个粒子的回波功率的和，使天气雷达能够定量探测云和降水，就必须对回波进行平均化处理。显然，平均次数太少，难以测定平均回波功率；但是平均次数过多，又会把被测云雨的实际时间变化和空间分布平滑掉，即导致雷达分辨率的降低。如何选定恰当的平均次数及其可能达到的精度，是本节要讨论的问题。

由于涨落的回波信号是随机变量，所以本节的讨论也从它的统计规律开始。

4.2.1 回波场强的振幅和功率的分布律

未经过平均的回波振幅的涨落和噪声很相似。实际上未经过平均的回波振幅的概

率分布相当于“二维无规行走”的概率分布问题。即相当于一人从原点处向任意方向跨出一定长度的一步，然后再向任意方向跨出相等长度的另一步，这样下去跨出 n 步后，此人所在位置距原点距离的概率分布。与此类似，每一步相当于某一随机散射体的回波场强，长度相当于回波场强的振幅，跨出 n 步后距原点的距离相当于 n 个随机散射体的合成振幅 A。在这个基础上可以导出 A 的概率分布为

$$P(A)\mathrm{d}A = \frac{2A}{\overline{A^2}}\exp\left(\frac{-A^2}{\overline{A^2}}\right)\mathrm{d}A \tag{4.12}$$

式中 $\overline{A^2}$ 为回波功率的母体平均值，即真正的平均功率。$P(A)\mathrm{d}A$ 是振幅处在 $A \sim A+\mathrm{d}A$ 区间内的概率。

我们知道，只有当事件 $A \leqslant \xi \leqslant A+\mathrm{d}A$ 出现时，另一事件 $A^2 \leqslant \eta \leqslant (A+\mathrm{d}A)^2$ 才可能出现，据概率密度函数的定义可得

$$P(A)\mathrm{d}A = P\ [illegible]^2)\mathrm{d}(A+\mathrm{d}A)^2 \tag{4.13}$$

对等式右边展开并略去高阶小量后得

$$P(\ [illegible] = P(A^2)\mathrm{d}A^2$$

代入(4.12)式则有

$$P(A^2)\mathrm{d}A^2 = \frac{1}{\overline{A^2}}\exp\left(-\frac{A^2}{\overline{A^2}}\right)\mathrm{d}A^2 \tag{4.14}$$

(4.12)式和(4.14)式分别为回波振幅 A 和回波功率 A^2 的概率分布表达式，亦称为瑞利分布。上述的理论结果和美国麻省理工学院雷达实验室得到的实测资料符合得很好，如图 4.3 所示。

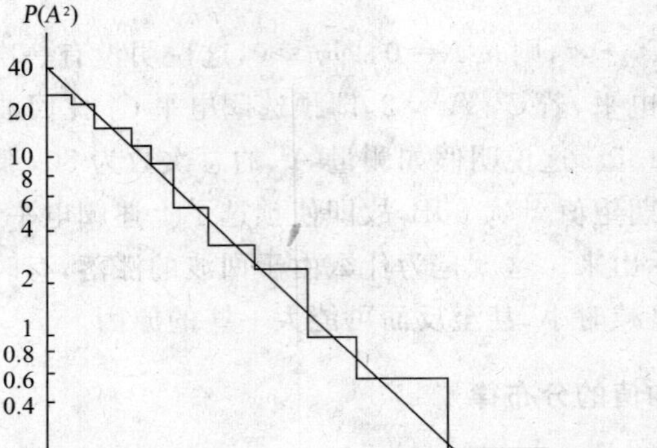

图 4.3　实测 A^2 的概率分布(折线部分)，波长=3cm 共 1000 个阵雨脉冲回波

可以证明，回波功率 A^2 的概率分布函数有如下几点性质：

(1) 在区间(0、∞)内满足归一化条件，即

$$P(A^2)=\int_0^\infty \frac{1}{\overline{A^2}}\exp\left(-\frac{A^2}{\overline{A^2}}\right)dA^2=1$$

(2) 回波功率 A^2 的期望值为 $\overline{A^2}$，即

$$\overline{A^2}=\int_0^\infty \overline{A^2}P(A^2)dA^2$$

(3) 回波功率 A^2 分布的标准差 σ 也为 $\overline{A^2}$，即

$$\sigma=\left[\int_0^\infty (A^2-\overline{A^2})^2P(A^2)dA^2\right]^{\frac{1}{2}}=\overline{A^2}$$

4.2.2 大于预选功率标准 C^2 的概率

在实际工作中，回波功率分布通常是在设置一定的阈值后求得，这等于预选了某一阈电平 C^2，故需要了解涨落的回波功率 A^2 大于 C^2 的概率。

根据(4.12)式，大于等于 C^2 的概率为

$$P(A^2\geqslant C^2)=\int_{C^2}^\infty \frac{1}{\overline{A^2}}\exp\left(-\frac{A^2}{\overline{A^2}}\right)dA^2=\exp\left(-\frac{C^2}{\overline{A^2}}\right)$$

上式等号左端的概率可近似用频率表示，即 $P(A^2\geqslant C^2)=\bar{n}/K$，式中 K 为测量回波功率的总次数，$\bar{n}$ 为通过预选阈电平 C^2 的平均次数，因此有

$$\frac{\bar{n}}{K}=\exp\left(-\frac{C^2}{\overline{A^2}}\right) \tag{4.15}$$

由(4.15)式看出，若 $C^2\to\infty$，则 $\bar{n}/K=0$，即 $\bar{n}=0$，这说明没有一次涨落的回波功率能够超过无穷大的预选阈电平，若 $C^2/\overline{A^2}=2$，即预选阈电平 C^2 比回波功率期望值大 3dB 的话，则 $\bar{n}/K=e^{-2}=0.135$。这说明假如测量 A^2 的总次数为 50，那么平均将有 6.8 次的回波功率比回波功率期望值 $\overline{A^2}$ 大 3dB，故即使预选了上述阈电平，回波信号仍会在雷达的 PPI 或 RHI 上显示出来。这就是为什么由于回波的涨落，有时衰减几个分贝后的回波图像，看不出比未衰减时小，甚至反而可能大一些的原因。

4.2.3 回波功率平均值的分布律

在实际测量中，只能用有限次取样来估计涨落回波的平均值，但这样的平均值仍有涨落现象，如图 4.4 所示，因此它还是一个随机变量。为此我们需要了解这种有限次平均值服从怎样的分布规律及信度区间，即测量精度和平均次数之间的关系。

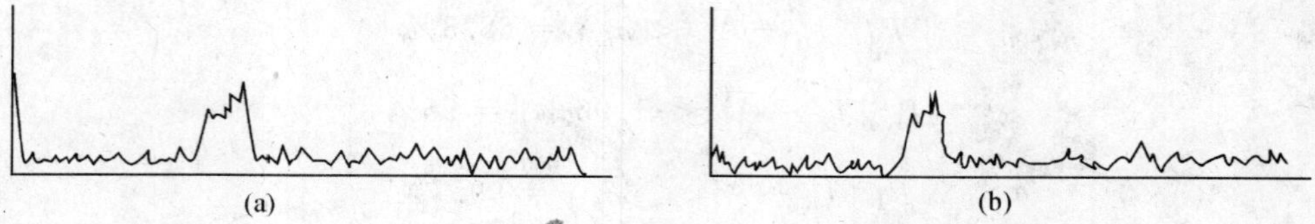

图 4.4 经平均后 A 显示器上的回波涨落情况
(a)取 16 次回波(b)取 32 次回波

令

$$J_K = \sum_{i=1}^{K} A_i^2 / K$$

为 K 次取样的回波功率平均值。在假设样本 $A_1, A_2, \cdots\cdots, A_K$ 是 K 个相互独立的随机变量,且各自服从瑞利分布的前提下,Marshall 等导出了 K 次回波功率平均值 J_K 的概率分布为

$$P(J_K)\mathrm{d}J_K = \frac{K^K}{(\overline{A^2})^K (K-1)!} J_K^{K-1} \exp\left(\frac{KJ_K}{\overline{A^2}}\right)\mathrm{d}J_K \tag{4.16}$$

这就是 K 次平均值的概率分布。由上式可以证明:

(1)$P(J_K)$在(0、∞)区间内的概率为 1(归一化条件),即

$$\int_0^{\infty} P(J_K)\mathrm{d}J_K = 1$$

$$\overline{J_K} = \int_0^{\infty} J_K P(J_K)\mathrm{d}J_K = \overline{A^2}$$

可见 J_K 的母体平均值就是独立样本 A^2 的母体平均值。

(2)方差为:

$$\sigma_K^2 = \int_0^{\infty} (J_K - \overline{J_K})^2 P(J_K)\mathrm{d}J_K = \frac{(\overline{A^2})^2}{K}$$

或标准差 $\sigma_K = \dfrac{\overline{A^2}}{K^{\frac{1}{2}}}$

图 4.5 给出了不同平均次数下 J_K 的概率分布。由图可见,随着平均次数 K 的增大,J_K 的分布曲线变窄,这和均方差随平均次数增加而减小是一致的。当 $K \geqslant 10$ 时,分布曲线以 $\overline{A^2}$ 为中心呈对称形式,近似于正态分布。

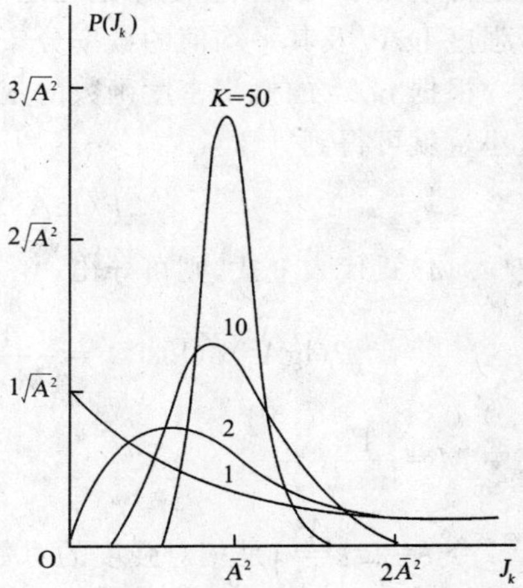

图 4.5 $P(J_K)$的分布曲线

这样,根据正态分布的性质可以得到:

$$P(|J_K-\overline{A^2}|<\sigma_K)=68.3\%$$

$$P(|J_K-\overline{A^2}|<1.96\sigma_K)=95\%$$

$$P(|J_K-\overline{A^2}|<3\sigma_K)=99.7\%$$

一般我们把 95%的信度区间作为某一物理量的测量误差范围，因此，据以上性质并注意到 $\sigma_K=\overline{A^2}/K^{\frac{1}{2}}$，就可以得到 J_K 的 95%的信度区间为

$$\overline{A^2}\left(1-\frac{1.96}{K^{\frac{1}{2}}}\right)\leqslant J_K\leqslant\overline{A^2}\left(1+\frac{1.96}{K^{\frac{1}{2}}}\right) \tag{4.17}$$

(4.17)式表明，平均次数 K 越大，95%的信度区间越小，即 J_K 的测量误差越小，表 4.1 为用(4.17)式算出的各种平均次数下 J_K 的测量误差范围，即 95%的信度区间。

表 4.1　J_K 的 95%的信度区间和 K 的关系

K	16	25	36	49	64
信度区间(95%)	$\pm0.49\overline{A^2}$	$\pm0.39\overline{A^2}$	$\pm0.33\overline{A^2}$	$\pm0.28\overline{A^2}$	$\pm0.25\overline{A^2}$

于是可根据设计的精度要求，用(4.17)式或表 4.1 去选择独立取样次数，或者根据已设计的视频积分器的平均次数来估计 J_K 的误差。

4.2.4　对数接收机中信号强度及其平均值的分布律

由于云和雨滴等气象目标的回波功率变化范围很大，可达 60～80dB，故一般测雨雷达都采用了对数接收机来适应这一变化范围。为此，我们必须考虑对数接收机中信号强度 $\lg A^2$ 及其平均值的概率分布。

根据 $\lg A^2$ 的概率密度函数的定义，并在推导中略去 $\lg(A^2+dA^2)$ 展开式中的高阶小量就可得到

$$P(\lg A^2)\mathrm{d}(\lg A^2)=P(A^2)\mathrm{d}A^2$$

把(4.14)式代入上式，则可导出

$$P(\lg A^2)\mathrm{d}(\lg A^2)=\frac{1}{M\overline{A^2}}\exp\left(\frac{1}{M}\lg A^2-\frac{1}{\overline{A^2}}\exp\frac{1}{M}\lg A^2\right)\mathrm{d}\lg A^2 \tag{4.18}$$

其中 $M=\frac{1}{\ln 10}$。

令 $\xi=\lg\left(\frac{A^2}{\overline{A^2}}\right)$是相对强度的对数，称为信号标准化电平，而把 $\lg A^2$ 称为信号电平，应用(4.18)式，并注意到$\frac{1}{\overline{A^2}}=\exp\left[\frac{1}{M}\lg\left(\frac{1}{\overline{A^2}}\right)\right]$、$\mathrm{d}\xi=\mathrm{d}\left(\lg\frac{A^2}{\overline{A^2}}\right)$，则可得

$$P(\xi)\mathrm{d}\xi = \frac{1}{M}\exp\left(\frac{1}{M}\xi - \exp\frac{1}{M}\xi\right)\mathrm{d}\xi \tag{4.19}$$

这就是 $\lg\left(\frac{A^2}{\overline{A^2}}\right)$ 的概率分布函数。这一函数形式很复杂，不便于计算，为此，小平信彦提出下式作为对(4.19)式的近似：

$$P(\xi)\mathrm{d}\xi = K_a \exp(a\xi - b)(a\xi - b)^2 \mathrm{d}\xi \tag{4.20}$$

式中 $a=3.13$，$b=2.215$，$K_a=\frac{a}{2}=1.565$。由于上式应满足归一化条件，因此 ξ 的取值区间必须是 $\left(-\infty, \frac{b}{a}\right)$，这时 $\int_{-\infty}^{\frac{b}{a}} P(\xi)\mathrm{d}\xi = 1$。

1966 年 Lhermitte 和 Kessler 用实验检验了上述概率分布，两者符合得很好。

下面我们来讨论标准化电平 ξ 的 K 次平均值 J_{KL} 的概率分布及其误差等情况。定义

$$J_{KL} = \frac{1}{K}\sum_{i=1}^{K}\xi_i = \frac{1}{K}\sum_{i=1}^{K}\lg\left(\frac{A_i^2}{\overline{A^2}}\right)$$

由于 A_i^2 为随机变量，所以 ξ_i 及 K 次平均值 J_{KL} 也是随机变量。可以证明，J_{KL} 的概率分布为

$$P(J_{KL})\mathrm{d}J_{KL} = \frac{aK[K(b - aJ_{KL})]^{3K-1}}{(3K-1)!} e^{-(b-aJ_{KL})K} \mathrm{d}J_{KL}$$

$$\left(-\infty < J_{KL} \leqslant \frac{b}{a}\right) \tag{4.21}$$

这就是 K 次相互独立的随机变量 ξ_i 的平均值 J_{KL} 的概率分布，它有以下几点性质：

(1)在 $\left(-\infty, \frac{b}{a}\right)$ 区间内满足归一化条件，即

$$\int_{-\infty}^{\frac{b}{a}} P(J_{KL})\mathrm{d}J_{KL} = 1$$

(2)J_{KL} 的母体平均值 $\overline{J_{KL}}$ 为

$$\overline{J_{KL}} = \int_{-\infty}^{\frac{b}{a}} J_{KL} P(J_{KL})\mathrm{d}J_{KL} = \frac{b-3}{a} = -0.2508$$

由 J_{KL} 的定义，把 J_{KL} 的表达式改写为

$$\overline{J_{KL}} = \overline{\frac{1}{K}\sum \lg A_i^2} - \lg \overline{A^2}$$

所以

$$\overline{\frac{1}{K}\sum \lg A_i^2} = \lg \overline{A^2} - 0.2508 \tag{4.22}$$

上式表明，在回波功率 A_i^2 服从瑞利分布的条件下，由对数接收机确定的回波信号的 K 次平均电平值 J_{KL} 比回波功率的真实平均值 $\overline{A^2}$ 要低 2.5dB。

(3) J_{KL} 的方差 σ_{KL}^2 为

$$\sigma_{KL}^2 = \int_{-\infty}^{\frac{b}{a}} (J_{KL} - \overline{J_{KL}})^2 P(J_{KL}) \mathrm{d}J_{KL} = \frac{3}{Ka^2}$$

其标准差

$$\sigma_{KL} = \frac{\sqrt{3}}{a\sqrt{K}} = 0.557K^{-\frac{1}{2}} \tag{4.23}$$

应用(4.21)式可作出不同平均次数情况下的 J_{KL} 概率分布曲线，如图 4.6 所示。由图可见，随着平均次数 K 的增加，曲线变窄；当 $K \geqslant 10$ 时，$P(J_{KL})$ 的曲线呈对称形式，接近正态分布，其平均值为 -0.2508，标准差为 $0.557K^{-\frac{1}{2}}$。

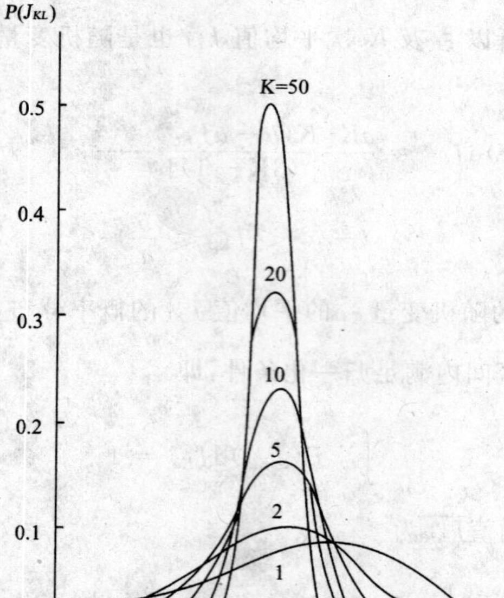

图 4.6　几种 K 值情况下 J_{KL} 的概率分布曲线

根据正态分布的性质，95%的信度区间由下式确定

$$\overline{J_{KL}}-\frac{1.96\times0.557}{K^{\frac{1}{2}}}\leqslant J_{KL}\leqslant\overline{J_{KL}}+\frac{1.96\times0.557}{K^{\frac{1}{2}}}$$

若$\overline{J_{KL}}$和J_{KL}之差用分贝数表示，则上式可写为

$$\frac{-1.96\times5.57}{K^{\frac{1}{2}}}\leqslant J_{KL}-\overline{J_{KL}}\leqslant\frac{1.96\times5.57}{K^{\frac{1}{2}}}$$

由上式可见，$J_{KL}-\overline{J_{KL}}$的分贝数在$\pm\frac{1.96\times5.57}{K^{\frac{1}{2}}}$范围内的概率为95%。据标准化电平$\xi$和$J_{KL}$的定义可知，这就是电平$\lg A_i^2$的$K$次平均值$\sum\frac{\lg A_i^2}{K}$的误差。显然$K$越大，其误差$J_{KL}-\overline{J_{KL}}$越小，精度越高。

表4.2给出了几个不同K值情况下$J_{KL}-\overline{J_{KL}}$的95%的信度区间及标准差。

表4.2　J_{KL}的95%信度区间和K的关系

K	9	16	25	36	49	64
95%信度区间(dB)	±3.64	±2.72	±2.18	±1.82	±1.56	±1.36
标准差σ_{KL}(dB)	±1.86	±1.39	±1.11	±0.93	±0.80	±0.70

4.2.5　J_{KL}超过预选阈电平L的概率

前已述及，有限次独立样本的平均值J_{KL}仍是一个随机变量；另外，回波图像的分布通常也设置阈值，这等于预选了某一阈电平L，故我们需要了解J_{KL}大于预选阈电平L的概率。

根据(4.21)式，经演算后可得

$$\begin{aligned}P(J_{KL}\geqslant L)&=\int_L^{\frac{b}{a}}\frac{K\cdot a[K(b-aJ_{KL})]^{3K-1}}{(3K-1)!}\cdot e^{-(b-aJ_{KL})K}\mathrm{d}J_{KL}\\&=1-K^{(3K-1)}\cdot e^{-K(b-aL)}\sum_{r=0}^{3K-1}\frac{(b-aL)^{3K-1-r}}{(3K-1-r)!K^r}\end{aligned}\qquad(4.24)$$

图4.7给出了由(4.24)式并令$K=1$、5、10、20、40、∞等情况下对应的累积分布曲线，由图可见，未经平均的曲线($K=1$)，J_{KL}有37%的概率超过真实平均值$\overline{A^2}$，有2%左右的概率超过真实平均值达6dB以上。经平均后J_{KL}的分布曲线显著变窄，K越大，曲线越窄。要使J_{KL}大于真实平均值$\overline{J_{KL}}$ 1.4dB的概率在5%以下，其平均次数应不小于40次。

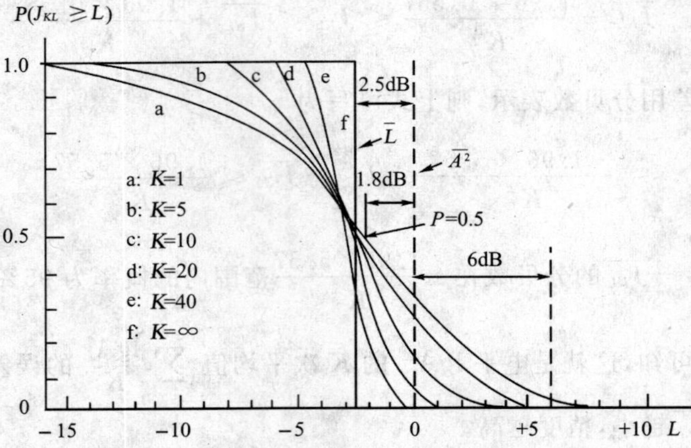

图 4.7 超过阈电平的概率与阈电平 L 的关系

§4.3 非独立取样平均的等效独立取样次数

上述讨论时所依据的统计原理是针对独立随机变量的，实际雷达取样时一般不满足独立取样的要求。如果雷达取样体积内各散射体之间相对位置保持固定、同步、规则地运动时，各散射体回波之间相位差保持固定，不同散射体之间的速度差为零，相位差为常数，因而不存在由各散射体之间的相对运动造成的回波信号涨落，这样目标物的回波是相干的，这样的取样叫做相干取样。在取样体积中，如果散射体（如云、雨滴）的位置随着它们之间的复杂的相对运动迅速地随机变化着，各散射体的回波之间不保持固定的相位差，并且同一散射体相邻时刻回波之间相位差也完全随机地变化着，这样的目标物的回波是非相干的，前后不同时刻的回波是相互独立的，这样的雷达取样叫做独立取样。显然还会存在介于这两者之间的情况，当向一群随机散射体发射的脉冲波列前后间隔时间（即取样时间间隔）小于这些散射体"重新排列"的时间，随机散射体部分地保持着原来的位置排列状况，这种目标物的前后时刻的回波是部分相干的，这样的雷达取样是非独立取样。分析和实验表明，用于测雨的气象雷达，一般都属于非独立取样。

为了确定非独立取样时所需的平均时间和平均次数，就要来研究在方差相等的条件下，非独立取样时的取样次数所等效的独立取样数。

当雷达采用对数接收机并对经数字化处理以后输出的信号进行平均时，其等效独立取样数可采用 Lee，Y. W(1961)给出的离散取样时普适的计算等效独立样本数的公式进行计算，即

$$K_e^{-1}=\frac{1}{K}+\frac{2}{K^2}\sum_{n=1}^{K-1}(K-n)C(nL) \tag{4.25}$$

式中，K 为取样间隔为 L 的取样数，$n=1,2,\cdots\cdots,K-1$，$C(nL)$ 表示间距为 nL 的回波强度信号之间的相关函数，K_e 为等效独立样本数。

Kerr(1951)导出了对数接收机输出信号相关函数 $C_{\lg}$ 与接收机输入信号相关函数 C 之间的关系

$$C_{\lg} = \frac{6}{\pi^2}\sum_{m=1}^{\infty} C^{2m} m^{-2} \tag{4.26}$$

当时间(t)、角度(Δ)和距离(r)可看作独立变量时，有

$$C(r、\Delta、t) = C(r)C(\Delta)C(t) \tag{4.27}$$

下面介绍 Walker 等(1980)在(4.25)式基础上给出的时间、角度、方位、距离平均时的等效独立样本数。讨论到哪一项时，就在相应符号中分别加上脚注 t、Δ、D、r。

4.3.1　时间平均的等效独立样本数

只作时间平均时，$C(r)C(\Delta)=1$，则根据时间相关函数与回波强度涨落谱互为傅里叶变换，并假设回波强度涨落谱服从高斯分布，可得

$$C(t) = \exp\left(-\frac{t^2}{2\sigma_t^2}\right) \tag{4.28}$$

式中 σ_t 是相关时间尺度，它与多普勒谱方差 σ_f^2 的关系是

$$\sigma_f^2 = (2\pi\sigma_t)^{-2} \tag{4.29}$$

将(4.28)式代入(4.26)式可得

$$C_{\lg}(t) = \frac{6}{\pi^2}\sum_{m=1}^{\infty} m^{-2}\exp\left(-\frac{mt^2}{\sigma_t^2}\right) \tag{4.30}$$

把(4.30)式代入(4.25)式，可得对数回波离散信号时间平均等效独立样本数 K_{te} 的表达式

$$K_{te}^{-1} = \frac{1}{K_t} + \frac{12}{\pi^2}\sum_{n=1}^{K_t-1}\sum_{m=1}^{\infty}(K_t-n)(K_t m)^{-2}\exp\left[-m\left(\frac{nL_t}{\sigma_t}\right)^2\right] \tag{4.31}$$

总的平均时间 $T_{总}=(K_t-1)nL_t$，由(4.31)式可绘出不同取样数 K_t 的一组曲线，如图 4.8 所示。使用时根据 $\sqrt{2}(K_t-1)nL_t\sigma_f=\sqrt{2}T_{总}\,\sigma_f$ 及 K_t 值，可查出等效独立样本数 K_{te}。这里 $\sigma_f=(2/\lambda)\sigma_v$，且设定 $\sigma_v=1\text{m}\cdot\text{s}^{-1}$。

4.3.2　角度平均的等效独立样本数

角度平均时，$C(r)C(t)=1$，$C(r,\Delta,t)=C(\Delta)$。根据天线方向图函数，可以求得

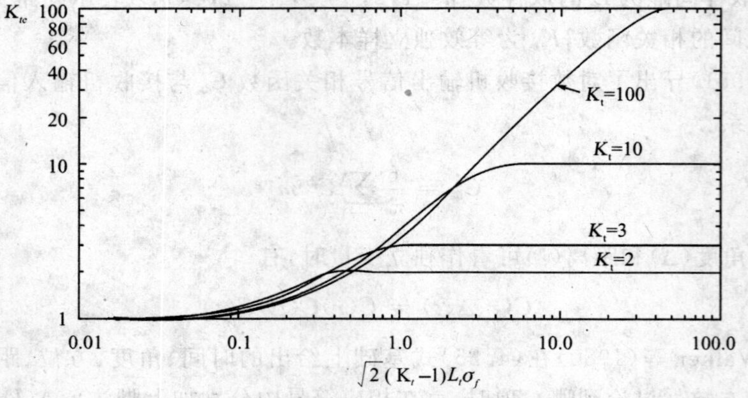

图 4.8 对数接收机在时间 $T_{总}$ 内 K_t 次离散样本的等效独立样本数 K_{te}

$$C(\Delta) = \exp\left(-\frac{\beta^2\Delta^2}{2\theta_1^2}\right) \tag{4.32}$$

式中，Δ 表示角度，$\beta=\sqrt{2\ln 2}$，θ_1 是天线的水平波束宽度。对照(4.28)式可知，上式与(4.28)式的不同点仅是用 β、Δ 取代 t，θ_1 取代 σ_t，因此离散样本数为 K_Δ 的角度平均等效独立样本数 $K_{\Delta e}$ 的表达式可仿照(4.31)式写成

$$K_{\Delta e}^{-1} = \frac{1}{K_\Delta} + \frac{12}{\pi^2}\sum_{n=1}^{K_\Delta-1}\sum_{m=1}^{\infty}(K_\Delta - n)(K_\Delta m)^{-2}\exp\left[-m\left(\frac{n\beta\Delta}{\theta_1}\right)^2\right] \tag{4.33}$$

4.3.3 方位平均的等效独立样本数

雷达天线以均匀速率 a 转动作方位探测时，有 $\Delta=at$，故方位平均可以看作是在某一距离上角度和时间有规则结合的一种平均，其相关系数 $C(\Delta,t)$ 应是 $C(\Delta)$ 和 $C(t)$ 的乘积，即

$$C(\Delta,t) = \left[\exp\left(-\frac{\beta^2\Delta^2}{2\theta_1^2}\right)\right]\left[\exp\left(-\frac{t^2}{2\sigma_t^2}\right)\right] \tag{4.34}$$

把 $\Delta=at$ 代入上式可得

$$C(\Delta,t) = \exp\left[-\frac{t^2}{2(\sigma_t')^2}\right] \tag{4.35}$$

其中 σ_t' 为

$$(\sigma_t')^2 = \left[\left(\frac{\beta\alpha}{\theta_1}\right)^2 + (\sigma_t)^{-2}\right]^{-1} \tag{4.36}$$

其等效的多普勒谱方差为

$$(\sigma'_f)^2 = \left(\frac{\beta\alpha}{2\pi\theta_1}\right)^2 + \sigma_f^2 \tag{4.37}$$

由(4.35)式可见，方位平均在形式上也可以看作“单纯”的时间平均，只是其谱宽因天线转动而增加了，只要把(4.35)式中的σ'_t代替(4.31)式中的σ_t，就可得到方位平均等效独立样本数K_{De}的计算式

$$K_{De}^{-1} = \frac{1}{K_D} + \frac{12}{\pi^2}\sum_{n=1}^{K_D-1}\sum_{m=1}^{\infty}(K_D-n)(K_Dm)^{-2}\exp\left[-m\left(\frac{nL_t}{\sigma'_t}\right)^2\right] \tag{4.38}$$

也可类似用(4.31)式作出一组曲线的方法对(4.38)式作相应的一组曲线，以备查算K_{De}值之用。

4.3.4　距离平均的等效独立样本数

设雷达发射高频脉冲的宽度为τ，脉冲体积半长度$r_0=(1/2)c\tau$，其中c为光速。当只考虑沿径向距离上回波信号的平均时，$C(t)C(\Delta)=1$，$C(r,\Delta,t)=C(r)$，可以导出距离相关函数为

$$C(r) = \begin{cases} 1-\dfrac{r}{r_0}, & 0\leqslant |r| \leqslant r_0 \\ 0, & |r| \geqslant r_0 \end{cases} \tag{4.39}$$

把(4.39)式代入(4.26)式，得到对数接收机输出信号的距离相关函数

$$C_{\lg}(r) = \begin{cases} \dfrac{6}{\pi^2}\displaystyle\sum_{m=1}^{\infty}\left(1-\frac{r}{r_0}\right)^{2m} m^{-2}, & 0\leqslant |r| \leqslant r_0 \\ 0, & |r| \geqslant r_0 \end{cases} \tag{4.40}$$

把(4.40)式代入(4.25)式，就可得到对数回波信号取样间隔为L_r的距离平均等效独立样本数K_{re}的表达式

$$K_{re}^{-1} = \begin{cases} \dfrac{1}{K_r} + \dfrac{12}{\pi^2}\displaystyle\sum_{n=1}^{k_r-1}\sum_{m=1}^{\infty}(K_r-n)(K_rm)^{-2}\left(1-\frac{nL_r}{r_0}\right)^{2m}, & K_r-1\leqslant \dfrac{r_0}{L_r} \\ \dfrac{1}{K_r}, & L_r > r_0 \end{cases} \tag{4.41}$$

就(4.41)式可绘出与K_r值相应的一组曲线，如图4.9所示。根据样本数K_r及r_1/r_0可以从图4.9查得距离平均等效独立样本数K_{re}。这里$r_1=(K_r-1)L_r$，为距离积分库的长度。

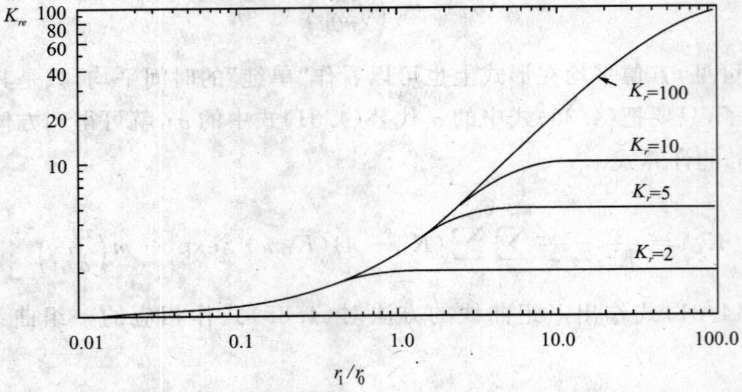

图 4.9 对数接收机在距离 r_t 内 K_r 次离散取样的等效独立样本数 K_{re}

§4.4 视频积分的实现

上面从理论上讨论了对回波强度信号进行平均化处理时平均次数及其可能达到的精度问题，这是设计回波信号强度平均处理的理论依据。在以前的雷达气象教材上，回波信号强度平均处理又称为视频积分。

4.4.1 距离平均和方位平均

实现视频积分，就平均方式来讲有两种，即距离平均和方位平均。

距离平均就是把沿着距离方向分布的回波信号强度进行平均。通常是把需要平均的距离范围划分成若干个相等的区间，即距离单元，这个距离单元的大小根据对测量精度的要求而定，然后凭借雷达信号处理系统产生的相应宽度的距离门波，实现由近及远逐个对每一距离单元范围内的回波强度信号进行平均。例如某雷达设计需要视频积分的距离范围是 10～200km，距离单元的大小是 1km，距离门波的宽度也是 1km。这就是说，把 10km 到 200km 的距离范围划分成为 190 个距离单元。积分电路依靠由近及远逐次出现的 1km 宽的距离门波，对每 1km 范围的回波强度信号进行平均。

至于在每一个距离单元(如例中的 1km)范围内，有多少个样本参与平均，即 K_r 等于多少，对于数字化天气雷达来说，决定于视频回波强度信号模/数转换时，在一个距离单元内采样多少次。

方位平均是把沿方位角方向上分布的回波强度信号进行平均(仰角积分也一样，不再另述)。同样，是把 360°划分成若干个方位单元，对天线扫过每一个方位单元的过程中所获得的各个方位单元的回波强度信号进行平均。例如有的雷达以 2°为一个方位单元，那么，整个圆周将分成 180 个方位单元。

实际上，距离平均和方位平均是同时进行的。每个距离单元总是和一个方位单元相对应并组成一个面积单元。这个面积单元便称为积分库。在平面位置显示器上相应的积分库的分布如图 4.10 所示的。可以想象当每个积分库中都以一定的亮度或者一定的色彩显示平均以后的回波强度信号，就可以得到一幅经过平均处理后的回波强度分布图像。

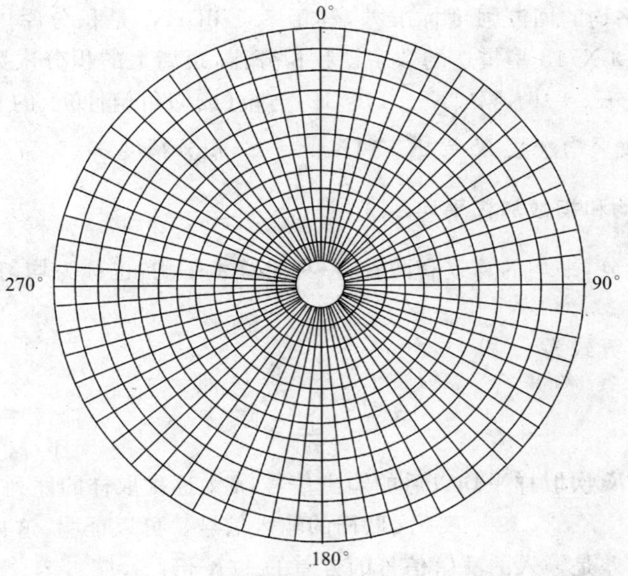

图 4.10　平面位置显示器上积分库分布示意图

这里需要指出的是，在每一个方位单元 ΔD 里究竟有多少个样本参与平均，即 K_2 等于多少，与雷达的脉冲重复频率、天线的转速以及天线的波束宽度有关，可以表示为

$$K_D = \frac{\Delta D}{\omega} f_P \qquad (4.42)$$

式中，ΔD 为方位单元的大小，ω 为天线转动角速度，f_P 为雷达发射脉冲的重复频率。显然，如果方位单元 ΔD 取为一定值，那么，天线转速愈快，参与平均的样本数 K_D 越少。为了避免由于转速不同引起参与平均的样本数的变化导致积分精度的差异，有的雷达在设计时就规定每若干个脉冲平均一次，这样处理的结果，意味着积分库在方位方向上的宽度是随天线转速改变的。

对于采用对数接收机的数字化雷达，如果是距离—方位积分式的数字视频积分器（简称 DVIP），则总的等效平均取样次数 N_e 应为

$$N_e = K_{re} \cdot K_{De} \qquad (4.43)$$

前面的讨论已经指出，当回波平均的独立样本数大于等于 10 时，平均回波强度的误差范围 95% 的信度区间可以表示为 $\pm 1.96\sigma$dB，其中平均回波强度的标准差 σ(dB)，即 DVIP 的精度可表示为

$$\sigma = \frac{\sigma_1}{\sqrt{N_e}} \tag{4.44}$$

式中 σ_1 是未经平均的回波强度标准差，等于 5.57dB；N_e 是积分库内总的等效独立样本数。例如 K/LLX718 型雷达的数字视频积分器，距离上的积分次数 K_r 选定为 8，等效独立取样次数 $K_{re} = 6K_r^2/(4K_r - 1) \approx 12$；方位（或仰角俯仰）上的积分次数 K_D 选定为 4，则总的等效平均次数 $N_e = K_{re} \cdot K_{De} = 36$，积分精度 $\sigma = 5.57/\sqrt{36} = 0.93$dB。

4.4.2 算术平均和指数加权平均

实现视频积分，平均的算式有两种，一种是算术平均，也称为均匀权重平均；另一种是指数权重平均。

算术平均的算式为

$$Y_K = \sum_{n=0}^{K-1} a_n X_{K-n} \tag{4.45}$$

式中 Y_K 为经过 K 次取样平均以后的输出信号，n 为逐次取样的序列 $0, 1, \cdots\cdots, K-1$，a_n 为常数，等于 $1/K$，X_{K-n} 为每一次取样的输入信号。可以证明，这种算式使输出的 K 次平均信号的方差是输入的涨落信号的方差的 $1/K$ 倍。

指数权重平均的算式为

$$Y_K = \beta \sum_{n=0}^{K-1} (1-\beta)^n X_{K-n} \tag{4.46}$$

式中 Y_K 为视频积分 K 次取样平均后的输出，β 为一个设计时确定的小于 1 的常数。由(4.46)式可见，Y_K 与输入信号 $X_1, X_2, \cdots\cdots, X_K$ 都有关，而且是它们的线性组合，所以也是一种积分方式。此种积分方式的权系数 $(1-\beta)^n$ 是指数形式，因而称为指数加权方式。

可以证明，指数权重平均输出信号 Y_K 的方差是输入的涨落信号的方差的 $\beta/(2-\beta)$ 倍。可见，设计时 β 取得愈小，方差也会压缩得更小。但后面将会讨论到，它将引起雷达分辨率的降低。

§4.5　视频积分对雷达探测的影响

4.5.1　视频积分对雷达分辨率的影响

Torok 比较了采用不同算式进行视频积分对雷达空间分辨率的影响。他假定目标面积在距离方向上无限延伸，在方位上的扩展恰巧等于天线波束宽度，而且目标面积内的反射率分布是均匀的。这个目标物能代表反射率场从 0 到某一有限值，或者从一个有限值到另一个有限值的任何突变区域，这里的讨论限于前一种情况，相当于滤波器的初始条件，即进入目标区之前都被置 0。此外，假定天线波束截面是半径等于 r 的圆，在圆内天线增益处处相等，在圆外增益为零。

因为反射率正比于目标充塞系数，故从反射率大小就可以计算天线位移进出目标的面积增量，它是单位波束宽度内脉冲数 K 的函数。

图 4.11 是天线波束与目标物相交截面示意图。

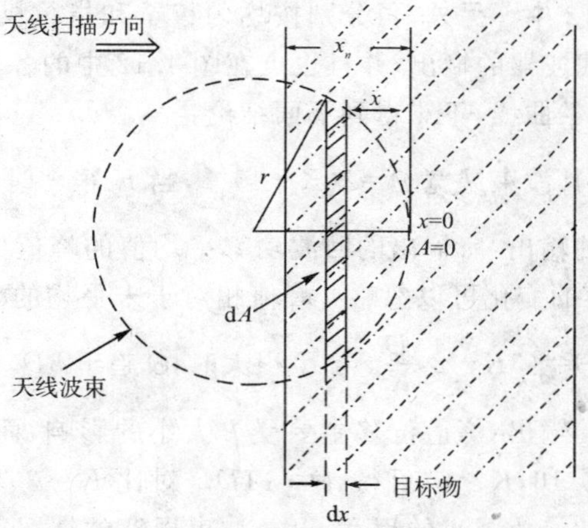

图 4.11　天线波束与目标物相交截面示意图

波束与目标区相交面积中的面积元

$$dA = 2\sqrt{r^2-(r-x)^2}\,dx = 2\sqrt{2rx-x^2}\,dx$$

图中 n 代表取样序号，$n=0$ 时，波束边缘与目标边缘正好相切；第 n 次取样时相交面积

$$a_n = \int_0^{X_n} dA = 2\int_0^{X_n}\sqrt{2rx-x^2}\,dx$$

设单位波束宽度内取样 K 次，则 $x_n=\dfrac{nD}{K}$，D 为天线波束截面直径。当 $n=K$ 时，$x_n=$

D,充塞系数=1,取样输入达到峰值,相交面积 $a_K=\frac{\pi D^2}{4}$。对上式积分得

$$a_n = 2\left\{\frac{x-r}{2}\sqrt{2rx-x^2}+\frac{r^2}{2}\arccos\left(1-\frac{x}{r}\right)\right\}\Bigg|_0^{x_n}$$

$$= a_K\left\{\frac{2(2n-K)}{\pi K^2}\sqrt{n(K-n)}+\frac{1}{\pi}\cos^{-1}\left(\frac{K-2n}{K}\right)\right\} \tag{4.47}$$

因为回波功率(非平均时)$P_n=C\cdot\alpha_n$,C 是依赖于雷达参数和目标特性的常数,为简化起见,令 $C=1$。我们把任一时刻回波功率都予以标准化,即可以用 $\alpha'_n=\alpha_n/\alpha_K$ 表示标准化回波功率,在 $n=K$ 时,$\alpha'_n=0\text{dB}$。另外,当天线开始扫出目标时,移出部分的波束面积 $\alpha_{K+n}=\alpha_K-\alpha_n$。

图 4.12 就是根据(4.47)式作出的天线扫过宽度为一个波束宽度,反射率均匀分布的目标时视频积分器的相对功率输出。对于未经平均的取样输出,只要把各次取样的相对功率 a'_n 的分贝值都一一计算出来,可以分别取 $K=3$、4、5、6 这几种情况,然后将计算结果分别点在图 4.12 中。另外,再分别按均匀权重和指数权重平均算式,逐点计算其滑动平均值 Y_m,即滤波器的输出,并且也点在图 4.12 中的各图上。

根据图 4.12 上各条曲线,不难得到下面结论:

①未平均的输出,其波束展宽 $\Theta=2(K-1)\frac{D}{K}$,当 K 很大时,$\Theta=2D$。

②均匀权重平均的输出:所输出的回波功率平均值的峰值要比未平均时的峰值低约 1.0dB,这个值随 K 的变化可以忽略。峰值相对于未平均的峰值位置沿扫描方向有一定位移。波束展宽 $\Theta=(3K-2)\frac{D}{K}$,当 K 很大时,Θ 趋于 $3D$。

③指数权重平均的输出:峰值位移主要受 β 大小的影响,而跟 K 关系较小。波束将展宽严重,如取 $\beta=1/16$,$K=6$,可得,$\Theta\approx 11D$。对比 $K=3$、4、5、6 不同情况下的峰值相对未平均情况下的峰值减小的程度,以及波束展宽的情况,为了能减小方差,而不致严重降低空间分辨率,应该取大一些的 β 值(如 $\beta=1/4$),并增加 K 值,即适当减慢天线转速。

4.5.2　平均措施对接收机灵敏度的改善

雷达接收机的灵敏度,是指它的最小可测功率,即

$$P_{r\min} = k\cdot T\cdot \Delta f\cdot N_F\cdot D \tag{4.48}$$

式中 k 是玻尔兹曼常数,为 $1.38\times10^{23}\text{J}\cdot\text{K}^{-1}$;$T$ 是接收机工作环境的绝对温度;Δf 是等效噪声通频带,约等于接收机的整机通频带;N_F 是接收机的噪声系数,定义为网络

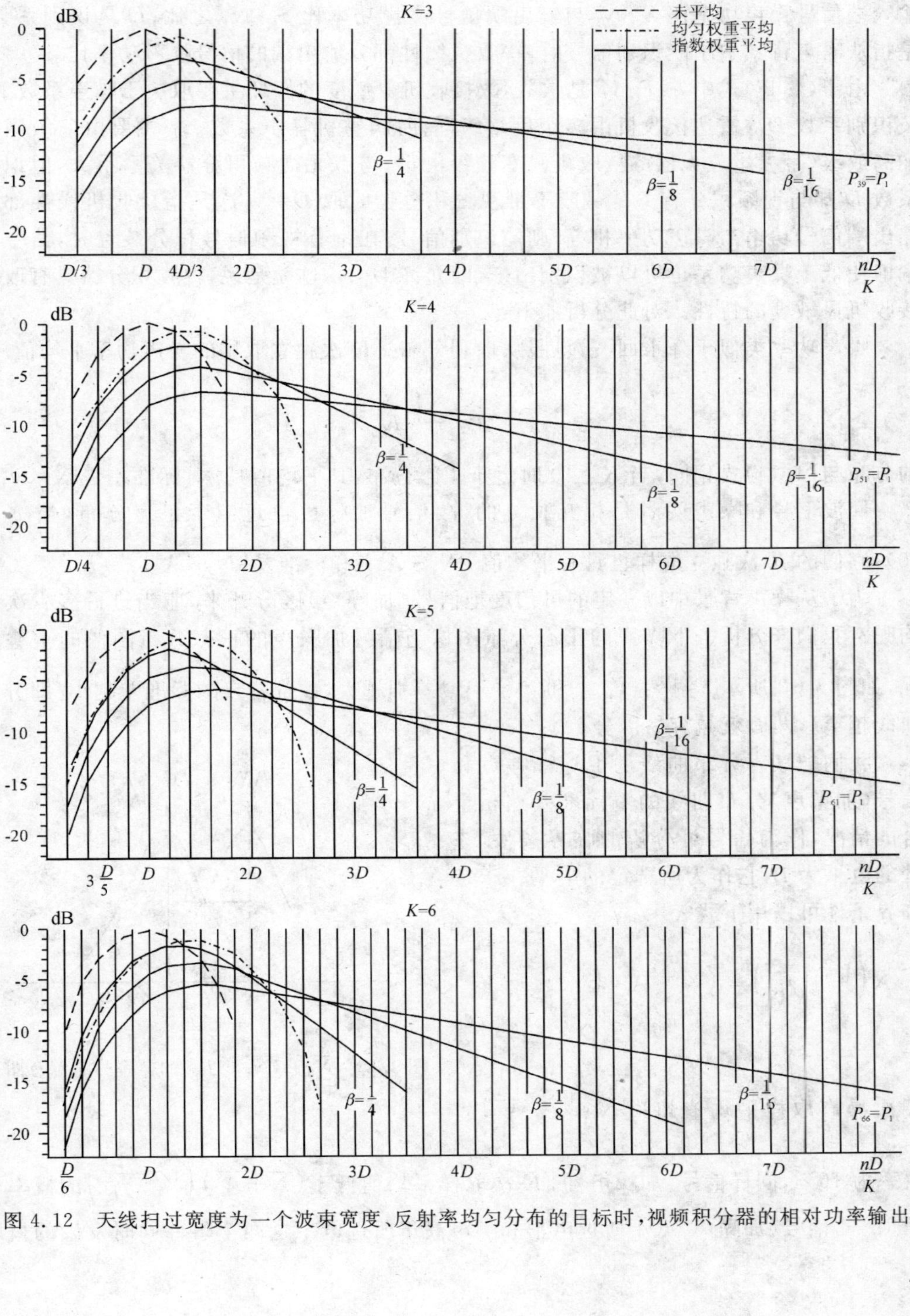

图 4.12　天线扫过宽度为一个波束宽度、反射率均匀分布的目标时，视频积分器的相对功率输出

输入端信号噪声功率比 S_i/N_i 与输出端信号噪声功率比 S_0/N_0 之比；D 是识别系数，是指从噪声背景中刚能识别信号时，接收机线性部分输出端的信号噪声功率比。

由于(4.48)式中 k、T、Δf 是常数，故接收机灵敏度的好坏主要取决于噪声系数 N_F 及识别系数 D。雷达接收机由多级网络级联而成，整机噪声系数 N_F 主要由前级网络如高放级(带参量放大器的接收机)、变频级决定，与有无视频积分器关系不大，但识别系数 D 却与视频积分有关。一般不带视频积分器时取 $D=1$，这是指接收机线性部分输出端信号功率与噪声功率相等，则能识别信号，在带有视频信号积分装置时，信号功率即使低于噪声功率也可以被识别出来，即允许 $D<1$，这就是说，视频积分器具有改善接收机灵敏度的特性。对此分析如下：

噪声功率类似于降水回波，也服从瑞利分布。K 次独立取样的噪声功率平均值

$$\overline{N_K}=\sum_{i=1}^{K}\frac{N_i}{K}$$

的分布与(4.14)式相同，当 $K\geqslant 10$ 时近于正态分布，其平均值是 $\overline{N}$，标准差是 $\overline{N}/\sqrt{K}$。

回波信号和噪声两者是相互独立的，故信号加噪声也近似于正态分布(当 $K\geqslant 10$)，它们的 K 次独立取样也具有平均值 $(\overline{N}+\overline{A^2})$ 和标准差 $(\overline{N}+\overline{A^2})/\sqrt{K}$。

为了从噪声背景中以一定的可信度把信号(加噪声)区分开来，应当进行多少次平均呢？我们来分析一下噪声的正态分布图像与信号加噪声的正态分布图像的重叠情况，如图 4.13 所示。显然，若 $\overline{N}$ 和 $(\overline{N}+\overline{A^2})$ 差别越大，并且各自的标准差越小(即分布曲线越窄)，两者就越容易区分。

我们把噪声分布曲线的上标准差点和信号(加噪声)分布曲线的下标准差点相重合的情况，作为信号可分辨的临界条件，该处的电平为 L，它作为所选定的电平。于是临界条件可以用下式表示。

$$\overline{N}\left(1+\frac{1}{\sqrt{K}}\right)=(\overline{N}+\overline{A^2})\left(1-\frac{1}{\sqrt{K}}\right)\tag{4.49}$$

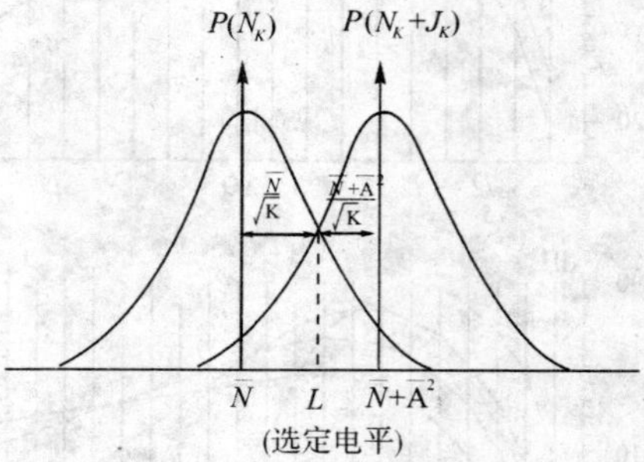

图 4.13　$\overline{N_K}$ 和 $(\overline{N_K}+J_K)$ 的概率分布示意图

K 次噪声取样平均值超过 $\overline{N}\left(1+\frac{1}{\sqrt{K}}\right)$ 的概率为 16%，同样信号(加噪声)的 K 次取样平均值低于 $(\overline{N}+\overline{A^2})\left(1-\frac{1}{\sqrt{K}}\right)$ 的概率也是 16%，信号(加噪声)低于所选电平和噪声高于所选电平这两个事件同时发生的概率

是2.56%，因而在临界条件下可以区分信号的概率为97.4%，此时根据识别系数D的定义和(4.49)式可以得到

$$D=\frac{\overline{A^2}}{\overline{N}}=\frac{2}{\sqrt{K}-1} \tag{4.50}$$

由(4.50)式计算出的D与K的关系如表4.3所示。

表4.3　取样平均的次数K和识别系数D的关系

K	16	20	25	36	40	60	80	100	441
D	0.667	0.576	0.5	0.4	0.375	0.296	0.252	0.222	0.1
D(dB)	−1.8	−2.4	−3.0	−3.9	−4.3	−5.3	−6.0	−6.5	−10

由表可见，平均措施可以降低识别系数，即降低了最小可测功率。当$K=441$时，$D=0.1$，即信号功率比噪声功率低10倍，仍然可以识别回波信号；当然，这首先还必须假定相应于这样小的平均信号强度所产生的荧光屏迹线偏转或其他记录器示度是可以辨认出来的。

在雷达中使用视频积分器时，如何恰当地规定识别系数，这是一个值得讨论的问题。

§4.6　天气雷达回波信号的数字化处理

传统的雷达信号处理都是模拟式的，也就是说，天线接收到的回波信号，经接收机处理后，就以极坐标图像的形式显示在雷达屏幕上。资料的记录一般是用照相的办法。对回波的分析也主要靠人工，因此处理的速度很低，资料的利用率也很低。现在，数字计算机技术已广泛应用到雷达系统中，使雷达资料处理的面貌发生根本性的改观。大量的数字化雷达数据，不仅可以被实时地处理和显示，也便于迅速地传递和保存，而且也更便于随时作进一步的其他运算处理。下面扼要介绍天气雷达回波数字化处理的基本思路。

4.6.1　降水回波信号的数字化

4.6.1.1　降水回波信号的变化范围

降水回波信号功率的变化范围很大。它和可能出现的最大回波强度及雷达接收机的灵敏度有关。此外，由于降水回波信号中存在强烈的涨落现象，使功率变化范围进一步增大。

不同降水云体的回波强度差异很大。1979年夏天在北京地区对426个对流云降

水单体统计研究的结果是：回波强度的变化范围从 14dBZ 到 65dBZ；超过 60dBZ 的降水单体很少，约占 1%。回波强度大于 55dBZ 的单体往往与暴雨、冰雹等强烈天气现象相联系。我们可以取 70dBZ 作为降水回波可能出现的最大强度。目前天气雷达一般可做到在 200km 距离上测到强度为 15dBZ 左右的回波。因此，在这个距离上，回波功率变化范围可达 55dB。10km 处比 200km 处的最小可测强度低 26dB；因此，在 10km 处，雷达可能测到的回波功率变化范围为 81dB。

回波信号功率的可能变化范围及欲达到的测量精度决定了模拟——数字转换所需的字长。一般用 8 位（二进制）表示回波强度。

4.6.1.2 降水回波信号的模数转换

对降水回波信号的模数转换与对一般信号的模数转换是相同的。转换的速度和转换后的信号数据字长，根据降水回波信号的特点和对测量的要求来决定。模数转换器（简称 A/D 转换器）由四部分电路组成：采样脉冲发生器、采样保持电路、比较器和编码器。天气雷达接收机输出的视频信号是随时间变化的连续信号，由采样脉冲将其分割成时间上的离散信号，然后对每一个离散的信号进行幅度比较、量化，进一步编码变成数字信号。

采样脉冲发生器是与雷达发射脉冲同步工作的，输出一系列的采样脉冲，对送入的视频信号进行采样，不同时间的采样脉冲取得的视频信号实质上就是不同距离上的降水回波信号。采样脉冲间的间隔确定了回波数据的时间间隔。通常，天气雷达回波信号的采样间隔选为与雷达发射脉冲的脉冲宽度相近，这样尽量减小由于信号数字化引起的回波信号距离分辨力的降低。采样脉冲宽度比起采样间隔要小得多，这是因为需要有足够的时间来对取样后的回波信号进行幅度比较、量化、编码，这些工作都需在一个采样间隔的时间内完成。

实际使用的天气雷达回波信号模数转换器，不仅要考虑模数转换的速度和输出的字长，还要适应后面对回波信号进行视频积分的需要。例如某型雷达对数通道的 A/D 转换器是以 1MHz 的采样脉冲对对数放大器输出的模拟视频电压作 A/D 变换的。输出数据的字长是 8 位。它的视频积分距离库长有 0.6km 和 1.2km 两档，可以算得，取 0.6km 档时，可以采样 4 次，取 1.2km 档时，可以采样 8 次。

4.6.2 天气雷达回波数据的坐标转换和插值

天气雷达采用极坐标形式收集降水回波资料，当它将收集到的资料在雷达荧光屏上实时显示时，仍然采用极坐标的形式，所以显示出的降水回波分布的图像与实际降水分布相吻合。但是，当需要对雷达获取的降水回波资料作进一步的处理，如计算某个降水单体的降水通量、估计某块云体的总含水量，或者应用计算机根据雷达探测资料预测下个时刻降水回波分布时，应用极坐标形式的数据处理就比较麻烦，这时最好将雷达资料变成直角坐标中的数据。此外，在天气雷达回波资料的彩色显示中，也需要将雷达资料进行极坐标—直角坐标的转换，因为目前采用的彩色显示技术，大都是从彩色电视显示技术中引用过来的，用的也是直角坐标扫描方式。因此，数字化天气雷达都必须具备坐标转换的功能，才能以转换后的直角坐标资料为基础，导出众多的气象人员可以直接使用的产品。坐标转换本身是比较容易的，主要的问题在于对回波数据采用怎样的插值方法，使得转换前后的回波图像相一致、转换失真小，同时希望插值方法不要太复杂，进行坐标转换时的计算量不要太大，便于处理。

4.6.2.1　两种坐标形式的回波数据

天气雷达以极坐标的形式收集降水回波资料，回波信号的强度 P 是目标距雷达站的距离 R 和方位角 θ 的函数 $P=P(R, \theta)$。回波信号在经过模数转换、积分平均处理后，输出的信号仍为极坐标形式，但回波信号的强度由连续分布变成离散分布 $P(R_i, \theta_i)$。离散数据的间隔大小与信号进行积分平均处理时的距离库大小及脉冲平均次数有关。当库长选为 1km 或 2km 时，离散的信号数据在 R 轴上的间隔也就是 1km 或 2km。经过积分平均处理后的信号数据在 θ 方向上的间隔，还和雷达天线扫描速度有关，最小可以达到雷达发射脉冲间隔所对应的天线扫过角度；但如选用这样的间隔，雷达输出的数据量非常大，记录器无法将所有的数据记录下来，同时计算机也难于处理这样大量的数据。通常把信号数据的角度间隔选为 1°或 2°，以减少数据量。即使这样，雷达天线扫描一周，获取的数据量是非常大的。当距离库长为 1km，方位角的间隔为 2°时，100km 范围内的回波数据就有 18000 个，200km 范围内的回波数据达 36000 个。

极坐标形式收集的数据在探测平面中分布极不均匀，距离雷达站较近处的数据密度大，而远离雷达处的数据密度小。距雷达 10km 处的数据分布密度为距 100km 处密度的 10 倍。数据不均匀分布会造成资料进一步处理时的困难，因此也需要将极坐标形式的数据转换成坐标尺度和水平距离成线性关系的直角坐标的形式。

在直角坐标系中，回波信号数据将排列成正方形的网格，网格中的数据点分布是均匀的。在进行坐标转换时，直角坐标系中信号数据的间隔（即网格大小）应根据极坐标中数据的间隔来决定，以直角坐标系中数据网格的面积与极坐标中数据的最大网格面积相当为宜。直角坐标系中若数据网格选取得太大，则降低了探测资料的空间分辨率；而若网格选得过小，则会增大坐标转换的计算量，同时由于转换过程中过多地增加插值数据，真实性不足。当极坐标数据的网格为 1km×2°，雷达探测范围为 100km 时，直角坐标系中数据网格取 2km×2km 为好。这样，资料数据量约为 8000 个。坐标转换后，采用直角坐标扫描方式输出，其回波数据的分布图像与真实的回波分布图像非常接近。

4.6.2.2　坐标转换和插值方法

单纯的极坐标—直角坐标变换是比较容易的。极坐标系中任一点(R, θ, α)，其中 R 为距离，θ 为方位，α 为仰角，可以通过下面的公式转换到直角坐标系中去。

$$x = R\cos\alpha\cos\theta$$

$$y = R\cos\alpha\sin\theta$$

$$z = R\sin\alpha$$

(x、y、z)则是该点在原点重合的直角坐标系中的位置。当只考虑二维情况时，就更方便一些。但是，由于希望输出的直角坐标数据是空间均匀分布的，还需要对数据进行插值处理。

假设雷达输入的极坐标形式回波数据是每 2°×1km 一个数据，而转换后的数据网格是 1km×1km 1 个，则可以推算出，在雷达站附近的地方，直角坐标系中的一个网格内可以包含十几个极坐标数据，而在远处则一个网格内仅包含一两个极坐标数据，某些网格中甚至一个数据也没有。这样就需采用某些转换或插值方法，使处理后的数据既具有比较均匀的分布密度，又使数字化回波图像与实际回波强度分布图像相近。

实现转换与插值的方法基本有两种，第一种方法是对直角坐标系中每一网格内的所有极坐标数据进行平均，用其平均数代表直角坐标网格内的数据。设 $f'(x_k, y_s)$为直角坐标系中数据点(x_k, y_s)上的回波数据，与(x_k, y_s)点所对应的网格是由 $\left[\left(K-\frac{1}{2}D\right),\left(S-\frac{1}{2}D\right)\right]$，$\left[\left(K+\frac{1}{2}D\right),\left(S-\frac{1}{2}D\right)\right]$，$\left[\left(K-\frac{1}{2}D\right),\left(S+\frac{1}{2}D\right)\right]$ 和 $\left[\left(K+\frac{1}{2}D\right),\left(S+\frac{1}{2}D\right)\right]$四点围成的正方形，$D$ 为直角坐标系中网格的间距。对极坐标数据点的位置运用计算机进行搜索，当数据点落在上述正方形内时，即将其回波数据存贮下来。设落在该区间内的数据点有 n 个，其回波数据为 $f(R_i, \theta_j)_1$，$f(R_i, \theta_j)_2$，……，$f(R_i, \theta_j)_n$，则用其平均值作为数据点(x_k, y_s)上的回波数据，

$$f'(x_k, y_s) = \frac{1}{n}\sum_{k=1}^{n} f(R_i, \theta_j)_k$$

随着(x_k, y_s)的位置变化，n 值的变化很大，可由十几变到零。应用这种平均方法来转换，对距雷达站较近的数据处理比较好，n 值比较大，平均后的数据有代表性。在远距离处的处理效果不大好。

由于这种处理是一种平均方法，相当于对回波分布又进行了一次平滑处理。进一步分析可以证明，这样得到的直角坐标网格内的平均回波强度的标准差将得到改善。

第二种方法是插值处理方法。它首先根据极坐标系中的离散数据 $f(R_i, \theta_j)$，应用插值的方法将其配成连续分布的函数 $f(R, \theta)$，然后将直角坐标系中各个数据点的位置转换到极坐标中去，找出其在极坐标中的相应位置，并取得其所对应的 $f(R, \theta)$ 函数值，由这些数据组成直角坐标系中回波数据的分布 $f'(x_k, y_s)$。这种方法处理效果的好坏，同选用的具体插值方法有很大的关系。在实际应用中上述两种方法都有采用的，从计

算机的计算量来看，第一种方法需要对极坐标系中的数据点逐个进行判别，看其是否落在需处理的网格中，然后再作平均处理，比较费时。后一种方法只需选用比较合适的插值方法，既能达到一定的精度，又比较简单，所以得到较广泛的应用。

插值方法有多种，其中以双线性插值方法比较常用。具体的做法是，首先将直角坐标系中的某一数据(x_k, y_s)，通过公式转换到极坐标系中去，设它在极坐标系中相应的位置为(R_i, θ_j)，它并不一定与输入的某一极坐标数据点相重合，即i、j不一定为整数。通过计算机对数值取整的方法，从输入数据中取出与它靠近的四个极坐标数据点(R_{i1}, θ_{j1})、(R_{i2}, θ_{j1})、(R_{i1}, θ_{j2})和(R_{i2}, θ_{j2})所对应的回波数据。

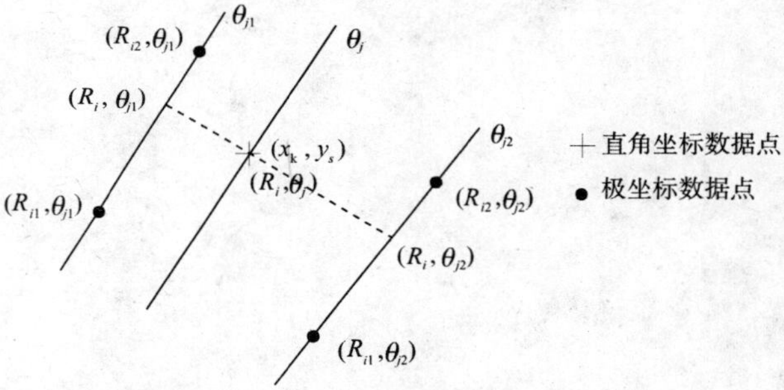

图 4.14　双线性插值方法示意图

根据(R_i, θ_j)与此相邻四个数据点的距离远近，对回波数据进行二维的线性插值，也就是双线性插值，求出(R_i, θ_j)点上的数据，这也就是(x_k, y_s)上的数据。具体的算法是先求出R坐标上的插值

$$\left.\begin{aligned} f(R_i,\theta_{j2}) &= [f(R_{i2},\theta_{j2}) - f(R_{i1},\theta_{j2})] \times \frac{R_i - R_{i1}}{R_{i2} - R_{i1}} + f(R_{i1},\theta_{j2}) \\ f(R_i,\theta_{j1}) &= [f(R_{i2},\theta_{j1}) - f(R_{i1},\theta_{j1})] \times \frac{R_i - R_{i1}}{R_{i2} - R_{i1}} + f(R_{i1},\theta_{j1}) \end{aligned}\right\}$$

然后再求出上述值在θ坐标上的插值，得出

$$f(R_i,\theta_j) = [f(R_i,\theta_{j2}) - f(R_i,\theta_{j1})] \times \frac{\theta_j - \theta_{j1}}{\theta_{j2} - \theta_{j1}} + f(R_i,\theta_{j1})$$

而

$$f'(x_k, y_s) = f(R_i,\theta_j)$$

于是组成了直角坐标系中的回波信号强度分布。当然，对于三维空间的数据也可以进行类似的插值转换。

因此，天气雷达获取回波强度资料的一般做法是：雷达接收机中的对数通道输出的回波信号，送往信号处理机，经过数字视频积分处理后，输出极坐标形式排列的数据，根据气象雷达方程将回波功率换算为反射率因子 dBZ 值，然后采用双线性插值方法，逐点地计算出直角坐标系中各数据点上的反射率因子，再送往计算机显示器显示，同时作为数字化天气雷达的最基本产品存在雷达终端计算机系统的存贮器中，用户可调用图像处理软件包生成众多的二次产品。

需要指出，当前多普勒天气雷达探测时，为了充分保留多普勒速度数据的信息，多普勒天气雷达的基本探测数据一般按照极坐标形式存贮。但本节介绍的内容，尤其是双线性插值等方法，对理解多普勒天气雷达产品制作算法仍有帮助。

第五章　多普勒天气雷达探测原理

以前的天气雷达是利用降水回波的幅度信息，也即回波强度来探测雨区的分布、降雨强度、雨区垂直结构等情况。新一代多普勒天气雷达除了也能起到这种作用外，还能利用降水回波频率与发射频率之间的变化信息来测定降水粒子的径向运动速度，并通过这种速度信息推断风速分布、垂直气流速度、大气湍流、降水粒子谱分布、降水中特别是强对流降水中的风场结构特征。

本章就多普勒天气雷达的工作原理和信号处理技术作一简单介绍，除必要的公式外，偏重于一些物理概念的阐述，以期加深对多普勒天气雷达资料的理解，便于今后对雷达资料的分析和应用。

§5.1　多普勒天气雷达探测原理

5.1.1　多普勒效应与多普勒频率

1842 年奥地利物理学家多普勒(J. Doppler)首先从运动着的声源中发现了多普勒效应，即当声源和观测者作相对运动时，观测者接收到的声波频率和声源的频率不同，其频率的变化量和相对运动速度的大小有关。例如一列行驶中鸣笛的火车通过站台，尽管火车发出的笛声频率并没有变化，但站台上的人都可以感受到笛声频率的变化，火车驶近站台时，笛声频率变高，火车驶离站台时笛声频率变低，而且其频率变化与火车通过站台的速度成正比，这种现象叫做多普勒效应，由这种相对运动造成的频率变化称为多普勒频移，频率变化量称作多普勒频率。

在多普勒天气雷达发射一个个脉冲波进行探测的过程中，随风移动的降水粒子为运动目标，多普勒频移表现为降水粒子对相继脉冲波散射的回波信号之间有相位变化。假设多普勒雷达与目标之间的距离为 r，则雷达波发往目标到散射波返回天线所经过的距离为 $2r$。这个距离用波长来度量，相当$\frac{2r}{\lambda}$个波长；用相位来衡量相当于$\frac{4\pi r}{\lambda}$个弧度。若所发射的电磁波初始相位为 φ_0，那么电磁波被散射回到天线时的相位应是

$$\varphi = \varphi_0 + \frac{4\pi r}{\lambda} \tag{5.1}$$

假如气象目标物没有径向运动，或者固定不动，则雷达与目标物之间径向距离 r 是

固定的，相继脉冲的回波信号的相位不变。若在相继脉冲的时间间隔 T 内，目标物沿径向变化了 Δr 距离，则参照(5.1)式，相应的相位变化应为

$$\Delta\varphi = \frac{4\pi\Delta r}{\lambda} \tag{5.2}$$

所以相位的时间变化率，即角频率为

$$\omega = \frac{4\pi v_r}{\lambda}$$

式中 $\omega=\Delta\varphi/T$，ω 和频率 f_D 之间的关系为 $\omega=2\pi f_D$，此关系式代入上式可以得到

$$f_D = \frac{2v_r}{\lambda} \tag{5.3}$$

式中 $v_r=\Delta r/T$，为目标物在雷达径向上的运动分速度，称为多普勒速度，并规定：朝向雷达运动，多普勒速度为负；远离雷达运动，多普勒速度为正。f_D 是由于目标物的径向运动而引起的雷达回波信号的频率与发射频率之间的变化量，它就是多普勒频率。

5.1.2 多普勒天气雷达的频率稳定度

(5.3)式表示了多普勒频率和目标物径向运动速度之间的关系，若目标物的径向速度为零，则雷达回波的多普勒频率也为零，当目标作径向运动时，f_D 与径向速度 v_r 成正比，而和雷达波长成反比。表 5.1 给出了几种天气雷达波长下，目标物径向速度和多普勒频率的具体数值关系。

表 5.1 几种波长下，不同径向速度对应的多普勒频率(单位：Hz)

波长(cm) / 径向速度(m/s)	1.8	3.2	5.5	10.0
0.1	11	6	4	2
1.0	111	62	36	20
10.0	1111	625	364	200
100.0	11111	6250	3636	2000

考虑到三种雷达波长相对应的发射频率很大，如 10cm 波长的电磁波相应的频率为 3000MHz，根据表 5.1，多普勒频率与雷达自身发射频率相比是十分小的。而且雷达的波长越大(频率越低)，在相同径向速度情况下造成的多普勒频率越低。当选用 10cm 波长雷达时，如要求其测速的分辨率为 0.1m/s，则要求雷达发射频率的变化，或要求相位锁定电路中的频率变化不能超过 1.9Hz。也就是说，要求 10cm 波长的雷达

发射 3000MHz 频率的变化不能超过 1.9Hz。这一要求十分苛刻，需要很高的技术水平才能达到。

应指出，在(5.3)式的推导中假定了雷达发射频率 f_0 和初相位 φ_0 在相继脉冲发射时是不变的。假如雷达工作频率在变化，甚至其变化程度超过如表 5.1 所示多普勒频率的话，则得到的 $\Delta\varphi$ 就变得毫无意义，即不能有效地提取目标物的多普勒信息，这就对多普勒天气雷达发射的频率稳定度提出了要求。以前的天气雷达的工作频率，由于没有保持 f_0 和 φ_0 不变的技术，也没有把 f_0 锁定的技术，所以它就没有提取多普勒频率信息的功能，因而不能得到目标物的径向速度。

在考核某一部多普勒雷达的频率稳定度时，我们常用 $\Delta f/f_0$ 来表示。由(5.3)式和电磁波频率与波长的关系式 $f=c/\lambda$（c 为光速），可以得到雷达频率稳定度和雷达测速分辨率 Δv 之间的关系式为

$$\frac{\Delta f}{f_0}=\frac{2\Delta v}{c} \tag{5.4}$$

从(5.4)式可以看出，同样的频率稳定度要求，在技术实现上，使用的雷达频率越高(波长越短)，则比较容易达到，频率越低(波长越大)则越难于实现。表 5.2 给出了几种测速分辨率所要求的频率稳定度。

表 5.2　不同测速分辨率要求的频率稳定度

测速分辨率(m/s)	0.1	0.2	0.3	0.4	0.5	1.0
频率稳定度(10^{-9})	0.7	1.3	2.0	2.7	3.3	7.0

5.1.3　多普勒天气雷达的工作原理

为了满足对频率稳定度的要求，以便能检测到回波信号中微小的频率变化，即由降水粒子径向运动速度引起的多普勒频率，所以多普勒雷达在发射和接收体制上采取了一些高技术的特殊措施。总体来说，目前在业务上采用了二种体制的多普勒雷达，它们是：

(1)自相干多普勒雷达。它由磁控管通过方波脉冲进行调制发射的高频脉冲波，这种高频脉冲波的初相位和频率受各种随机因素影响而变得不确定，所以各个发射的脉冲间没有确定的相位关系。但在接收系统采用了锁相技术和相干振荡器，使得每个发射脉冲及其相应回波脉冲之间的相位能够进行比较，从而提取出由降水粒子径向运动造成的多普勒频率的信息。这种雷达也称为中频锁相相干雷达。

(2)全相干多普勒雷达。由晶体振荡器发出单频脉冲波，然后由方波脉冲进行调制成一系列的脉冲波发射。因为晶体振荡器的频率十分稳定，其频率稳定度可达 10^{-9} 以

上，这不但能和脉冲回波信号的频率进行比较，检测出多普勒频率，而且发射的各脉冲信号间也具有确定的相位关系，因此称为全相干雷达。

我们对以上两种体制的多普勒雷达工作原理进行简单介绍。

5.1.3.1 自相干多普勒雷达工作原理

图 5.1 为自相干多普勒雷达结构方框图。由图可见，由磁控管组成的发射机产生载频频率为 f_0 的探测脉冲，脉冲波的能量，除了大部分通过天线开关经天线发射出去以外，极少量的脉冲能量被输送到混频器，在那里和频率为(f_0+f_m)的本地振荡器来的信号进行混频。输出信号频率为 f_m(例如 30MHz)左右的中频，这个中频信号输入到相干振荡器。相干振荡器在这个中频的频率上振荡，它的输出信号的相位被从混频器来的信号强制与发射机同步，从而保持着发射脉冲波的相位。当来自降水粒子的回波信号为天线接收后，它和从稳定的本地振荡器来的信号混频，产生具有回波信号相位角的中频。经中频放大器放大，再和从相干振荡器来的中频信号在相位检波器中进行比较。最后这个比较后的信号输入到信号处理器作进一步处理。

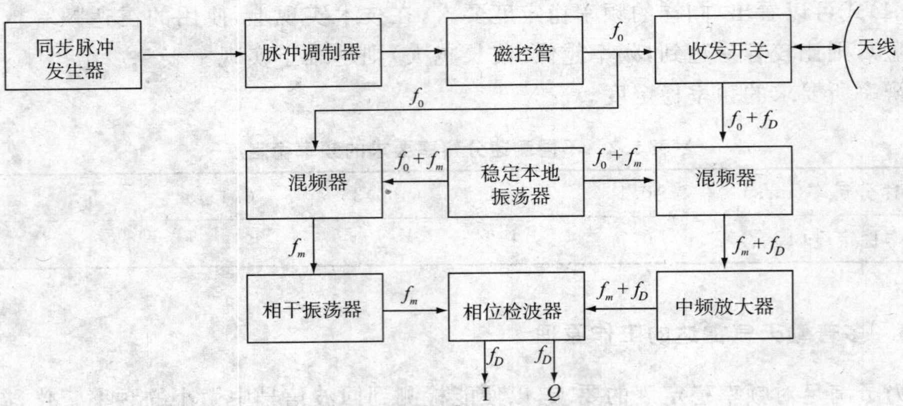

图 5.1 自相干多普勒雷达结构方框图

从原理上讲，相位检波的输出信号是回波信号和相干振荡器输出信号之间相位差的函数，同时也是信号振幅的函数。如果某一时刻这两个信号之间的相对相位为 φ_1，下一个发射脉冲信号及某相应回波脉冲信号之间检出的相位为 φ_2，因此相继脉冲的相对相位角差 $\Delta\varphi=\varphi_2-\varphi_1$，根据相继脉冲的时间间隔，就可以得到多普勒频率 f_D 和相应的降水粒子的径向速度。由于多普勒天气雷达探测的是弥散的降水粒子，在雷达有效照射体积内的降水粒子因多种因素作用，具有不同的径向速度。所以还必须把信号输入到信号处理器作进一步处理，得到平均多普勒速度 v_r(平均径向速度)、谱宽 σ_v 和回波强度 Z(或 Z_e)等信息。

从以上的工作流程也可以分析，这种自相干多普勒雷达对锁相混频器、相干振荡器和本地振荡器的技术要求很高，雷达的测速误差有相当大的部分出现在这里。

5.1.3.2　全相干多普勒雷达工作原理

图 5.2 为全相干多普勒雷达的结构方框图。在这种结构中，由一个频率极为稳定的晶体振荡器产生主控信号。发射脉冲的载频 f_0、本地振荡器信号及中频基准信号 f_m，皆由这个主控信号倍频产生的。

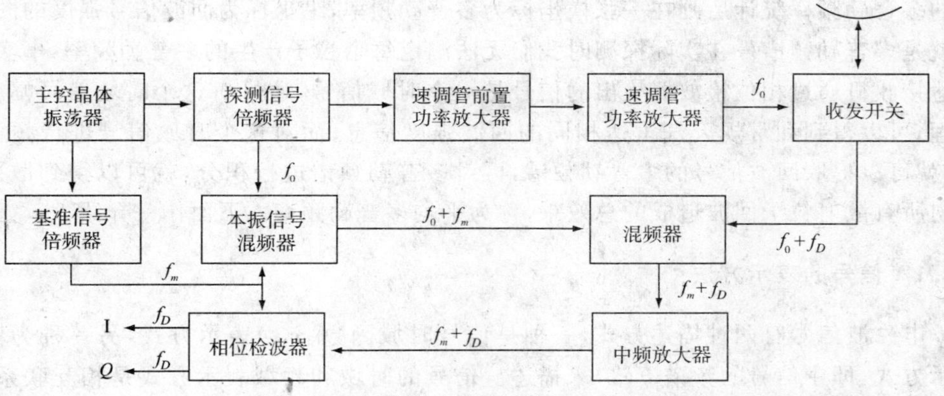

图 5.2　全相干多普勒雷达结构方框图

主控晶体振荡器产生的主控信号频率经探测信号倍频器倍频后，产生发射脉冲的载频 f_0，把这个 f_0 信号经过由速调管为主要部件的发射机和收发开关，通过天线发射出去。由于主控信号十分稳定，所以不同发射脉冲之间保持着固定的相位角。与此同时，主控信号输送到基准信号倍频器产生中频 f_m（例如 30MHz），这个中频一路输送到本地信号混频器和探测信号倍频器输送到本振信号混频器的载频频率进行混频，一路输送到相位检波器与回波信号进行比较。当来自降水粒子的回波信号被天线接收后，通过收发开关输入到混频器和本振信号混频器输出的信号进行混频。混频后的信号经中频放大器放大后的信号输入到相位检波器，然后在相位检波器中与基准信号倍频器输出的中频信号进行比较，比较后的信号输送到信号处理器作进一步处理，以便得到平均多普勒速度、谱宽和回波强度等信息。

由图 5.2 的工作流程可见，由于载频和本振信号都来自主控晶体振荡器的信号，所以其误差来源为主控晶体振荡器的信号频率的误差，比自相干雷达的误差来源少，比较容易控制，也能得到较高的精度。

§5.2 信号谱分析方法

(5.3)式是对单个粒子进行讨论的，我们知道，多普勒天气雷达探测的是云雨等弥散的降水目标物，它返回的回波信号是雷达有效照射体积内很多降水粒子综合后向散射的结果，每个散射粒子都会有一个多普勒频率，如果把散射体积内所有散射粒子所对应的多普勒频率统计后画在一张横坐标为多普勒频率，纵坐标为回波信号强度的图上，这就是多普勒频谱。在实际探测时我们无法测定每个粒子产生的多普勒频率，事实上，雷达接收机通过相位检波器检出的信号是一个时域信号，通过对这个时域信号幅度的处理，可以得到和常规天气雷达相同的回波强度信息；而对这个时域信号进行频谱分析，就可以提取回波信号的多普勒频谱，再对多普勒频谱进行积分，就可以得到散射体积内所有散射粒子回波造成的总效果，称为平均多普勒频率。下面作一介绍。

5.2.1 信号的表示方法

电磁波信号有两种描述方式，一种是信号时域函数 $S(t)$ 表示方式，另一种为频域表示方式，即用信号的频谱 $F(\omega)$ 来描述。信号的时域和频域表示方式是相互联系的，它们互为傅氏变换。

对一个余弦型信号，通常用振幅、频率或角频率、初相位三个参数就可以完整地描述，即

$$S(t) = a\cos(\omega t + \varphi_0)$$

式中 a 为振幅，ω 为角频率，φ_0 为初相位，$\omega = 2\pi f$，f 为频率。令 $\Phi(t) = \omega t + \varphi_0$，则

$$S(t) = a\cos\Phi(t)。$$

若信号由余弦信号和正弦信号两部分组成，则既可用矢量形式表示，也可采用复数形式表示。设 $x(t) = a\cos\Phi(t)$，$y(x) = a\sin\Phi(t)$，则上式可写成

$$S(t) = x(t) + iy(t) \tag{5.5}$$

也可以写成

$$S(t) = ae^{i\Phi(t)}$$

其中 $\Phi(t) = \arctan\left(\dfrac{y(t)}{x(t)}\right)$，为幅角。

假如某时域信号仅为正弦型（或余弦型），只需将它加 $\dfrac{\pi}{2}$ 相角，即可转成余弦型（正弦型）信号，然后两者相加即可变成复数形式。

在计算两个信号的相位差时，应用复数形式表示可以很方便地得到，设

$$S_1(t) = a_1 e^{i\Phi_1(t)}$$

$$S_2(t) = a_2 e^{i\Phi_2(t)}$$

则

$$S_2(t) \cdot S_1^*(t) = a_1 a_2 e^{i(\Phi_2(t) - \Phi_1(t))} \tag{5.6}$$

式中 $S_1^*(t)$为 $S_1(t)$的共轭复数。同时，两信号也可用下两式表示。

$$S_1(t) = x_1(t) + iy_1(t)$$

$$S_2(t) = x_2(t) + iy_2(t)$$

所以

$$S_2(t) \cdot S_1^*(t) = [x_2(t)x_1(t) + y_2(t)y_1(t)] + i[y_2(t)x_1(t) - x_2(t)y_1(t)] \tag{5.7}$$

由(5.6)式和(5.7)式可得

$$\Phi_2(t) - \Phi_1(t) = \arctan\left[\frac{y_2(t)x_1(t) - x_2(t)y_1(t)}{x_2(t)x_1(t) + y_2(t)y_1(t)}\right] \tag{5.8}$$

(5.8)式的结果，将在后面讨论的脉冲对处理器计算多普勒频率时用到。

5.2.2　傅氏变换

多普勒雷达接收到的回波信号显然是一种时变函数，需将它进行频域变换才能得到与多普勒频率有关的相位角的信息。下面简单介绍与多普勒雷达资料处理有关的几种变换。

5.2.2.1　傅氏变换

这是常用的一种变换。对一个连续的时变函数 $S(t)$，经傅氏变换后在频域上的表示形式为

$$F(\omega) = \int_{-\infty}^{\infty} S(t) e^{-i\omega t} \mathrm{d}t \tag{5.9}$$

同样，通过逆转换，可将频域形式转成时域表示形式。

$$S(t) = \frac{1}{2\pi}\int_{-\infty}^{\infty} F(\omega) e^{i\omega t} \mathrm{d}\omega \tag{5.10}$$

式中 ω 为角频率，若用频率 f 表示，则上两式可改写为

$$F(f) = \int_{-\infty}^{\infty} S(t) e^{-i2\pi f t} \mathrm{d}t \tag{5.11}$$

$$S(t) = \int_{-\infty}^{\infty} F(f) e^{i2\pi ft} \mathrm{d}f \tag{5.12}$$

上面两式统称为连续傅氏变换对(CFT)。

当时域信号为离散信号时，可通过离散的傅氏变换(DFT)，求出其频域表达式。设离散时域信号为 $S(nT)$，T 为取样间隔，n 为取样点数的序号，N 为总的取样数，则其离散的傅氏变换为

$$F(kF) = \sum_{n=0}^{N-1} S(nT) e^{-i2\pi nkTF} \qquad k = 0,1,2,\cdots,N-1 \tag{5.13}$$

$$S(nT) = \frac{1}{N} \sum_{k=0}^{N-1} F(kF) e^{i2\pi nkTF} \qquad n = 0,1,2,\cdots,N-1 \tag{5.14}$$

式中 k 是谱线序数，F 是频域上离散信号的谱线的间隔。由(5.13)式可知，离散时域信号经 DFT 转换后，其频域信号也是离散的，由 $k=N$ 条谱线组成。也就是说，在时域有多少总取样数，在频域就有多少条谱线。

在数字信号处理中，DFT 是非常有用的。但用 DFT 变换，计算量相当繁重，20 世纪 60 年代后期发展了一种快速算法，称为快速傅氏变换(FFT)。

5.2.2.2 相关函数的傅氏变换

当研究两个信号之间，或一个信号相隔一段时间 τ 之后的两者之间的关系时，常用相关函数来描述。相关函数 $R(\tau)$ 定义为

$$R_{12}(\tau) = \int_{-\infty}^{\infty} S_1(t) S_2^*(t-\tau) \mathrm{d}t \tag{5.15}$$

R_{12} 为互相关函数，当 $S_1(t)=S_2(t)$ 时，则为自相关函数，为

$$R(\tau) = \int_{-\infty}^{\infty} S(t) S^*(t-\tau) \mathrm{d}t \tag{5.16}$$

代入(5.12)式，相关函数 $R(\tau)$ 的傅氏变换为

$$\begin{aligned} R(\tau) &= \int_{-\infty}^{\infty} S(t) S^*(t-\tau) \mathrm{d}t \\ &= \int_{-\infty}^{\infty}\int_{-\infty}^{\infty} F(f) e^{i2\pi ft} S^*(t-\tau) \mathrm{d}f\mathrm{d}t \\ &= \int_{-\infty}^{\infty}\int_{-\infty}^{\infty} F(f) S^*(t-\tau) e^{i2\pi f(t-\tau)} e^{i2\pi f\tau} \mathrm{d}f\mathrm{d}t \\ &= \int_{-\infty}^{\infty} F(f) F^*(f) e^{i2\pi f\tau} \mathrm{d}f \end{aligned} \tag{5.17}$$

可见 $R(\tau)$ 与 $F(f)F^*(f)$ 为一个傅氏变换对，即

$$R(\tau)\Leftrightarrow F(f)F^*(f)=|F(\omega)|^2 \tag{5.18}$$

当 $\tau=0$ 时，按相关函数定义，$R(0)$ 为信号的能量，由(5.17)式

$$\begin{aligned} R(0) &= \int_{-\infty}^{\infty} F(f)F^*(f)\mathrm{d}f \\ &= \int_{-\infty}^{\infty} |F(f)|^2 \mathrm{d}f \end{aligned} \tag{5.19}$$

所以，信号的能量在数值上等于信号频谱模的平方在整个频域上的积分。我们把 $|F(f)|^2$ 称为信号功率谱密度，因此，信号的自相关函数和信号功率谱密度互为傅氏变换。

§5.3　回波信号功率谱及其统计特征量

5.3.1　回波信号功率谱

返回雷达的降水回波信号，是雷达有效照射体积内所有降水粒子返回电磁波信号的综合结果，所以要进行回波信号功率谱分析，然后再提取出有关回波强度和多普勒速度的平均值。

当 t 时刻雷达有效照射体积内有 N 个降水粒子时，则回波信号为这些粒子散射回信号的和，即

$$S(t)=\sum_{j=1}^{N} S_j(t)\cos(2\pi ft+\Phi_j(t)) \tag{5.20}$$

若每个粒子的返回信号用复数形式表示时，则

$$\begin{aligned} S(t) &= \sum_{j=1}^{N} e_j e^{i(2\pi ft+\Phi_j(t))} \\ &= e^{i2\pi ft}\sum_{j=1}^{N} e_j e^{i\Phi_j(t)} \end{aligned} \tag{5.21}$$

雷达接收机收到回波信号后，通过混频，相位检波，滤去频率很高的载频部分，得到的低频信号(即多普勒频率)为

$$S(t)=\sum_{j=1}^{N} e_j e^{i\Phi_j(t)}=e_r e^{i\Phi_r(t)} \tag{5.22}$$

上式中的实数部分即为所有粒子滤去载频后的余弦波，式中 e_r、Φ_r 随着有效照射体内每一个粒子的振幅和相位的变化而变化。

当每个粒子的位置和运动为无规则的随机量时，我们把这样的叠加可以看作一个二维的无规行走问题。我们可以通过对同一有效照射体积的相继脉冲的回波信号进行相关分析，相关函数定义为

$$R(T)=\int_{-\infty}^{\infty}S(t)S^{*}(t+T)\mathrm{d}t \tag{5.23}$$

式中 T 为雷达相继脉冲的时间间隔。根据(5.18)式，相关函数和信号的功率谱密度 $S(f)=|F(f)|^2$ 互为傅氏变换，则

$$S(f)=\int_{-\infty}^{\infty}R(T)e^{-i2\pi fT}\mathrm{d}T \tag{5.24}$$

5.3.2 统计特征量

得到信号的功率谱密度后，可进一步求出回波功率、平均多普勒频率 $\overline{f}_D$ 和多普勒频谱方差等三个统计特征量。因为当 $T=0$ 时，即同一脉冲的回波信号的相关函数 $R(0)=P_r$，所以

$$P_r=\int_{-\infty}^{\infty}S(f)\mathrm{d}f \tag{5.25}$$

此式说明，回波功率为功率谱密度在整个频域上的积分值。

平均多普勒频率 $\overline{f}_D$ 定义为

$$\overline{f}_D=\frac{\int_{-\infty}^{\infty}fS(f)\mathrm{d}f}{\int_{-\infty}^{\infty}S(f)\mathrm{d}f} \tag{5.26}$$

或者

$$\overline{f}_D=\frac{1}{P_r}\int_{-\infty}^{\infty}fS(f)\mathrm{d}f \tag{5.27}$$

(5.26)式或(5.27)式说明，平均多普勒频率实际上是以在 $\mathrm{d}f$ 频率间隔内的功率 $S(f)\mathrm{d}f$ 为权重，对多普勒频率 f 的加权平均值。

频谱方差定义为

$$\sigma_f^2=\frac{\int_{-\infty}^{\infty}(f-\overline{f}_D)^2S(f)\mathrm{d}f}{\int_{-\infty}^{\infty}S(f)\mathrm{d}f}=\frac{1}{P_r}\int_{-\infty}^{\infty}(f-\overline{f}_D)^2S(f)\mathrm{d}f \tag{5.28}$$

显然，σ_f^2 是以 $S(f)\mathrm{d}f$ 为权重的对 $(f-\overline{f}_D)^2$ 的加权平均值。σ_f 即为频谱宽度，σ_f 和 σ_f^2 是衡量多普勒频率偏离其平均值的程度的物理量。$S(f)$、$\overline{f}_D$、σ_f 三者关系如图 5.3 所示。

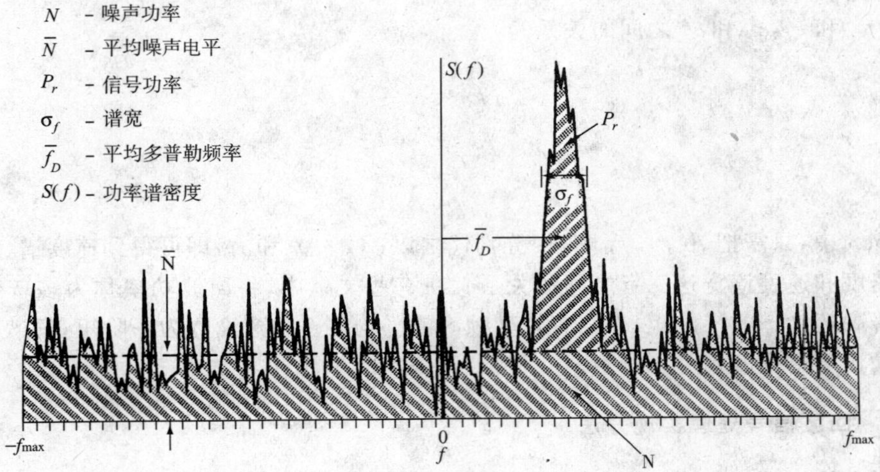

图 5.3 $S(f)$、$\overline{f}_D$、σ_f 三者关系示意图

因为某一粒子的多普勒频率与该粒子相对于雷达的径向速度之间有唯一确定的关系，所以多普勒频谱可转换成多普勒速度谱，这样回波信号的功率 P_r 可看作是分布在不同的多普勒速度上的，即

$$P_r = \int_{-\infty}^{\infty} \psi(v)\mathrm{d}v \tag{5.29}$$

式中 $\psi(v)\mathrm{d}v$ 是多普勒速度在 v 到 $v+\mathrm{d}v$ 间隔内粒子的回波功率，$\psi(v)$ 为多普勒速度谱分布密度，习惯上称为多普勒速度谱。

比较(5.25)和(5.29)两式，可得

$$\psi(v)\mathrm{d}v = S(f)\mathrm{d}f \tag{5.30}$$

实际工作中常常需要了解的是有效照射体内粒子的平均径向速度和速度分布的宽度（方差）。知道了多普勒速度谱 $\psi(v)$ 后，就可用与上述类似的定义得到平均多普勒速度 v_r 和多普勒速度谱宽度 σ_v 或方差 σ_v^2。

$$v_r = \frac{\int_{-\infty}^{\infty} \psi(v) v \mathrm{d}v}{\int_{-\infty}^{\infty} \psi(v)\mathrm{d}v} \tag{5.31}$$

$$\sigma_v^2 = \frac{\int_{-\infty}^{\infty} (v - v_r)^2 \psi(v) \mathrm{d}v}{\int_{-\infty}^{\infty} \psi(v) \mathrm{d}v} \tag{5.32}$$

显然，$\overline{f}_D$ 和 v_r，σ_f^2 和 σ_v^2 之间的关系为

$$\overline{f}_D = \frac{2v_r}{\lambda} \tag{5.33}$$

$$\sigma_f^2 = \frac{4}{\lambda}\sigma_v^2 \tag{5.34}$$

在图 5.3 中，只需把 $S(f)$、$\overline{f}_D$ 和 σ_f 分别代之以 $\psi(v)$、v_r 和 σ_v，即可得到速度谱、平均多普勒速度和速度谱宽这三者之间的关系。在有些文献中，将回波功率称为多普勒频谱或多普勒速度谱的零阶矩，平均多普勒频率或平均多普勒速度称为一阶矩，频谱宽度或多普勒速度谱宽度称为二阶矩。

5.3.3 回波信号处理实现方法

对多普勒天气雷达回波信号的处理，实际上就是从信号中提取出上面讨论的 $S(f)$、σ_f 和 $\overline{f}_D$，进而得到多普勒速度谱密度 $\psi(v)$、平均多普勒速度 v_r 和速度谱宽度 σ_v 这三个信息。由于多普勒天气雷达获取的资料量非常大，例如我们将雷达接收到的回波信号以 0.15km 的间隔（又称距离库）来划分，150km 的探测距离就有 1000 个距离库。方位角以 1°的间隔获取资料，则雷达扫描一周，可得到 360000 组数据资料。若天线转速为每分钟扫描两周，则在 1 秒钟内需要处理 12000 组数字资料，才能满足实时显示的业务要求。为此，20 世纪 70 年代以来，先后发展了快速傅氏变换方法（称 FFT 方法）和脉冲对处理法（称 PPP 法）等技术，对平均多普勒频率等信息进行快速估算，以满足业务要求。

5.3.3.1 FFT 方法

对接收机收到的各个距离库中的回波信号，通过混频等技术手段，滤去高频率的载频后，从相位检波器输出的回波信号只含有多普勒频率的低频信号。通过对这种低频信号进行 DFT 的傅氏变换，取得频谱分布，然后求出 $\overline{f}_D$ 和 σ_f 等谱参数。这种处理方法是对信号直接作傅氏变换，没有什么假设条件，因而是比较准确的，但是计算量太大，无法实时处理。但在开发了快速傅氏变换算法后，随着计算机技术的发展和计算速度的提高，已有可能用 FFT 方法对资料进行实时处理。

下面将对这种方法的基本原理作简单介绍。设某距离上的回波信号为 $S(nT)$，T 为相继两脉冲之间的时间间隔，n 为脉冲回波信号的序号。运用离散的傅氏变换，可以得到脉冲回波信号总数为 N 的频谱

$$F(kF)=\sum_{n=0}^{N-1}S(nT)e^{-i2\pi nkFT}\text{，}k=0,1,2,\cdots,N-1$$

其谱密度函数 $S(kF)$，可由 $F(kF)$ 求出

$$S(kF)=|F(kF)|^2$$

所以

$$S(kF)=\left|\sum_{n=0}^{N-1}S(nT)e^{-i2\pi nkFT}\right|^2 \tag{5.35}$$

在得到 $S(kf)$ 之后，根据平均多普勒频率和谱方差定义，可得

$$\bar{f}_D=\frac{\sum_{k=0}^{N-1}kFS(kF)}{\sum_{k=0}^{N-1}S(kF)} \tag{5.36}$$

和

$$\sigma_f^2=\frac{\sum_{k=0}^{N-1}|kF-\bar{f}_D|^2S(kF)}{\sum_{k=0}^{N-1}S(kF)} \tag{5.37}$$

应用(5.33)和(5.34)两式，即可得到平均多普勒速度 v_r 和速度谱方差 σ_v^2。

5.3.3.2　脉冲对处理方法

简称为PPP法(Pulse Pair Processing)。由于FFT方法对回波信号进行多普勒速度谱分析，比较费时，若不需知道整个谱的详细结构，而主要感兴趣的是多普勒速度谱的零阶矩(回波功率)、一阶矩(平均多普勒速度)和二阶矩(多普勒速度谱宽)，则可以用此方法。PPP方法的特点是，在假定雷达有效照射体积内每一个粒子的径向速度脉动具有偶函数的分布密度的前提下，可以不对信号进行谱分析，而是采用相继的两个取样值进行成对地处理，直接得到平均多普勒频率。另外，若进一步假定偶函数分布密度为正态分布时，则还可得到多普勒频率谱宽和速度谱宽等信息。PPP方法的推导，比较复杂，这里不作详细介绍。我们从另一种比较简单的方法作一些了解，以求得有一个较清晰的物理概念，但数学上不是很严谨。

上已述及，余弦型的回波信号若用复数形式表示的话，则比较容易取得两脉冲信号之间的相位关系。设 S_j 和 S_{j+1} 是一系列回波信号中的相继取样的两个信号值，两信号之间的时间间隔为 T，则据(5.8)式，它们的相位差为

$$\Phi_{j+1}-\Phi_j=\arctan\left(\frac{y_{j+1}x_j-x_{j+1}y_j}{x_{j+1}x_j+y_{j+1}y_j}\right)$$

设一系列回波信号的总数为 N,则根据自相关函数的定义,有

$$R(T) = \frac{1}{N}\sum_{j=0}^{N-1} S_{j+1} S_j^* \tag{5.38}$$

信号的复数形式为

$$S(t) = X(t) + iY(t)$$
$$X(t) = \alpha\cos\Phi(t)$$
$$Y(t) = \alpha\sin\Phi(t)$$

所以(5.38)式改写为

$$R(T) = \frac{1}{N}\sum_{j=0}^{N-1}\left[(y_{j+1}y_j + x_{j+1}x_j) + i(y_{j+1}x_j - x_{j+1}y_j)\right] \tag{5.39}$$

式中

$$\frac{1}{N}\sum_{j=0}^{N-1}(x_{j+1}x_j + y_{j+1}y_j) = \mathrm{Re}[R(T)]$$

为复数的实部,其虚部为

$$\frac{1}{N}\sum_{j=0}^{N-1}(y_{j+1}x_j - x_{j+1}y_j) = \mathrm{Im}[R(T)]$$

这些回波信号的平均相位角差为

$$\begin{aligned}\overline{\Delta\Phi} &= \overline{\Phi_{j+1} - \Phi_j} \\ &= \arctan\left[\frac{\mathrm{Im}R(T)}{\mathrm{Re}R(T)}\right]\end{aligned} \tag{5.40}$$

$\overline{\Delta\Phi}$就是取样间隔为 T 的相继两个回波信号的平均相位差。因为$\overline{\Delta\Phi}/T=\bar{\omega}_D=2\pi\bar{f}_D$,所以

$$\begin{aligned}\bar{f}_D &= \frac{1}{2\pi T}\overline{\Delta\Phi} \\ &= \frac{1}{2\pi T}\arctan\left[\frac{\mathrm{Im}R(T)}{\mathrm{Re}R(T)}\right]\end{aligned} \tag{5.41}$$

在进一步假定每个粒子的径向速度脉动为正态分布条件下,还可以得到回波信号中的多普勒频谱宽度为

$$\sigma_f^2 = \frac{1}{(2\pi T)^2}\left[1 - \frac{R(T)}{R(0)}\right] \tag{5.42}$$

式中 $R(0)$就是回波功率,σ_f^2 的推导过程这里不作介绍。

由(5.41)和(5.42)式不难得到平均多普勒速度 v_r 和速度谱宽 σ_v，它们为

$$v_r = \frac{\lambda}{4\pi T}\text{aretan}\left[\frac{\text{Im}R(T)}{\text{Re}R(T)}\right] \tag{5.43}$$

$$\sigma_v^2 = \frac{2\lambda^2}{(4\pi T)^2}\left[1-\frac{R(T)}{R(0)}\right] \tag{5.44}$$

从上面的简单推导可以看到，采用 PPP 处理方法提取 v_r 和 σ_v^2 时，要求信号采用复数形式表示，同时也要求信号不是对数形式，信号放大时必须是线性放大器。为此，多普勒天气雷达在信号处理分系统中将回波信号分成两路，除一路送入对数放大器以求取回波功率外，另一路输送到线性放大器放大后，再送入相位检波器检波。相位检波器也有两路，一路直接对信号进行相位检波，输出实部(称为 I 支路)；另一路则先经过 90 度的移相器，再对信号进行相位检波，输出虚部(称为 Q 支路)，这两路输出共同组成复数形式的回波信号，就可对其作 PPP 方法处理了。

根据上面的介绍可以看出，在理论上，若不考虑成本和计算时间，则 FFT 方法应比 PPP 方法好。但从日常业务使用来说，PPP 方法比 FFT 方法要方便得多，处理的速度要快得多，而且，降水回波的频谱大部分是接近高斯分布的，所以用 PPP 方法还是较好的。

FFT 方法的另一个优点是，它能得到多普勒频谱和多普勒速度谱，所以当探测如龙卷风那样很小尺度的灾害性天气时，由于有限的雷达分辨率，使得龙卷风可能处在有效照射体之内。这样用 PPP 方法得到的平均多普勒速度的信息就不能反映照射体内的龙卷风现象。若用速度谱信息，则可从中发现在谱中最大最小速度的两端出现双峰分布，从而推断存在龙卷风。相信随着计算机技术的飞速发展，FFT 方法有可能符合业务要求，这样在进行资料分析时，又增加了速度谱信息，这对业务工作应该是有利的。

§5.4　多普勒天气雷达回波资料的模糊现象

5.4.1　Nyquist 取样定理和最大不模糊速度

多普勒雷达进行信号处理时需要一定数量的样本，雷达发射一个脉冲只能获得某距离处气象目标物的一个散射回波信号样本，所以可以理解，雷达发射脉冲的重复频率也就是对该距离处回波信号样本的采样频率。

我们知道，若某物体的振动频率为 1Hz，那么要准确测量该物体振动频率，以及它的振幅和相位的话，则对该物体进行采样的频率应该是 2Hz 以上；若采样频率亦为 1Hz，则采样的样本永远处在某一固定相位角上，不能测量该物体的振幅和初相位角。由此可推广到一般情况，也就是说，要准确测量一物体的振动频率 f，则对其进行采样

的频率至少是 $2f$。换言之,若采样频率为 f,则最高只能测量 $\frac{1}{2}f$ 的振动频率。这就是 Nyquist 取样定理。

上已述及,回波信号中包含了多普勒频率信息,雷达发射脉冲的重复频率 F 就是测量多普勒频率信息的采样频率,按照 Nyquist 取样定理可知,某一脉冲频率 F 最高只能测量 $F/2$ 的多普勒频率,即

$$\bar{f}_{D\max} = \frac{1}{2}F$$

把 $\bar{f}_D = \frac{2v_r}{\lambda}$ 关系代入上式,可得

$$v_{r\max} = \frac{1}{4}\lambda F \tag{5.45}$$

考虑到 v_r 实际上可正可负,所以脉冲重复频率为 F 的雷达发射波,能够准确测量的多普勒速度范围为:

$$-\frac{1}{4}\lambda F \leqslant v_r \leqslant \frac{1}{4}\lambda F \tag{5.46}$$

若实际降雨区的平均多普勒速度超出这一范围,多普勒雷达将给出错误的速度信息,发生这种情况时就称为速度模糊现象。

这种现象也可从 PPP 方法中解释。因为按(5.40)式,得到

$$\tan\overline{\Delta\Phi} = \frac{\mathrm{Im}R(T)}{\mathrm{Re}R(T)} \tag{5.47}$$

上式等号右边相关函数 $R(T)$ 的实部和虚部均可正可负,所以这里的 $\tan\overline{\Delta\Phi}$ 应是以 2π 为周期的多值函数,考虑到由多普勒频移产生的相位差可正可负,所以主值范围为 $\pm\pi$。由于 PPP 方法提取的相位差 $\overline{\Delta\Phi_d}$ 所取的值都在主值范围内,因此,当真实的相位差 $\overline{\Delta\Phi_T}$ 在 $\pm\pi$ 的主值范围内,则 $\overline{\Delta\Phi_d} = \overline{\Delta\Phi_T}$,说明多普勒雷达测量的相位差在 $\pm\pi$ 范围内是准确的。换言之,多普勒雷达能准确测量的最大最小相位差为 $\pm\pi$,这时按照(5.41)式

$$\bar{f}_D = \frac{\overline{\Delta\Phi}}{2\pi T}$$

当 $\Delta\Phi = \pm\pi$ 时,相应的不产生模糊的最大平均多普勒频率为

$$\bar{f}_{D\max} = \frac{1}{2T}$$

式中 T 为相继脉冲的时间间隔,它等于 $\frac{1}{F}$,所以

$$\overline{f}_{D\max} = \frac{1}{2}F$$

由此可得

$$v_{r\max} = \frac{1}{4}\lambda F$$

这和按照采样定理得到的结果完全一致。

当真实的相位差$\overline{\Delta\Phi_T}$超过$\pm\pi$范围，则因为$\overline{\Delta\Phi_d}$只能取$\pm\pi$范围内的值。就将产生模糊。按照2π周期的原则，这两者的关系为

$$\overline{\Delta\Phi_T} = \begin{cases} \Delta\Phi_d + 2n\pi & (\Delta\Phi_T > \pi) \\ \Delta\Phi_d - 2n\pi & (\Delta\Phi_T < -\pi) \end{cases} \tag{5.48}$$

式中n为整数。我们以$\overline{\Delta\Phi_T} > \pi$为例，说明上式关系及$n$的取值。当$\pi < \overline{\Delta\Phi_T} < 3\pi$时，$n=1$；当$3\pi < \overline{\Delta\Phi_T} < 5\pi$时，$n=2$，如此类推。显然当$0 < \overline{\Delta\Phi_T} < \pi$时，$n=0$。当然也可以$\overline{\Delta\Phi_T} < -\pi$为例进行类推，这里不再讨论。

既然相位差π和$v_{r\max}$相对应，$\overline{\Delta\Phi_d}$和多普勒雷达实测的v_r相对应，那么(5.48)式可以改写为

$$v_{rT} = \begin{cases} v_r + 2nv_{r\max} & v_{rT} > v_{r\max} \\ v_r - 2nv_{r\max} & v_{rT} > -v_{r\max} \end{cases} \tag{5.49}$$

式中v_{rT}表示目标真实的多普勒速度。我们对上面的原理举例说明，若10cm波长的多普勒雷达探测时，设置的$F=1000\text{Hz}$，则按(5.45)式，能准确测量的最大(最小)平均多普勒速度为$v_r = \pm 25\text{m/s}$，也就是说，在$\pm 25\text{m/s}$范围内的真实的V_{rT}能准确测量，是不模糊的。若V_{rT}超出了这范围，将出现如(5.49)式那样的速度模糊现象。所以一般称$v_{r\max}$为最大不模糊速度，称$\pm v_{r\max}$为最大不模糊速度范围。

为方便对速度模糊现象的理解和识别，我们用图解法进行讨论。仍应用上面的例子说明。如图5.4所示，正北方为零速度点，180°方位为$\pm v_{r\max}$($\pm 25\text{m/s}$)的交点，以顺时针方向读数为正值，逆时针方向读数为负值，圆周上标出的数值为多普勒雷达显示的平均多普勒速度值v_r，假如实际的平均多普勒速度v_{rT}在$\pm 25\text{m/s}$的取值范围内，则$v_r = v_{rT}$。

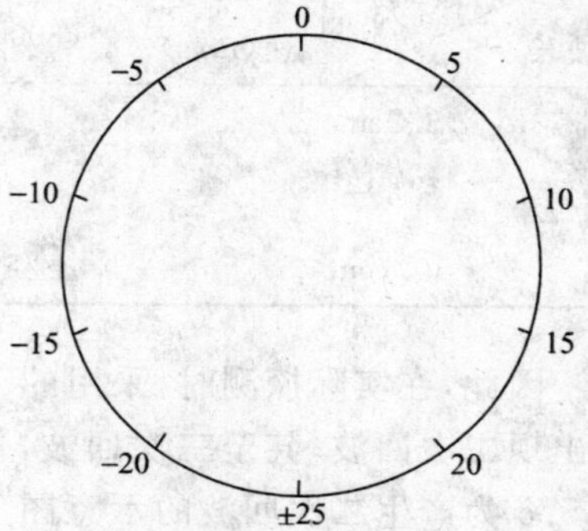

图5.4　速度分布示意图

若$v_{rT} = +30\text{m/s}$，则由图可见，沿顺时针方向读取30m/s的位置为多普勒雷达的

显示值 $v_r=-20\text{m/s}$。若 $v_{rT}=-30\text{m/s}$,则沿逆时针方向读取数值的位置,多普勒雷达显示的值为 $+20\text{m/s}$。若 $v_{rT}=+80\text{m/s}$、-55m/s,则按上述规律多普勒雷达显示的值分别为 -20m/s 和 -5m/s。这种方法完全和(5.49)式的结果相同。在日常业务工作中,只要根据具体的雷达波长和设置的 F 值,很容易得到类似的图。它是主观识别速度模糊的一种较好的工具。

5.4.2　最大不模糊速度与最大不模糊距离

按照(5.45)式,如要增加最大不模糊速度范围,则除选择较长的雷达波长外,只需增加雷达的重复频率 F 就可以了。但问题是增加雷达的重复频率 F,会使雷达的最大探测距离减小,因为 $r_{\max}$ 与 F 之间的关系为

$$r_{\max}=\frac{c}{2F} \tag{5.50}$$

式中 c 为光速。

由(5.50)式可见,$r_{\max}$ 与 F 成反比,增加 F 就必然减少雷达最大测距范围。把(5.50)式代入(5.45)式,可得到测速范围、测距范围和雷达波长之间的关系,为

$$v_{r\max}=\frac{\lambda}{8}\frac{c}{r_{\max}} \tag{5.51}$$

从(5.51)式可以看到,当雷达波长选定后,雷达测速范围与测距范围的乘积为定值,要求测距范围足够大时,其相应的最大不模糊速度必然减小,要求测速范围足够大时,其相应的测距范围必然减小。表5.3是根据上式计算的三者之间的数值关系

表 5.3　最大测速、最大测距与波长关系

波长 ＼ 最大测速(m/s) ＼ 最大测距	50km (3000Hz)	100km (1500Hz)	150km (1000Hz)	200km (750Hz)
3.2cm	24	12	8	6
5.6cm	42	21	14	10.5
10.7cm	80	40	27	20

因此,在实际探测时,采用的 F 越大,最大测距将越小。而过小的测距范围,将可能出现二次回波,甚至三次回波,使雷达探测降水区的距离出现错误,称为距离模糊。图5.5为产生二次回波的示意图。图中设 $F=600\text{Hz}$,最大探测距离为250km。若在300km处有强对流云降水,则在第一个脉冲 p_1 产生的信号返回到距雷达100km处时,第二个脉冲 p_2 开始发射。当 p_1 脉冲信号回到天线而产生回波时,p_2 脉冲已传播到100km距离。由于雷达只计算最近一次发射脉冲 p_2 的回波距离,所以就把 p_1 脉冲产

生的回波误认为 p_2 脉冲的回波，由于 p_1 脉冲从发射到被 300km 处目标散射回到天线时所用时间，恰好等于 p_2 脉冲从发射到被 50km 处目标散射回到天线时所用时间与一个脉冲重复周期之和，于是在 50km 处显示出了回波，这样就将 300km 处的真实降水区显示在了 50km，给用户错误结果。

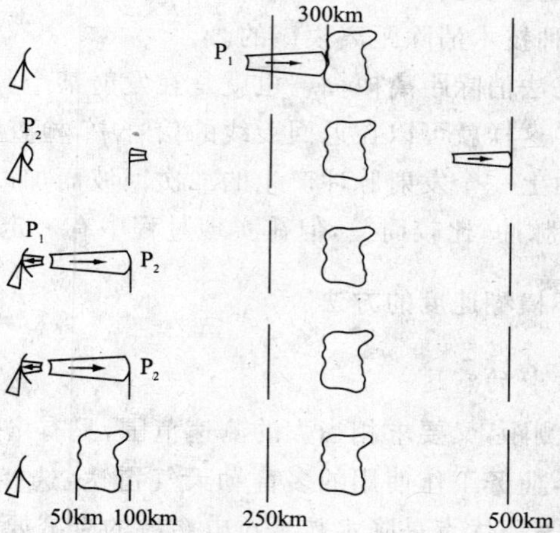

图 5.5　产生二次回波示意图

由于雷达波束宽度随距离而增加，则在 r_{max} 以外的目标物产生的二次回波，在显示时形状产生变形，在切线方向缩小了。而且回波强度由于错误的距离导致错误的距离订正，造成比应有的强度弱得多，如图 5.6 所示。有经验的人员，可用这特征来帮助识别二次回波。但若二次回波和该处的真实回波混在一起显示，人们就很难加以区分。

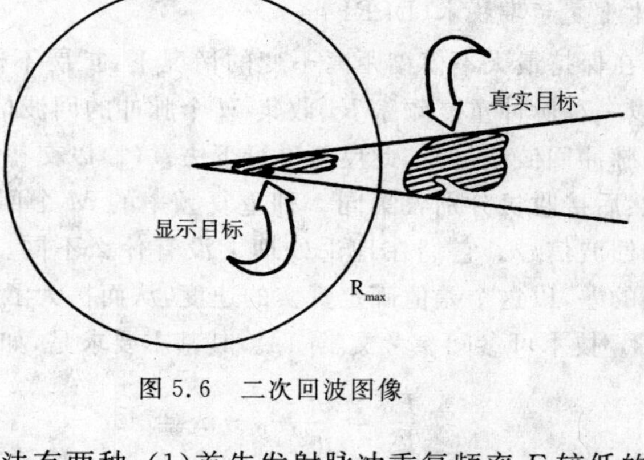

图 5.6　二次回波图像

消除距离模糊的方法有两种：(1)首先发射脉冲重复频率 F 较低的脉冲，这时的最大不模糊距离较大，如发射的 $F=300$Hz，则按(5.50)式，最大不模糊距离为 500km，这样在 500km 半径范围内就可以正确地测定回波的位置。然后再发射 F 较高的脉冲，以提高最大不模糊速度，虽然它的最大不模糊距离较小，但可参考低 F 时的回波位置，将这时的多普勒速度资料置于它们真正的位置上。这种退距离模糊的方法，也是用计算机编程客观地完成的。美国 WSR-88D 雷达系统和中美合资敏视达公司的多普勒天气雷达系统就是用这种技术消除距离模糊的。

(2)用相位编码法消除距离模糊。也就是在发射某个脉冲的同时，附加上一个随机相位，并记录下来。这样就可以在返回天线的信号中，检查哪些是这次发射脉冲产生的真实回波，哪些是由上一个发射脉冲产生的二次回波而加以排除。可以理解，这种方法不需要发射低 F 的脉冲，比较简捷，但在实现过程中有一定的技术难度。

5.4.3 扩展最大不模糊速度的方法

5.4.3.1 选择长波长的雷达

既要足够大的测距，又要求相当大的测速范围，只有增加雷达波长才能满足。所以在条件许可情况下，业务工作使用的多普勒天气雷达，选择雷达波长应尽可能大一些；选择长波长雷达的另一优点是降水粒子对电磁波的衰减要小。如美国布网使用的多普勒天气雷达，波长选择在 10.7cm 附近。

当然，选择长波长雷达也会带来一些其他问题。如为保持较窄的脉冲宽度，必需增加天线直径，导致雷达设备比较庞大，成本较高；另外要求的频率稳定度比短波长高得多，使技术成本增加。所以在有些部门的业务工作要求探测距离不很远时，也常用一些波长较短的多普勒天气雷达，如 5cm 波段，甚至还用到一些 3cm 波段的多普勒天气雷达。

5.4.3.2 双脉冲重复频率技术(DPRF)

这种方法是在保持最大不模糊距离不变的情况下，扩展不模糊速度范围。具体做法有两种。(1)以一种脉冲重复频率 $F1$ 收集 M 个脉冲的回波信号，再以另一个重复频率 $F2$ 收集 M 个脉冲回波信号，如此反复进行下去。(2)以交替发射两种不同重复频率的脉冲的形式，然后接收机分别收集同一种重复频率的 M 个回波信号，从而得到两组不同重复频率的回波信号。它们在理论处理上没有什么不同。都是这两组不同 F 所得到的速度之间的差，以这个差值确定真实的速度，从而扩大了不模糊速度范围。

具体的 DPRF 技术可参阅参考文献[1]。其基本要求是，如设 F_1 大于 F_2，则要求

$$\frac{F_1}{F_2}=\frac{n_1}{n_2},n_1-n_2=1$$

不模糊速度范围扩展的大小取决于比值。由(5.45)式得

$$v_{r\max1}=\frac{1}{4}\lambda F_1,\ v_{r\max2}=\frac{1}{4}\lambda F_2$$

则最大不模糊速度可扩展为 $v_{r\max1}$ 的 n_2 倍，或 $v_{r\max2}$ 的 n_1 倍。

从理论上讲，比值越接近 1，则扩展的不模糊速度范围越大，但实际上由于噪声和速度谱宽较大时，将导致该方法产生的误差也越大。所以这比值不宜取得太接近 1，一般以 3/2 或 4/3 为宜。

第六章　天气雷达回波的分类与识别

天气雷达探测时，只要接收到的回波信号功率大于雷达接收机的最小可测功率，则雷达都会在天线指向方向的相应距离处显示出回波，根据造成回波的目标物性质的不同，天气雷达回波可分为气象回波和非气象回波两类，而气象回波中又可分为降水回波和非降水回波。

§6.1　非气象回波

6.1.1　地物回波

当雷达探测的仰角比较低时，雷达站周围的山脉、高大建筑物都可能反射雷达电磁波，形成地物回波。现代气象雷达都设计了硬件或软件来消除地物回波，但常常很难处理干净，因此对于雷达气象值班人员来说，熟知本站在各种探测状态、各种天气条件下的地物回波状况仍是十分重要的。

为了了解地物回波的分布，一般在雷达站建设好后用光学经纬仪测量天气雷达的地物遮蔽角图，如图 6.1 所示。由里向外每圈遮蔽角递增 0.5 度。

图 6.2 为解放军理工大学气象学院 716 雷达站探测的一组地物回波图（胡明宝等观测，下同）。在图 6.2 中，上一排为 1994 年 4 月 1 日上午 08 时 10 分观测结果，下一排为同日 14 时观测结果，三列回波的观测仰角分别为 0°、1°、2°，距离每圈 50km，观测当日天气晴到少云。可以看出，在平显上地物回波主要分布在雷达站附近，呈小块状，边缘清晰，位置固定，形状与地形地物相一致，强度随时间少变；适当抬高天线仰角，将很快消失。在高显上呈矮小的柱状，高度很低（图略）。

当雷达波发生超折射传播时，地物回波会比正常情况增多，这样的回波有时称之为超折射地物回波，或简称为超折射回波。超折射地物回波可以有以下三种情况：(1)从地面开始往上存在一个超折射层，在超折射层上面为非超折射层。这时，回波的表现是，在测站附近的地物回波扩展到比正常情况更远的距离上，如图 6.3 中上面一排回波图所示。(2)近地面为非超折射层，但在某一高度上为超折射层，再往上又为非超折射层。这时，回波的表现是，测站周围出现的仍然是常见的地物回波，但是在隔开一段距离以后的远处又出现一片地物回波，如图 6.3 中下面一排回波图所示。图 6.4 也属于这种情况。(3)兼有上述两种情况，即近地面为超折射层，中间有一层非超折射层，再往上又是一层超

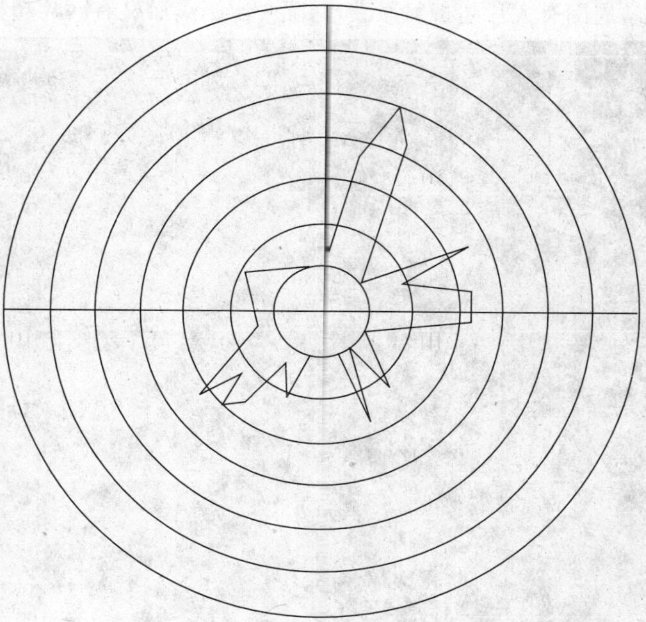

图 6.1　地物遮蔽角图
（解放军理工大学气象学院天气雷达地物遮蔽角图（1994 年 3 月 20 日测量）

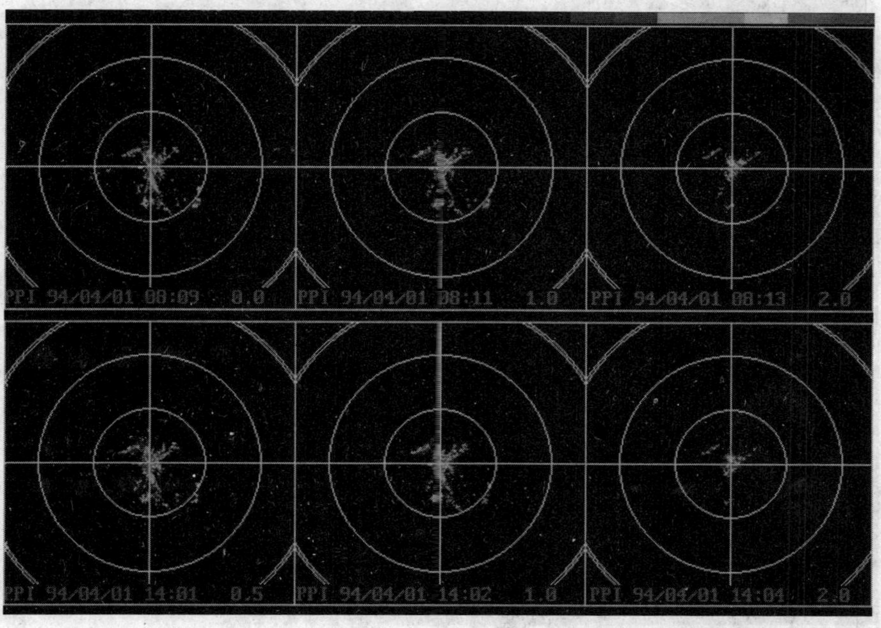

图 6.2　解放军理工大学气象学院 716 雷达站探测的地物回波图（参见彩图）

折射层。这时测站周围有大片超折射回波,间隔一定距离后又有一片超折射回波。

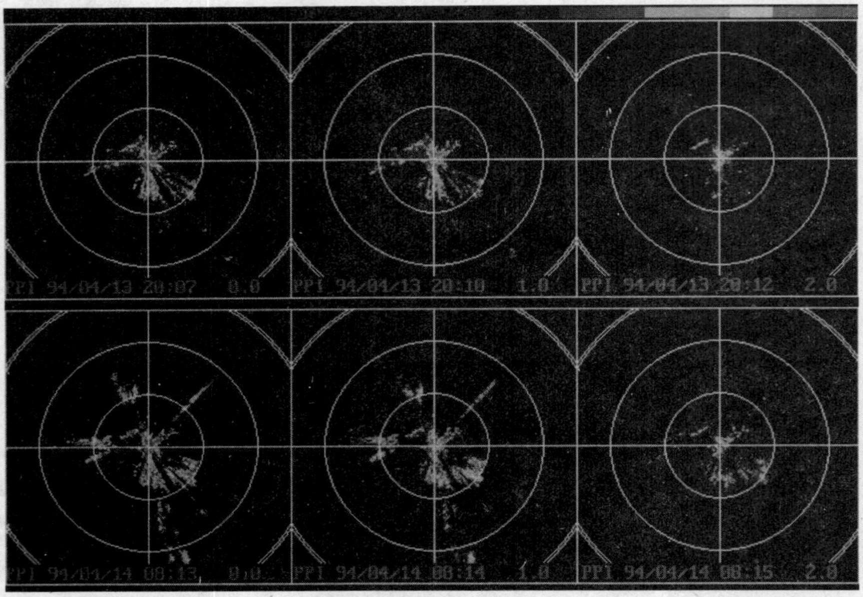

图 6.3 解放军理工大学气象学院 716 雷达站探测的超折射地物回波(参见彩图)

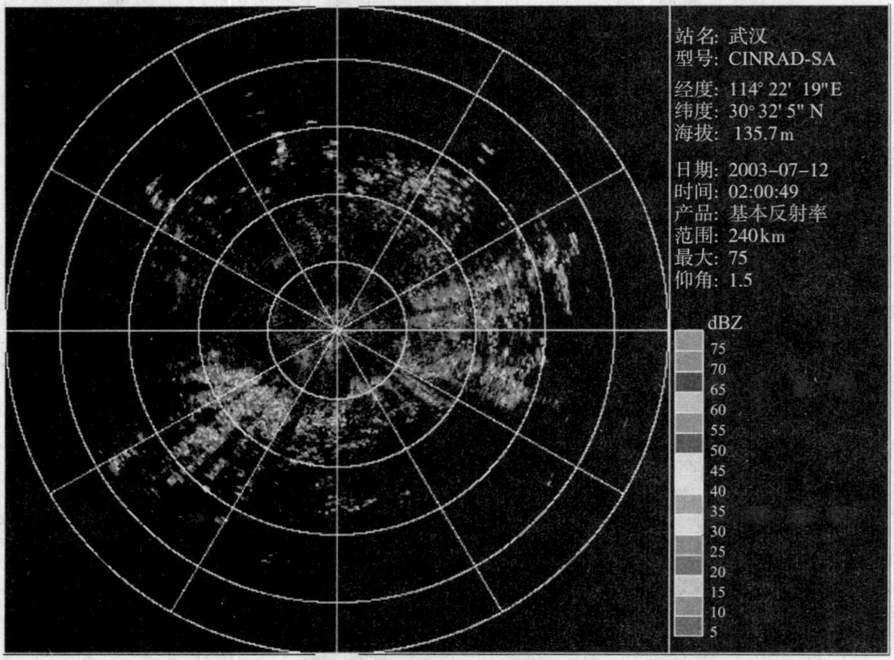

图 6.4 武汉 CINRAD-SA 雷达探测的超折射回波(参见彩图)

超折射回波的主要特征是地物回波异常增多，呈米粒状、辐辏状。由于在不同方向上地面情况、地物分布、大气层结等的不同，超折射回波经常是不对称分布的，有时只出现在局部地区。此外，由于超折射回波出现的距离和范围与超折射层的高度和厚度有关，随着超折射层高度和厚度的变化，超折射回波会出现“移动”、“变化”的现象。仔细察看这些变化，还可以反推得出有关大气状况变化的信息，作为判断天气变化的参考。

6.1.2　海浪回波

海浪回波一般在沿海的天气雷达站才能观测到，它是由海浪、涌浪和海洋近岸波对雷达电磁波的反射和散射引起的。它由许多分散的针状和扇形回波组成，回波强度比较弱，强度分布比较均匀，见图 6.5。这种回波只有在雷达天线仰角为 0°或 0°以下时才能观测到，而且出现的范围也比较小。

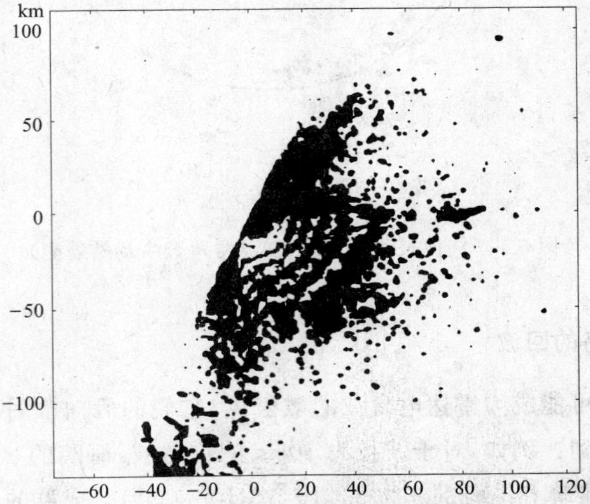

图 6.5　海浪回波(参见彩图)

根据海浪回波的强弱和范围的大小有可能估计海浪高低或海风强弱。

6.1.3　同波长干扰回波

在相邻地区内有两部波长相同的雷达同时工作时，一部雷达发射的电磁波会直接被另一部雷达所接收，从而在雷达终端上出现干扰图像。由于两部雷达的相对位置、距离远近、发射波时序的不同，在雷达终端上出现的干扰图像也有所不同，有的是一条亮线，有的是多条亮线，但都具有螺旋形状。如图 6.6 所示。

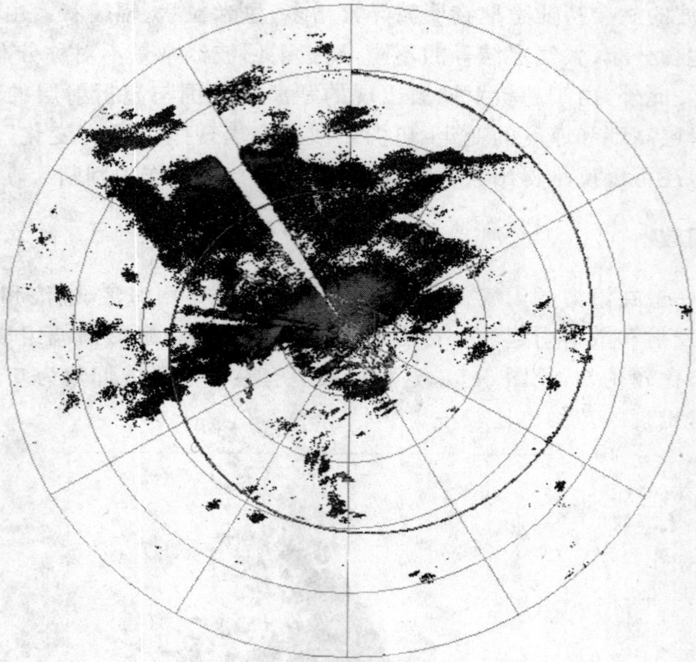

图 6.6 同波长干扰回波(江苏常州奔牛场站观测)

6.1.4 昆虫和飞鸟的回波

昆虫和飞鸟都可能成为雷达电磁波的散射体,它们的后向散射截面可以在一定的假设条件下推算得到。例如,对于波长为 10cm 的雷达波,海鸥的 σ 为 $10^{-2}(m^2)$,小鸟的 σ 为 $10^{-3}(m^2)$,蜜蜂和蜻蜓的 σ 为 $3\times10^{-6}\sim10^{-7}(m^2)$。成群的昆虫或飞鸟产生的散射波就可能被雷达探测到。这些回波通常呈离散点状,对天气探测没有什么影响。相反,由于昆虫群一般随风飘移,它们的多普勒速度正好是所在处径向风向风速的反映。

新一代天气雷达具有更强的监测大气中弱回波的能力,已经被证明可用作鸟群在大气中飞行的监视和定量化分析的可靠工具。

图 6.7 显示的是 WSR-88D 天气雷达 1995 年 4 月 30 日到 5 月 1 日探测到的跨墨西哥湾鸟群迁移到达 LA(路易斯安那州)的 Lake Charles 的基本反射率因子图像(仰角为 0.5°)。在反射率因子产品(最低仰角)上首次显示的跨墨西哥湾(transgulf)鸟群飞行到达的时间是 1610UTC(10:10 当地时),WSR-88D 显示离开岸边不远处呈现出小的离散的回波(图 6.7(a),(b)),当迁移群的前沿接近岸边时运动的密度增加,脉冲

体积的反射率因子值从 5dBZ 增加到 20dBZ(图 6.7(d)—(f))。在图 6.7(e)中反射率因子值为 20dBZ 的大多数位于雷达显示器的西面和东面，在这里飞行的鸟群呈现出相对雷达波束的最大散射截面，表明鸟的身体轴线在南北方向，垂直于雷达波束。

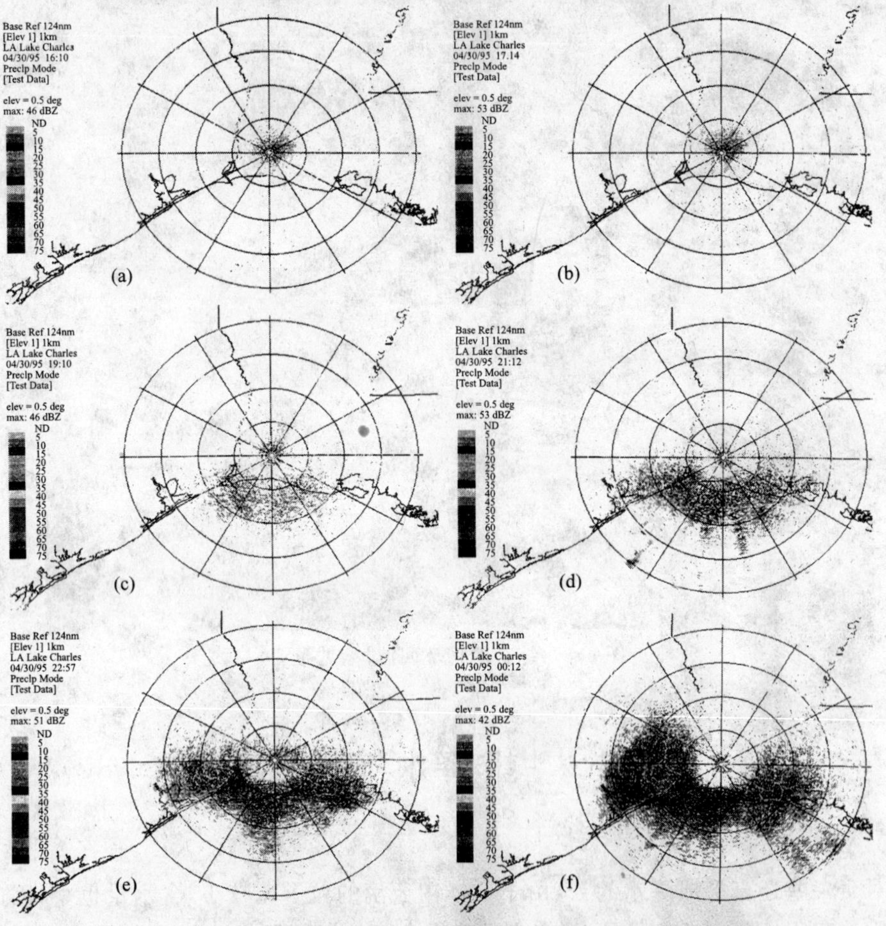

图 6.7 鸟群迁移的回波反射率因子图像(仰角为 0.5°)(参见彩图)

图 6.8 是由美国 30 部 NEXRAD 雷达收集的 1997 年夏季 50 个以上的鸟环回波反射率图像。它是由靠近日出的时候鸟群集体飞离栖息地所引起的。Elder(1957)用 23.4cm 的雷达还曾观测到鸟环形成的过程。最初是一个点，随即迅速扩展成一个环。当第一个环扩展到直径几千米后，有时会在原来的地方又有第二个环形成，环的直径可达 10km，曾经在同一点上最多看到每间隔 3～5min 先后形成四个环。环扩展的平均径向速度大约为 22m/s。Eastwood 等(1962)用 23cm 雷达有一次观测到每隔 2.5min 一个，前后形成了 18 个环，最大的直径扩展到 30km。在雷达探测的同时作了目力观

测，令人信服地说明了这正是日出时八哥鸟群分批飞离栖息地所致。昆虫学家和鸟类学家对这些资料比气象学家更感兴趣。

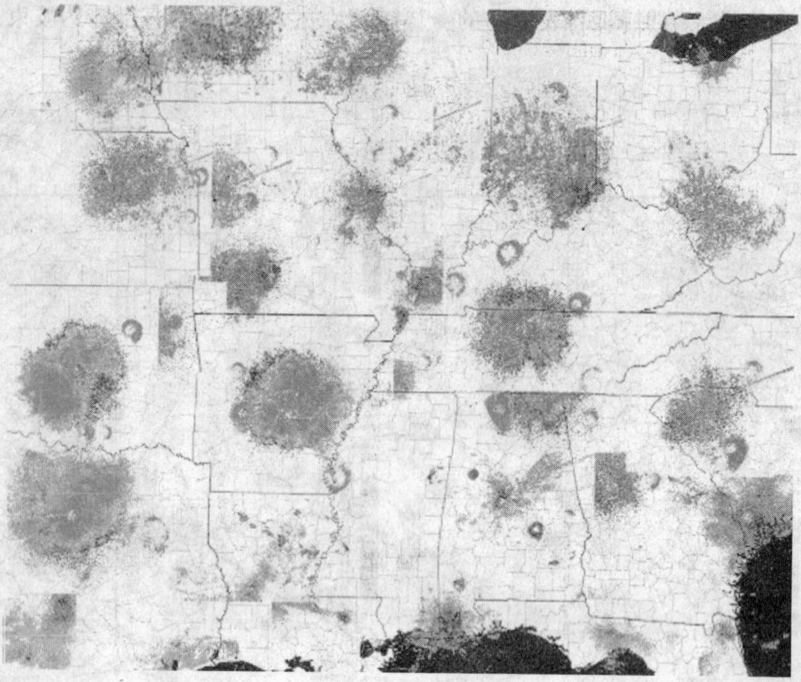

图 6.8　综合的鸟环回波(参见彩图)

§6.2　非降水气象回波

6.2.1　云的回波

对于一些还未形成降水的云，由于云体内云滴的粒子比较小，含水量也少，因此，必须采用波长很短的 0.86cm 雷达，才能对其作全面的探测研究。但是，有时云中含水量较大，有的云滴已增长到足够大(直径＞200μm)时，3cm 和 5cm 波长的天气雷达在较近的距离上，有可能探测到云的回波。

在反射率因子的 RHI 显示中，层状云回波一般平铺成一条长带，云底、云顶比较平坦，回波带的垂直厚度大致为云的厚度，依据回波底所在的高度即可区分出高、中、低云。有时还可以观测到云底的雨幡回波。积状云的回波一般呈小柱状，往往从中空开始形成，底部不及地。在反射率因子的 PPI 显示中，层状云回波只有在适当的天线仰角时才能探测到；积状云则通常表现为零散、孤立的小块状结构。

图 6.9 为层状云回波，在平显上回波呈薄膜状、小片状、边缘不清晰、强度分布均

匀;在高显上顶部高度比较一致、底部不及地,可能有雨幡回波。

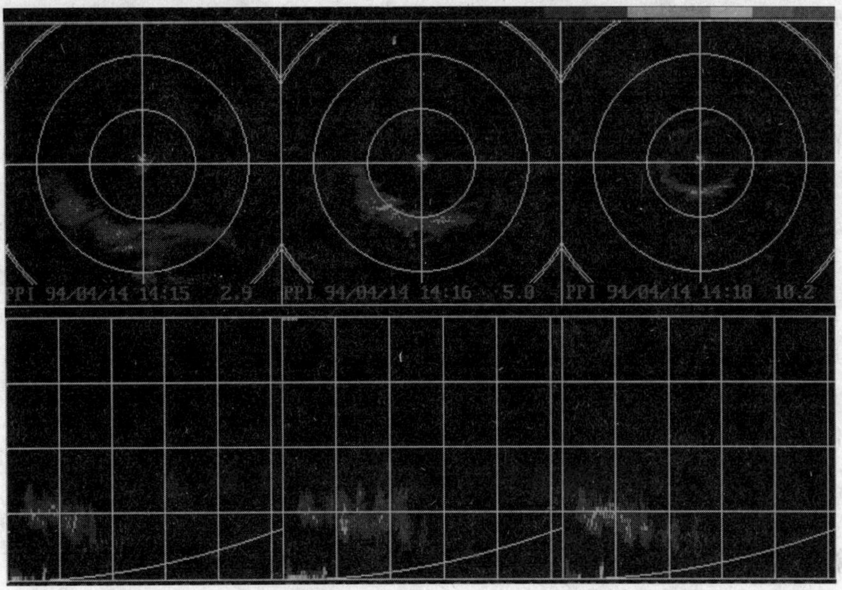

图 6.9　解放军理工大学气象学院 716 雷达站探测的层状云回波(参见彩图)

6.2.2　雾的回波

雾滴和云滴一样,粒子较小,回波很弱。同时,雾的垂直厚度一般并不很厚,因此,雾的回波往往与近距离的地物回波混在一起,只有范围较大,厚度较厚的平流雾,雷达才可能探测到。在反射率因子的 PPI 显示中,雾的回波呈均匀分布,一般没有明显的强度梯度。在 RHI 显示中可以看到雾的垂直厚度,一般只有 1km 左右。

6.2.3　晴空回波

有时天空中并没有云和降水,但使用具有较高灵敏度的雷达,可以探测到晴空大气中的回波。这些回波按其形态来分,大致上可以分为点状、线状和层状。点状回波在 PPI 显示时表现为离散的小亮点,线状回波在 PPI 显示时表现为一条长达数十千米的细线,层状回波在 PPI 显示时大都表现为水平伸展的不接地的、薄而弱的回波层。在早期人们不能解释这些回波的起因,因而称之为“鬼波”或“仙波”(Angle echo)。通过大量的观测和研究,人们认识到这类回波的起因主要有两个:一是昆虫、飞鸟对雷达电磁波的散射;二是大气中折射指数不均匀结构对雷达电磁波的散射。现在晴空回波一般主要指由于大气折射指数不均匀引起的雷达回波。

我们知道,大气的折射指数决定于空气的温度、湿度和气压,如果是 50km 以上的电离层大气，那么，还要考虑电子密度的影响。而大气折射指数的分布还决定于各种尺度各种形态的大气运动。造成大气中折射指数不均匀，从而反射或散射雷达电磁波的机制有以下三种。

(1)镜面反射。它是由大气中的折射指数水平分布比较均匀，而在垂直方向存在很大梯度的折射率结构引起的，也称为菲涅尔反(散)射或部分反射。属于这一类机制的回波，总是出现在雷达天线近乎垂直指向的场合下。进一步分析可知，镜面反射的反射系数与折射指数强梯度层的厚度以及雷达的波长有关。厚度越薄，或者雷达波长越长，则反射系数越大。所以，米波雷达比微波雷达更容易观测到大气中镜面反射产生的回波。日常使用的微波天气雷达观测到镜面反射的机会是很少的，正是这个缘故，最初人们试图用镜面反射来解释天气雷达探测到的晴空回波现象，不能得到满意的结果。工作波长在 1～10m(甚高频，VHF)和 0.1～1m(特高频，UHF)的雷达，则可以通过镜面反射机制来探测相应高度上的大气现象。

(2)湍流散射。大气几乎无时无刻不处于湍流运动状态。大气湍流的尺度范围非常宽广。相对于全球大气环流来说，大气湍流的尺度可认为从几毫米直到上百千米。大气湍流的输送作用，影响着温、压、湿等气象要素的分布，同样也影响着大气折射率的分布。假设大气中的折射率原来有单一方向的梯度，则由于湍流输送作用，一部分高折射率的空气被带到低折射率区域中，造成局部空间的相对高折射率；而另一部分低折射率的空气被带到高折射率区域中，造成局部空间的相对低折射率，因而一定体积中的折射率不均匀性增加了，并造成了很大的折射率局地梯度。虽然分子扩散过程可以对折射率的不均匀性起到减缓作用，但是只要外界的因素不变，大气中的湍流过程继续存在，那么大气折射率的不均匀性，也就是折射率的随机起伏分布也总是存在的，只是有的地方强，有的地方弱。当雷达电磁波照射到这样的湍流介质上时就会产生散射。散射能量的大小与折射率随机起伏的空间和时间尺度、强度以及雷达的工作波长等有关。Tatarski 应用 Kolmogolov 的局地各向同性湍流概念导出了与实验结果极为符合的计算电磁波在湍流介质中散射的公式。进一步作详细分析以后表明，对于波长为 λ 的雷达，只有尺度相当于其波长 1/2 的湍涡，其后向散射能量才起主要作用。当雷达接收到足够强的后向散射能量时，就可能显示出晴空回波。

作为对湍流介质中折射率脉动强度的度量，引入了折射率起伏的结构常数 C_n^2，并得出 C_n^2 与雷达反射率 η 和雷达波长 λ 的关系为

$$C_n^2 = 2.63\lambda^{1/3}\eta(\mathrm{m}^{-2/3}) \tag{6.1}$$

或

$$\eta = 0.38\lambda^{-1/3}C_n^2(\mathrm{m}^{-1}) \tag{6.2}$$

由上式可见，折射率起伏的湍流大气的反射率正比于结构常数 C_n^2，并且以 −1/3 次幂的

规律随波长变化。

表 6.1 是 Crozier(1986)归纳的各种气象现象晴空后向散射特征的典型值和雨、冰雹等的反射率的比较。从表中所列的数据可见，有些现象的 Z_e 值是很小的，只有大功率高灵敏的雷达才能探测到它们引起的晴空回波，或者只有在距雷达很近时才能被探测到。

表 6.1 各种气象现象晴空后向散射特性的典型值和雨、冰雹反射率的比较

现象		参考	C_n^2 ($m^{-2/3}$)	η (m^{-1})	Z_e ($mm^6 m^{-3}$)	Z (dBZ)	降水率 $Z=295I^{1.43}$ (mmh^{-1})
湍流（晴空）	弱	Doviak and Zrnic(1984)	6×10^{-17}	6×10^{-17}	10^{-6}	−58	—
	中等		2×10^{-15}	2×10^{-15}	5.7×10^{-5}	−42	—
	强		3×10^{-13}	7×10^{-13}	2×10^{-3}	−21	—
对流泡		Hardy and Ottersten (1969)	7×10^{-12}	7×10^{-12}	2×10^{-1}	−7	—
海风		Atlas and Hardy(1966)	2×10^{-12}	2×10^{-12}	5.7×10^{-2}	−22	—
边界层（海上）		Doviak and Zrnic(1984)	$10^{-12}\sim10^{-13}$	$10^{-12}\sim10^{-13}$	2.9×10^{-2}	−15～25	—
稳定层（对流层低层）		Doviak and Zrnic(1984)	$10^{-15}\sim10^{-17}$	$10^{-14}\sim10^{-15}$	2.9×10^{-4}	−35～45	—
对流层顶		Atlas et al. (1966)	7.5×10^{-15}	7.5×10^{-15}	2.2×10^{-4}	−37	—
雨	毛毛雨					15～25	0.2～1.0
	小 雨					21～30	0.5～2.5
	中 雨					30～37	2.5～7.5
	大 雨					>37	>7.5
冰雹（高概率）						55	≫120

(3)热散射。它是由大气高层电离大气中离子和电子的热运动形成的电子密度的随机起伏，而导致大气折射指数的起伏所产生的雷达电磁波散射。这种散射机制对 VHF 和 UHF 雷达探测中层大气是很有用的。但日常使用的天气雷达，探测不到这种机制产生的晴空回波。

实际上，上面所说的引起大气折射指数不均匀分布的三种机制并不是孤立的。有的晴空回波可能是一种机制产生的，也有的可能是一种机制为主、另一种机制为辅共同作用的结果。

下面简要介绍一些由折射指数不均匀引起的晴空回波实例。

图 6.10 是美国弗吉尼亚州沃洛普斯岛 10.7cm 雷达在 1967 年 8 月 15 日 10 时 52 分(EST)观测到的对流边界层的晴空对流泡。图 6.10(a)上部为 PPI 显示，可见回波结构呈中空的面包圈形，下部为相应的 RHI 显示，可见到近地层有一个个突起的对流泡。图 6.10(b)是对于这种面包圈形回波的解释。对流泡的中心是上升气流，四周为下沉气流，在泡体的边界上有较大的折射指数起伏，因此，雷达作方位扫描时，可以显示出面包圈形的回波。这种对流泡的直径大约为 1～3km，高度为几百米，可持续 30 分钟左右。

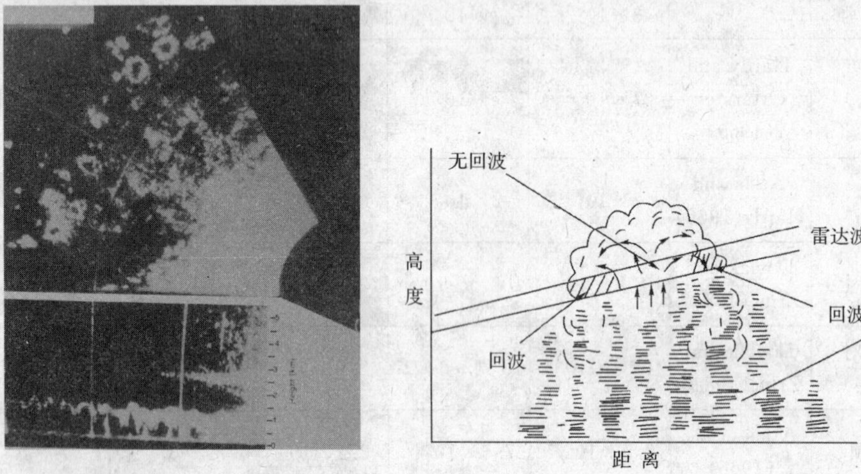

(a)　　　　(b)

图 6.10　对流泡晴空回波及其垂直结构示意图

图 6.11 为气象学院 716 雷达站探测的晴空回波，当时星空灿烂，能见度很好，目力所及无云。我们分析产生晴空回波的主要原因是由于当天上午下过大雨，下午雨渐止，空气中水汽含量大，大气折射率结构常数很大，夜晚雷达接收到的散射回波较强。从图 6.11 可以看出，回波强度很均匀，呈片状，从高显上看回波主要分布在近地面层内。低仰角 PPI 探测时在方位 30 度附近出现的回波缺口是由于紫金山的遮挡，在方位 90 度附近出现的回波缺口是由于近距离高楼的遮挡(参见图 6.1)。

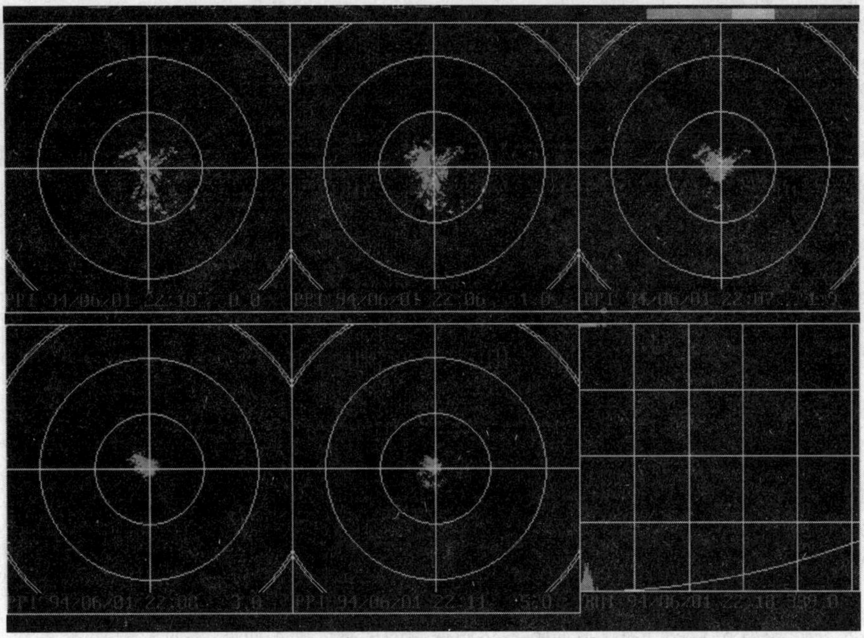

图 6.11　气象学院 716 雷达站探测的晴空回波(参见彩图)

§6.3　降水回波

6.3.1　层状云降水回波

层状云降水又称为稳定性降水或连续性降水,它通常是由于大范围的空气缓慢上升而成云致雨的。本节所说的层状云降水是泛指水平尺度远大于垂直尺度的天气状况,这种降水的特点是降水区的水平范围较大、持续时间较长、强度比较均匀和随时间变化缓慢。它的雷达回波也具有相应的特点。

6.3.1.1　回波的一般特征

图 6.12 是气象学院 716 雷达站探测的一次层状云降水回波。在平显上的特点是回波范围比较大,呈片状,边缘零散不规则,强度不大但分布均匀,无明显的强中心,即色彩差异比较小,适当抬高天线仰角,出现回波强度比内外圈都强的环形回波区。

在高显上,层状云降水回波的顶部比较平整,没有明显的对流单体突起,底部及地,强度分布也比较均匀,因此色彩差异比较小。一个明显的特征是经常可以看到在其内部有一条与地面大致平行的相对强的回波带。进一步的观测还发现这条亮带一般位于大气温度层结 0℃层下面几百米处。由于当初发现这个回波特征时都是模拟天气雷达,回波越强,显示器上显示点越亮,因此称之为零度层亮带。

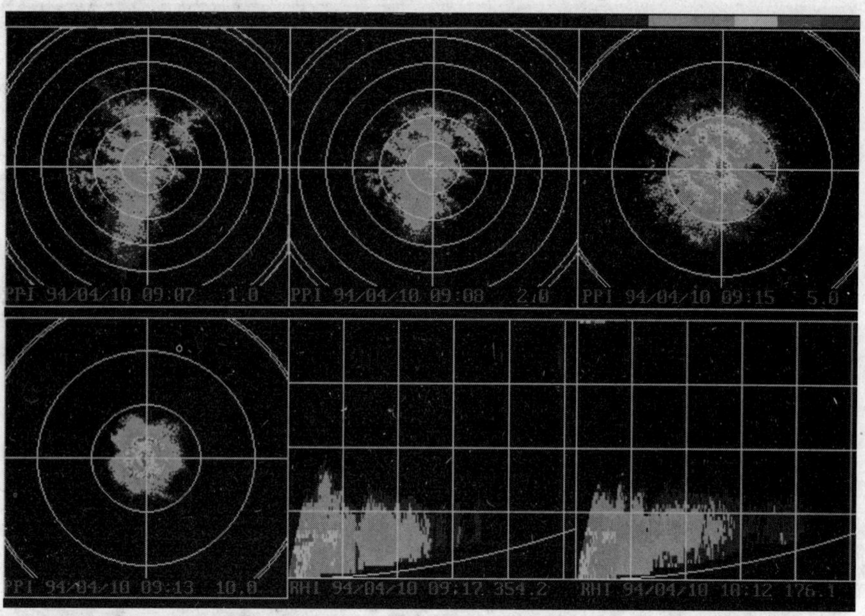

图 6.12　气象学院 716 雷达站探测的层状云降水回波(参见彩图)

6.3.1.2　零度层亮带的形成原因及其意义

研究指出,零度层亮带形成的主要原因是,当冰晶、雪花在下落过程中,当通过 0℃层后,表面开始融化时,此时一方面由于介电常数增大,散射能力将增大(约 5 倍);另一方面由于表面湿润,出现强烈的碰并聚合作用,在大多数情况下能碰并聚合 50～100 个粒子甚至更多,以至粒子尺度增大,散射能力也大大增强。而当冰晶或雪花完全融化后,由于表面张力的作用,迅速转变成球形雨滴,其降落速度比冰晶、雪花大得多,使得单位体积中降水粒子的数目大大减小,从而使回波功率减小。因此,在 0℃层以下不远处便形成了一个回波强度较其上、其下都大的强回波带。此外,冰、雪粒子在刚开始融化时,处于非球形状态,形状的影响也会使散射能力有一定增强。图 6.13 所示的是各因子对形成亮带的贡献的估计值。

观测表明,在大多数场合下,亮带中心位于 0℃层以下 100～400m。亮带的回波强度较其上面的雪的回波强 15～30 倍(约 12～15dB),较其下面雨的回波要强 4～9 倍(约 6～10dB)。

图 6.14 给出了垂直指向多普勒雷达,在一次伴有亮带的弱的稳定性降水中同时测得的等效反射率因子 Z_e 和粒子降落的均方根速度 V 的廓线。可以看出,在 0℃层以上,降水粒子的降落速度为 0～2m/s,在亮带以下为 6～7m/s。Lhermitte 和 Atlas(1963)分析和计算认为:从高度 H_1 到 H_2,Z_e 值的增加是由于 H_1 上的雪花在大约

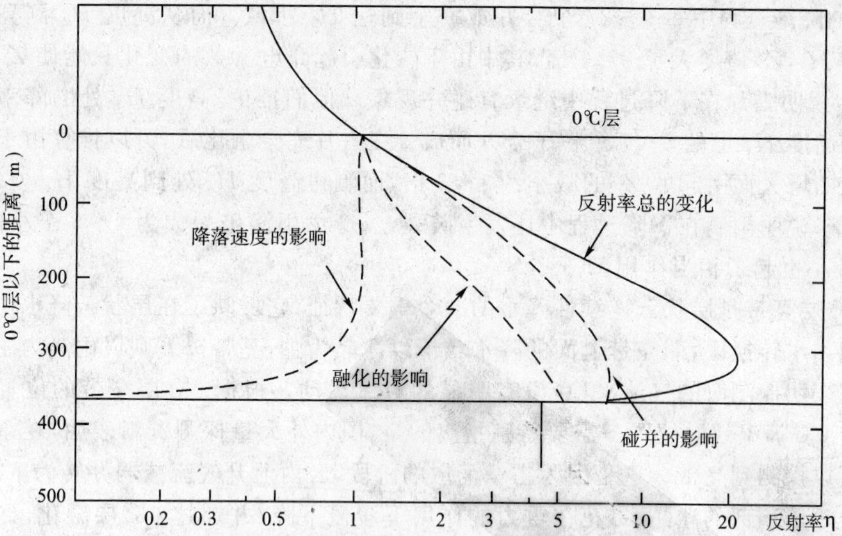

图 6.13　各因子对形成亮带的贡献估计

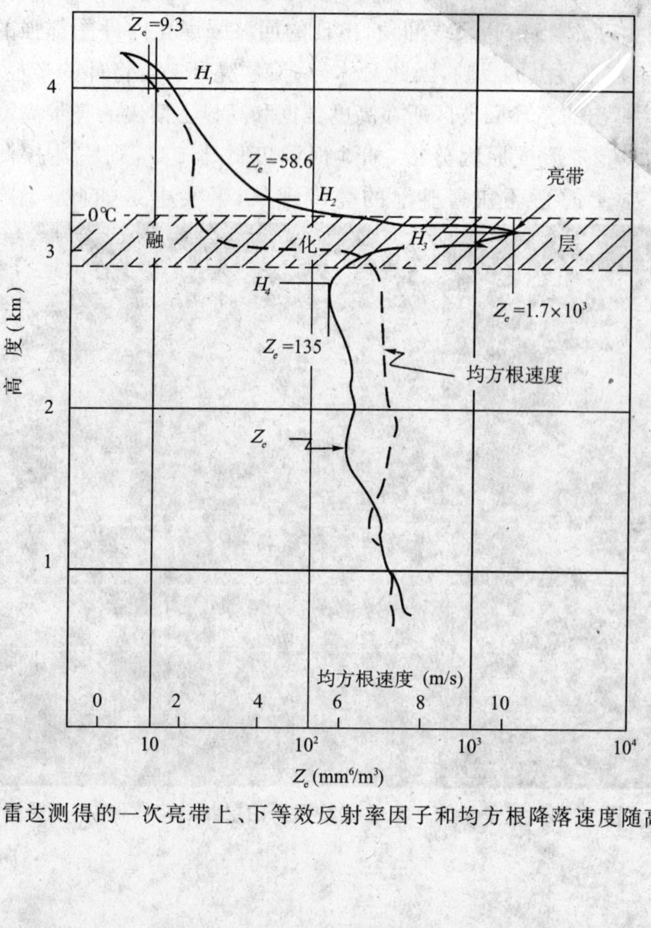

图 6.14　多普勒雷达测得的一次亮带上、下等效反射率因子和均方根降落速度随高度的分布

800m 的降落过程中每 9～27 个合并成一个到达 H_2 所致。而从高度 H_2 到亮带中心的高度 H_3，Z_e 值增大了 30.6 倍，其中由于融化引起介电常数的变化只能使 Z_e 值增大 4.7 倍，说明雪片在下降过程中继续有碰并现象。他们推论，高度 H_3 处的降水粒子大约是由高度 H_2 上的 5～7 个粒子合并而成。在雪片完全融化后，可以推算由于雨滴降落速度的增大而引起的 Z_e 的减小约 1～3 倍，而测得高度 H_3 处到高度 H_4 处 Z_e 减小了 10 倍，说明雨滴在下降过程中还发生破裂，一个大雨滴破裂成为 4～6 个小雨滴，对 Z_e 值减小也起了相当作用。

0℃层亮带是层状云连续性降水的一个重要特征，它反映了在层状云降水中存在着明显的冰水转换区，即亮带上面的降水粒子以冰晶为主，亮带以下则以雨滴为主。亮带的出现表明探测时的气流平稳，没有明显的对流运动。根据 0℃层亮带的位置可以大致确定 0℃等温线的位置。需要特别指出的是，国内外大量探测资料表明，在雷暴消散阶段可以探测到亮带。这是因为雷暴消散的阶段，云内上升气流减弱并转为下沉气流，这时位于云顶部的冰晶、雪花在重力的作用下缓慢下降，并通过 0℃层融化，显示出亮带。综上可见，0℃层亮带的出现对当时的大气状态具有很好的指示意义。

在平显探测时，适当抬高天线仰角，出现的回波强度比内外圈都强的环形回波区，实际上是 0℃层亮带在平显上的反映，因此又称为 0℃层亮环。若将环的半径与天线仰角代入雷达测高公式，计算出的亮环回波区所在高度数据和高显上读出的亮带高度是一致的。

根据 0℃层亮带形成原因分析，如地面温度低于 0℃，则雷达探测层状云降水时就不会观测到平显上的亮环和高显上的亮带现象，事实也是如此。图 6.15 为气象学院

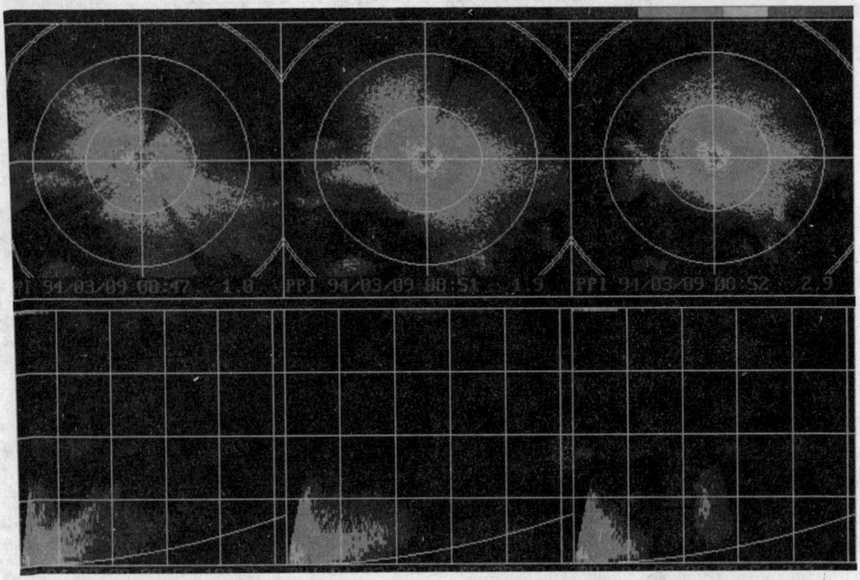

图 6.15 气象学院 716 雷达站探测的层状云降雪回波(参见彩图)

716 雷达站探测的一次层状云降雪回波，就没有观测到亮带或亮环。

6.3.2　对流云降水回波

对流云降水是对流云发展到一定程度时，云中的粒子在对流运动过程中不断地增大，直到已不能被上升气流所托住而降落形成的。这种降水的一般特点是范围小、强度大、分布不均匀、持续时间短、随时间变化迅速。对流云降水回波出现在不同的天气系统中会有不同的特点和规律。这里只讨论它们的共性，其他的特点和规律将在后面的章节中叙及。

6.3.2.1　回波的一般特征

在反射率因子的 PPI 显示上，对流云降水回波通常由一个或多个回波单体所组成。这些回波单体随着不同的天气系统排列成带状、条状、离散状或其他形状。回波单体边界清晰，棱角分明，单体中心强度较大，强度分布层次分明，单体的水平尺度小的只有几千米，最大的超级单体，直径可达 30～40km。若抬高仰角并细心观察，还可以看到回波单体本身包含有许多尺度更小的回波泡。图 6.16 是一次对流云降水的 PPI 显示。在平显上表现为小团块状，边缘清晰，内部密实，有强中心；多个单体，排列成带状，有大致相同的移向移速。在反射率因子的高显上，对流云降水回波单体的剖面形态一般都呈柱状，单体内部强度梯度较大，往往有明显的反射率因子强中心；近雷达一侧，有时有云砧回波；高度较高，有时可穿过对流层顶。

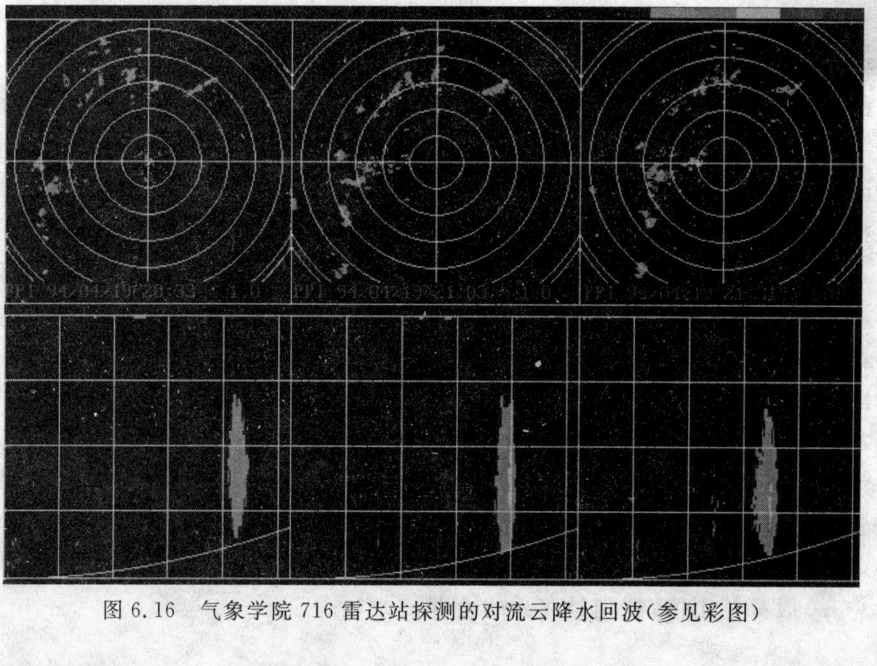

图 6.16　气象学院 716 雷达站探测的对流云降水回波(参见彩图)

6.3.2.2　对流云降水在不同发展阶段的特征

同层状云降水不同的是对流云降水有明显的发展阶段。1946 年及 1947 年夏季，Byers 和 Braham 等在美国组织了雷暴的野外观测研究。他们利用雷达和地面测站网进行的 1～5min 间隔的连续观测记录，对雷暴的结构和发展过程作了细致的研究，建立了普通单体雷暴生命史模式。图 6.17 是经过 Doswell 修改后的 Byers－Braham 雷暴生命史模式。由图可见，单体雷暴的发展，一般经历积云、成熟和消散三个阶段。

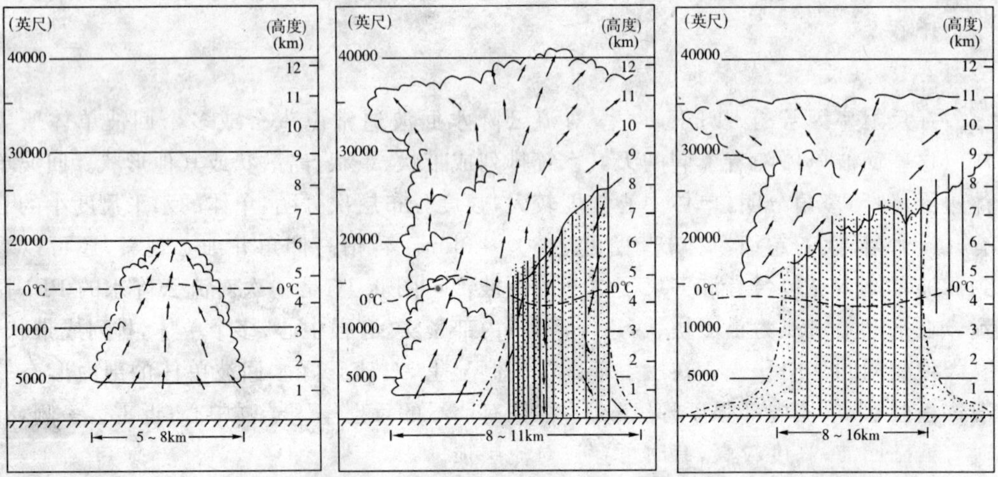

(a)塔状积云阶段　(b)成熟阶段　(c)消散阶段

图 6.17　雷暴单体生命史及各发展阶段的垂直结构特征

积云阶段　这个阶段云中都是上升气流，上升速度一般随高度增加。这种上升气流主要由局地暖空气的正浮力或低层气流的辐合引起的。气流上升速度一般为 5～10m/s，个别可达 25m/s 左右。上升中生成的云滴、雨滴和雪花等降水粒子被上升气流托住不会降到地面，如图 6.17(a)所示。当水滴和雪花达到一定大小和一定浓度时，就可能被雷达探测到。Knight 等(1983)曾作过研究，当肉眼能够看到对流云以后十几分钟雷达高仰角 PPI 显示就能看到回波。这种初始回波的水平尺度约 1km 左右；以后尺度迅速增大，呈团块状，内部反射率因子梯度逐步加大。在反射率因子的 RHI 显示上，初始回波的垂直尺度略大于水平尺度，初始回波顶一般在－4～－16℃的高度上，回波底在 0℃高度附近。以后回波向上向下同时增长，增长速度约 2～9m/s，平均 4m/s 左右。先以向上增长为主，达到－30℃高度后，向上增长减慢，向下增长迅速加快，但回波底部还不及地。在这个阶段，反射率因子的强中心一般在云体的中、上部。由于这个阶段云中都是上升气流，因此，在径向速度的 PPI 和 RHI 显示中，一般都是正值，特别是在云的上部。

成熟阶段 当雨开始从云底降落时表明进入成熟阶段。除非低层大气十分干燥，一般降雨都能到达地面。这时云中上升气流已达到它的最大值，云顶出现一个个上冲凸起。随着降水过程的开始，由于降水质点的拖曳作用，形成了下沉气流。这种现象首先出现在云中冻结高度附近雨滴最初出现的地方，然后在垂直和水平方向上扩展开来，如图 6.17(b)所示。在反射率因子的 PPI 显示中，回波的水平尺度达到它的最大值，内部反射率因子梯度增大，有明显的强中心。在反射率因子的 RHI 显示中可见，回波顶发展到对流层顶以后开始向环境风的下风方延伸，出现云砧。强中心到达云体的上部以后开始下降。这时回波及地，地面出现强降水。在径向速度 PPI 和 RHI 中，会有正负速度中心出现，径向速度等值色带比较密集。需要说明的是这里描述的仅仅是普通单体雷暴成熟阶段的一般情况。至于多单体雷暴和超级单体雷暴，它们的发展过程更为激烈，气流结构、回波结构更为复杂，将在后面专门涉及。

消散阶段 当降水和下沉气流逐渐扩展到整个云体时，上升气流被切断，对流单体就处于消散阶段。反射率因子 PPI 显示上回波的尺度减小，强中心减小减弱，甚至分裂、消失，强度梯度也减弱。在反射率因子 RHI 显示上可见回波顶高迅速降低，强中心下降到地面附近。后期还有可能出现 0℃层亮带。在径向速度的 PPI 和 RHI 上也表现为速度梯度减小，基本上都是负速度值。

探测表明，对流云降水回波单体的生、消演变很快。一般而言，一个单体经历上面所说的三个阶段只需十几分钟到几十分钟，平均持续时间约为 20～30min。图 6.18 是

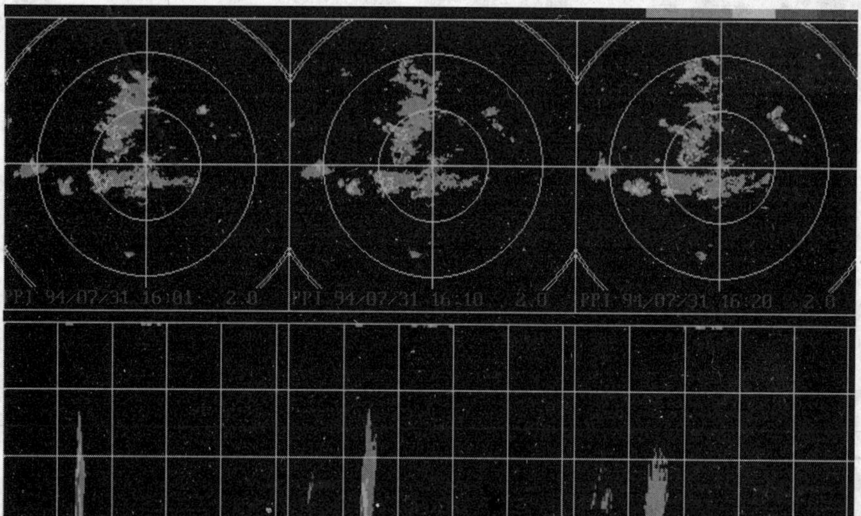

图 6.18 气象学院 716 雷达站探测到的一个回波单体的演变(参见彩图)

一个对流降水单体演变的回波图。由高显图可见，单体在 16：03 最强盛，红颜色表示的强回波伸展到 7km 高度，伴随降雹；而到 16：21 时红颜色表示的强回波几乎没有了，降雹已停止，演变成弱降水。前后只有十几分钟时间。

表 6.2 是 Battan(1953)用 10cm 雷达观测不同尺度对流云降水回波单体持续时间的统计。可以看出，回波单体的尺度越大，持续时间越长。在他所收集的资料中，回波单体的平均持续时间为 23min，各回波单体达到其最大尺度所需的时间平均为 10.3min。他还用 3min 雷达测得回波单体达到最大高度所需的时间平均为 9.5min。其他学者得到的研究结果与上述结果大体一致。

表 6.2 不同尺度对流云降水回波单体的持续时间

持续时间	回波的最大水平尺度(km)								
(min)	0～1.5	1.6～3.1	3.2～4.7	4.8～6.3	6.4～7.9	8.0～9.5	9.6～11.1	11.2～12.7	合计
0.0～4.9	…	…	…	…	…	…	…	…	…
5.0～9.9	1	2	…	…	…	…	…	…	3
10.0～14.9	1	3	6	…	…	…	…	…	10
15.0～19.9	1	9	5	…	…	…	…	…	15
20.0～24.9	…	7	6	4	1	…	…	…	18
25.0～29.9	…	2	5	1	…	…	…	…	8
30.0～34.9	…	…	5	…	…	…	…	…	5
35.0～39.9	…	…	1	1	2	…	…	…	4
40.0～44.9	…	…	1	…	…	…	…	1	2
45.0～49.9	…	…	…	…	…	1	…	…	1
50.0～54.9	…	…	…	…	…	1	…	…	1
合 计	3	23	29	6	3	2		1	67

需要指出的是，前面所说的都是指一个普通回波单体而言的。多单体风暴可以包含数个处于不同发展阶段的对流单体，再加上单体内的下沉气流引起低层向外扩展的冷空气还可能触发前方形成新的单体，这样此消彼生，回波的持续时间就要长得多。Blackmer(1955)指出，大的雷暴的平均持续时间为 42min，强大的超级单体可以持续几个小时。当然，也不是每个回波单体一定会经过上面所说的三个发展阶段，其中也不乏半途夭折者。这是由各方面的气象条件综合决定的。

6.3.2.3 阵雨和雷雨回波及其判别

阵雨和雷雨都是对流单体发展到成熟阶段的产物，都具有对流云降水回波的一般特征，只是发展的程度不同。但是对于飞行、导弹发射等的气象保障来说，正确判定活动区域是阵雨回波还是雷雨回波，则是至关重要的。为此，许多学者都注意总结根据雷达探测的结果判别阵雨和雷雨的方法。归纳起来有以下几点：

(1) 从外形结构和水平尺度上来区分

雷雨回波边缘清晰，内部强度梯度比较大，云体内泡体活动明显，水平尺度通常在10～20km 以上；而阵雨回波边缘比较松散，内部强度梯度比较小，水平尺度在 10km 以内。

(2) 从反射率因子来区分

雷雨回波通常在 40dBZ 以上，而阵雨回波常常不到 40dBZ。

(3) 从回波的垂直发展高度来区分。

雷雨回波顶通常较高，一般在 6～8km 以上，盛夏时有的可达到对流层顶，然后云砧向四周延伸；而阵雨回波通常在 5～6km 以下。根据云物理学的研究，云内电荷的产生不仅与对流旺盛程度有关，还与云内水滴的冰化过程有关，即与云内的温度有关。考虑到同一高度在不同季节和不同地区它们的温度是不同的。因此，利用回波顶的温度来区分阵雨和雷雨比用回波顶的高度更合适一些。前苏联科学家通过飞机探测表明，当温度高于－18～－20℃时，大部分云是由过冷水滴组成的，属于过冷却云，而温度低于－25℃时大部分云才是冰云。Kotob 等以 2℃的温度间隔对大量的观测资料分别统计雷雨出现的频率，发现雷雨和阵雨回波顶的温度有明显的差别，如图 6.19 所示。两条曲线相交于－22.4℃，以此作为判别指标具有 93％的准确性。各雷达站可以积累大量的探测资料，找到适合本地不同季节、不同天气系统情况下的判别指标。

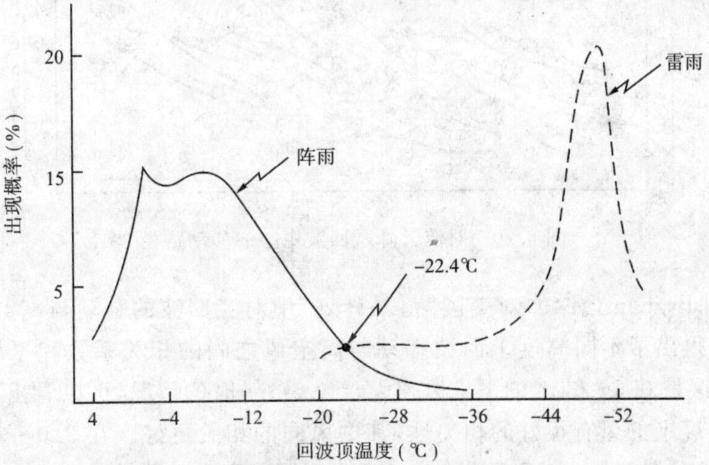

图 6.19　雷雨和阵雨回波顶温度的统计结果

(4) 从径向速度场特征来区分

阵雨回波由于水平尺度小，探测资料已证实单体内仅存在正或负径向速度，而雷雨回波单体大，回波强，单体内常同时存在正、负径向速度，存在风向风速的切变。

6.3.2.4 对流云降水回波的平移和传播

通常对流云降水回波的移动变化较之层状云降水回波要明显、迅速得多，从总体来说，都是其本身及其周围环境大气相互作用的结果。但就移动变化的直观表现来说，包括回波的平移和回波的传播两部分。由于回波单体的位移引起的回波移动，称为回波的平移；由于回波单体更新引起的回波移动，称为回波的传播。回波的传播又可分为两种：凡单体的更新发生在原回波的内部而引起的回波移动，称为连续传播；凡单体的更新发生在原回波的外部而引起的回波移动，称为离散传播或不连续传播。

对流云降水回波的平移与高空风有密切关系，尤其是高空风较大时。图 6.20 所示的为 1980 年 6 月 14 日午后到夜间，利用北京 5cm 雷达连续观测资料绘出的回波强度大于 40dBZ 的 29 个对流云降水回波中心的移动轨迹，以及当天 19 时张家口和北京的高空风。可以看出，各个回波强中心基本上都是向着东偏北方向有规则地移动的，与 5～6km 高度上的高空风向接近一致。Brooks(1946)最早利用 10cm 雷达观测阵雨回波的资料得出，小回波沿 1.5km 高度上的风移动，而较大的回波随 3.4km 高度上的风移动。Ligda 和 Mayhew(1954)得出，锋面降水回波的移动与 700hPa 的风有强相关性。

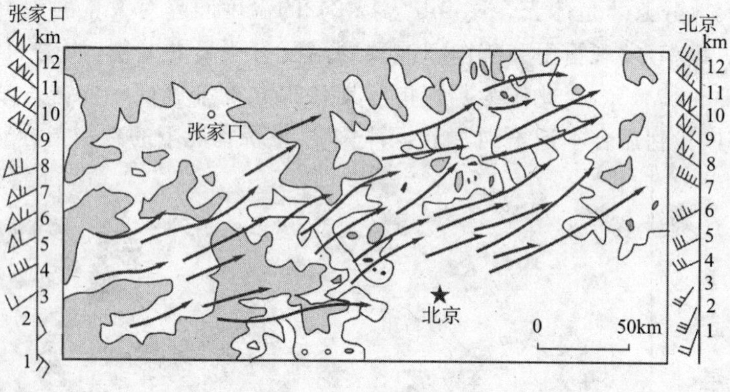

图 6.20 对流云降水回波中心的移动路径

Byers 和 Braham(1949)对美国“雷暴计划”中对流回波的移动与高空风的关系作了统计分析，得出了不同高度上回波移动与高空风之间的相关系数和平均偏差，如图 6.21 所示。这是 0.6～6km 的平均风速大于 4.5m/s 时的情况，可以看出，回波移动与 3.4～6km 高度上的风有很好的相关性，其中风向的相关更好。在 3.0～3.7km 高度，回波移动与风向偏差最小，回波的移动通常小于同高度上的风速。当地面到 6km 的平均风速小于 4.5m/s 时，回波移动与高空风的关系就比较混乱。显然，这是由于回波的传播起了重要作用的缘故。

对流云降水回波的传播与当时环境大气的热力和动力特性有密切关系。例如，发

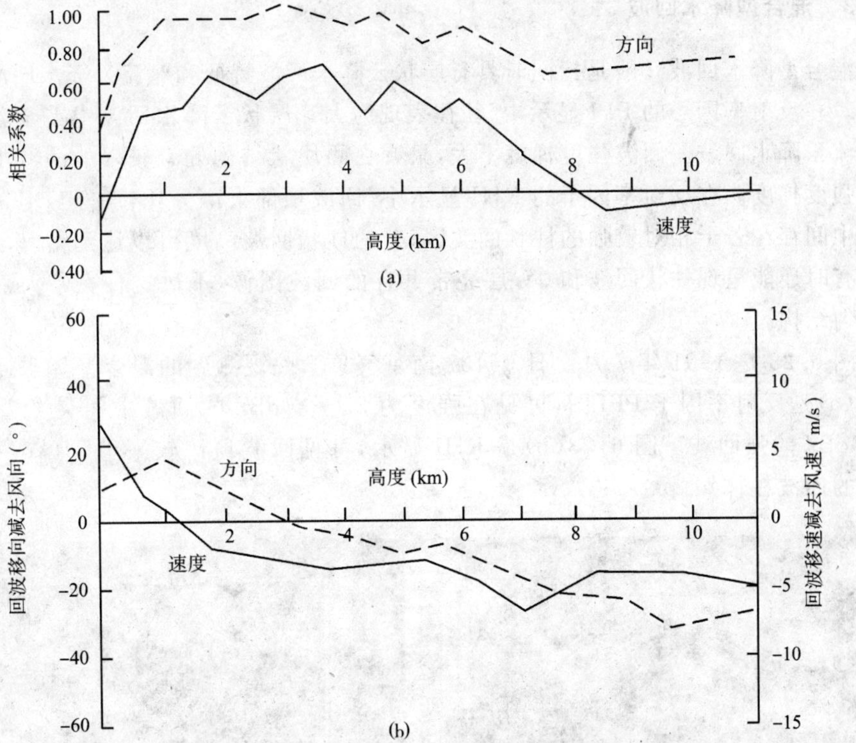

图 6.21　41 次单个雷暴回波的移向移速与不同高度上的风的相关系数(a)和偏差(b)

展到成熟阶段的对流云降水回波由于降水的拖曳作用，形成大量下沉的冷空气在地面附近向外流散，与低层盛行的暖湿气流之间的辐合，以及原先存在的边界层辐合区(带)或地形等，都可以触发产生新的对流单体，使对流云降水回波发生不连续传播。如果对流回波是与移动性的天气系统相伴并由它触发产生，则随着该天气系统的移动将在原对流回波的前方不断产生新的对流单体，而老的单体在后方消亡，形成连续传播，如图 6.22 所示。此外，发展特别强盛的多单体和超级单体雷暴还有其自身的移动规律，这将在后面的章节中讨论。

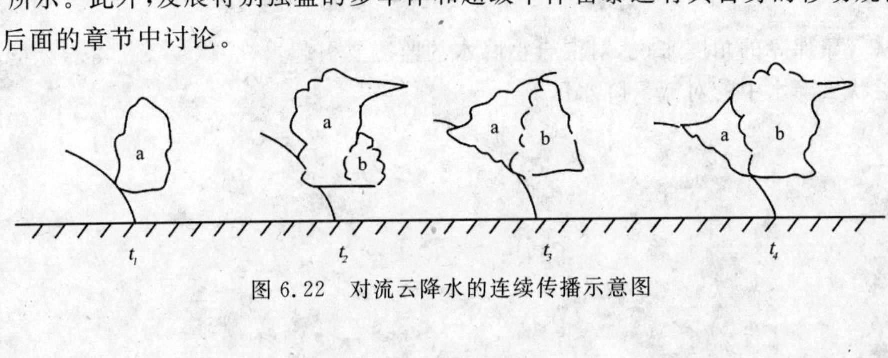

图 6.22　对流云降水的连续传播示意图

6.3.3　混合型降水回波

混合型降水回波一般是指同时具有层状云降水回波特征和对流云降水回波特征的回波。在反射率因子的PPI显示中，往往表现为大片层状云降水回波中夹杂着团块状的对流云降水回波。回波强度梯度不大，只有在团块状结构处有较强的回波中心和明显的强度梯度。在反射率因子的RHI显示中，回波顶部大部分比较平坦，但可以看到回波中间存在若干相对较强的柱状回波区，有的柱状回波高度可以达到雷阵雨回波高度。有时还能呈现柱状回波和0℃层亮带共存的回波图像，不过这种亮带大部分具有不均匀结构。

图6.23是1991年7月9日06:37南京气象学院观测到的混合型降水回波。图6.23(a)是反射率因子PPI图，可见在强度为25～30dBZ的回波中间夹杂着一些达到50dBZ的强回波。图6.23(b)是RHI显示，可见回波顶比较平坦，但有一些相对较强的回波柱体。

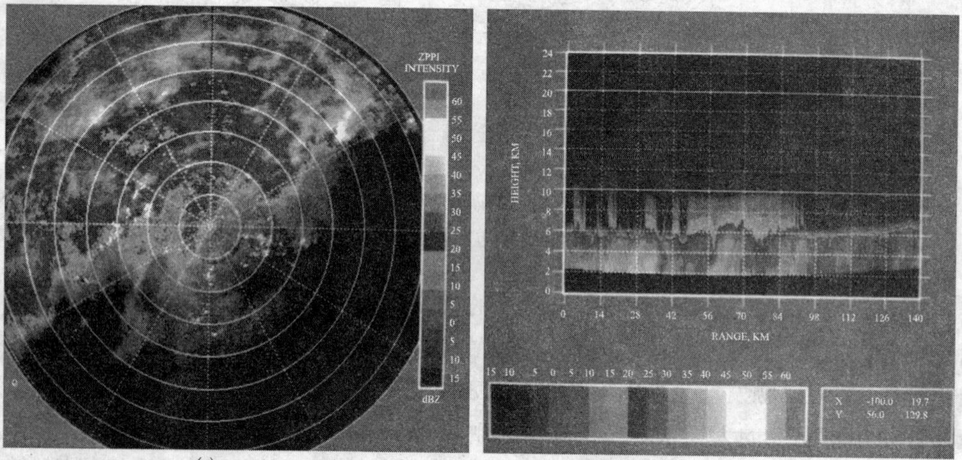

(a)　　(b)

图6.23　混合型降水回波(参见彩图)

从气象保障的角度来说，对混合型降水的监测要引起重视，以免飞机等误入隐藏在大片层状云降水中的对流云降水区。

第七章　多普勒速度图像的识别与分析

在日常业务工作中，根据多普勒天气雷达径向速度的 PPI 分布特征，分析和推断真实的风场结构，再结合对回波强度图的分析结果，判断天气特点，是将雷达资料应用于气象保障的基础工作。本章采用给出一些典型风场，模拟出雷达探测时所相应的径向速度的 PPI 分布图，来训练对多普勒速度图像的识别，以便今后能根据这些典型的概念图像，从实测多普勒速度 PPI 资料中分析判断出相应的风场结构。

§ 7.1　资料分析时的注意点

具体分析前，首先回顾和建立一些有关的基本知识。

7.1.1　PPI 显示方式反映的是个圆锥面

当用某仰角的 PPI 方式显示速度图像时，以雷达为中心，沿雷达天线指向的径向上距离的增加，代表了离地面高度的增加。图 7.1(a)表示雷达固定仰角绕垂直轴 Z 进行 360°旋转扫描的示意图，显然所收集的是圆锥面上的资料。而结果只能在计算机屏幕上显示成图 7.1(b)的样子(即用户看到的 PPI 回波图)。

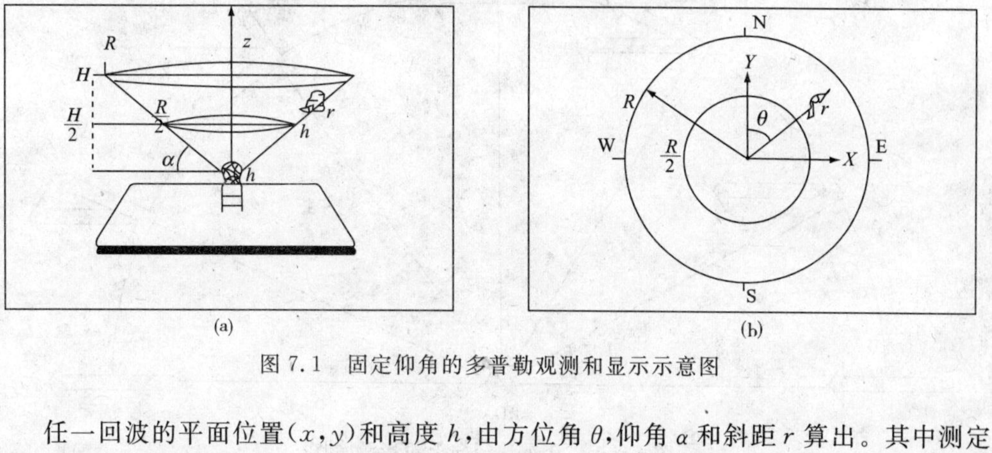

图 7.1　固定仰角的多普勒观测和显示示意图

任一回波的平面位置(x,y)和高度 h，由方位角 θ，仰角 α 和斜距 r 算出。其中测定回波高度 h 的公式为

$$h = h_0 + r\sin\alpha + \frac{r^2}{2R'_m}$$

式中 h_0 为天线架设高度，r 为斜距，R'_m 为等效地球半径，在标准大气折射情况下，R'_m 为真实地球半径的 4/3 倍，等于 8500km。例如 $\alpha=0°$、$r=100$km、$h_0=0$km，则相应的回波高度 h 约为 0.6km。

因此，分析时必须牢记，在 PPI 方式显示的多普勒速度图像上，不同距离反映的是不同高度上的大气流场情况。当多普勒雷达采用体积扫描方式收集资料时，仍然是在一系列固定的仰角上分别进行 360°旋转扫描（即 PPI 扫描）采样的。因此，体积扫描收集的资料，实际上是由这些仰角的 PPI 资料组成的。

7.1.2 多普勒速度是径向分量

雷达在某点测得的多普勒速度是该点的风在雷达射线方向上的分量。v_r 与 u、v、w 的关系为

$$v_r(\theta)=u\sin\theta\cos\alpha+v\cos\theta\cos\alpha+w\sin\alpha \tag{7.1}$$

如图 7.2 所示，同样风速大小为 V 的西风，由于雷达指向不同，西风在径向上的投影结果也不同，雷达给出的测量结果也不同。当雷达指向西时（270°），由于风向与雷达指向相平行，测得的多普勒速度数值大小即为风速值，但由于风朝向雷达吹来，因此多普勒速度为负数 V；当雷达指向北时（0°），由于风向与雷达指向相垂直，因此雷达测得的多普勒速度为零；当雷达指向东时（90°），测得的多普勒速度数值大小即为风速值，且风向与雷达指向一致，因此多普勒速度为正值 V。

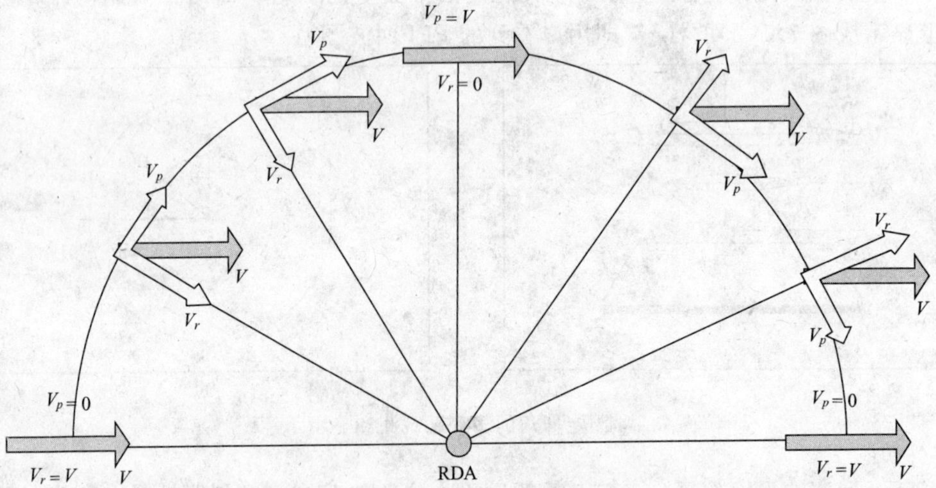

图 7.2 风在雷达径向上投影示意图

7.1.3　零径向速度的意义

某点的径向速度为零，实际上包含两种情况。一种是该点的真实风速为零，或在那里的大气运动速度极小或处于静止状态。另一种情况是该点处的真实风向与该点相对于雷达的径向互相垂直。在一般情况下，大气总是处于运动状态，尤其是对雷达探测的云雨区而言，内部总是有气流运动的，因此，多普勒速度图上的零速度区或零速度线一般总是由第二种情况造成的。基于这一前提，通过零速度点，可以大致判断该点附近区域的风向。

由零速度点组成的零速度带(线)的形状，在风向连续变化的条件下，能估计带附近区域的风向变化情况。如图 7.3 中的零速度带呈 S 形状，带左侧径向速度方向朝向雷达(负速度)，右侧速度远离雷达方向(正速度)。以 0°方位角的最远距离处(图中点 1)的径向速度零为例，该处的风向不是东风就是西风；因在该处左侧邻近点的径向速度为负(朝向雷达方向)，右侧邻近点的径向速度为正(远离雷达方向)，则可判断该处风向为正西风。因为其左侧邻近点的径向与西风下风方向的夹角大于 90°，西风在该径向上的投影方向朝向雷达，径向速度为负，右侧邻近点的径向和西风下风方向的夹角小于 90°，投影方向远离雷达，径向速度为正。可见，零速度点的风向应是由邻近的负速度区，垂直该点的径向吹向正速度区。

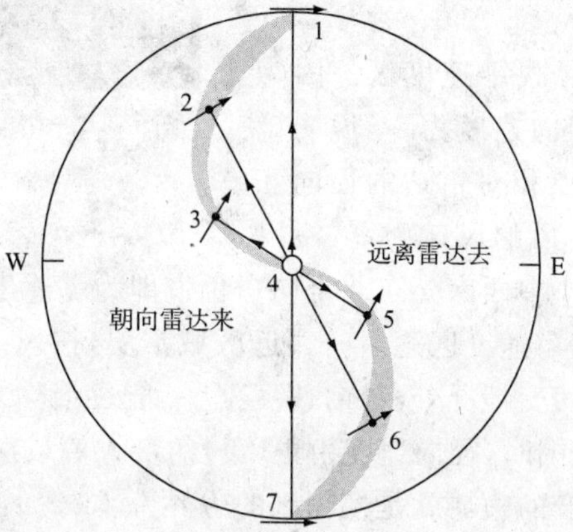

图 7.3　零速度带形状解释风向变化

按照上述判断风向的方法，当雷达指向零速度带上的点 2 时，其径向的方位是 330°，则该点的风向是 330°±90°，由于邻近的负速度区在其左侧，所以真实的风向应为 330°－90°＝240°。与此类似，带上点 6 的径向方位是 150°，负区在其左侧，真实风向应为 150°＋90°＝240°。以此类推，点 3、5 上的真实风向分别为 300°－90°＝210°和 120°＋90°＝210°，点 1、7 上的真实风向分别为 0°－90°＝－90°＝270°，180°＋90°＝270°，在地面雷达站的零速度带是东西向的，因为地面风为南风，风向180°。

应指出，这种判断风向的方向只适用于风向均匀或风向连续变化的情况，对诸如锋面等风向不连续面就不一定适用，因为在不连续面上的风速很小，往往显示出零速度色标（零速度色标包含了绝对值较小的正负速度范围），是属于上述零径向速度的第一种情况。

7.1.4　多普勒速度的模糊现象

在分析PPI或RHI的速度图像以前，首先必须分析是否存在速度模糊现象，如存在，则必须排除。否则将把速度模糊现象误认为是强风切变区域，导致严重的分析错误。主观识别速度模糊的原则如下。

(1)根据本地雷达波长和探测时设定的脉冲重复频率F，应用(5.45)式得到$\pm V_{rmax}$，同时注意表示最大和最小速度等级的色标。图7.4为一次实测的多普勒速度回波的PPI图像，这里$\lambda=5$cm，$F=764$Hz，所以$\pm V_{rmax}=\pm 9.5$ m/s，色标中字母A表示远离雷达方向，T表示朝向雷达方向，红色和深蓝色分别表示最大和最小速度等级。

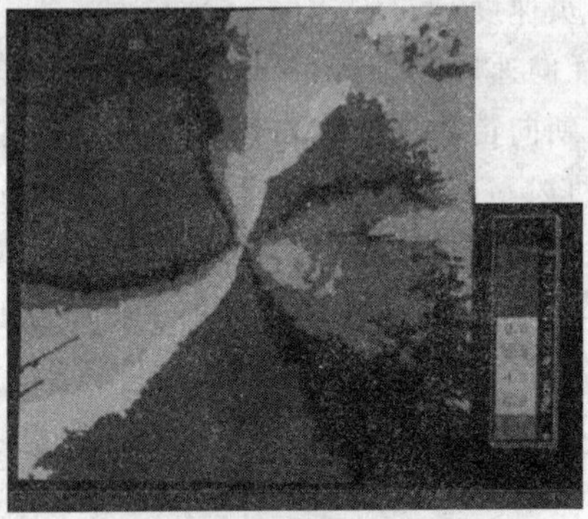

图7.4　一次实测速度回波PPI图像（参见彩图）

(2)在速度图像上寻找零速度区。因为在一般情况下，某点的径向速度为零，说明该点的真实风的风向与该点相对雷达的径向互相垂直，或者该点的真实风的风速为零，所以肯定是不模糊的。图7.4中西南—东北走向白色带即为零速度带。

(3)沿径向或切向由零速度区逐渐向邻近区域扩展，按风速连续性原则，除了如小尺度的龙卷风等特强风切变情况外，径向速度V_r一般逐渐增加(减少)，当增加(减少)到超过V_{rmax}($-V_{rmax}$)范围时，径向速度由正(负)的最大值或次大值突变为负(正)的最大值或次大值。这种突变的边界就是模糊区的边界。

如在图7.4中，零速度带的右下部的暖色区域就是速度模糊区，由两条深蓝色突变为红色的边界即为速度模糊区的边界；模糊区中的黄色区域，是由于其真实朝向雷达方向的V_r超过V_{rmax}值更多，使得V_r变小的缘故；若以朝向雷达方向的径向速度为负，则我们可用(5.49)式估算，黄色区中的真实径向速度$V_{rT}=4.5-2\times 9.5=-14.5$m/s。和上面讨论相类似，在零速度带的左上部，因为零速度带邻近区域为暖色，应该是不模糊的，所以由红色突然变成深蓝色的两条边界即为模糊区的边界，边界之间的冷色区域为速度模糊区。

应指出，上述速度模糊的识别原则对一次模糊现象是适用的。但在业务工作中，有时为探测远距离的降水区时，雷达采用的 F 过小，这就必然降低最大不模糊速度范围，这时由于真实的 V_{rT} 远超过 V_{rmax}，使得 V_r 又出现零值。以图 5.4 为例，若 $V_{rT}=50$m/s 时，$V_r=0$。在这种情况下，PPI 图像中有可能出现两条零速度带，这时若雷达邻近区域有降水，则可用地面风向大致判断哪一条为真正与风向垂直的零速度带；若邻近区域无降水，则可用相近时刻的探空资料查找零速度处相应高度上的风向来进行判断，这里的相应高度可用距离一高度公式得到 r 距离处零速度点的高度。

以上识别速度模糊方法对大面积降水回波较为有效，而对远处的弧立回波，特别是弧立回波不出现零速度区时，可能会发生判断错误或无法判断，但这种情况毕竟是少数，而且弧立回波也不至于对分析带来很大影响。

7.1.5　多普勒天气雷达的性能

目前我国投入业务应用的多普勒雷达的波长一般为 10cm 和 5cm 两种，也有少量 3cm 波长雷达。天线波瓣宽度为 1°，天线每分钟可旋转 4～6 周，在 5～6 分钟内可做完一个三维体积扫描(包含 9～14 个仰角)。

雷达空间分辨率是由回波数据在距离、方位和仰角上的间距所决定的。我国业务应用的多普勒速度和谱宽数据的径向距离间隔一般为 0.15km、0.25km 和 0.5km 三种，回波强度(即雷达反射率因子)资料的距离间隔，探测近距离目标时为 0.5km，中距离(如 50～100km)时为 1km，远距离(如大于 100km)时为 2km。高空间分辨率的强度回波特征和多普勒速度分布特征对雷暴的监测和预警是非常重要的，考虑到强雷暴一般在水平及垂直方向上有明显变化的距离为 1～2km，所以方位和仰角上的取样间隔必须与这种距离相适应。我国多普勒雷达的方位取样间隔一般为 1°，所以在 150km 的探测范围内基本满足这一要求。

§7.2　大尺度运动的多普勒速度图像

在没有显著的垂直运动情况下，大尺度稳定性降水回波的多普勒速度图像代表了风场的径向分量(即径向速度)分布，可从中分析出真实的风场信息。考虑到风场在大多数情况下在水平方向上可假定是均匀的，而只是在垂直方向上有变化，所以对大尺度降水的多普勒速度图像都是以 PPI 的方式显示。因为这种显示方式既能分析某高度平面上的均匀风场，又能分析在不同高度平面上的变化情况。在本节讨论的模拟图像中(引自参考文献[20])，假定风场在每个高度平面上是均匀的，随高度可以变化。

7.2.1 风向不变、风速随高度变化的多普勒速度图像

据上述讨论的基本知识，零径向速度点所在处的方位角 θ 与风向互相垂直，所以在风向不随高度变化情况下，所有零速度点的方位角也是不变的，因此，图像中的零速度线(带)必然是通过雷达中心的一条平直线(带)，它由 θ 和 $\theta+\pi$ 两条径线组成。如图 7.5～图 7.8 中，环境风向均为西风，且不随高度而变，所以零速度带为正南正北方向的平直带，由 0°和 180°方位角的两条径线组成。图中零速度带自近而远逐渐变宽，那是由于雷达方位角之间的宽度随距离而增加的缘故。

图像中的其他非零径向速度的分布，实际上反映了风速随高度的变化情况。下面分几种情况讨论。

7.2.1.1 风速不随高度变化

当天线指向风的下风向时，径向速度即为风速，且是径向速度中的最大值；天线指向上风向时，径向速度绝对值也是风速，且是径向速度中的最小值(即为最大的负值)。由于风速也不随高度变化，所以最大和最小径向速度的等值线亦是一条直线，由上风向径线和下风向径线组成(通过雷达中心)。可以理解，其他非零的径向速度等值线应呈放射状分布。图 7.5 所示的是以西风风向风速不变为例的多普勒速度图像。图左部是风向风速不变的垂直廓线，图右部为相应的多普勒速度图像。图中红色、橘黄色等暖色色标表示远离雷达方向的径向速度，绿色、蓝色等冷色色标表示朝向雷达方向的径向速度(以下同)。由图可见，不同色标的边界均呈放射状，且收敛于中心点。

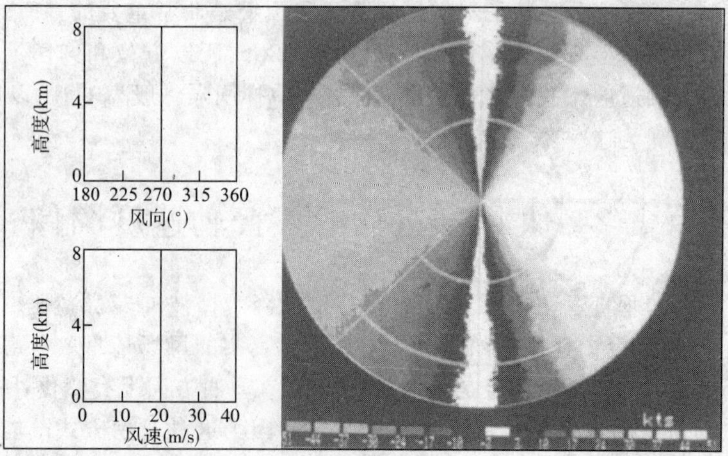

图 7.5　风向风速均不随高度变化的多普勒速度图像(参见彩图)

7.2.1.2 风速随高度增加

图 7.6 为西风风向不变，风速随高度增加的多普勒速度图像。因为风向不变，所以

相应某一高度的距离圈上的最大(最小)径向速度的方位角是恒定的。但由于风速随高度增加,按测高公式,它的最大(最小)径向速度值随距离而增加,所以图像中的径向速度的极大值(极小值)相应的颜色应分别位于下风向(上风向)方位的边缘部分。那些相应于较大径向速度值的颜色向中心会聚但并不到达中心,而相应的小于等于地面风速值的径向速度的颜色则会聚在图像的中心。

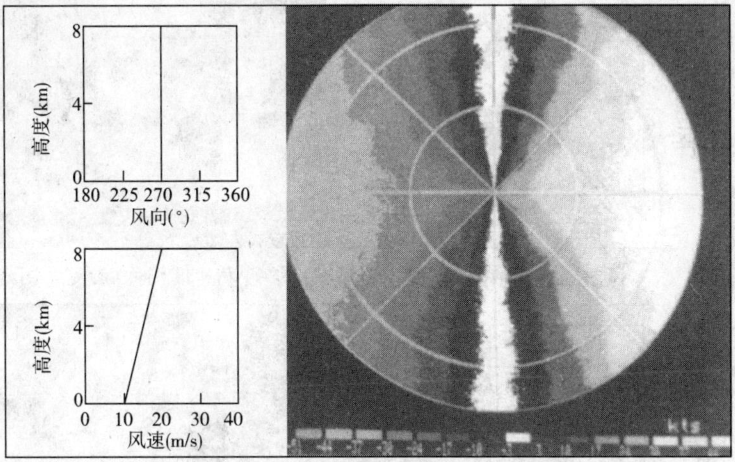

图 7.6　风向不变、风速随高度增加的多普勒速度图像(参见彩图)

7.2.1.3　风速随高度先增后减

显然,因风向不变,零速度线仍是一条直线,由与风向垂直的两条方位角相差 180°的径线组成。但是风速随高度先增后减,在某高度处的风速值达到最大,所以在风的下风向(上风向),不同距离圈上的最大(最小)的径向速度值是不同的,由近及远到相应最大风速高度的距离内,径向速度逐渐增加(减少)到极大值(极小值),而后又随距离增加而逐渐减少(增加)。所以相应在多普勒速度图像中会出现一对中心对称的近似椭圆的牛眼(见图 7.7 和图 7.8),牛眼中心位于雷达的上风向(负值,冷色)和下风向(正值,暖色),它们距雷达的距离对应着风速极大值的高度,如图 7.7 所示。

图 7.8 是图 7.7 的特例,地面风速为零,随高度增加到极大,而后随高度减少,到最大高度时,风速为零。这时图像中零速度线仍为直线,但雷达中心处的速度为零,在其距离最远的边缘部分为一圆形的零速度线。注意这圆形的零速度线是由风速为零所致。

图 7.9 为一次大面积降水的实测多普勒速度分布图像。由图可见,零速度带近似平直,为通过雷达中心的方位角分别为约 30°和 210°的两条径线组成。排除速度模糊

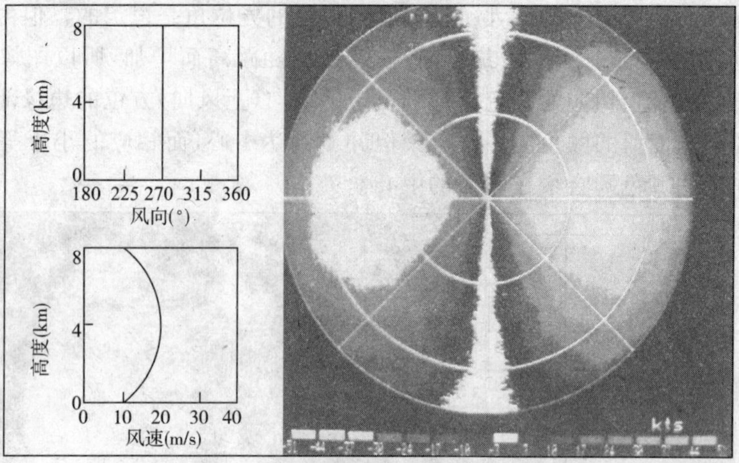

图 7.7　风向不变,风速随高度先增后减的多普勒速度图像(参见彩图)

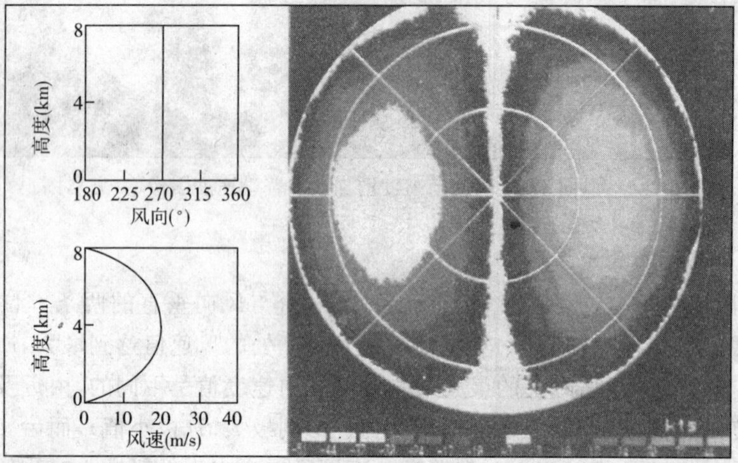

图 7.8　和图 7.7 相似,但地面和最高高度风速为零时的多普勒速度图像(参见彩图)

现象的干扰后,可分析到负速度区在零速度带的东南侧,正速度区在其西北侧,说明风向随高度不变,为东南偏东风。正负速度中心牛眼分别位于 20km,300°方位和 20km,120°方位处,说明风速先增后减,与 20km 距离相应的高度上的风速达到极大值,即为先增后减的转折高度。

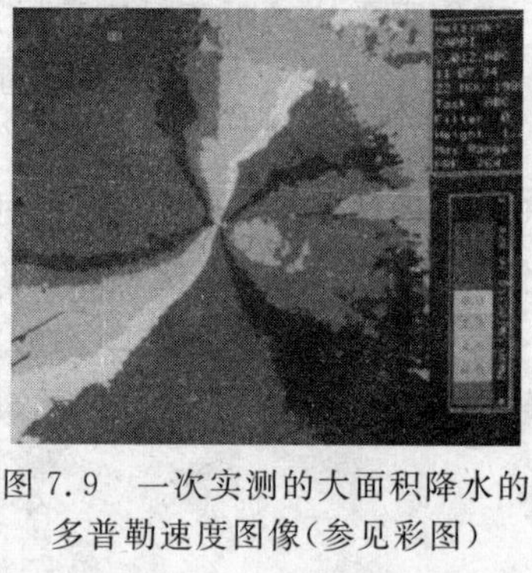

图 7.9　一次实测的大面积降水的多普勒速度图像(参见彩图)

7.2.2　风速不变,风向随高度变化的多普勒速度图像

由于风速为一个非零常数,且随高度不变,所以在雷达中心邻近区域的各个方向上均有不同值的径向速度,这在多普勒速度的PPI图像中,表现为各种颜色的多普勒速度带都收敛于显示区的中心,即雷达所在处。由于不同高度平面上的风向可用相应距离圈上的零速度点及其邻近区域的正负速度来确定,所以若风向不随高度变化,则不同距离圈上的零速度点位置的方位角是不变的,在PPI图像中显示出一条通过显示区中心的平直零速度带;若风向随高度变化,表明在相应不同高度的各个距离圈上,其零速度点的位置(即方位角)也是变化的,而且某两个距离圈上的零速度点位置变化的程度,和相应两高度平面上的风向变化程度相同。下面就几种有明显气象意义的典型图像进行讨论。

7.2.2.1　风向随高度顺转

风向随高度顺转,说明自雷达中心开始,自近而远的距离圈上的两个零速度点(每个距离圈上都有两个零速度点),也分别顺转。顺转方向和风向顺转方向相差90°,整个显示区域的零速度带呈通过雷达显示中心的S形。各种颜色的多普勒速度带,也从中心开始,自近而远顺转地向外散开,其中最大(最小)径向速度的顺转方向与风向随高度顺转方向完全相同。图7.10为一典型的风向随高度顺转的模拟图像。由图可见,地面为南风,风向随高度逐渐向西偏转,最高处为西风。相应多普勒速度图像上中心点邻近区域的零速度带为东西向,而后分别由近及远地顺转,在最远处的边缘上的零速度点分别位于0°和180°方位处,都与相应最高处的西风垂直,整个零速度带呈S形。负速度区和正速度区分别在零速度带的左侧和右侧。众所周知,风向随高度顺转为暖平流。

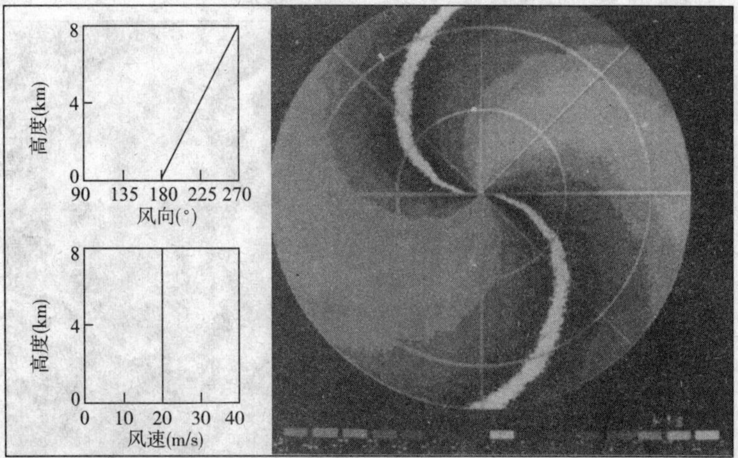

图7.10　风速不变,风向随高度顺转的多普勒速度图像(参见彩图)

7.2.2.2　风向随高度逆转

和上述讨论类似，零速度从显示中心开始，随距离增加而逆转，整个零速度带呈反S型，如图7.11所示。众所周知，风向随高度逆转为冷平流。

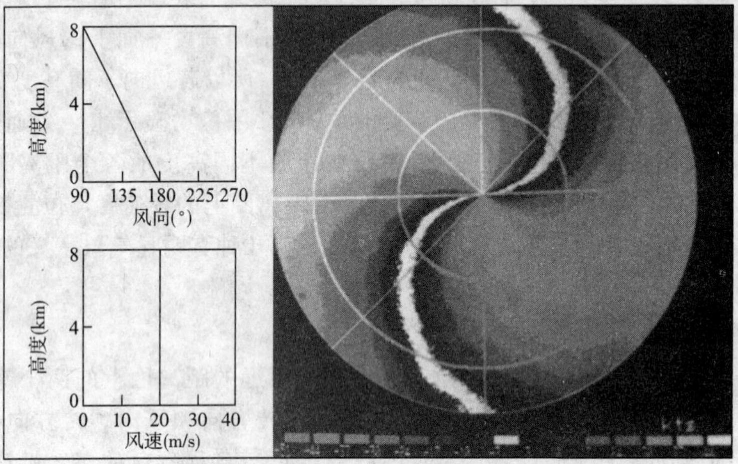

图7.11　风速不变，风向随高度逆转的多普勒速度图像(参见彩图)

7.2.2.3　风向随高度先顺转后逆转

据上面的讨论可知，相应的多普勒速度图像中的零速度带必然是从显示中心开始，先自近及远地顺转到和风向转折高度相应的距离处，然后随距离而逆转，整个零速度带在近距离处呈S形，远距离处呈反S形，其结合处的距离相应于风向变化的转折高度，如图7.12所示。

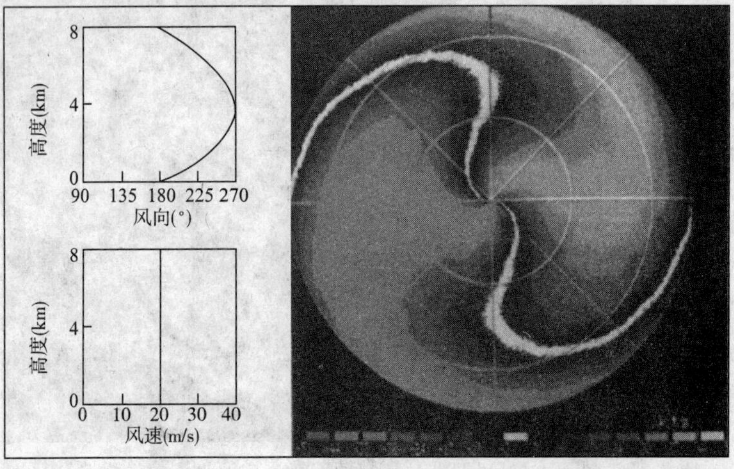

图7.12　风向随高度先顺转后逆转的多普勒速度图像(参见彩图)

7.2.3　风向风速都随高度变化的多普勒速度图像

当风速和风向都随高度变化时，可以得到很多不同形式的多普勒速度图像。现对几种有明显气象意义的图像加以讨论。

7.2.3.1　风向随高度顺转，风速随高度增加

以图 7.13 为例，地面为南风，向上逐渐顺转到西风，风速由零向上增加到最大。相应的零速度带呈 S 形，但应指出，由于地面风速为零，所以零速度带是穿过雷达所在处的显示中心的。另外，同样由于地面风速为零，所以各种颜色的多普勒速度带不收敛于显示中心。

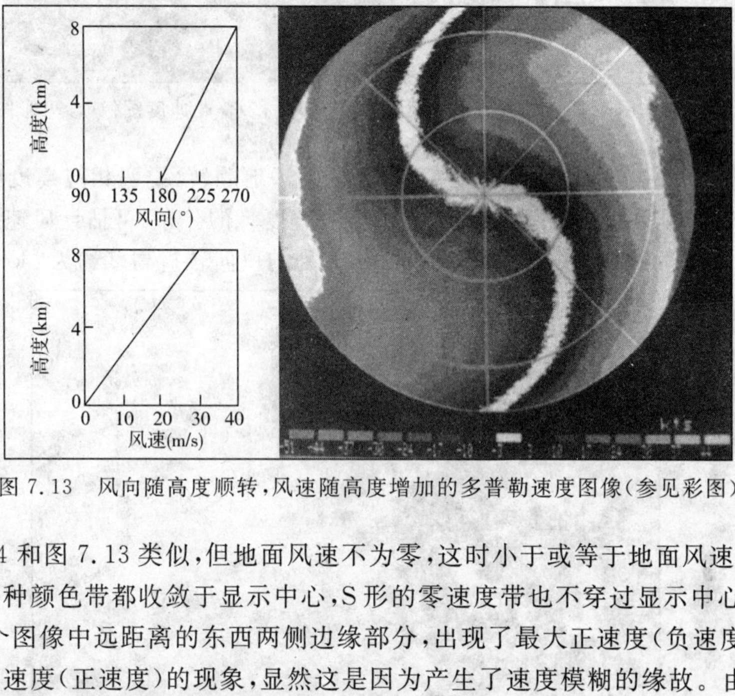

图 7.13　风向随高度顺转，风速随高度增加的多普勒速度图像（参见彩图）

图 7.14 和图 7.13 类似，但地面风速不为零，这时小于或等于地面风速代表不同径向速度的各种颜色带都收敛于显示中心，S 形的零速度带也不穿过显示中心。

这两个图像中远距离的东西两侧边缘部分，出现了最大正速度（负速度）的颜色突变为最大负速度（正速度）的现象，显然这是因为产生了速度模糊的缘故。由图可见，高度较高处为风速很大的偏西风，最高处为西风，当天线指向偏东方向时，其径向速度值很大，超出了最大不模糊速度范围，所以出现了模糊速度。在分析图像时应首先加以排除。

关于风向随高度逆转，风速随高度增加等情况，读者可根据以上讨论的知识自行制作相应的多普勒速度图像。

图 7.15 为一次实测大面积降水的多普勒速度图像，图中显示区最大半经为 64km，仰角为 3.7°，最大不模糊速度范围为±28m/s。图中明显可见，在 16km 测距范围内，零速度带由近及远地逆转，说明相应 16km 的高度以下，风向随高度逆转为冷平流，而

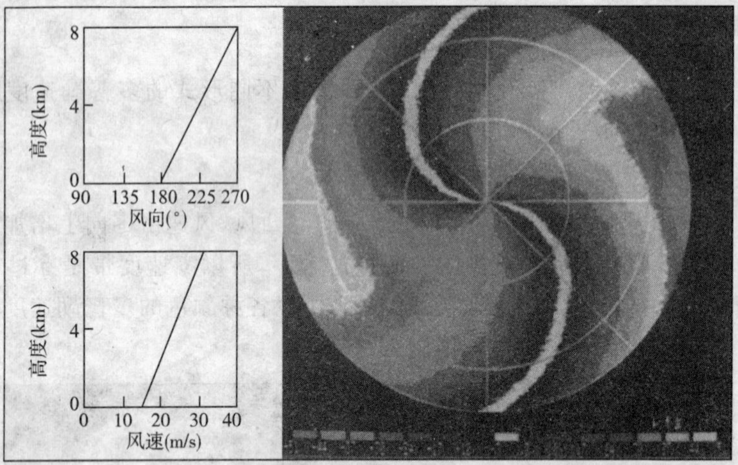

图 7.14 和图 7.13 类似，但地面风速不为零时的多普勒速度图像（参见彩图）

在 16km 到约 33km 范围内的零速度带，又自近及远地顺转，说明相应高度间隔内的风向随高度顺转为暖平流。对照图 7.13 中的非零速度带的分布，可估计风速大体上随高度是增加的。根据测高公式，可得到相应 16km 处的风向转折高度约为 1km。

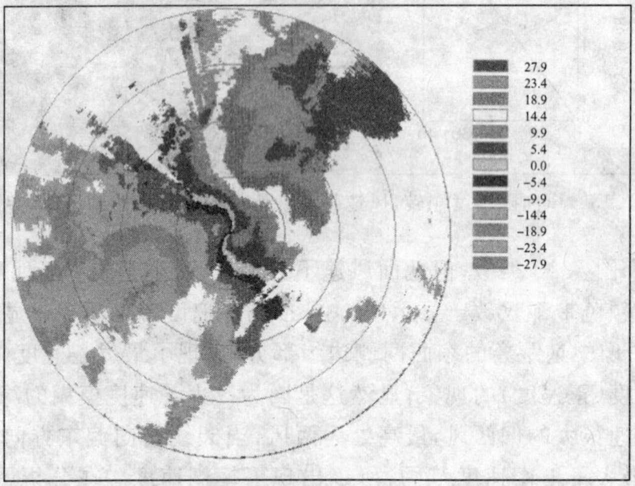

图 7.15 一次实测的风向随高度变化的多普勒速度图像（参见彩图）

7.2.3.2 风向随高度顺转，风速随高度先增后减

很明显，风向随高度顺转的零速度带仍是 S 形，但由于风速先增后减，所以非零的各种正负速度的颜色带分别位于零速度带的两侧，其类似牛眼的正负速度中心区所相应的高度为风速最大的高度，如图 7.16 所示。图中风速最大时的高度位于最大高度的

一半，且为西南风，所以类似一对牛眼的正负径向速度中心区分别位于西南和东北的中间距离区域。和上面相类似，牛眼中的正负速度色调的突变是由速度模糊所致。

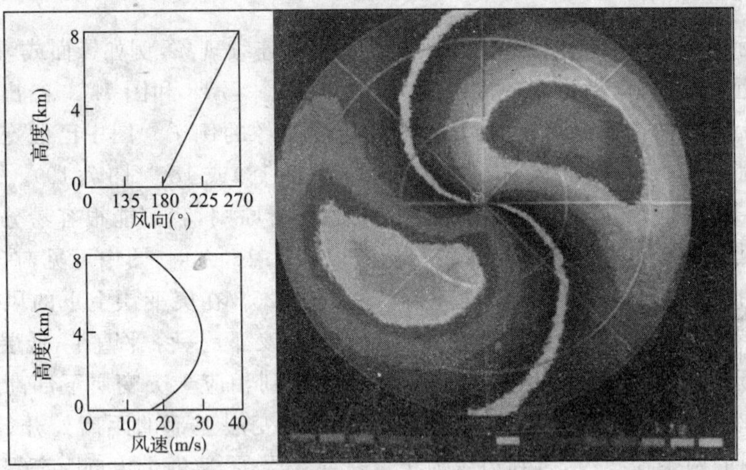

图 7.16　风向顺转，风速先增后减的多普勒速度图像(参见彩图)

图 7.17 为一次实测的多普勒速度 PPI 图像，仰角为 5°，最大显示距离为 40km。图中零速度带的 S 形特征虽不典型，但很明显。排除速度模糊干扰后，负速度区在零速度带的右下侧，正速度区在零速度带的左上侧，近距离范围内(15km 以内)的零速度带平直，呈东北偏北和西南偏南走向，然后分别顺转，到 40km 时已分别顺转到接近 90°和 270°方位，这说明低层为较均匀的东南偏东风，然后随高度的增加，风向逐渐顺转为偏南风。类似牛眼的速度中心在 10km 附近，负速度中心和正速度中心(都有速度模糊区)分别位于东南偏东和西北偏西方向，这同样说明低层为东南偏东风，且速度先增后减。应指出，若对这图像仔细分析，则雷达东半部区域和西半部区域的风向顺转变化的程度有差异。因为在东部 40km 处的零速度区在 100°方位，在西部 40km 处的零速度区在 260°方位，说明东部区域风向顺转到 190°方位(西南偏南风)，西部区域风向顺转到 170°方位(东南偏南风)。关于最大风速的高度，可根据测高公式自行计算。

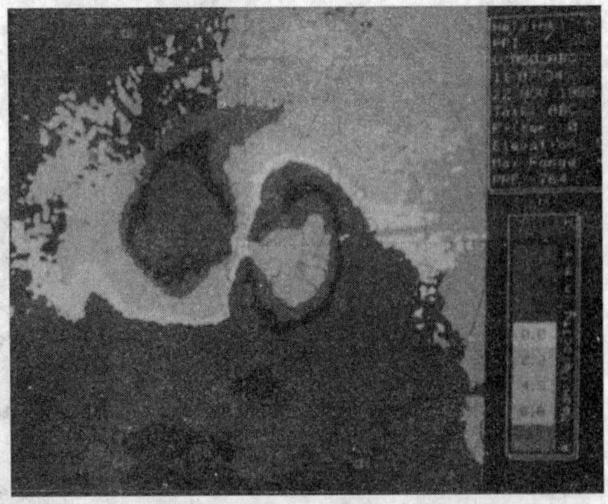

图 7.17　一次实测的风向顺转，风速先增后减的多普勒速度 PPI 图像(参见彩图)

关于其他情况，如风向随高度逆转、风速先增后减等类型的多普勒速度图像，可按照与上述相类似的情况，自行制作和分析。

7.2.4 风向在垂直方向不连续的多普勒速度图像

在实际天气过程中，往往会出现风向的垂直不连续现象，例如锋面或晴空大气中的边界层附近，或者梅雨期出现的低层西南急流等。图 7.18 和图 7.19 给出了某一高度的水平面上下为两个不同风场时，其多普勒速度图像的例子。图中已假定在每一个区域中风速都是先增后减，而风向分别相差 90°（图 7.18）或 180°（图 7.19）。

根据图中风向风速分布情况和以上讨论的分析原则，我们能很容易分析零速度带的形状及其各种颜色的径向速度带的分布。以图 7.18 为例，图中可见，在中间高度附近，低层风向 135°很快变化（顺转变化）到高层的 225°，在突变层上下的风速都是先增后减，风向都不变。这时的零速度在突变层上下应该都是一条平直带，低层的零速度带分别位于近距离处的 45°和 225°的两条径线上，直到相应于突变层下部高度的距离处为止，在突变层上部的零速度带，则分别由相应突变层上部的距离处开始，分别位于 135°和 315°的两条径线上，直到边缘为止。在突变层，零速度带由近距离零速度带的两个末端开始，急速顺转到较远距离处的零速度带的两个始端。注意，这里所说的急速顺转，是指在很短的距离间隔内，零速度带由 45°和 225°方位分别变化到 135°和 315°方位。而变化的距离间隔完全和突变层的厚度相对应。所以图像中零速度带急速变化的距离间隔越短，则相应的突变层厚度越小。图中远近距离上的两对速度中心的牛眼，排除了速度模糊现象的干扰后，分别相应于上下两层风速值最大的高度。

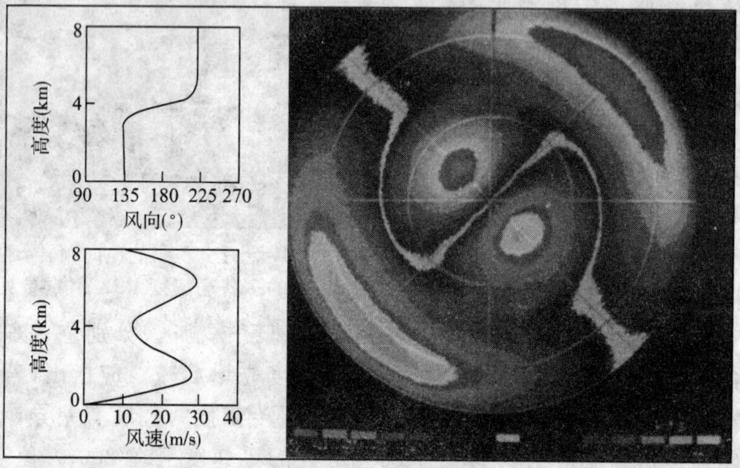

图 7.18 风向突变 90°，上下两层风速先增后减的多普勒速度图像（参见彩图）

图 7.19 和图 7.18 类似，不同的是突变层下部的东风（90°方位）突变到上部的西风

(270°方位)，突变层厚度两者基本相同。相应的速度图像为近距离上正南正北的零速度带(和下层的东风垂直)在很短的距离间隔内急速转变180°到上层的正北正南的零速度带。图中的两对牛眼，经排除速度模糊干扰后，分别相应于上下两层最大风速的高度。关于风向逆转性突变的图像，读者据以上讨论原则自行制作。

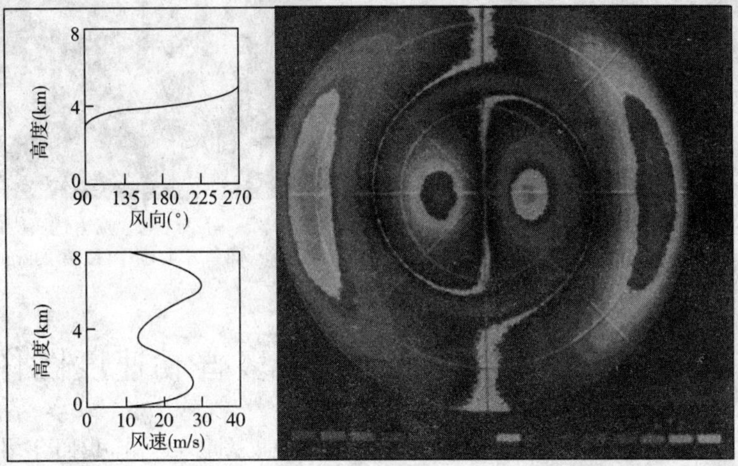

图 7.19　风向突变180°，上下两层风速先增后减的多普勒速度图像(参见彩图)

图7.20是实测的多普勒速度图像。由图7.20可见，15km左右的雷达探测范围内，零速度带平直，呈西北东南走向，负速度区在左下侧，正速度区在右上侧，说明相应15km距离的低层为西南风(45°)。然后零速度带急剧顺转，到20km距离时，零速度区已分别位于约100°和280°方位，这时正负速度区分别在零速度带的左下侧和右上侧，说明那里的风向已转为东北偏北(10°方位)。按照测高公式，3°仰角和5km距离间隔的高度差约为0.25km，在这0.25km厚的大气层中风向顺转变化了约145°，所以风向突变现象是很明显的。另外，近距离和远距离处的两对径向速度中心的牛眼，说明在突变层以下和以上的大气中，风速都先增后减，它们最大风速的所在高度可根据测高公式得到。

图7.21是1991年梅雨期南京地区观测的多普勒速度图像。图中的速度模糊现象十分明显，经排除后可见，接近15km范围内的零速度带呈西北东南走向，而后急剧逆转，到约18km距离后的零速度带仍接近西北东南走向。根据正负速度区在零速度带周围的分布可知，近距离处的低层为东北风，相应18km以外的高度为西南风(排除速度模糊干扰)。而风向急剧逆转的距离间隔约为3km，据测高公式，仰角5.1°，距离3km间隔的高度间隔为0.26km。这说明在0.26km厚的大气层内风向变化了180°。另外，在40km距离处的西南风速度中心已远超过不模糊速度范围(±18m/s)，根据图中表示速度大小的色标，经排除速度模糊干扰后，西南风风速已达到25m/s左右。

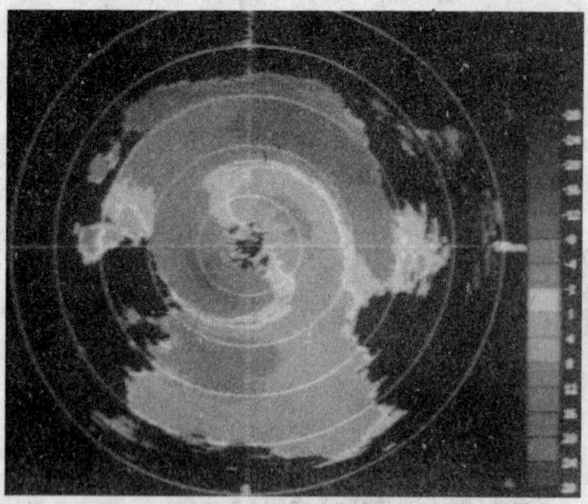

图 7.20　郑州雷达实测的多普勒速度图像，仰角 3°，距离每圈 10km（参见彩图）

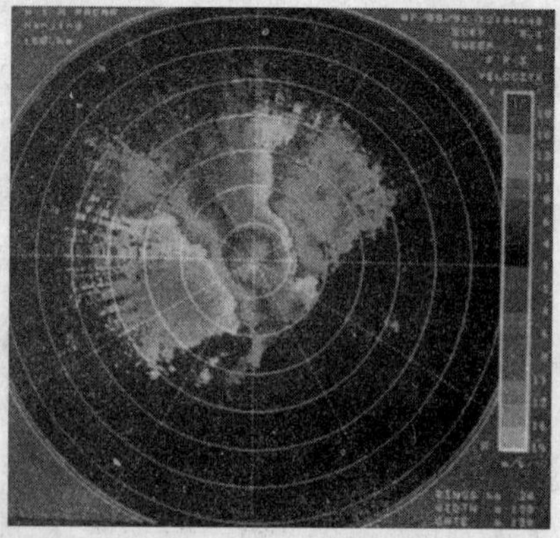

图 7.21　南京气象学院雷达实测的多普勒速度图像，仰角 5.1°，距离每圈 20km（参见彩图）

§7.3　非均匀水平风场的多普勒速度图像

前面讨论的都是假定水平均匀风场的多普勒速度图像，这里，我们介绍几种比较简单，但在工作中可能会碰到的非均匀水平风场的情况。

图 7.22 所示的风场为：风向随高度不变，均为西风，雷达东部和西部地区的风速都是先增后减，但最大风速的高度不同，东部高于西部。根据上述的分析原则，这种情况下的零速度带必然是正南北向的平直带，由于地面风速为零，所以零速度带穿过雷达所在处的显示中心。由于东西部的最大风速高度不同，所以显示区的类似牛眼的速度中心区并不对称。东部牛眼的距离比西部的要远些。另外，由于西部最远距离处对应高

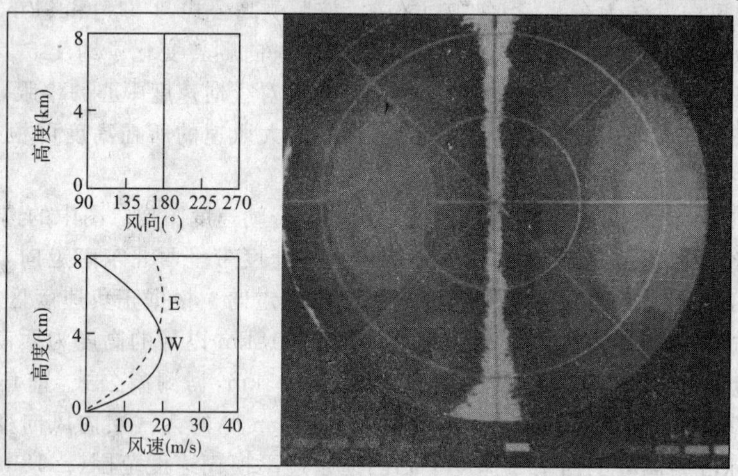

图 7.22　风向随高度不变，最大风速所在高度不同的多普勒速度图像（参见彩图）

度上的速度为 0，所以在西部边缘显示出一半圆形的零速度带，如图 7.22 所示。

图 7.23 表示大尺度的风向性辐散运动所相应的多普勒速度图像，虽然雷达只能探测到其中一部分的辐散区，探测不到辐散源。当然从图中也可以看到，某等距离圈相应的高度平面上，风也是辐散的。按照这种情况，我们很容易分析到，雷达的北部区域，风向随距离的增加是逆转的，在其南部，风向是随距离顺转的。所以在雷达北部的零速度带，是以显示中心开始，由近及远地逆转，逆转方向与风向逆转方向相差 90°，同理，在雷达南部，零速度带顺转。所以整个零速度带的形状呈弓形，弓两侧弯向负速度区。

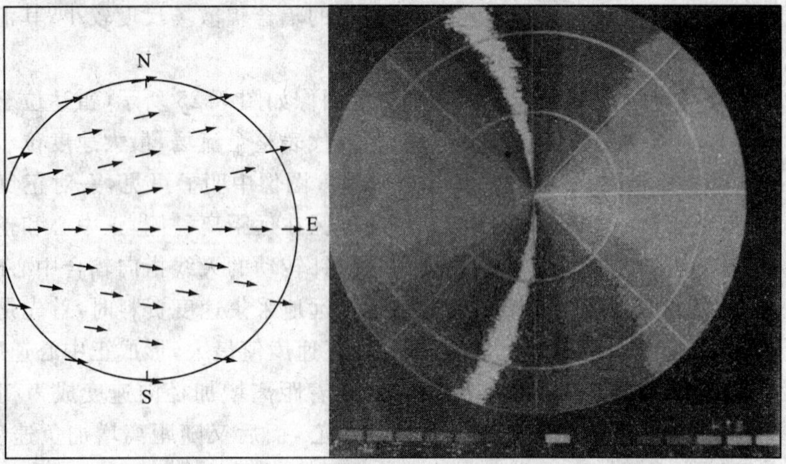

图 7.23　风速相同，风向辐散的多普勒速度图像（参见彩图）

和图 7.23 相类似，图 7.24 为大尺度辐合运动（风速相同）的多普勒速度图像，和上面分析相同，雷达北部的零速度带，是从中心开始，由近及远地顺转，南部则是逆转。整

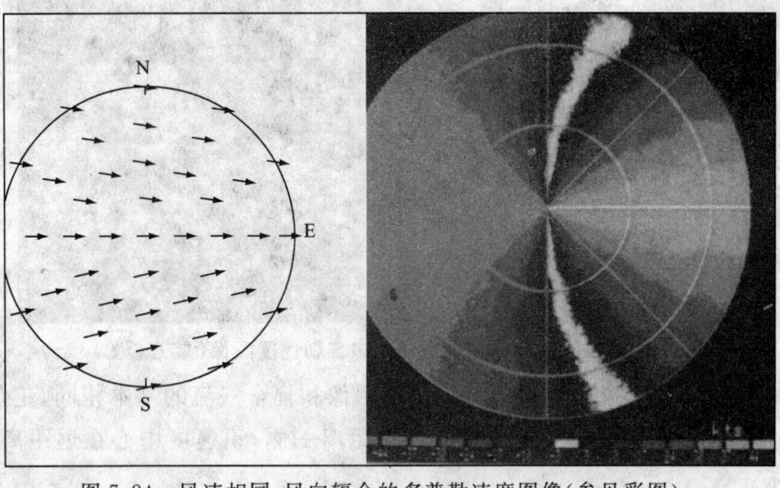

图 7.24　风速相同，风向辐合的多普勒速度图像（参见彩图）

个零速度带也呈弓形，但弓两侧弯向正速度区。

由于速度相同，所以上两图中，各种颜色的径向速度带都收敛于显示中心。

§7.4　中小尺度运动的多普勒速度图像

7.4.1　小尺度辐合辐散运动的多普勒速度图像

和上面讨论大尺度辐合辐散运动不同，这里的辐合辐散场尺度较小，其汇点或源点和整个流场均在雷达探测范围内。

轴对称辐合气流场及其相应的多普勒速度图像如图 7.25 所示(雷达位于辐合中心正南方的远处)，左图中箭长度正比于风速，流线代表整个流场，最大速度位于距辐合中心 4.5km 处(称为核半径)。在右图的多普勒速度图像中明显可见，一对正负速度中心呈径向对称(即位于同一方位)，负中心及负速度区在远距离一侧，正中心和正速度区在近距离一侧，其间有一零速度带。这是因为顺时针转动的天线指向辐合中心时，风向和径向相同，所以风速即为径向速度。雷达由近及远地采集速度资料时，首先是远离雷达方向的正速度，速度值随距离增大，到核半径处正速度值最大，形成正中心速度区，然后随距离增加而减少，到辐合中心时，风速为零；随着距离增加径向速度成为朝向雷达的负值，到核半径处负速度值最大而形成负速度中心，而后又随距离增加负速度值减少。中间的零速度带主要是因为该带上所有点的风向基本上都和它们的径向接近垂直而形成。

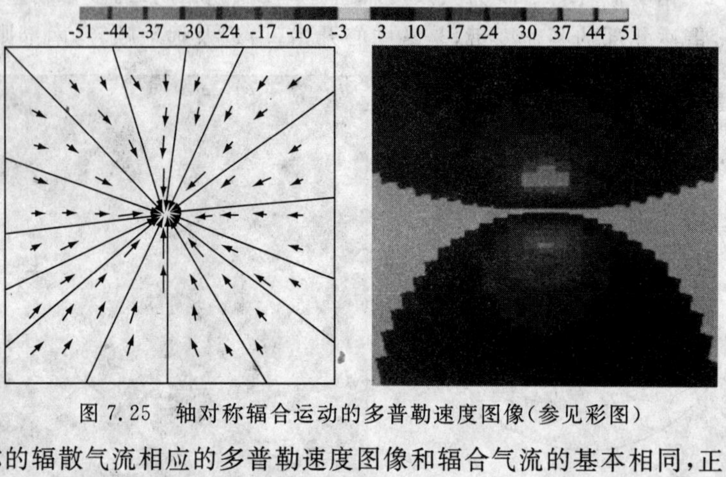

图 7.25　轴对称辐合运动的多普勒速度图像(参见彩图)

轴对称的辐散气流相应的多普勒速度图像和辐合气流的基本相同，正负速度中心呈径向对称，完全不同的是负速度中心在近距离一侧，正速度中心在远距离一侧，如图 7.26 所示。

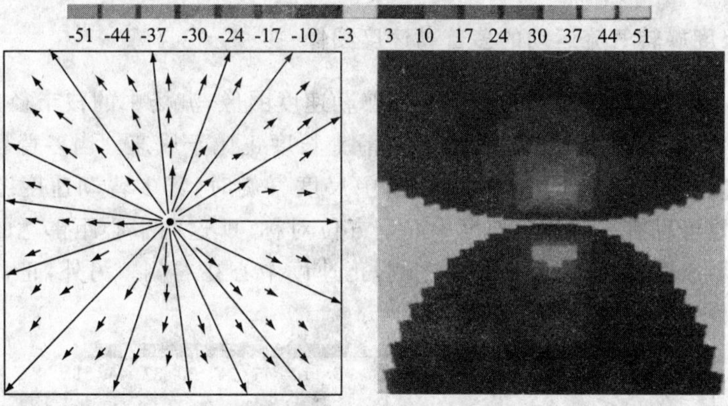

图 7.26　轴对称辐散气流的多普勒速度图像(参见彩图)

当一个南风的环境风速(约 10m/s)附加在模拟的辐散场时,其多普勒速度图像如图 7.27 右图所示。对照图 7.26,图像发生了明显变化,正负速度中心的值有明显差别,没有零速度带,代之以环境风速的等速度带,而且辐散中心南移。这是因为在近距离一侧的负速度和南风风向相反而抵消一部分,而在远距离一侧,正径向速度和环境风向相同而增加的缘故。不过正负速度中心径向对称的基本结构在整体上还是保持不变的。

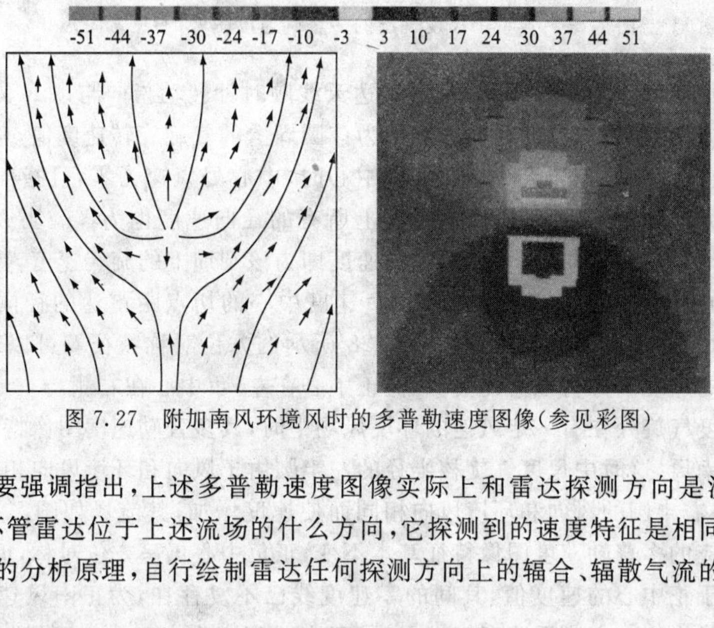

图 7.27　附加南风环境风时的多普勒速度图像(参见彩图)

这里需要强调指出,上述多普勒速度图像实际上和雷达探测方向是没有关系的。也就是说,不管雷达位于上述流场的什么方向,它探测到的速度特征是相同的。读者可以依据上面的分析原理,自行绘制雷达任何探测方向上的辐合、辐散气流的多普勒速度图像特征。

7.4.2 小尺度旋转气流运动的多普勒速度图像

图 7.28 为气旋环流流场和相应的多普勒速度图像，流场中的核半径 R 为 4.5km，以 R 为半径的圆上的旋转速度为 20m/s，箭头长度正比于风速。当多普勒雷达位于气旋中心正南方约 120km 处探测这结构的中尺度气旋时，其多普勒速度图像如右图所示。图中明显可见有一对正负速度中心呈方位对称（即这两中心距雷达的径向距离相同），中心为零速度带，负速度中心在左侧，正速度中心在右侧。另外，正负速度区也分别分布在正负中心的同一边。

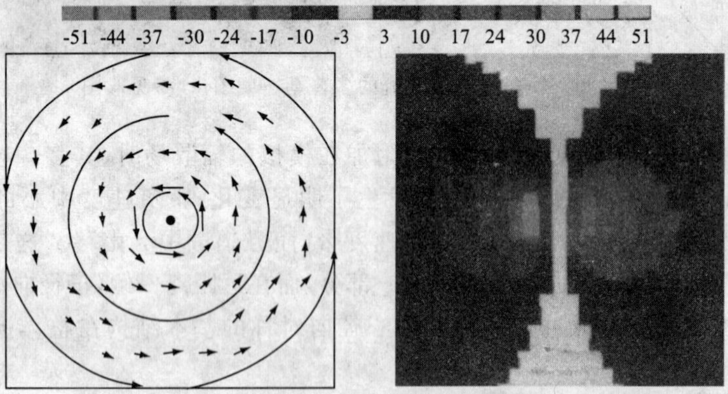

图 7.28　典型中尺度气旋的多普勒速度图像（参见彩图）

这种特征实际上是很好理解的，当雷达天线顺时针转动指向与以 R 为半径的左半圆周相切的方向时，相切点的径向速度即为该圆周上的气旋旋转速度值，且朝向雷达方向，所以是负速度中心。当天线指向气旋中心时，中心处风速为零，且指向中心的径线上任一点的风向和径线垂直，所以这径线上所有的径向速度也为零。当天线指向以 R 半径右半圆周相切的方向时，切点的径向速度即为该圆周上的旋转速度，且是远离雷达方向，是正的速度中心。很容易证明，正负速度中心的切点距雷达的径向距离基本相同，所以显示出的速度图像必然是如图 7.28 所示的方位对称特征。可以理解，典型中尺度反气旋的速度图像特征与此类似，但正中心在左，负中心在右侧。

当中尺度气旋处在有一定风速的环境风场中时，其多普勒速度图像特征稍有变化。若环境风为南风，这时中尺度气旋核半径的左半圆由于风向和环境风向相反，使旋转速度减少，而在右半圆的风向和环境风向相同而使速度增加，其流场如图 7.29 中左图所示。这时相应的多普勒速度图像特征基本不变，正负中心仍呈方位对称，但负中心的速度值显然小于正中心的速度值，其间的零速度线已不复存在，为正南风速度值的颜色带。注意图像中正中心已受速度模糊干扰，真实速度应为大于最大不模糊速度的正速度中心。

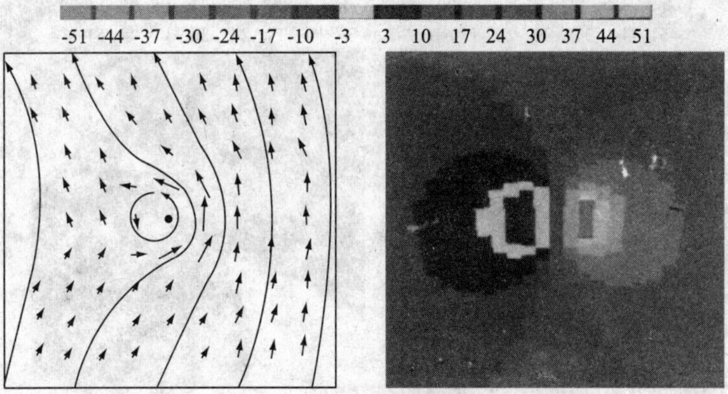

图 7.29　受环境南风影响的中尺度气旋的多普勒速度图像(参见彩图)

应指出,不同环境风向对中尺度气旋的多普勒速度图像特征的影响也是有差异的,读者可按照上述的分析原理自行分析不同环境风向的图像特征。另外,环境风速也有影响,仍以上述环境南风为例,若风速大于中尺度气旋最大旋转速度,则呈方位对称的特征不变,但其左侧的负速度中心已不复存在,代之以速度较小的正中心,而右侧则为正速度更大的中心。只要在多普勒速度图像分析方面稍有经验,这种变形的特征仍能迅速地加以识别。

7.4.3　辐散辐合和中尺度气旋结合的多普勒速度图像

在一些发展成熟的中尺度气旋中,往往在低层表现为辐合性的气旋运动,在中层变成纯气旋环流,高层为辐散性的气旋运动,在强雷暴顶附近又变成纯辐散气流。这时的多普勒速度图像,实际上可以理解为本节 7.4.1、7.4.2 中的旋转和辐合辐散场结合在一起时的图像。其基本特征是零速度带既不与雷达某径线重合,也不与其垂直,也就是说总有一个夹角,而夹角的大小要由这两种流场的相对大小和强度而定。以辐合运动和气旋运动相结合为例,我们知道,纯辐合的图像特征为正负中心呈径向对称,正中心在零速度带接近雷达一侧,负中心在其远距离一侧,零值带和两中心连线所在处的径线相垂直(见图 7.25);纯气旋图像特征为正负中心呈方位对称(正中心在右侧)零值带和两中心连结的中点所在处的径线相重合(见图 7.28)。假如这两种运动的核半径和气流速度值相同,则这两种运动的合成的多普勒速度图像必然是辐合的正中心(负中心)向气旋运动的正中心(负中心)方向偏转了 45°,如图 7.30 所示。图中核半径为 4.5km,雷达位于运动中心以南 120km 处。

图 7.31 和图 7.32 分别为雷达于运动中心 18km 和 48km 处时的图像,可见图中的零速度带和其他各种速度的色带分布有变形,但其正负速度中心倾斜 45°角的特点和图 7.30 相同。

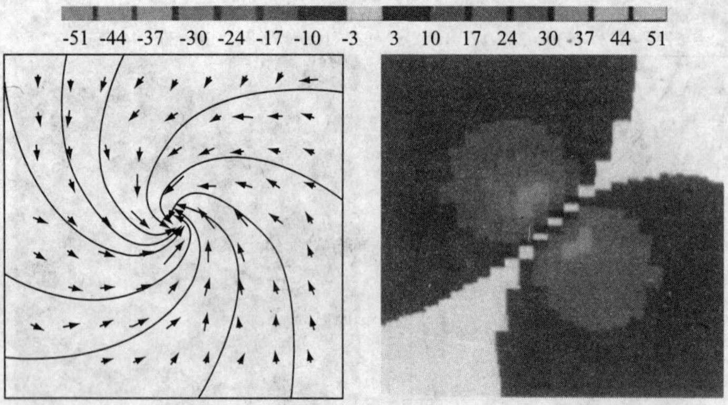

图 7.30 辐合型气旋的多普勒速度图像(参见彩图)

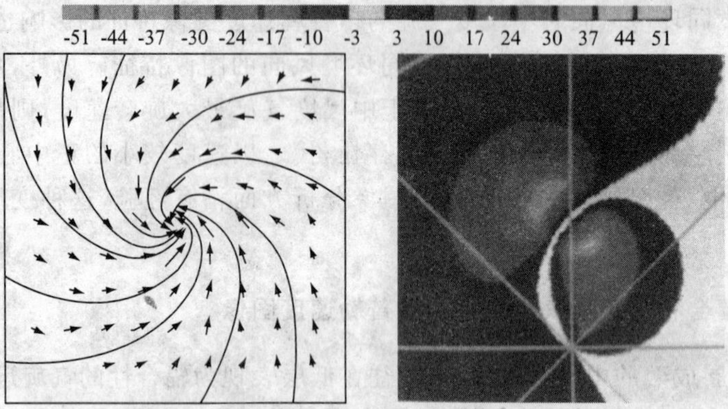

图 7.31 与图 7.30 相同,但雷达距气流中心 18km(参见彩图)

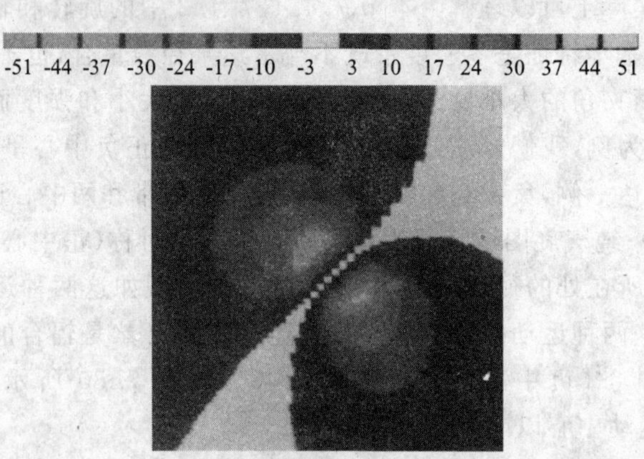

图 7.32 与图 7.30 相同,但雷达距气流中心 48km(参见彩图)

图 7.33 是辐散型气旋图像，它是从辐散图像（图 7.26）转为气旋图像（图 7.28）的中间图。同理，辐合型和辐散型反气旋产生的图像是相应的辐合和辐散图向反气旋图转换时的中间图。

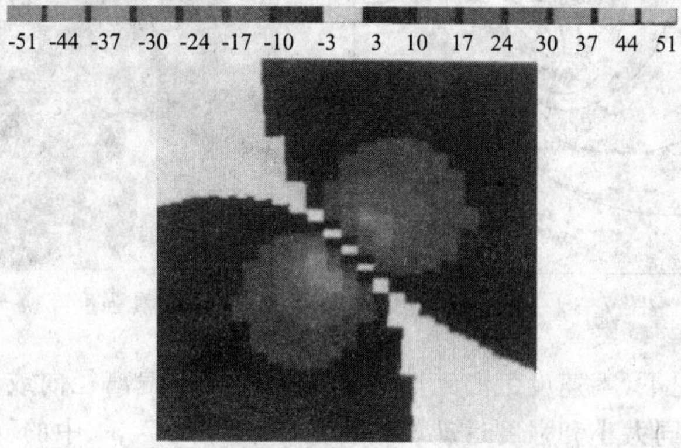

图 7.33　辐散型气旋的多普勒速度图像（参见彩图）

当辐合或辐散和气旋场不是相同的大小和强度时，那么零速度带与径线的夹角就不是 45 度，角度值视这两种运动的相对大小和强度而定，所以有时就会产生奇怪的多普勒速度图像。如当核半径＝2.3km、最大旋转速度为 21m/s 的中尺度气旋和核半径＝4.6km、最大辐合速度为 10m/s 的辐合运动相结合时，相应的多普勒速度图像如图 7.34 所示。

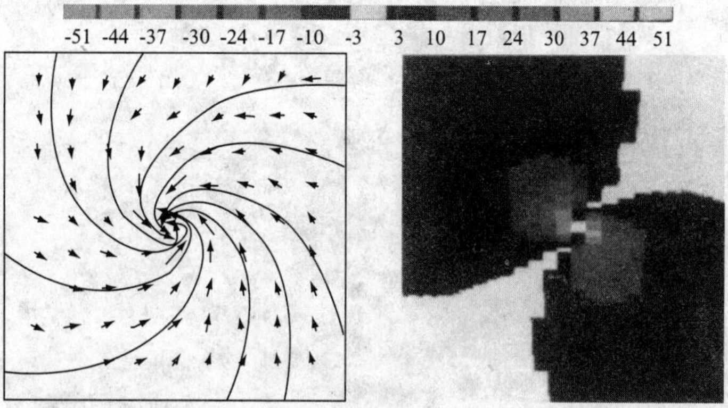

图 7.34　不同大小和强度的辐合型气旋的多普勒速度图像（参见彩图）

图 7.35 为核半径＝4.6km、最大旋转速度 10m/s 的中尺度气旋和核半径＝2.3km、最大辐合运动速度为 21m/s 的辐合运动相结合的辐合型中尺度气旋多普勒速度图像。

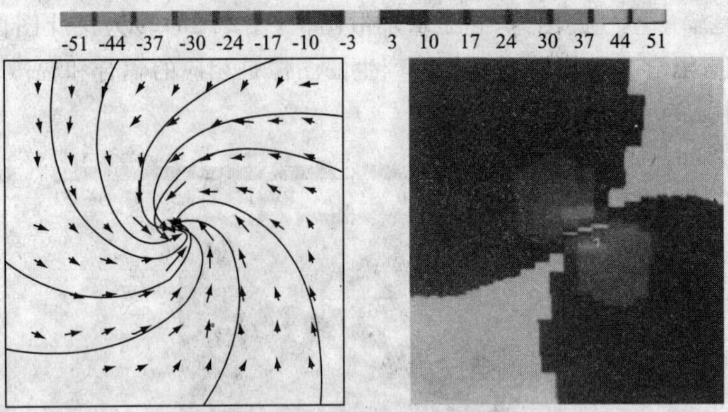

图 7.35　同图 7.34,但两合成运动的大小和强度互换

在这两种情况下,零速度带的走向或正负速度中心偏离径向或偏离方位对称的程度,指示这两种不同大小和强度运动相结合的情况。图 7.34 中的气旋场更强,所以正负速度中心对称的情况与纯气旋的相比,仅向辐合方向作少量的转动,基本上是气旋运动的图像特征。图 7.35 的正负速度中心的对称情况和纯辐合图像相比,也仅向气旋方向作了少量的转动。

第八章　多普勒雷达探测强对流风暴

§8.1　对流风暴及其产生的环境条件

对流风暴是强度更强的对流性降水天气，通常伴随着大风、暴雨、冰雹、龙卷风等灾害性天气。与普通对流性降水天气一样，对流风暴中单体的生命史也可划分为三个阶段(参见 6.3.2 节)。

8.1.1　对流风暴的分类

根据对流风暴强度回波的结构特征，可以分为单个单体风暴、多单体风暴和超级单体风暴三类。在这三类的对流风暴中，雷达回波的强度分布、结构、云中的气流特征、云中冰雹的形成过程，以及它们的发生、发展、移动和生命史都有明显的不同，我们分别加以讨论。

8.1.1.1　单个单体风暴

所谓单个单体风暴，是指在其生命史中，只有一个孤立的单体，由于它主要发生在单一气团内部，所以也称为气团风暴。应指出，真正的单个单体风暴是很罕见的，一般的强单体实际上是几个十分接近的单体组织在一起的产物。

这种单体风暴经常出现在环境风速较小、风速风向的垂直切变较小且风矢端连线杂乱无章(即风速风向垂直切变没有规律)的情况下，所以云中的上升气流比较垂直，最大上升速度一般约为 15m/s 左右。当最强上升气流核之上积累了一定量的水成物，并超过上升气流的支撑能力后，强降水或小冰雹便降落到地面上，上升气流被破坏，强回波的高度迅速下降，云体逐渐消散。通常这种单体风暴的尺度约为 5～10km 左右，其风暴母体生命史一般为 1～2h，而且随时间变化的过程很清楚，其中出现强降水或小冰雹的时间很短，约为 5～10min。图 8.1 给出了这种单体强风暴典型的发展过程。由于这种单体风暴发展迅速，所以又称为突发式(Pulse)风暴。

由图 8.1 明显可见，这种强单体风暴的回波强度结构有三个特点：(1)出现初始回波的高度较高，一般在 6～9km 之间；(2)强回波中心值一般大于 50dBZ；(3)强中心所在的高度也较高，一般在－10℃的高度左右。由上面所述的回波强度结构可以说明云中的上升气流较强，而且上升气流的上面存在水分累积区。这对于云中冰雹的增长是很重要的，所以与强单体风暴相伴的天气现象可能为短时间的暴雨、小冰雹(一般冰雹

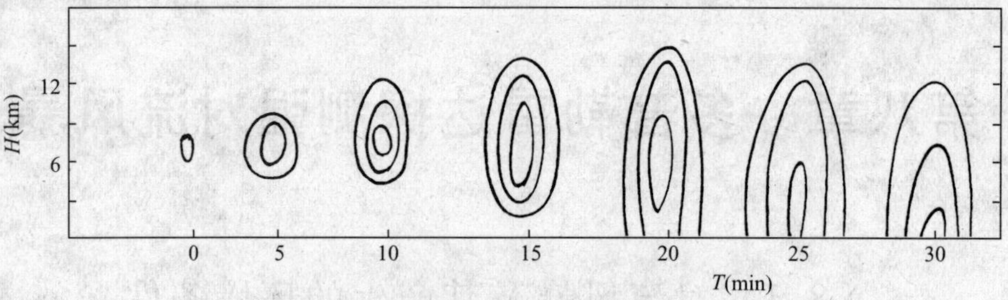

图 8.1 单体强风暴时间—垂直剖面图

直径小于 2.5cm)，下击暴流和强龙卷风等。但这些现象的强度弱，时间短，除飞机起降时应密切注意是否出现下击暴流外，一般不会出现大的地面灾害。

雷达探测这类风暴的较有效的方法是在主观上应密切注意出现初始回波的高度，及最大回波强度值及其所在高度。另外，也可以应用 VIL 产品和 CR 产品(参见 10.1.4 和 10.3.1)来帮助识别这类风暴，当 VIL 值较大，CR 产品中的最大回波强度值很大及其所在高度较高时，可以认为这是产生强单体风暴的重要特征。但应指出，由于气候、地形和天气条件的差别，对产生这类风暴的具体的 VIL 值，及最大回波强度值，不同台站可能不尽相同。

8.1.1.2 多单体风暴

多单体风暴又称为复合单体风暴，是强对流风暴中出现机会最多的一种，它是由一个演变着的单体系列组成的，即它包含着几个处在不同发展阶段的单体，灾害性天气(如冰雹、暴雨、下击暴流、大风等)发生在其中发展成熟的单体下方。通常在多单体风暴前进方向的右侧不断有新的单体产生和并入，并在风暴内部继续发展增强成为主要的单体，而原来的老单体在另一侧减弱消散。这些强单体各自在相应的地面上产生一条雹击带(可能伴随着下击暴流、大风、中尺度气旋及其派生出的龙卷风等)。多单体风暴由于不断有新单体补充和发展，老单体减弱消散等新陈代谢现象，因此它可以维持较长的时间。一旦新单体停止产生和并入，多单体风暴也就趋向消亡。图 8.2 为典型多单体风暴的雷达回波强度的三维结构模式，其中图(a)为 PPI 回波强度结构，图(b)为相应的沿(a)图中 AB 线的垂直剖面图。可以看出，单体 4、5 处于消散阶段，单体 1、2 处于初生发展阶段，单体 3 处于成熟阶段。图(a)中虚线所围区域为最可能产生灾害性天气的地区，主体回波右前侧为因强降水产生的阵风锋。当新单体发展成为主体回波时，老的单体减弱，而另一个新的单体形成。新单体以这种方式间隔 5～10 分钟连续形成，每个单体维持 20～30min。一个典型的多单体风暴在其生命史中可以由 30 个或 30 个以上的单体形成。

强烈的多单体风暴大气环境条件：除大气稳定度因子以外，一般都是在中一强的垂直风切变[$(2\sim5)\times10^{-3}s^{-1}$]情况下发展起来的。在弱切变情况下，新单体的产生在

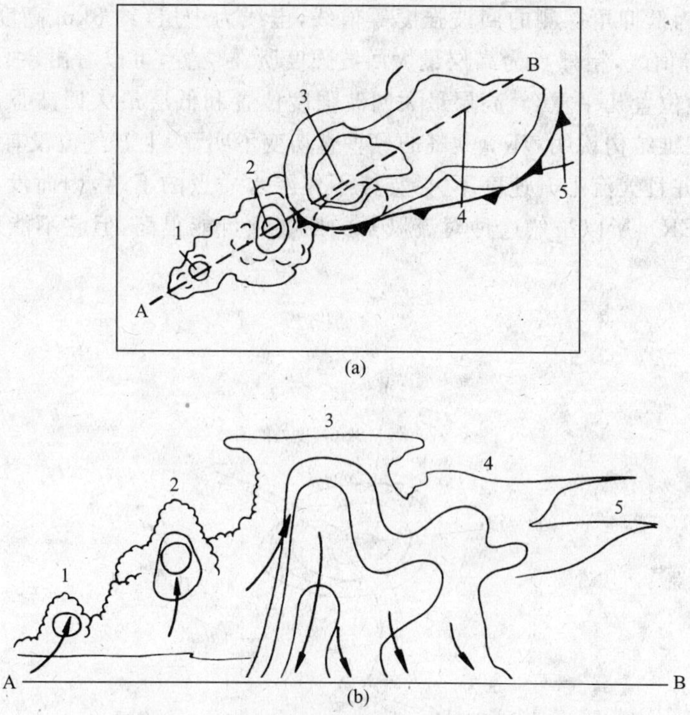

图 8.2　多单体风暴的回波强度三维结构

时间上和空间上都缺乏经常性和系统性(这主要是低层入流较弱所致),所以很难形成强烈的多单体风暴。另外,强烈多单体风暴中云下气层的风速较小,据统计,云中风速平均为 5m/s,这可能是和产生超级单体的大气环境条件主要的区别之一。

由于强烈多单体风暴由几个处于不同发展阶段的单体所组成,其中成熟阶段单体的雷达回波强度结构特征与其他单体的特征之间有明显区别。另外,强烈的多单体风暴中成熟阶段单体雷达回波强度特征和普通的多单体风暴中成熟阶段的特征亦存在明显差别,所以正确识别和分析它们之间的差别对雷达探测强对流天气有十分重要的意义。

鉴于 PPI 和 RHI 方式显示的回波强度分布图像不能准确分析风暴的三维结构,而应用体积扫描资料,可根据高、中、低仰角的 PPI 回波强度资料,并把它们组合在同一屏幕上显示,可以得到高、中、低三层的回波强度分布,从而得到风暴回波的三维结构图像,人们可从这种三维结构推断上升气流强度及其演变情况。自 20 世纪 70 年代以来,大量雷达观测和研究表明,回波顶高度并不是推断对流风暴强弱与否的一个重要特征;而最重要的特征是回波顶、高、中、低层回波在相应平面上的位置是如何配置的。

图 8.3 为典型普通多单体风暴中成熟阶段单体的不同高度的回波平面位置分布图

像，图中实线为低仰角探测的回波强度等值线，虚线为中层(约 8km 高度)回波强度大于 20dBZ 的等值线，粗黑点为高层最大回波强度所在位置，可以看出，中层和低层的回波分布的平面位置几乎重合，高层最大回波强度位置和低层最大回波强度位置十分接近。这样的三维结构说明，环境大气的风垂直切变不明显，上升气流没有因风切变而产生斜升气流；并且气流上升速度不大，支撑不住降水质点的下落，因而没有形成低层的弱回波区(WER)，所以虽然这种对流风暴的回波顶可能很高，但它不能形成对地面造成灾害的强风暴。

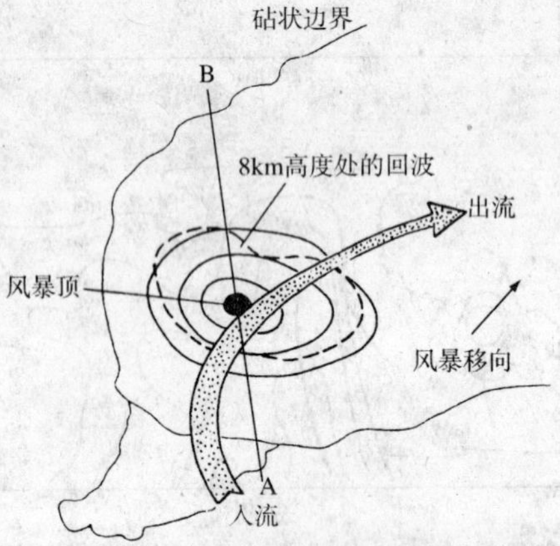

图 8.3　普通多单体风暴不同高度回波强度平面位置显示

图 8.4 为图 8.3 中 AB 线上回波的垂直剖面结构及其相应的上升气流和低层入流示意图，图中虚线为不同回波强度等值线，入流从图左侧进入云体后上升，并在高层从纸面朝着读者方向离开云体。由图可见，低层没有形成低层类似穹窿状的弱回波区。

图 8.4　与图 8.3 相应的回波垂直剖面分布

若环境大气的风垂直切变较强，上升速度较大，这时不同高度回波强度的平面位置分布如图 8.5 和 8.6 所示。可以看出，图 8.5 中低层回波强度梯度在低层入流一侧最大，高层最大回波强度位置位于低层最大回波强度梯度区，中层（8km 高度左右）大于 20dBZ 回波廓线向低层入流一侧伸展，悬于低层回波区之上，形成弱回波区（WER）的分布特征。由图 8.6 的垂直分布图看出，由于低层上升气流速度较强，使在该处形成的降水质点被携带上升，形成了低层无回波（或回波强度很弱）类似穹窿状的弱回波区（WER）。

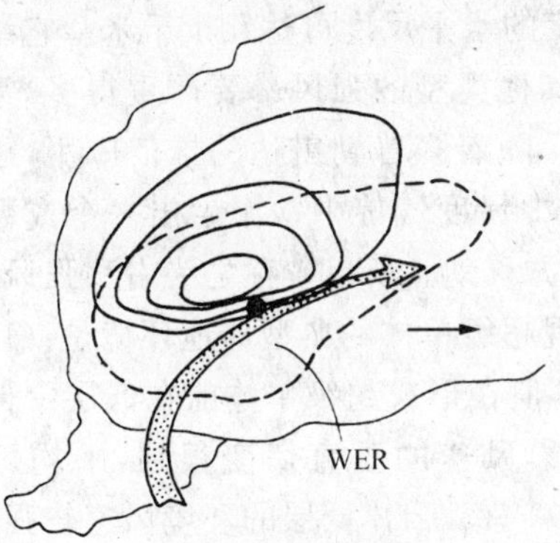

图 8.5　强多单体风暴不同高度回波强度平面位置分布

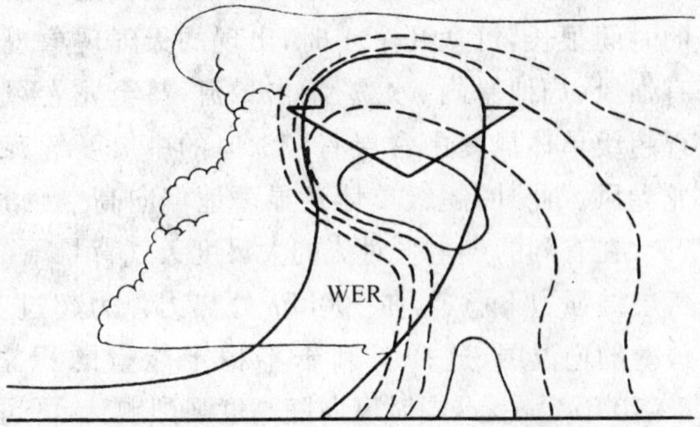

图 8.6　与图 8.5 相应的回波垂直剖面

图 8.7 为一次实测强风暴回波强度的垂直剖面图像，可以明显看出，在风暴右侧中层回波高悬于低层无回波区之上，形成了 WER 特征。

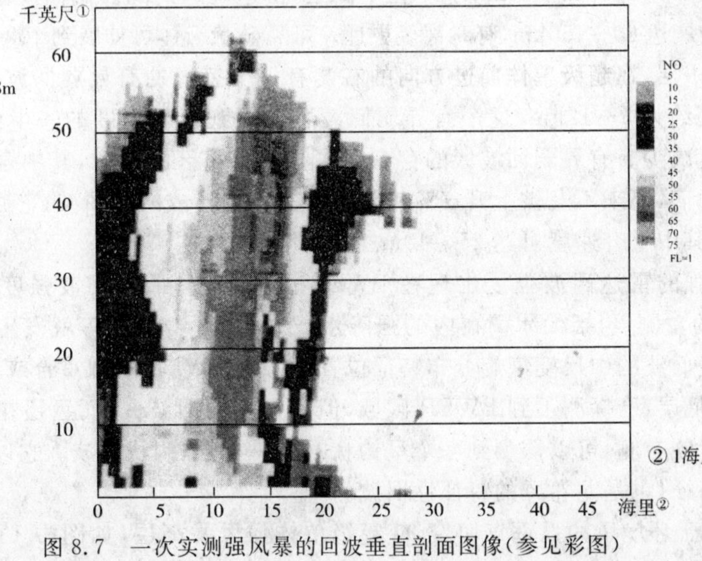

图 8.7　一次实测强风暴的回波垂直剖面图像（参见彩图）

应指出，用 RHI 探测方式分析回波的垂直剖面时，应谨慎选择方位，否则有可能探测不到 WER 特征(或者 WER 特征不明显)而被忽略掉。如以图 8.5 为例,若雷达位于风暴的西南部,并选择雷达东北方位作 RHI 扫描,这时的弱回波区的特征就很不明显。所以用 RHI 寻找 WER 特征时应很细心,最好有意识地选择方位角。

8.1.1.3 超级单体风暴

超级单体风暴是一种有特殊结构的强风暴,它比正常的成熟阶段的强单体风暴的水平尺度要大得多,在云体的中低层,雷达回波强度的水平尺度可达几十千米。它维持的时间很长,可达几个小时,出现的天气现象也比其他类型的强风暴要严重得多,常伴有强风、局地暴雨、冰雹、下击暴流,甚至龙卷风等。随着多普勒雷达的推广应用,还发现超级单体风暴中常伴有较深厚的中尺度气旋,强中尺度气旋中常派生出一个或数个龙卷风。此外,超级单体还显著地偏向高空风的右方移动。所以曾称之为右移强风暴。

在有利的产生强对流的大尺度天气背景下,出现超级单体的典型局地环境是:(1)大气层结强烈不稳定,在 500hPa 处热力浮力超过 4℃,但在形成超级单体前在低层常伴有浅薄的逆温层,这样有利于不稳定能量的积累;(2)风速的垂直切变很强,平均可达 $5\times10^{-3}s^{-1}$ 左右,同时风向随高度强烈顺转,可超过 90°;(3)云体低层的环境风速较强,平均达 10m/s 左右(这也是和多单体强风暴的环境条件主要差别)。

在不同地点大量雷达观测表明,超级单级的基本回波强度特征是非常相似的,如图 8.8 所示,它的回波三维结构,及不同高度上的回波特征如下。

(1)在相应高度的 PPI 上,超级单体是一个单胞结构,形状呈圆或椭圆形,典型的水平尺度是 20～30km 长,12～15km 宽。在中高层,雷达观测到的云砧回波位于从回波主体向下风方伸展达 60～150km,有时甚至更远。可见砧状云体可伸展到 100～300km。

(2)在中层,在超级单体前进方向的右侧有一个持久的有界弱回波区(BWER),它的水平尺度约为 5～12km,这个有界弱回波区伸展到风暴高度的一半到三分之二,其宽度随高度减少。有界弱回波区的存在是强上升气流区的标志,其中含有刚凝结成的云滴或小雨滴,还来不及被上升气流携带进入高层而形成的弱回波;它通常由下往上向左侧倾斜,其中上升速度可达 25～40m/s。

(3)最强的雷达回波强度出现在 BWER 区的左侧,最大回波强度梯度区紧靠在 BWER 区的左侧,包括大冰雹在内的强降水或强风、下击暴流等就发生在这里。多普勒雷达速度回波的中尺度气旋分布特征位置经常和 BWER 区域重合或十分接近。

(4)在低层,已探测不到 BWER 区域,但仍存在弱回波区,而且还在中层有界弱回波区域位置的右侧,可以探测到一个呈钩状的附属物,即钩状回波。它以前曾是超级单体回波的特征,也是龙卷风的特征性回波。

(5)由于环境风的强垂直切变,使超级单体强风暴高层(如图中 13km 高度)最大回波强度的平面位置位于有界弱回波区中,而且紧靠低层最大强度梯度的边缘。

图 8.9 为不同高度回波强度综合平面位置分布图像,图 8.10 为以 CD 为基线的回

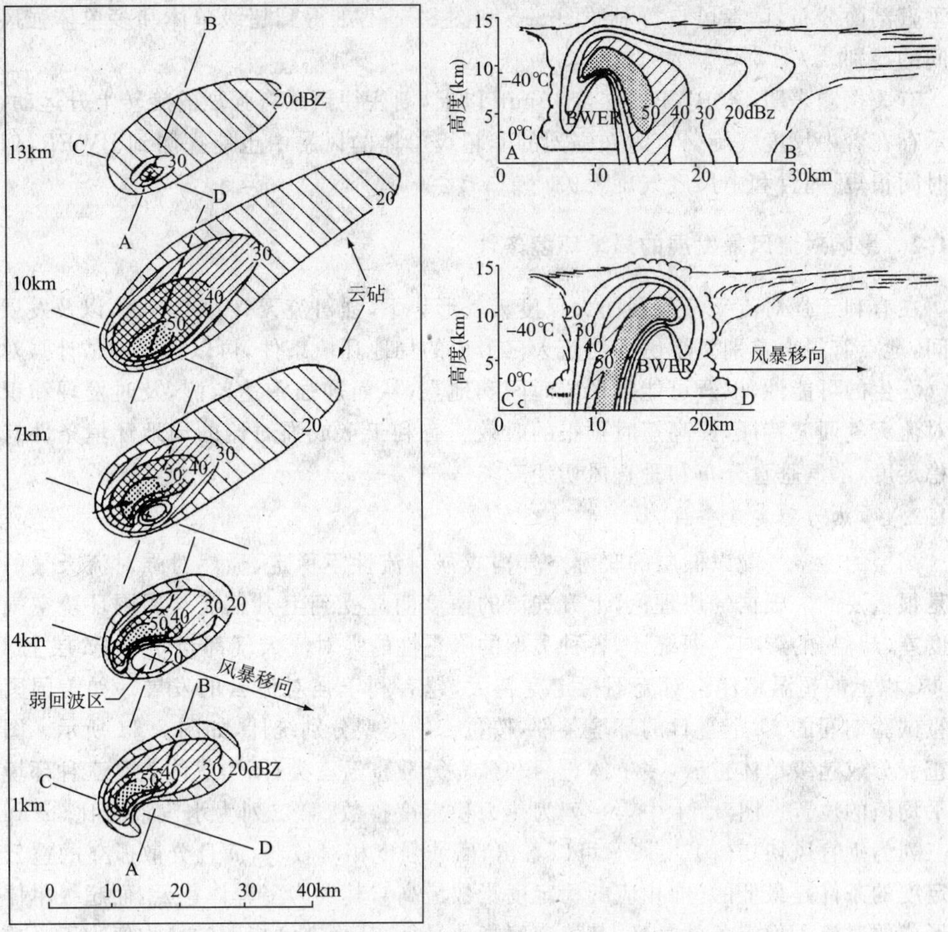

图 8.8　超级单体风暴在不同高度上的 PPI 回波结构

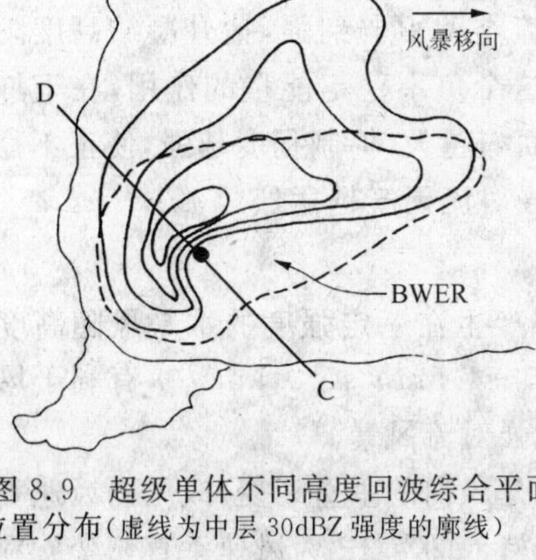

图 8.9　超级单体不同高度回波综合平面位置分布(虚线为中层 30dBZ 强度的廓线)

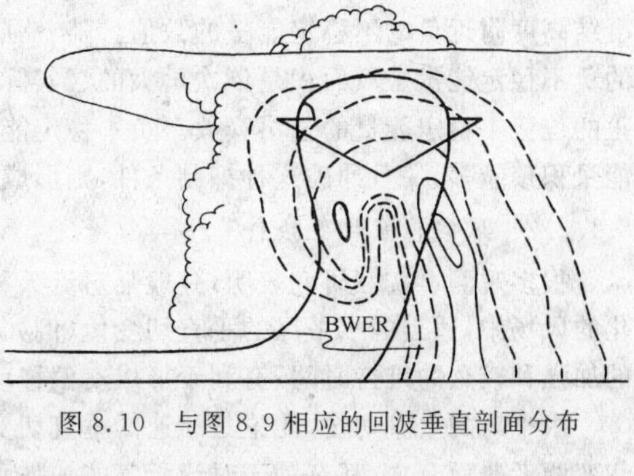

图 8.10　与图 8.9 相应的回波垂直剖面分布

波垂直剖面分布，读者可自行对照图 8.5 和图 8.6，不难得到超级单体和多单体强风暴之间的差别。

有关探测表明，若 BWER 维持 15min 以上，则往往预示有强烈的旋转上升运动，并表示存在着中尺度气旋。有时在强烈的非超级单体的风暴中也能探测到 BWER，但维持时间很短，而且和中尺度气旋无关。

8.1.2 影响对流风暴发展的局地环境条件

在有利于强对流天气发展的大尺度天气形势下，强对流天气发生与否，以及发展的时间，地点有很大差别。了解强对流天气形成的局地环境条件，可以较好地估计强对流天气发生的可能性，以及可能的形成时间和地点，从而加强雷达监测，及时发现和识别强对流天气回波特征，提高短时预报的时效。有利于形成强对流的局地环境条件有热力稳定度，水汽垂直分布和垂直风切变三类。

8.1.2.1 热力稳定度条件

高层的冷空气配以低层的暖湿空气构成强对流性不稳定，显然对强对流天气的发展是很重要的。根据气块理论，上升气流的速度明显受到上升气流与周围环境空气的温度差(超温)的影响。据统计，各种类型的降雹性的强对流天气都与 500hPa 层上 4℃或 4℃以上的超温相伴。对流不稳定度越大，越有利于强对流云的发展。如美国国家冰雹试验期间的 57 个雹日的环境条件，按雹云的类型分别统计，如图 8.11 所示。图中对雹云分成超级单体雹云，多单体雹云和孤立分散雹云三类，图中虚线表示三种环境条件平均值的位置。图 8.11 中第一列为热力稳定度指数，第二列为水汽混合比(g/kg)，第三列为垂直风切变(10^{-3}/s)。可以看出，回波强度相对较弱，而且分散孤立的雹云的稳定度的条件是最低的(即相应的稳定度指数最高)，其次为多单体雹云，而超级单体雹云形成的对流不稳定条件最高，其稳定度指数最低，其稳定度指数的平均值小于－4℃。

另一类的统计还表明，各类强对流天气的局地热力条件的重要差别，还在于抬升凝结高度附近负的不稳定能量的数值。随着强对流类型由弱到强，抬升凝结高度附近的负不稳定能量区域面积是依次增大的。实际上这个负不稳定能量的作用，在于抑制正的位势不稳定能量的过早释放。负不稳定能量面积越大，抑制程度越强，使正不稳定能量积聚越多，一旦冲破这种抑制条件，则形成的强对流天气越猛烈。

8.1.2.2 风的垂直切变条件

很多观测事实和研究表明，一般强对流天气都产生在一定强度的水平风随高度变化的风场中，适当的水平风的垂直切变值(例如 2.0～4.5m · s^{-1} · km^{-1})，有利于风暴的加强和较久的维持时间，有利于形成右偏移动的强对流风暴。

水平风的垂直切变，无论是风速的垂直切变还是风向的垂直切变，或风向风速垂直切变两者兼而有之，都有利于对流天气的加强和维持。图 8.12 为风速垂直切变有利于

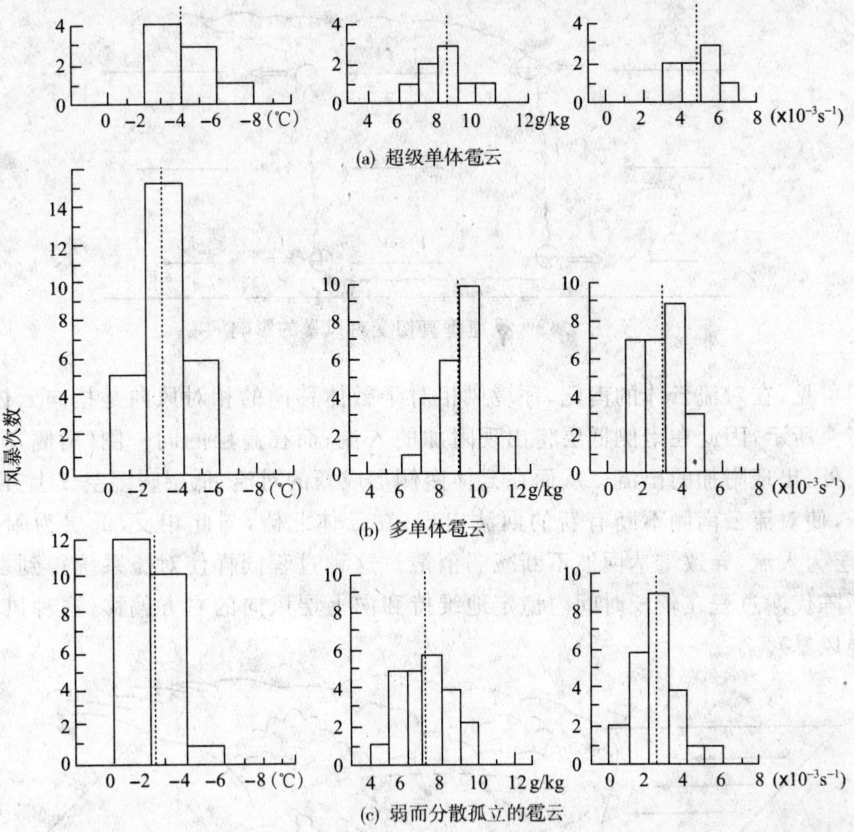

图 8.11　不同类型雹云环境条件参数的频率分布

强对流天气发生发展的示意图，图中 V_e 为对流云外环境大气的风速，V_c 为云内大气的运动速度，V_r 表示云外大气相对云体的相对风速（假定风向随高度不变）。由于对流云内存在较强的对流运动，有很强的湍流混合作用，可以理解云内的风速垂直切变比云外的小。为简单起见，假设云内没有风速垂直切变。当云外环境大气风速随高度增加时（如图 8.12 所示），则在高层风速大于云体移速，在低层风速小于云速。这样在云体运动的下风方向（图中的东面），低层有辐合，高层有辐散，形成新的上升气流；而在云体运动方向的后方（西面），低层辐散，高层为辐合，形成下沉气流。导致对流云的下风方向可能形成新的对流单体，不断产生新的雷达回波，而在云的上风方向的回波不断消散，从而使得对流系统得到发展。通过这样的新陈代谢过程，对流系统就能够在较长的时间内稳定地维持和向下风方向移动。

若对流云外的环境水平风向随高度变化，如图 8.13 所示，设低层为南风，高层为西风，云内大气因强烈湍流混合为一致的西南风（为简单起见，设风速不随高度变化）．

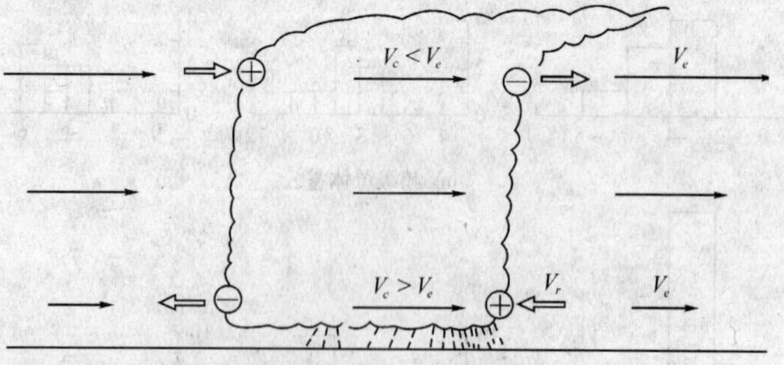

图 8.12　风速垂直切变对风暴的影响

则由图可见，在对流云体的南侧，环境风相对于云体移向的相对风向是指向云体的，如图双箭头所示，因此在南侧低层将出现附加的入流；而在高层的同一侧（南侧），其风向指向云外，出现附加的出流。从而在云体南侧形成新的对流，低层暖湿空气上升形成云雨粒子，使对流云南侧不断有新的回波出现；在云体北侧，与此相反，低层为附加的出流，高层为入流，导致雷达回波不断减弱消散。这种过程同样使对流系统得到发展，并通过新陈代谢过程在较长时间内稳定地维持和向上层风向的右方偏移（这种风暴称为右移强风暴）。

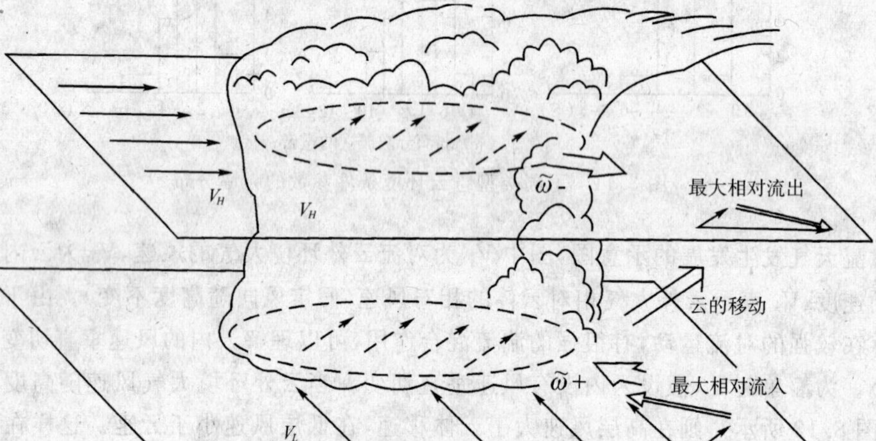

图 8.13　风向垂直切变对风暴的影响

若环境水平风向风速均随高度变化，则综合上述两种过程，可以想象在对流云体的下风向的右前侧将产生附加的上升气流，不断有新的回波产生，左后侧回波不断减弱消散。此外，水平风垂直切变的存在，在对流云前进方向的后部，来自中层具有强风速的下沉冷空气楔入低层暖湿气流的下面，也会抬升暖湿空气，促进对流云的进一步发展，如图 8.14 所示。在雷达的下风方向和右前侧常常出现新的对流回波,在雷达观测中是一种常见的现象。

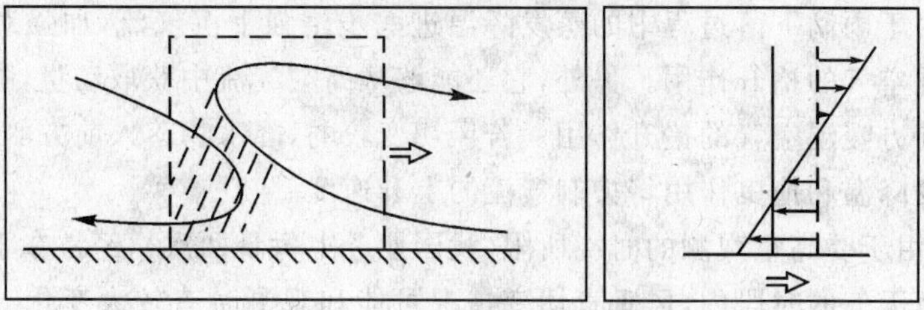

图 8.14　理想的风暴二维气流结构

据统计分析,环境水平风向风速垂直切变的大小往往和形成风暴的强弱密切相关。图 8.15 为加拿大阿尔伯塔地区三种不同类型雹暴的典型风矢端连线图,图中横坐标和纵坐标均为风向和风速坐标,每一点的数字表示风矢的高度。这种连线图形实际上很好地表示了环境水平风向风速随高度的变化情况。由图可见,产生普通单体雹云(图 a)的环境风随高度的分布杂乱无章,基本上是一种无序分布,而且风速随高度的变化也较小;而多单体的雹云(图 b)和超级单体雹云(图 c)的风向风速随高度分布是有序的,风向随高度一致向右偏转,而且风速随高度的变化值也比普通单体雹云的大。

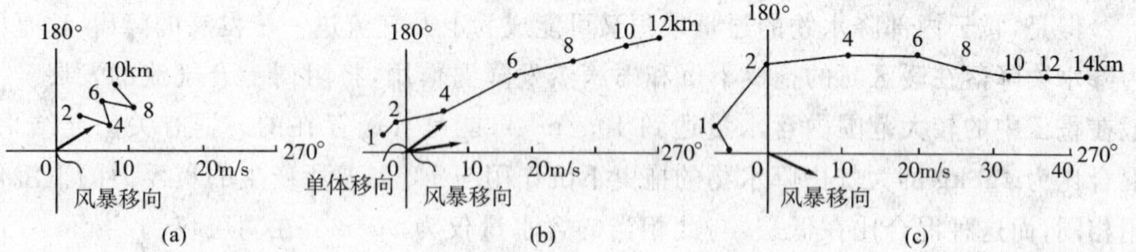

图 8.15　三种不同类型雹云的典型风矢端连线图

从图 8.15 中还可以看出,多单体雹暴和超级单体雹暴在整个对流层中,它们的风向和风速的垂直切变值没有明显的差别。它们之间最明显的差别在于云底以下低层中风速和风向随高度的变化,所以,强的对流层风切变对于强对流天气的产生是必要的,但是能否产生稳定而强烈的超级单体风暴的更重要的因子是低层云中大气和环境大气的相对运动情况。这个结论和对雹暴环境条件的统计结果相同,当云下层风速大于等于 10m/s,风向相对于云层平均风的转向 60°以上时,经常产生超级单体雹暴。多单体雹暴产生的环境条件是,云下风速小于等于 8m/s,风向切变较小。数值模拟结果也表明,对于超级单体结构的发展,低层风的切变比高层的更为重要。

这种风的垂直切变的重要性,首先在于增大低层大气对对流云的相对入流速度,使得入流气流的数量能与热力因子抬升的上升气流的数量相匹配。而在弱切变情况下,入流气流的数量将不足以弥补由于强热力不稳定引起的强烈上升气流数量。其次是，由于强风切变使上升气流倾斜，导致斜升气流中的降水落入下沉气流区中(如图 8.14 所示)，并且由于雨滴下落过程中的蒸发降温进一步增强下沉气流，加强对其前方斜升气流中的暖湿空气的抬升作用。另外，它还能够从高空气流中获取动量，随降水物下沉进一步加强前方暖湿空气的抬升作用。若风切变较弱，降水物落入前方的上升气流中，则因雨滴蒸发降温和拖曳作用将抑制气流的上升速度。

应指出，由于受高空观测的时次所限(我国业务上每日两次)，经常在下午傍晚前后产生的强对流天气的时段内，风垂直切变情况可能和观测时有较大变化。在业务工作中，应考虑这种因素，若在有条件的台站设置先进的风廓线雷达，能随时探测风切变情况的话，则必将对多普勒天气雷达对强对流天气的监测和短时预报有十分重要的意义。

8.1.2.3　水汽条件

雹暴内部含有大量水分，一个普通的雹暴的总含水量可达百万吨量级。这么多的水分都是由上升气流从大气低层向上输送的，因此，雹暴的发展要求低层有足够的水汽供应。所以雹暴常形成于低层有湿舌或强水汽辐合的地区。近年来的观测和研究对此均得到了进一步的证实。从前面图 8.11 的统计结果可以看出，超级单体和多单体雹云的形成要求比普通单体雹云有更大的低层水汽含量(即要求有更大的混合比)。

但是，雹云内部降水物的过量累积又可能成为上升气流进一步发展的障碍，这是因为降水物降落在暖区时的拖曳下沉和雨滴蒸发降温作用，将阻碍上升气流的发展。一般在雹云中的较大范围内含水量达到 $10g/m^3$ 可能是普遍存在的。据有关研究结果，混合比为 4g/kg 的大气中降水物的拖曳下沉作用与 1℃温差所产生的负浮力的下沉作用相同，而这种混合比在低层，与此相当的含水量仅为 $3g/m^3$，在高层仅为 $2g/m^3$。由此看来，如果低层的水汽含量过大，在对流云发展早期，云内就会有大量的水汽凝结，形成雨滴而降落，妨碍上升气流的进一步发展。这可能是热带海洋地区多雷阵雨或对流性暴雨，而很少降雹的重要原因。

§8.2　冰雹探测

冰雹是我国主要的自然灾害之一，它对航空、国防、工农业生产以及人民生命财产的安全都有极大的威胁，一次强烈的雹击曾损坏十几架飞机，使成千上万亩农田被毁。天气雷达是探测雹暴的有力工具，运用雷达回波信息可以尽早地发现雹暴。并对它实施有效的监测，以便及时做好雹暴可能影响地区的防范工作和实施有效的人工消雹措施，尽量减小雹击带来的损失。因此，近年来国内外都十分重视利用雷达回波资料来研究雹暴的发生、发展演变的机制和规律，以及预测雹暴的短时活动。

8.2.1　冰雹的物理特性

冰雹是指直径在 5mm 以上的固体降水物，其中含有较多液体水的海绵状的冰雹，称为软雹。大多数的冰雹（70%～80%）的直径小于 3cm，直径超过 5cm 的很少见。然而，也曾观测到直径超过 10～12cm、重达 500g 以上的大冰雹。表 8.1 所示的是世界上不同地区所观测到的最大冰雹尺度的发生频率（%）。

表 8.1　不同地区观测到的最大冰雹尺度的发生频率(%)

地区	最大冰雹直径(cm)		
	<1	1～3	>3
印度北部	37	38	25
法国西南部	40	46	14
美国科罗拉多州东北部	33	60	7
美国俄克拉荷马州	49	43	7
加拿大阿尔伯塔中部	49	45	6
美国科罗拉多州丹佛地区	44	52	4
美国新英格兰地区	60	36	4
南非	54	43	3
美国伊利诺伊州中部	70	27	3
肯尼亚	74	26	0.3

冰雹下降进入温度高于 0℃的云区时，表面开始融化。小的冰雹在降到地面之前可以全部融化掉，然后以大的雨滴降落到地面。理论计算表明，在一般情况下，只有直径大于 1.0cm 的冰雹从 0℃层（距地面 3.5～4.5km）降落到地面上，才不至于完全融化。因此，云中冰雹的实际尺度应比地面上观测到的冰雹还要大。

冰雹的形状有圆球形、椭球形、圆锥形和不规则形等。小冰雹多数是圆球形和圆锥形，直径在 2～3cm 的冰雹多数是椭球形，大冰雹则多为不规则形。冰雹的形状可以反映其在空中降落时的运动方式。一般认为，圆球形冰雹是随机翻转的；圆锥形冰雹总是从底面向下降落，结果底面越来越大。

通过对冰雹切片的观测，发现冰雹具有很特殊的内部结构。在冰雹的核心部分，是一个直径为 1～10mm 的雹胚，雹胚是冰雹的生长中心，多数雹胚是不透明冰层。在其外围是交替出现的透明冰层和不透明冰层，冰雹的层次通常为 2～4 层，最多的有达 30 层的。一般说来，冰雹越大，层次越多。

透明层和不透明层反映冰雹的不同增长过程。冰雹和过冷水滴碰并时，过冷水滴冻结释放出冻结潜热，使冰雹表面增温。如果单位时间碰撞在冰雹上的过冷水滴较多，在冰雹表面就会形成0℃左右的水层，然后缓慢地冻结，形成透明冰层，这种增长过程称为湿增长；如果单位时间碰撞在冰雹上的过冷水滴很少，过冷水滴便立即冻结，由于各冻结水滴之间夹有一些小空气泡，就形成不透明冰层，这种增长过程称为干增长。湿增长发生在云中温度较高，含水量较大的区域；干增长发生在云中温度较低、含水量较小的区域。

冰雹一般形成于0～－20℃的云区，以保证冰雹增长所需的过冷水滴。冰雹的多层结构，表明冰雹在形成过程中干、湿增长交替发生，反映冰雹在空中作复杂的升降运动。

冰雹降落的末速度与冰雹的直径、密度、形状以及周围空气的密度有关。一般来说，冰雹的降落速度是很大的，直径2cm的冰雹降落速度为16m/s，直径3cm的可达20m/s。

在一个点上大多数降雹的持续时间只有几秒或几分钟，偶尔可以超过1h。单点上降雹的持续时间取决于云中雹区的水平尺度和在点上通过的速度。观测表明，很长的降雹持续时间常常是由于两次以上的降雹造成的，而不是一次连续的降雹。

8.2.2　雹暴云内部气流结构特点

雹暴是在雷暴进一步猛烈发展时形成的，因此云体庞大高耸。云内具有很大的含水量和冰雹粒子，为了在云中生成较大的冰雹，雹暴内部必须有强烈的上升气流。20世纪60年代以来，通过各种探测手段，包括穿云飞行、跟踪气流示踪物和多普勒雷达观测等，使我们对雹暴内部的气流结构、降水粒子的空间分布和冰雹的生长，以及雹云的回波结构等有了较详细的了解。

目前对雹暴内部气流结构比较一致的概念模式是：在雹暴内部有一支强而持续的上升气流，它来自近地面层（厚约500m）气流的入流，然后穿过云底倾斜上升（图8.16）。这支入流气流在离雹暴20～30km远处就已经建立，其入流的部位通常位于雹暴的前方或右侧，这与北半球通常低层吹偏南风高空为偏西风有关。

上升气流的速度在云底附近的典型值为2～6m/s，向上逐渐增大，在云的中上部达20～30m/s，最大曾观测到63m/s，在云顶部又迅速减小到零。上升气流区的水平尺度，对一些长生命史的超级单体可达15km。雹暴中的上升气流存在着明显的旋转运动，上升气流的一部分作气旋式旋转，而大部分较强的部分作反气旋式旋转。这两种旋转运动，被双多普勒雷达对雹暴内部气流的实际测量所证实。

雹暴中的强上升气流，由于水平动量守恒和旋转运动，使得它在环境大气中好似一个机械障碍物，周围的气流环绕它流过，并在其侧面加速。

在雹暴内部还有一支很强的下沉气流，它位于强降水区中，又称为湿下沉气流。这

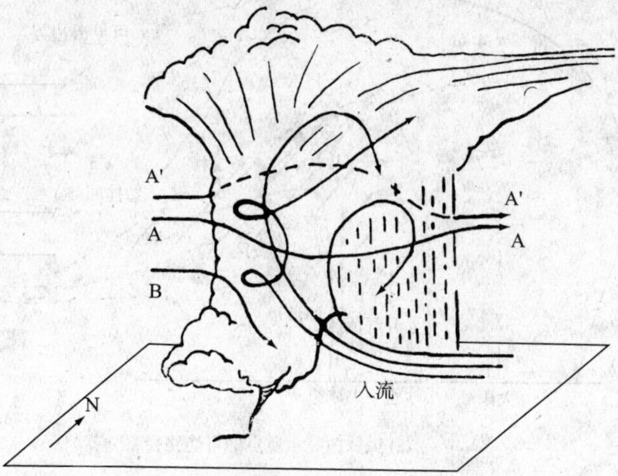

图 8.16　雹暴内部气流结构示意图

支下沉气流的形成不仅是由于云内降水的拖带作用，还由于在雹暴的后部从对流层中层有一支干冷空气侵入，使云内水分蒸发，空气进一步冷却降温而下沉。测量表明，最强的下沉气流位于对流层低层，其值约为最大上升气流速度的一半，可达 14～15m/s。下沉的冷空气在地面附近形成冷堆和中尺度高压，在向外扩散时形成冷出流，其中一部分流向雹暴的前方，形成陡峭的飑锋（或阵风锋）。飑锋通常位于主要降水区前 5～6km 处。当雹暴趋向减弱消散时，飑锋远离雹暴。

雹暴内部上升和下沉这两支实质上彼此独立的气流的相互共存，或气流组织化，是雹暴区别于一般雷暴的特点之一。

8.2.3　冰雹粒子的增长过程

雹暴内部特殊的气流结构，决定了冰雹粒子的增长方式。根据对雹暴内部气流结构和雷达回波形态的分析发现，云内降水粒子的增长轨迹如图 8.17 所示。在图(a)中，细实线矢量的长度表示上升气流速度，可以看出，降水质点 4 位于上升气流强中心附近（它的轨迹用虚线表示），质点 1,2,3 位于中心边缘附近的中等强度的上升气流区域中。

当质点 4 被以每秒几十米的速度上托到－40℃高度附近时，还来不及增长到 1mm 直径，再向上由于含水量很低，就更难增长了。由于它的尺度小，所以随上升气流进入对流云后侧。而质点 1,2,3 的情况不同，它们在中等强度上升气流区域中上升，因而上升速度较弱，它们达到－40℃所需的时间大于质点 4 所需时间，因而它们有机会增长到直径 1mm 以上。这时中等强度的上升气流支撑不住这些质点，而随高层水平气流逆时针循环到弱回波区的右侧。直径较大的质点 1 在下落过程中重新回到上升气流区，直径较小的质点 2,3 则分别被高层水平气流输送到更远处，离开了气流区，失去了再上

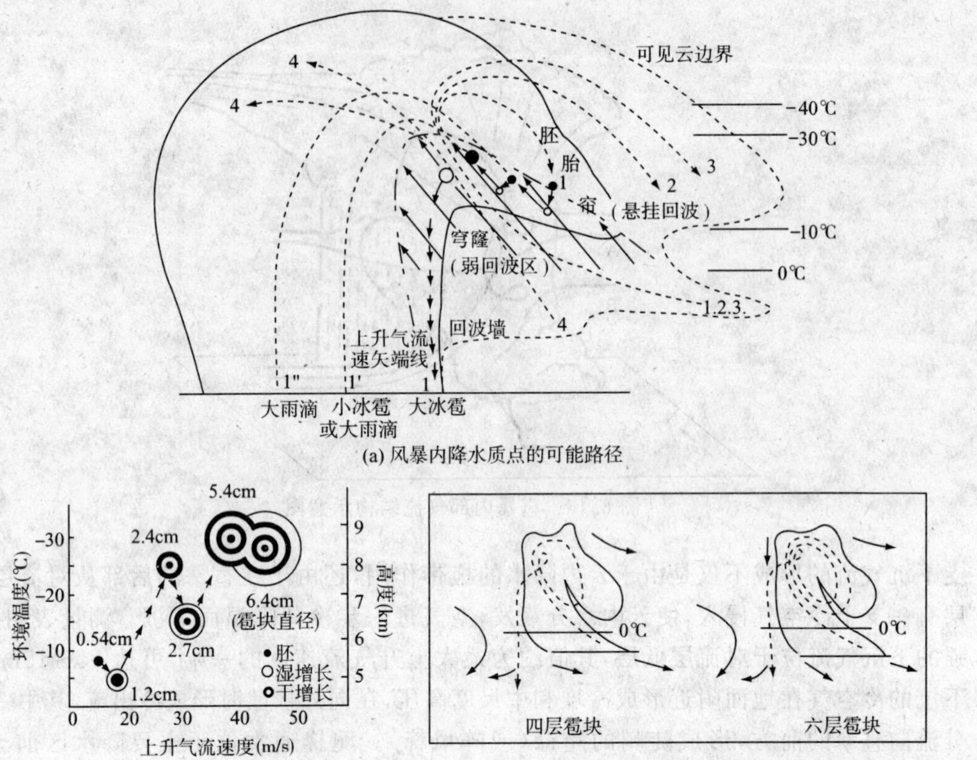

(a) 风暴内降水质点的可能路径

(b) 一个雹块的增长轨迹及内部结构　　(c) 非对称雹云中雹块二、三次循环增长模式

图 8.17　冰雹增长过程

升增长的机会,最后进入云体运动方向前部的云砧,或者从云砧中下落融化成大雨滴,偶而可能是小冰雹或软雹到达地面。较大直径的质点 1 重新回到上升气流区域后,又被重新抬升并继续增长。另外,由于上升气流中心和周围中等强度上升气流存在速度差,所以产生了指向上升气流中心方向的力。质点 1 抬升过程中受到这种力的作用,在上升增长的同时,还逐渐向上升气流中心部位移动(如图所示)。这个第二次上升的质点 1 增长到一定程度,该处的上升气流支撑不住又第二次下降。由于质点直径增长,使它又落入更加接近上升气流中心的位置,由于这里的速度更大,又被第三次抬升并继续增长,然后再下降。依此循环下去,质点 1 一面升降一面增长,直到它在上升气流中心处增长到最大,然后迅速地几乎是垂直地下落到地面,成为地面上的大冰雹。

冰雹粒子的增长方式,使得雹暴具有了相应的粒子空间分布和回波结构。如图 8.18 所示。

由上面冰雹的增长过程可看出,在有低层充沛水汽输送的条件下,上升气流中心区的速度越大,其周围中等强度上升气流区域越大,则参与这种循环增长的质点越多,它

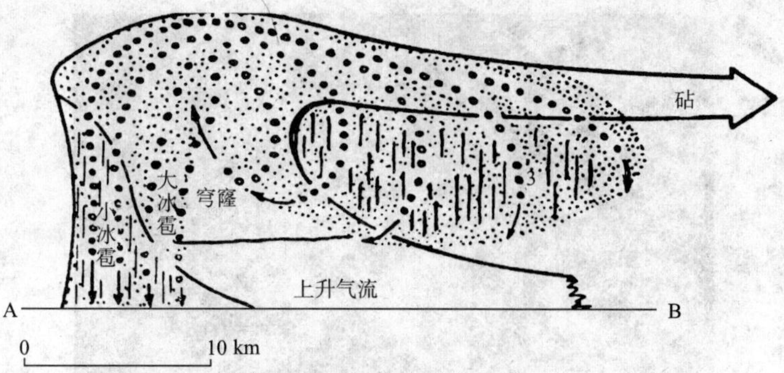

图 8.18　降水粒子空间分布结构图

们的循环次数也越多。所以可以想象，这时下落到地面的冰雹造成的灾害也就越严重。

8.2.4　多普勒雷达探测冰雹

在强对流风暴的警戒和超短时预报中，及时、准确地识别雹暴回波是非常重要的一环。雹暴由于其特殊的气流结构和相应的降水粒子空间分布，以及由于含有冰雹和大量的水分而引起的对电磁波的强烈衰减等，常常在雷达的回波图上呈现一些独特的特征。这些回波特征，是识别雹暴的有效指标，也是雷达观测的重要内容之一。

8.2.4.1　强度回波特征

对应于上述冰雹云中降水粒子的空间分布、气流结构和冰雹增长轨迹，冰雹云的雷达回波具有其自身明显的特征。

在平显(PPI)上，可能观测到的雹暴回波特征有：

(1)V 形缺口

由于降水对电磁波的强烈衰减而在降水回波远离雷达一侧出现的呈 V 形的无回波缺口，称为 V 形缺口，如图 8.19 所示。这种 V 形缺口在雹暴回波中经常可以观测到，这是因为较强的降雹区会对电磁波产生强烈的衰减，所以 V 形缺口顶端的强回波，指示着强降雹区的所在处。当强降雹的区域较小时，V 形缺口的顶端一般显得很尖。当降雹区较大时，V 形缺口的顶端可以具有一定的宽度。

V 形缺口的中分线沿雷达的径向，而缺口两侧并不沿径向。这是因为降雹强度的水平分布是渐变的缘故，而由于近处地物遮挡造成的无回波缺口，其两侧是沿径向延伸的。

V 形缺口是雹暴回波的一个重要形态特征，因而是识别雹暴的一个十分有用的指标，特别是当对流回波进一步发展加强而出现 V 形缺口时。有的雹暴(如超级单体雹暴)在相当长一段时间内持续降雹，其 V 形缺口可以维持较长时间。

必须指出，只有在强回波区的远离雷达一侧存在范围较宽的弱回波区时，强降雹区

图 8.19　V 形缺口的雷达回波图像

的衰减影响才能以 V 形缺口的形式表现出来。因此，雹暴回波是否能出现 V 形缺口，不仅取决于雹暴的强弱，还取决于雹暴远离雷达一侧是否有大片的弱降水区，以及这片弱降水区能否在雷达屏幕上显示出来，亦即还取决于雹云相对于雷达站的方位、当天的高空风以及雷达的参数。图 8.20 为 V 形缺口是否明显与雷达相对位置的关系示意图。

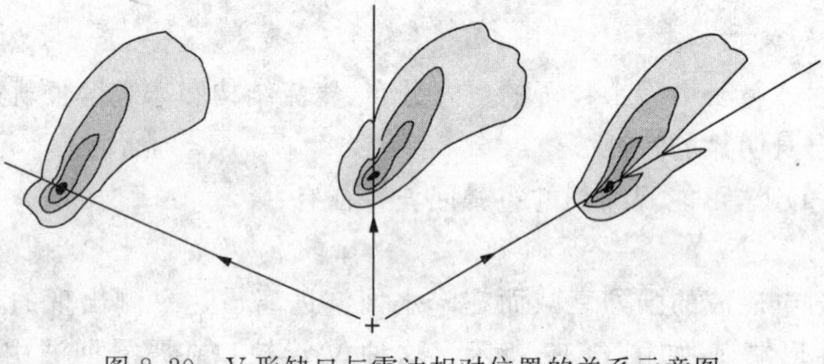

图 8.20　V 形缺口与雷达相对位置的关系示意图

(2)入流缺口

雹暴内部的强上升气流区及其下方，由于其中缺乏大的降水粒子，因而回波较弱，甚至没有回波。而在其周围是大冰雹的降落区，回波很强。因此，在平显上雹暴回波相应于低层入流一侧的凹向云内的轮廓分明的无回波缺口，称为入流缺口，如图 8.21 所示。

入流缺口不仅是雹暴的一种回波形态特征，并且缺口宽度和深度还反映了雹暴强度的变化。当雹暴尚处在发展阶段时，入流缺口不明显；当雹暴发展到成熟阶段时，入流缺口最深、最宽；当雹暴减弱时，入流缺口缩小变浅。探测还表明，入流缺口在云底高度附近最明显、向上逐渐变浅、直至消失。

根据入流缺口出现的位置可以大致确定低层气流的入流部位。

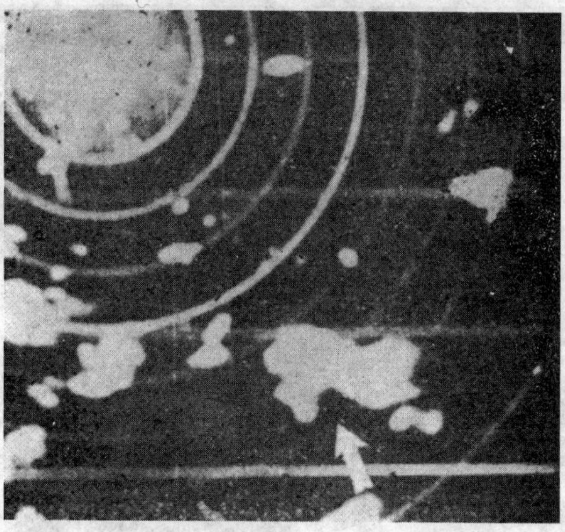

图 8.21 入流缺口的雷达回波图像

(3)钩状回波

与强烈的对流性天气(如降雹和龙卷风等)相伴的钩状回波,是从强大的对流回波一侧伸出的强度较大而尺度较小的钩状附属物,它通常位于云体回波的右侧和右后侧。降雹一般发生在钩状回波附近的强回波区中。

钩状回波常常在云底最明显,向上水平尺度增长,钩亦变得不明显。钩状回波的形成和变化非常迅速,钩状回波可以在很短的时间内形成,常常是几分钟。钩状回波的持续时间差别很大,有的只有几分钟,有的可以长达一小时以上。图 8.22 所示的是一次伴有龙卷风的钩状回波。钩状回波可以是由于上升气流进一步加强使入流缺口更加向雹云回波内部凹进而形成,也可以是由于上升气流具有某些旋转性使得云体回波的一部分向外伸展、弯曲而形成。

(4)有界弱回波区(BWER)

当抬高天线仰角对雹云中部进行平显观测时,有时发现在强雹暴回波内部存在一个弱回波区,尺度很小,周围被强回波区所环绕,如图 8.23 所示。

这种弱回波区实际上是由于在强上升气流区中缺乏较大的降水粒子,因而在雷达屏幕上只显示出较弱的回波。以前的雷达一般采用增益衰减后才能显示出来,而且常常显示的是无回波区,所以那时一般称回波空洞。现在的多普勒天气雷达文献中一般都称有界弱回波区(BWER)。由于有界弱回波区的尺度较小,直径只有 1～2km,分辨率较高的雷达在近距离上才能观测到。

在高显(RHI)上,雹暴回波的顶高比普通雷雨云要高得多。这是因为冰雹是对流云中生成的大颗粒固体水成物,因此,云体中的主要部位达到冰晶化温度区域的所在高度,是形成冰雹必不可少的条件。在自然大气条件下,当温度达到－12℃以下

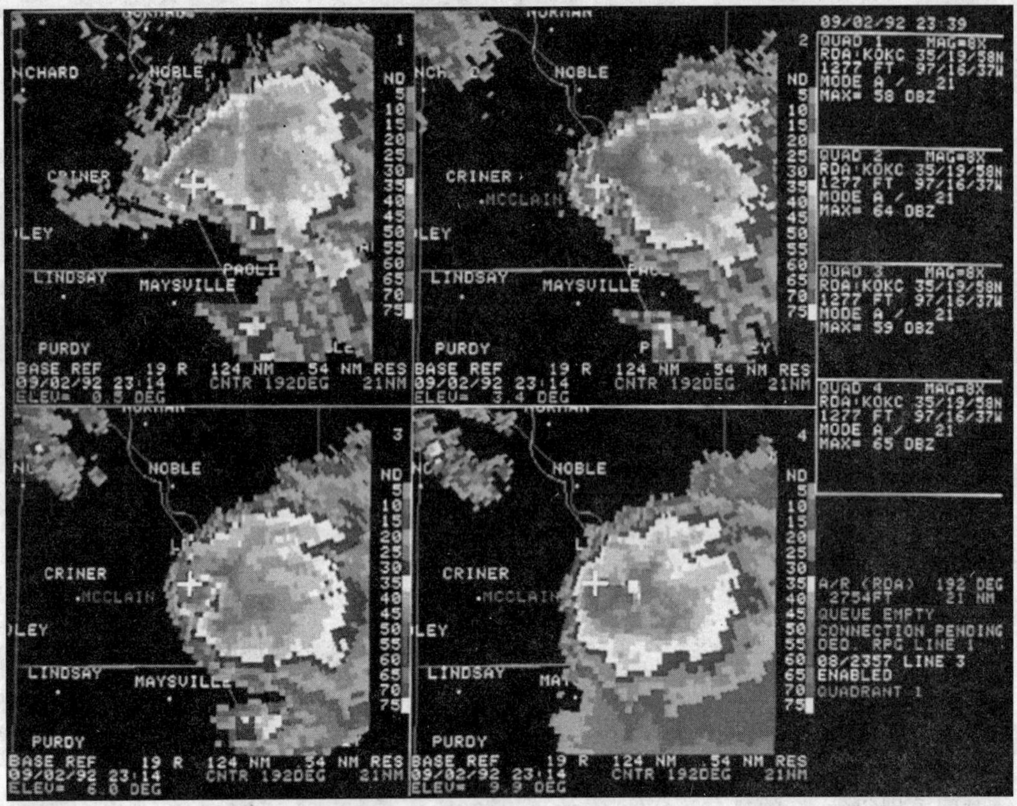

图 8.22　钩状回波(参见彩图)

时自然形成冰粒的浓度陡增。因此,自然水滴冰晶化的活跃温度处在比－12℃略低即大约－14～－15℃的温度附近。考虑到强烈对流云内温度约比云外同高度上的温度要高 4～6℃,所以,有利于产生冰雹的云中大含水量区上部的环境温度应低于－18～－20℃。当对流云的回波顶高达到或超过这个温度所对应的高度时,才有可能形成冰雹。根据江苏省气象台的统计,每年 4、5、6 月份冰雹云回波顶的高度分别平均为 10.5、13.6、14.2km,总的高度平均为 13.4km;而同期普通雷雨的回波顶高度平均只有 10.3km,两者差异显著。

冰雹云不但回波顶的高度高,而且强回波(及其中心)达到的高度也比普通雷雨云要高。这是因为冰雹云内大冰雹的形成要求云内存在较大厚度的高含水量的过冷水滴区,使得冰雹在其中循环升降过程中能迅速增长。因此,冰雹云的强回波(及其中心)一般都可达云体的中上部。图 8.24 是 Donaldson(1958)在美国新英格兰地区用 3cm 雷达观测对流风暴得出的回波强度垂直分布。可以看出,一般雷阵雨的 Z_e 值较小,并且 Z_e 值随高度单调地减小。而强烈风暴的 Z_e 值大得多,并且 Z_e 值在中空出现极大值

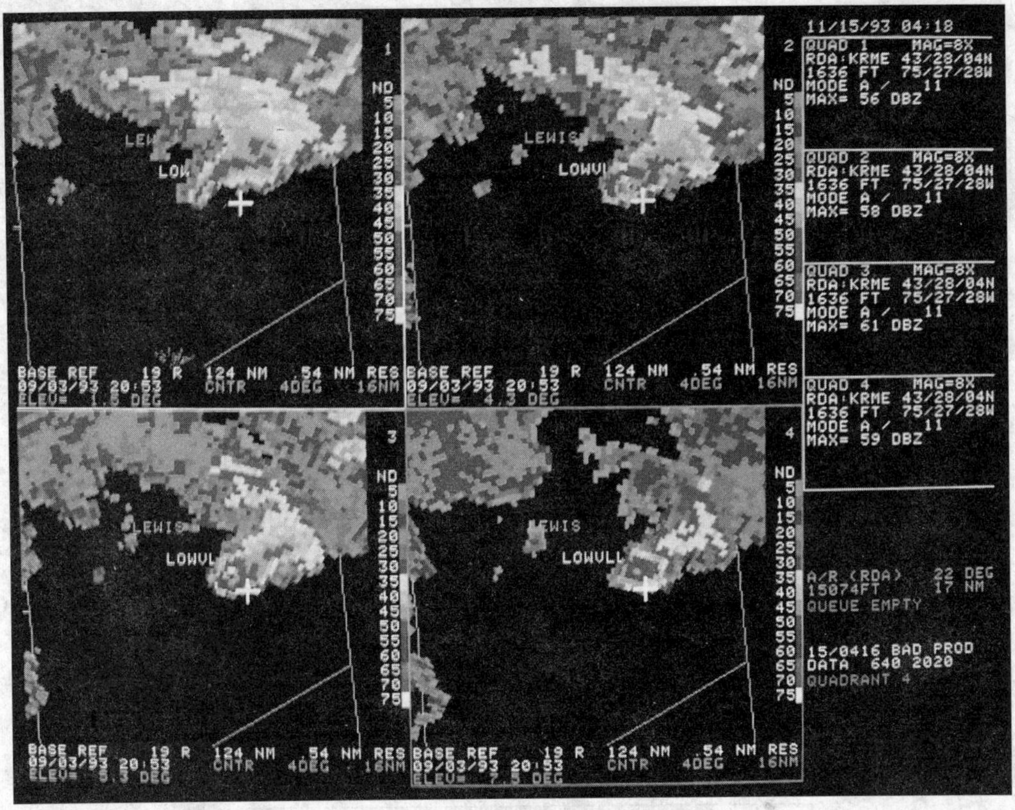

图 8.23　有界弱回波区(BWER)(参见彩图)

(即强中心)。地面出现冰雹的概率随 Z_e 极大值所在高度的增加而增大。这种现象在 3cm 雷达上最明显。

在冰雹云反射率因子的 RHI 上,有时可以清楚地看到在低层上升气流入流的部位有一个从低空倾斜地伸向最高回波顶的弱(或无)回波区。弱回波区靠回波主体一侧是陡直的回波强度和强度梯度都很大的回波墙;另一侧是位于空中的强度较大的悬挂回波,其顶部为强回波区所覆盖。这种 RHI 回波结构已为世界上许多地区的观测事实所证实,一般称该回波结构为弱回波穹窿或悬挂回波,见图 8.25。

弱回波穹窿是雹暴(尤其是强雹暴)所特有的回波形态特征,因而是识别雹暴的一个十分有用的指标。但是由于雹暴回波空间结构的非对称性,冰雹云与雷达的相对位置不同,RHI 剖面的取向不同,往往这些特征的显示情况会有所不同,也即并不是沿任意方向进行高显都能观测到穹窿结构,这是探测时需要注意的。通常,通过平显回波的入流缺口,对准强回波区进行高显,可以观测到弱回波穹窿。由于弱回波穹窿的水平宽度很小(只有几公里),因此,只有在雹暴距离较近并采用适当的距离量程时才能较清楚

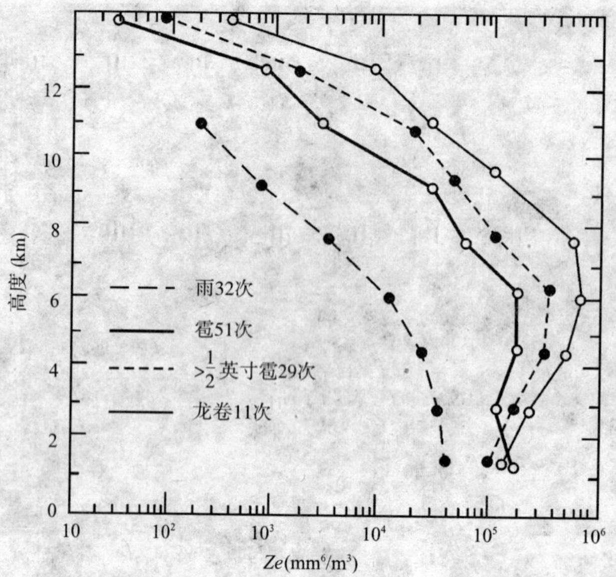

图 8.24　不同强度的对流性降水回波的最大反射率因子 Z_e 垂直分布

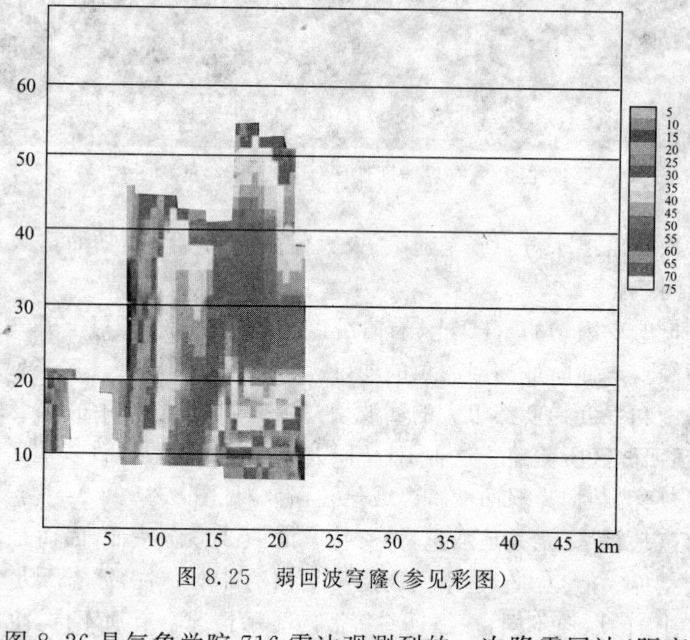

图 8.25　弱回波穹窿(参见彩图)

地显示出来。图 8.26 是气象学院 716 雷达观测到的一次降雹回波(距离每格 50km),在第三幅高显图上具有弱回波穹窿的结构特点,由于该雷达高显时只有 250km 距离档,悬挂特点不明显,如果有 100km 的量程档会更好。

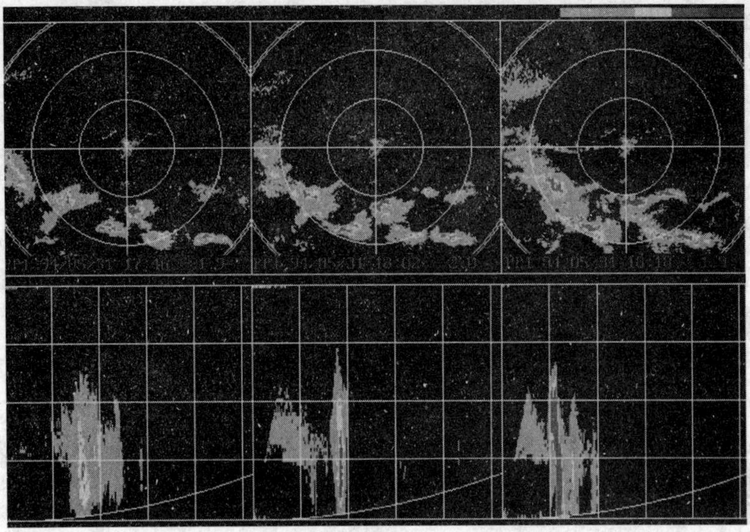

图 8.26　距离分辨率对观测弱回波穹窿结构的影响(参见彩图)

此外,由于冰雹云的回波强度很强,还可能出现“虚假”回波现象,在 RHI 显示中也很明显。雹暴内部的大含水量区具有很大的反射率因子,当雷达天线的旁瓣指向这个区域时,天线所接收到的回波信号有时可能强大到足以在屏幕上显示出来。在这种情况下,高显上雹暴回波顶上将出现尖顶状假回波,其位置正好在云内强回波区的正上方。图 8.27 所示的为 3cm 波长的 711 雷达观测到的一块雹暴的尖顶状假回波。由于天线旁瓣能量比主瓣能量低得多,所以这种尖顶状的假回波强度很弱,只有在雹暴离雷

图 8.27　尖顶状假回波

达距离较近时才可能观测到。

需要指出，雹暴回波的空间结构与当时的环境风场有密切的关系。因为雹暴的移动、低层气流的入流和云砧的位置等，都与环境风场有关。在相同的环境风场条件下，雹暴往往具有相似的回波结构，而当环境风场条件不同时，雹暴的回波结构也不同。

8.2.4.2　速度回波特征

低层流场的辐合特征、钩状回波伴随的中尺度气旋、高层风暴顶部的辐散特征等，在雹云的速度回波图上都可能观测到。其中风暴顶部的辐散特征尺度较小，它经常与雷暴中下层强烈的上升气流相伴。因此，可用来推断估计上升气流的强度，从而估计冰雹大小，同时它还是一个提前指示雷暴强度变化的征兆之一。

有关观测和研究表明，假如辐散特征中最大径向速度差大于 38m/s，则最大雹块直径经常超过 1.9cm。见图 8.28。

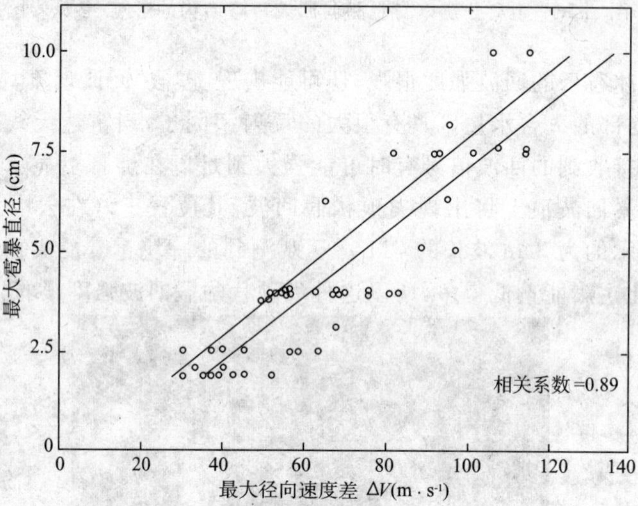

图 8.28　速度差与冰雹直径的关系

当然，在实际业务工作中，这种雷暴顶部的辐散特征不一定是纯辐散特征（可能是气旋性的辐散特征），所以在使用这个指标值时，最大正速度和最大负速度连线的倾斜角不能超过 45°，否则将有明显误差。图 8.29 为实测径向速度廓线，从中可以看出，风暴顶部的最大径向速度差为 154m/s。

据统计，上述特征中，把 VIL 产品和雷暴顶部辐散特征结合起来使用的效果最好。

关于非超级单体对流风暴中的冰雹，由于其上升气流速度相对较小（与超级单体相比），很少发生超级单体中循环增长情况，所以地面雹块不是很大，雹谱也较窄，造成的

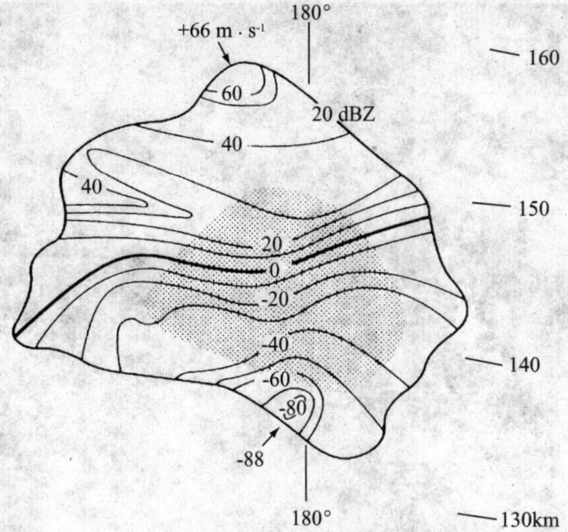

图 8.29　一次实测雷暴顶部的辐散特征

自然灾害也相对较轻。

8.2.4.3　冰雹的三体散射现象

雷达在观测雹暴时，有时会观测到类似细长的钉子状异常回波，位置在雷达站至强回波区连线的延长线上，异常回波区的强度一般小于 20dBZ。如图 8.30 所示。

分析发现，这种异常回波是由于雷达电磁波遇到冰雹区后，除一部分被散射回天线形成强回波区外，另有一部分被侧向散射到地面，地面作为反射体又将其反射回强回波的区域，然后该区域中的大冰雹或雨滴对这种反射回的波再次散射，其中一部分被散射回到天线，若该能量高于雷达最小可测功率，则形成回波。如图 8.31 所示。

因为雷达回波被冰雹、地面、冰雹三次散射而形成，所以称该异常回波为三体散射长钉(Three Body Scatter Spike，简称 TBSS)。从图 8.31 可以看出，TBSS 回波就出现在强回波区后部，强回波区与 TBSS 之间的距离等于强回波区与地面之间的距离。在高显图上，这种回波就像一个火炬，所以又称火焰回波(Flare Echo)，见图 8.32。

三体散射现象一般只在大冰雹、强反射率因子区存在的条件下才会产生，这些区域典型的回波强度大约 60dBZ 以上，有时也可能在 57dBZ 地方发生。因此，出现 TBSS 回波时几乎可以断定降大冰雹。当然，三体散射现象是很复杂的过程，与雷达扫描角、大冰雹区高度、地面状况、冰雹云后部天气情况等有关，有时不一定都能观测到。如在图 8.30 中第一幅图上的 TBSS 就很不明显，所以实际工作中要注意观测和分析。

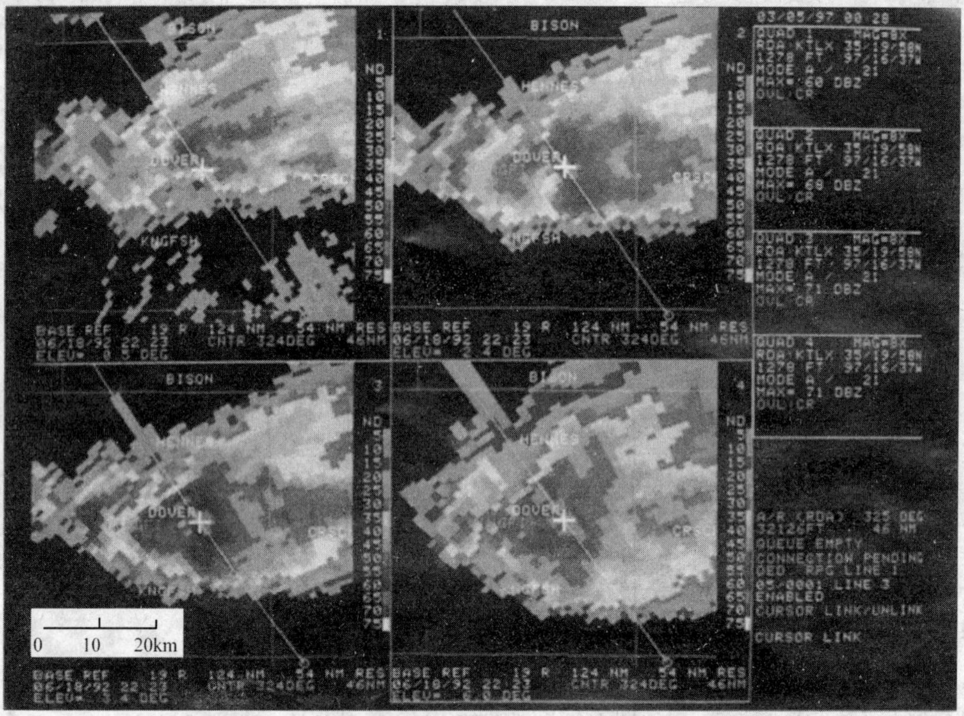

图 8.30　三体散射长钉状回波图像(参见彩图)

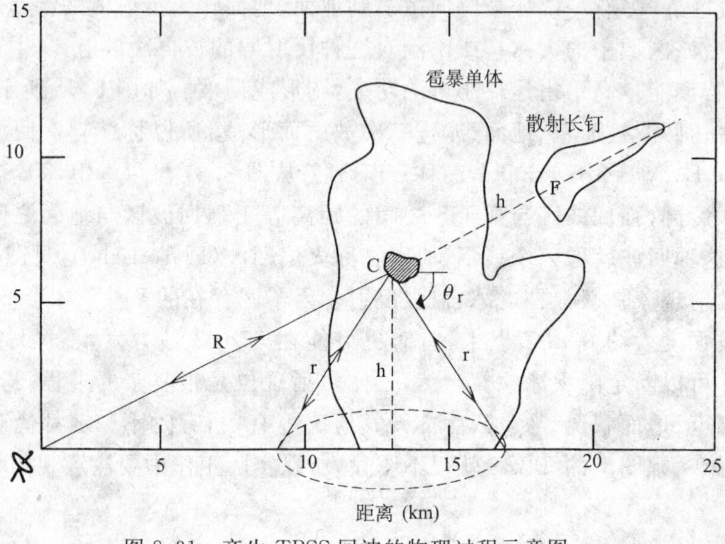

图 8.31　产生 TBSS 回波的物理过程示意图

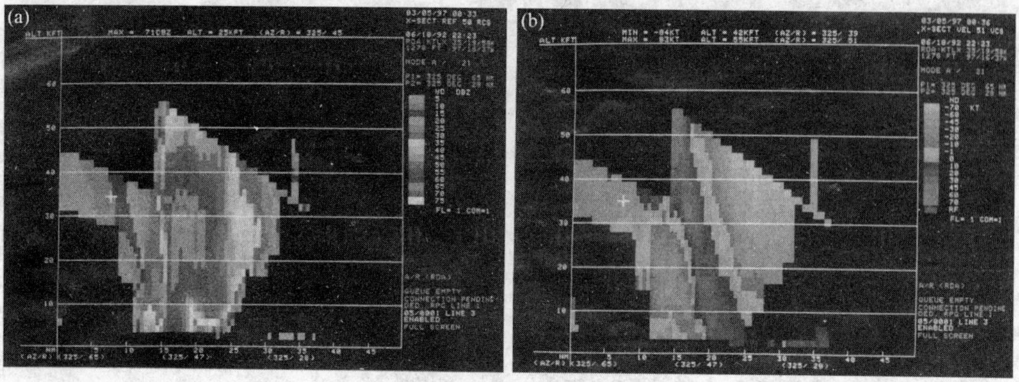

图 8.32　火焰回波

§8.3　中尺度气旋探测

一些强烈的对流风暴，常伴有气旋性旋转活动。特别在超级单体风暴中，这种气旋性旋转运动的速度、速度切变强度、维持时间和伸展厚度等方面都与一般对流风暴（或大面积降水中的强烈的中尺度对流系统）有明显的差别。根据美国长期探测和分析研究，按照上述四个方面对中尺度气旋（Mesocyclone）作了严格定义。根据这种定义，中尺度气旋绝大多数仅在超级单体中产生，在其他强对流风暴中很少探测到。多普勒雷达获取的径向速度信息，对这种中尺度气旋运动有十分明显的指示意义。

8.3.1　旋转流场的兰金模式

中小尺度气旋往往可用理想垂直轴对称气旋环流的兰金（Rankine）模式来模拟。图 8.33 为兰金模式的速度分布示意图，在图（b）中横坐标为半径，纵坐标为气旋环流的速度。由图（b）可见，从旋转速度为零的气旋中心到 R 半径范围内，旋转速度 V 随半径线性增加，即

$$V = c_1 r \qquad (r \leqslant R) \tag{8.1}$$

在 R 范围以外，旋转速度与半径成反比

$$V = c_2 / r \qquad (r \geqslant R) \tag{8.2}$$

式中 c_1 和 c_2 为常数，R 为中尺度气旋的核半径，中尺度气旋的尺度就是用 R 核半径（或核直径）的大小来衡量的。$r \leqslant R$ 的区域称为旋转核区。常数 c_1 和 c_2 由下面关系确定。

在 $r = R$ 时，旋转速度最大，所以

$$V_{\max} = c_1 R$$

$$V_{max} = c_2/R$$

由上面两式可得

$$c_1 = V_{max}/R \tag{8.3}$$

$$c_2 = RV_{max} \tag{8.4}$$

描述气旋旋转运动的关键参数是核半径 R 的大小和该半径处的最大旋转速度 V_{max}。实际上在旋转核区内，速度分布可以近似看作为一个垂直固体圆柱（具有圆形水平剖面）的旋转。这个模式对描述大气中从尺度较大的台风中心附近区域到中尺度气旋乃至龙卷风都是很好的一级近似。

8.3.2　兰金模式和径向速度分布特征

单部多普勒雷达以 PPI 方式探测类似兰金模式的旋转流场时，其多普勒速度图像具有明显的特征。

图 8.33 为兰金模式和径向速度分布特征的组合图。如图所示，在旋转流场的核心区域（图上部圆虚线区域），和刚体转动十分相似，转动速度正比于半径。在其核区边缘的转动速度最大，核区以外的转动速度与半径成反比（参看图下部的转动速度分布图）。相应的径向速度分布廓线呈正负速度中心方位对称特征，如图(a)中的实线区域（这时雷达位于旋转流场的南方远处）。

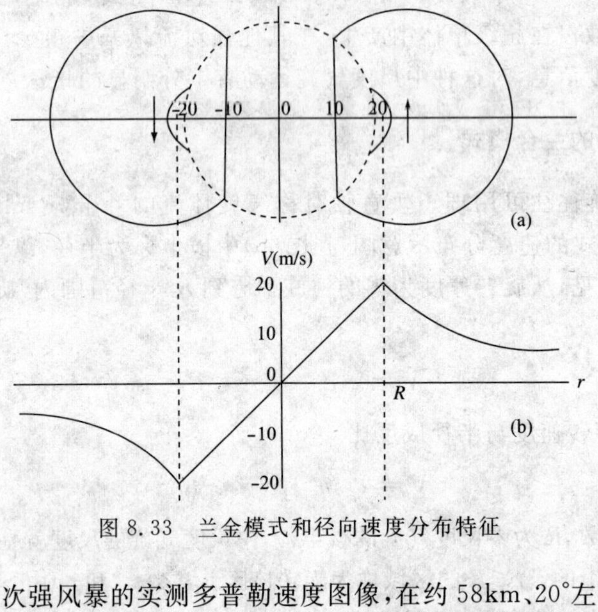

图 8.33　兰金模式和径向速度分布特征

图 8.34 为一次强风暴的实测多普勒速度图像，在约 58km、20°左右方位区域中，明显有一对正负速度中心，基本呈方位对称，相距约 7km，但正负中心的速度值不同，左侧负速度值约为 24～32m/s，右侧正中心速度值为 48m/s，中心之间为值不大的正速度

带。很明显，这个中尺度气旋受到了偏南环境风的影响。很容易计算，该中尺度气旋的方位切变 $S=\frac{48\mathrm{m/s}-(-32\mathrm{m/s})}{7\mathrm{km}}=0.011\mathrm{s}^{-1}$。该气旋随后派生出了两个龙卷风。另外，在图中 47km、约 345°方位区域内存在另一中尺度气旋，正负速度中心也呈方位对称，相距约 3km，正中心速度为 24m/s，负中心速度为 -32m/s，其速度方位切变为 $0.018\mathrm{s}^{-1}$，它派生出一个龙卷风。

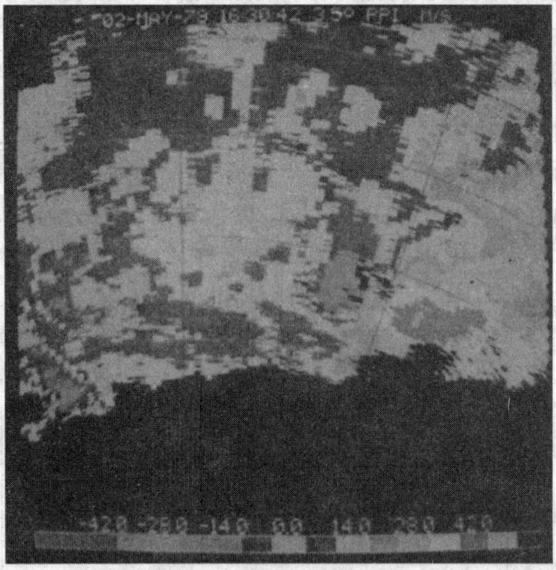

图 8.34　实测中尺度气旋的多普勒速度图像(参见彩图)

图 8.35 为一次近海台风实测的多普勒速度图像，排除速度模糊干扰后，明显可见

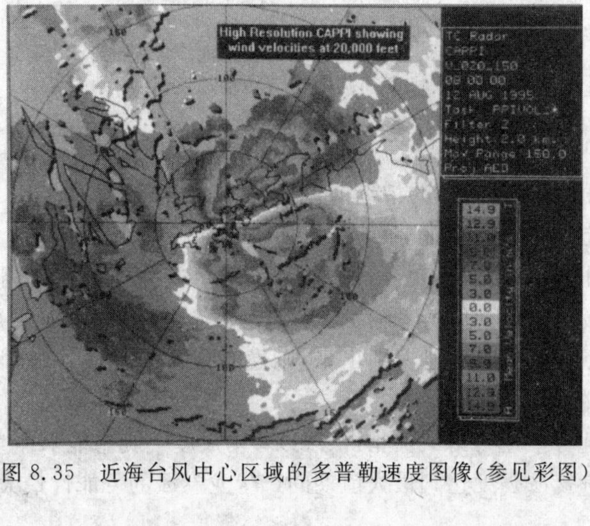

图 8.35　近海台风中心区域的多普勒速度图像(参见彩图)

在 45km 左右，接近 60°方位区域有一对呈方位对称的正负速度中心，相距约四十余千米，其间有一条平直的零速度带。根据这种特征，可以大致估计台风中心的位置，按兰金模式，正负速度中心间距的中点即为台风中心位置。

8.3.3　中尺度气旋定义及其生命史

这里主要是根据多普勒天气雷达回波所给出的中尺度气旋定义。凡满足下列指标者，即为中尺度气旋。

(1) 核区直径小于等于 10km。最大转动速度平均值(即$\left[|V_{r\max}|+|V_{r\min}|\right]/2$)满足如图 8.36 中的数值。由图可见，同强度的中尺度气旋多普勒雷达探测的最大(最小)径向速度随探测距离增加而减少，这是因为雷达采样体积随测距增加，从而因平滑作用而导致最大值(最小值)减少(增加)的缘故。以强中尺度气旋为例，距雷达 10km 处的强烈中尺度气旋，其转动速度平均值必须大于等于 22.5m/s。而在 130km 处，则转动速度平均大于等于 19m/s 时就形成强烈的中尺度气旋了。

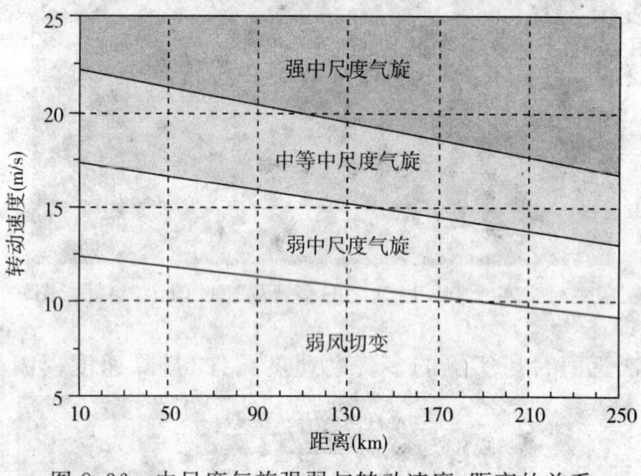

图 8.36　中尺度气旋强弱与转动速度、距离的关系

(2)垂直伸展厚度大于等于 3km。

(3)上面两类指标值都满足的持续时间至少 15min。

应强调指出，这些指标都是按照美国 Oklahoma 长期观测中统计得到的，在业务应用时应考虑到不同地方的天气气候条件差别，而对这些指标做相应调整。

例如，上述指标中的任何一个不满足而没有发布强雷暴或龙卷风警报的话，则建议：(1)假如中尺度气旋能清楚地识别出来，则发布强雷暴警报。(2)假如能识别强中尺度气旋，则发布龙卷风警报。

一般而言，在业务上应考虑三类情况：(1)若中尺度气旋中能够派生出强烈龙卷风的话，则在中尺度气旋核区强度达到最大值期间产生龙卷风的可能性最大。(2)若核区内速度切变最大(即核区直径最小和转动速度最大)的中尺度气旋强烈地伸展到最低层时,则表示将会产生严重的龙卷风灾害。(3)若中尺度气旋切变值增加(转动速度增加或核区半径减小),或者明显的旋转特征向下发展,表明这是一个(或正在变为)较强烈中尺度气旋。有经验的预报员如能掌握这些原则,将在龙卷风着地之前 20～30min 发出警报。据统计,满足上面三指标(即核区直径和最大转动速度、伸展厚度、持续时间)的中尺度气旋中,发生龙卷风的可能性仅为 30%,但是产生强烈灾害性天气的可能性在 90%以上。

中尺度气旋的生命史可分为形成阶段、成熟阶段和消散阶段,分别讨论如下:

1. 形成阶段:中尺度气旋的速度分布特征起源于中层(约 5km 高度),并向上、向下增长。另外,中尺度气旋底部以下常伴有相应尺度的辐合特征。

2. 成熟阶段:中尺度气旋发展到最强时期即为成熟阶段,这时它的旋转速度最大,形成龙卷风的概率最高。并且中尺度气旋核区已到达最低层,伸展的厚度也达到最大值。这段时期的径向速度分布特征可归纳成以下四种类型:

(1)在低层,上升气流下面的辐合运动和中尺度气旋的转动相结合而形成辐合性的气旋运动,其相应的径向速度特征如图 8.37(a)所示。

(2)在中下层为纯气旋运动,气流结构和相应的径向速度分布特征,如图 8.37(b)所示。

(3)在中上层,为风暴顶部的辐散运动和中下层的纯气旋运动相结合,从而形成辐散性气旋,如图 8.37(c)所示。

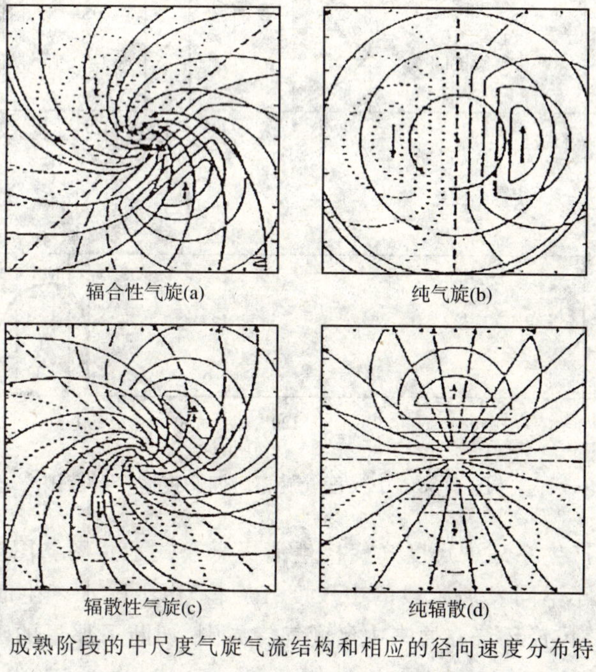

图 8.37　成熟阶段的中尺度气旋气流结构和相应的径向速度分布特征

(4)在中尺度气旋顶以上的风暴顶部为纯辐散气流，如图 8.37(d)所示。应指出，有的风暴回波顶较低或中尺度气旋向上伸展很高，或者距雷达很近而探测仰角不高时，纯辐散气流的径向速度特征可能探测不到。

3. 消散阶段：消散阶段始于中尺度气旋高度迅速下降，且转动速度减少，最后仅在很浅薄的层内残剩着中尺度气旋核区，并且在低层常伴有辐散气流。

8.3.4　中尺度气旋核演变的概念模式

有些中尺度气旋仅产生一核区，但是有些却能周期性地产生一系列中尺度气旋核。一般情况下，最初形成的中尺度气旋核的形成阶段和成熟阶段的时期要相对长些。当它处于消散阶段时，第二个中尺度气旋开始形成，但形成阶段和成熟阶段比第一个核要快些。如此往复产生一系列的中尺度气旋核，它们的形成和成熟阶段的速度越来越快。图 8.38 为多个中尺度气旋核时间高度演变示意图，顶部为超级单体回波强度的时间高度分布。

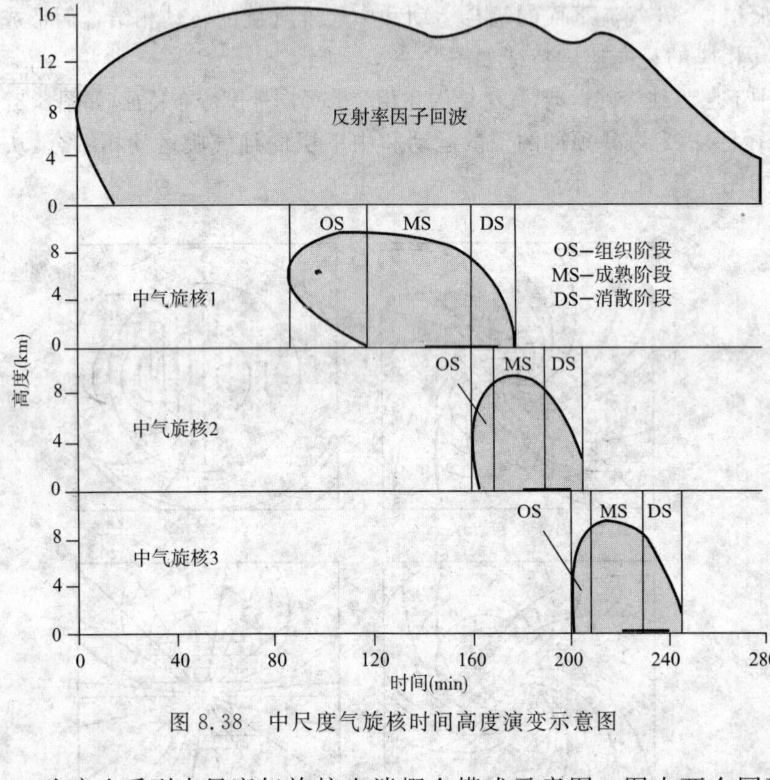

图 8.38　中尺度气旋核时间高度演变示意图

图 8.39 为产生系列中尺度气旋核生消概念模式示意图。图中两个圆形(用 T 表示)代表两个处于不同发展阶段的中尺度气旋核，由于降水产生的雨区后侧下沉气流(RFD)形成的阵风锋环绕在原来中尺度气旋周围，切断了那里的暖湿空气的流入。因

此原有中尺度气旋核开始消散，同时雨区后侧下沉气流(RFD)和前侧下沉气流(FFD)交汇处产生强烈的辐合，辅之以风暴运动方向前方的暖湿空气入流，使第二个中尺度气旋核很好地被组织起来。

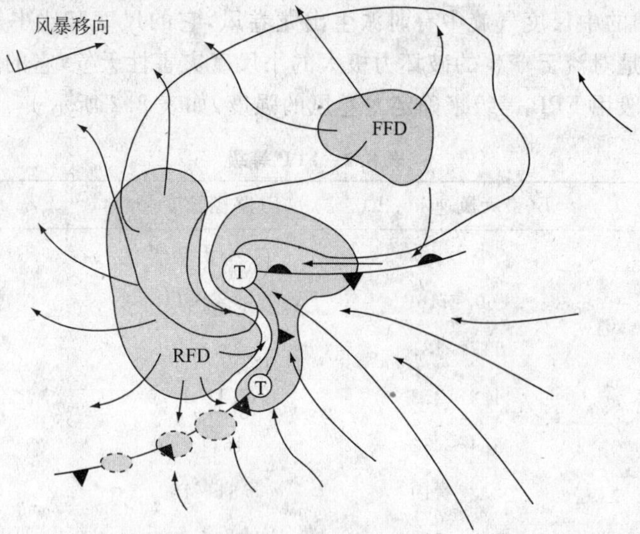

图 8.39　中尺度气旋核生消概念模式示意图

含有龙卷风的中尺度气旋在随超级单体移动中演变，图 8.40 为三个龙卷风的轨迹

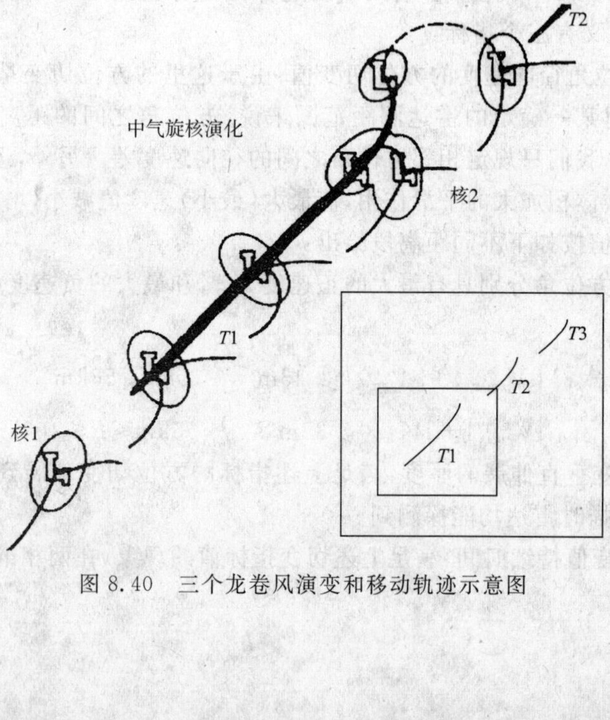

图 8.40　三个龙卷风演变和移动轨迹示意图

图。图中粗线(标有 T_1,T_2,T_3)为三个龙卷风的轨迹。

8.3.5 龙卷涡旋信号

超级单体中的中尺度气旋中有时派生出龙卷风,它的尺度又比中尺度气旋的尺度要小很多,龙卷是对流云产生的破坏力极大的小尺度灾害性天气,它的直径一般从几十米到几百米,一般用 FPP 等级来确定龙卷风的强度,如表 8.2 所示。

表 8.2 FPP 等级

等级	F(最大风速 km/h)	P(路径长度 km)	P(路径宽度)
	小于 60	小于 0.6	小于 5m
0	60~116	0.6~1.5	5~15m
1	117~181	1.6~5.0	16~50m
2	182~253	5.1~16.0	51~160m
3	254~332	16.1~50	0.2~0.5km
4	333~419	51~160	0.6~1.5km
5	420~512	161~307	1.6~5.0km
6			5.1~16.0km

龙卷涡旋信号(TVS)是多普勒天气雷达探测业务上用以判断强烈龙卷风的一种方法。TVS 的定义有三个指标:

(1) 相邻方位角径向速度的方位切变值:由于这里的方位切变是指相邻方位角之间的切变,所以对某一确定的雷达测距范围来说,方位角之间的距离间隔几乎是相等的。为简单起见,我们只规定相邻方位角之间的径向速度差。另外,还必须考虑随着测距增加,导致采样体积加大的平滑作用,使最大(最小)速度值减小(增加)的情况。所以方位切变的指标值按如下不同距离段给出:

若某两相邻方位角分别具有最大的正速度 $V_{r\max}$ 和最大的负速度($V_{r\min}$),并且其速度差

$$|V_{r\max}|+|V_{r\min}|\geqslant 45\text{m/s} \qquad R\leqslant 56\text{km}$$

或者

$$|V_{r\max}|+|V_{r\min}|\geqslant 35\text{m/s} \qquad 56\text{km}\leqslant R\leqslant 102\text{km}$$

(2) 方位切变垂直伸展的厚度:满足上述指标的方位切变伸展到数千米或者至少两个最低仰角扫描时雷达均能探测到。

(3) 方位切变值持续时间:满足上述切变指标值的现象,在两相继的体积扫描中均存在。

这三者均超过或等于上面给出的指标值即称为 TVS。这三个指标中相邻方位角径向速度的方位切变值是最重要的，一般情况下，若这种方位切变很强，且与中尺度气旋相伴的话，则就有足够理由发布龙卷风警报。而这种切变的垂直伸展的厚度及维持时间可以增强探测 TVS 是否确实的信心。

应指出，因为龙卷风的尺度很小（不到 1km），垂直伸展厚度不大，因此，若龙卷风距离雷达较远时，由于雷达波束随距离增加离地面的高度越来越高，就可能从龙卷涡旋气流的上部通过（见图 8.41(a)）。另外，由于雷达波束随距离增加而展宽，有可能使整个龙卷涡旋在一个波束范围以内（见图 8.41(b)），正负多普勒速度值被严重平滑。这两种情况都探测不到 TVS。

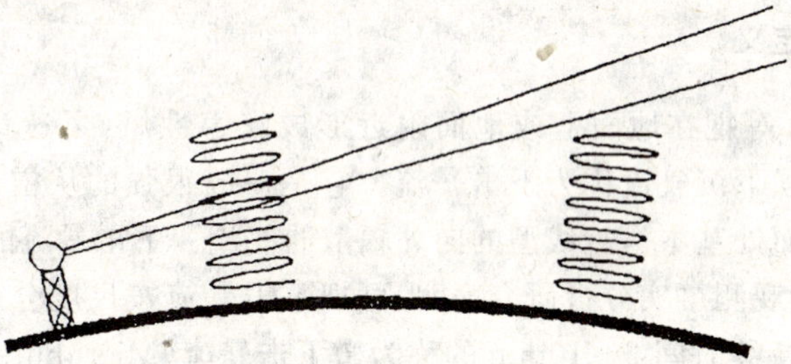

(a)

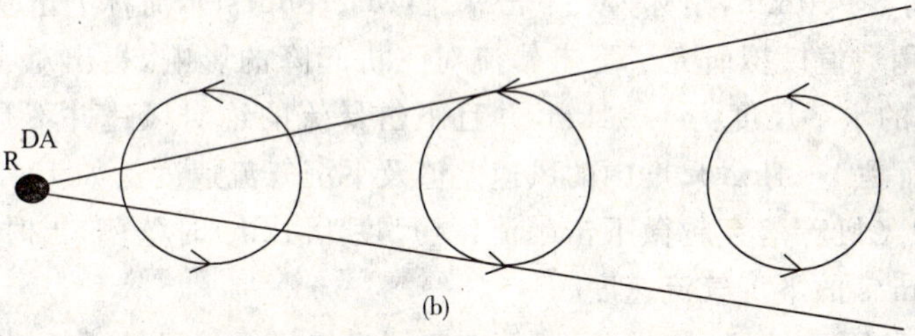

(b)

图 8.41　波束及其高度分别随距离展宽和增加，探测不到 TVS 示意图

事实上，满足 TVS 指标现象并不是经常发生的。据美国长期观测，有些随机性的质量极差的资料也几乎从来没有满足过 TVS 指标。只有较大的龙卷风或者非常靠近雷达的龙卷风才能探测到 TVS。因 TVS 的虚警率很低，再考虑到强龙卷风的巨大杀伤力，WSR-88D 系统的有关材料中强烈建议以下几点：

(1)一旦探测到 TVS，立即发布龙卷风警报。

(2)尽管伸展厚度和维持时间指标能增强探测 TVS 的信心，但是大量观测表明，在中尺度气旋中伴有明显的相邻方位角之间切变时（哪怕这种切变没有满足所有指标），发布龙卷风警报经常是正确的。

(3)由于 TVS 不经常探测到，其探测到的概率很低，所以大多数的龙卷风警报都是建立在探测到较强中尺度气旋基础上的。

§8.4 下击暴流探测

一般强雷暴(超级单体或多单体雷暴),或与飑线强阵风锋面有关的带状回波中处于成熟阶段的单体中的下沉气流,在近地面处向水平方向扩散,常常形成辐散性的阵风,有时阵风风速很大,可以造成类似龙卷风那样的严重灾害。有时虽然风速不大,但由于这种辐散性气流的尺度较小,并且在这种尺度范围内风向相反,假如这种情况发生在机场附近,则可能对飞机起飞降落影响极大,有时会发生灾难性的后果。据调查分析,美国由于气象原因的飞机事故大多数为这种下击暴流所致。

8.4.1 下击暴流定义

1976年Fujita等把在地面上或地面附近形成灾害性风(风速达17.9m/s或其以上)向外暴发性的强下沉气流称为下击暴流。它是一股很强的从雷暴云或对流云下方向下冲出,到近地面处基本呈直线型的向外辐散的气流。下击暴流的尺度较小,持续时间也较短。对大量观测事实分析研究表明,可把下击暴流按尺度分成二类:(1)水平辐散尺度小于4km,持续时间2～10min的称为微下击暴流(Microburst)。尺度大于等于4km、持续时间5～20min,则称为宏下击暴流(Macroburst),简称下击暴流。McCarthy和Norviel等用数值模拟研究了下击暴流对飞机起降的影响,指出对飞机起降威胁极大的下击暴流的水平尺度为1～4km,并且下击暴流的绝对风速并不是危及飞机起降的主要因子,而是1～4km尺度中的风速差值及下沉气流速度。如1975年纽约肯尼迪国际机场一架飞机着落穿越微下击暴流区(尺度为4km)时坠落,当时仅遇到7.2m/s的逆风和6.4m/s的下沉气流速度。

考虑到这种因素,1984年Wilson等在美国丹佛机场的机场天气综合研究(JAWS,Joint Airport Weather Studies)试验期间,用单部多普勒雷达探测微下击暴流时,不用原先大于17.9m/s风速的定义,他们定义的微下击暴流为:

在某个径向上,朝向雷达方向的最大径向速度和远离雷达方向的最大径向速度之间的距离小于4km,速度差大于等于10m/s,即视为达到微下击暴流水平辐散气流的初始阶段,换言之,凡在径向上具有辐散速度特征,且正负速度差达到10m/s或其以上,尺度小于4km即为微下击暴流。

以后就一直沿用这个定义,作为机场单多普勒雷达探测微下击暴流的标准。显然按这个定义,微下击暴流的径向速度的径向切变$\frac{\partial V_r}{\partial r} \geqslant 2.5 \times 10^{-3}\,\mathrm{s}^{-1}$。

8.4.2　微下击暴流对飞机起飞和降落的影响

20 世纪 70 年代以来，对几次因气象原因导致飞机起降重大事故的分析研究中发现，主要是由微下击暴流引起的，见表 8.3。

表 8.3　下击暴流造成的飞行事故

年月日	1975.6.24	1975.8.7	1976.6.23	1977.6.3	1982.7.9
地方时	15:05	16:11	16:12	12:59	15:09
机场	肯尼迪	丹佛	费城	塔克森	新奥尔良
航班号	EAL66	CO426	BL121	CO63	PAA759
飞行阶段	着陆	起飞	着陆	起飞	起飞
死亡(人)	112	无	无	无	153
受伤(人)	12	15	106	无	9
下击暴流的范围	4.1km	5.0km	2.8 km	3.1 km	—

用数值模拟方法对雷暴型低空风切变影响飞机飞行的研究表明，在一般航程内，与飞机的固有振动频率相同的水平径向(飞机航向)风切变和下沉气流的联合作用可以导致与预期航线有较大的偏差。目前一般民航飞机或运输机固定振动频率相应的波长尺度约为 1～4km，所以微下击暴流的风切变对飞机起降时的威胁极大，可能造成灾难性后果。

图 8.42 表示飞机穿越微下击暴流着陆时受低空风切变影响的情况。图中虚直线为不受微下击暴流影响时，飞行员按预定的下滑航迹角和空速配平时的降落航道。但

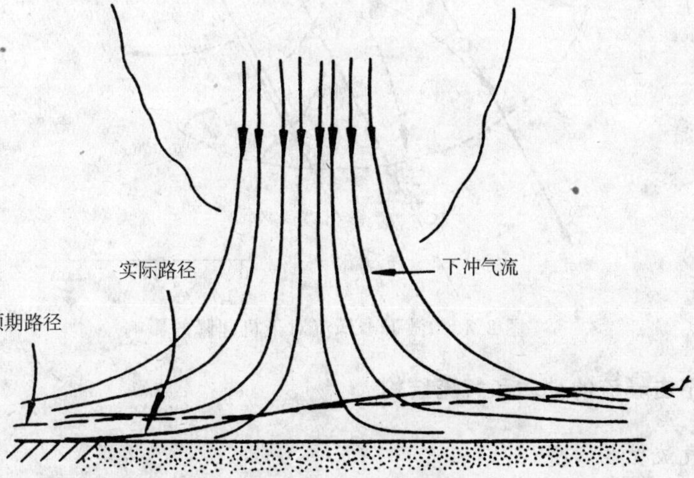

图 8.42　飞机穿越微下击暴流着陆

当飞机穿越微下击暴流区，首先遇到了强烈逆风，这时飞机空速增加，使升力增加，飞机在过大的升力作用下开始偏离预定下滑航道上升。当飞机接近下击暴流中心时，逆风风速迅变为零，且突然遇到强的下沉气流，使飞机迎角减少，升力突然减小，导致飞机迅速下落。飞机穿越下沉气流区后，又遇到强烈顺风，飞机空速进一步迅速减少，飞机继续下落，偏离预定航道俯冲。由于这时飞机的飞行高度很低，就可能触地造成严重的飞行事故。如果飞机不是正好穿越微下击暴流中心区，则飞机还要遇到强烈侧风的影响，也很难操纵飞机。但相比之下，前者的危险性比后者相对更大些。

Fujita 和 Caracena 等很好地分析了 4 架飞机起降时相对于微下击暴流的位置（见图 8.43），由图可见，造成飞机坠落事故的两架飞机（EAL66 和 CO426 号）均位于微下击暴流中心的 1km 以内，而另两架飞机位于微下击暴流中心的 1km 以外，得以飞越下击暴流区而安全起降。这就科学地解释了为什么穿越下击暴流区时，有的飞机造成坠落事故，有的飞机有惊无险的原因。

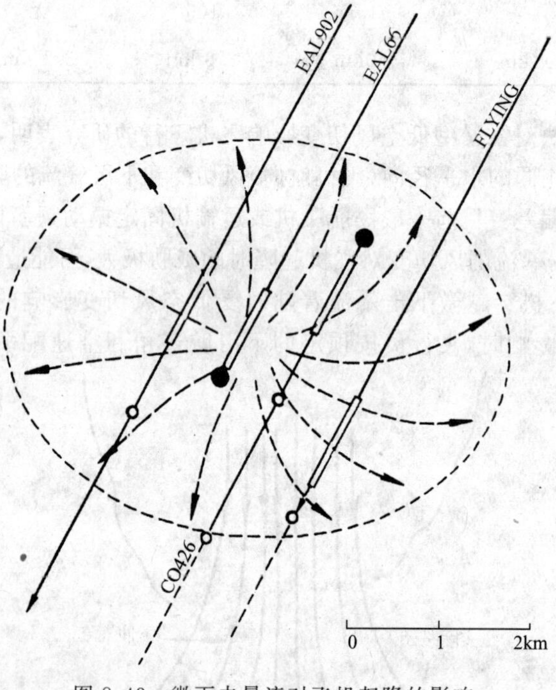

图 8.43　微下击暴流对飞机起降的影响

8.4.3　微下击暴流的性质和气流结构

8.4.3.1　气流结构

1982 年 5 月 15 日至 8 月 13 日，JAWS 试验期间，在美国丹佛机场共设置了三台多普勒天气雷达，观测同一区域。按照上面微下击暴流的定义，这三台多普勒雷达独立探测该区域的微下击暴流。在试验期间探测到了68个微下击暴流，同时用双多普勒雷达资料，对其中13个微下击暴流反演了它们的三维风场结构（用共面法和连续性方程计算得到垂直速度）。他们对这些流场作了详细分析，图8.44为其中一个微下击暴流在大约50m高度（距地面高度）平面上的水平速度场的时间演变情况。图中廓线为回波强度等值线（以dBZ为单位）。由图可见，16时41分，在40dBZ回波强度中心南侧，出现了辐散性的出流信号，其散度为$5\times10^{-3}s^{-1}$，最大风速已达到20m/s（图8.44b）。3～5min以后（图8.44c和d）辐散区域明显增加，风速达到20m/s以上。直到16时52

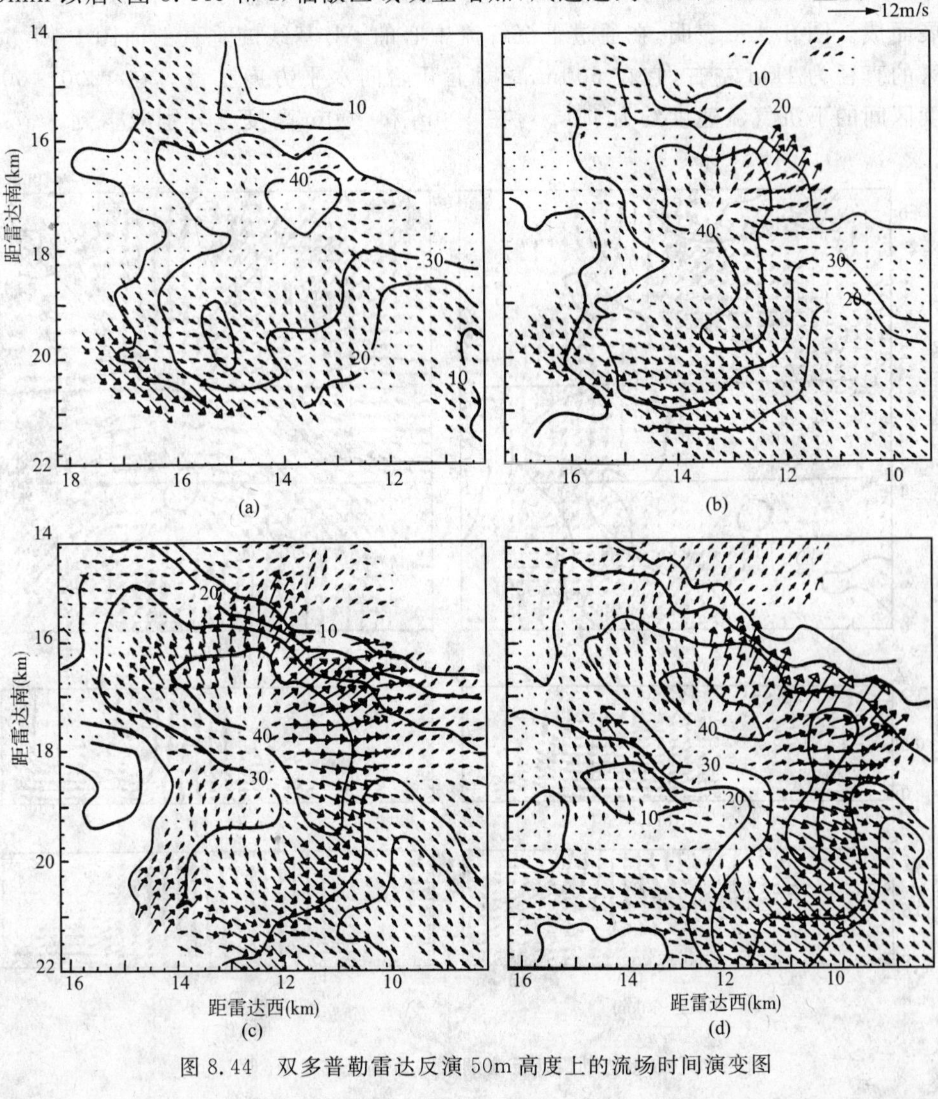

图8.44　双多普勒雷达反演50m高度上的流场时间演变图

分(图略),辐散性气流特征已减弱得很难辨认出来,并且最大风速下降到 10m/s 以下。

图 8.45 为同一天探测到的另一个微下击暴流的水平风场和相应的速度垂直剖面的时间演变情况,时间间隔为 5min,图 8.45b 和 c 分别为第一时刻观测的以 AB 和 CD 为基线的垂直剖面,图 8.45e 和 f 为第二时刻相同基线的垂直剖面。

由图可见,在第一时刻,在距雷达 13.9°E,14°S 处(见图 8.45a),前 2min 的地面散度就已达到 $15\times10^{-3}s^{-1}$。5min 后(第二时刻)散度中心已向南移动了 2～3km,并且散度中心已由一点扩展成了一条 3km 长,呈南北向的直线,散度值增加到 $25\times10^{-3}s^{-1}$(见图 8.45d)。看来南北向的下沉气流中心线首先始于北侧,而后逐渐向南扩展而成。图 8.45e 表明,在通过下沉气流中心的 AB 基线的垂直剖面图上,下沉气流区的直径为 1km 左右,它在 600m 高度上开始向水平方向扩散。在 1200～600m 高度区间的下沉气流速度约为 12m/s,在 400m 和 200m 高度已分别减少到 9m/s 和

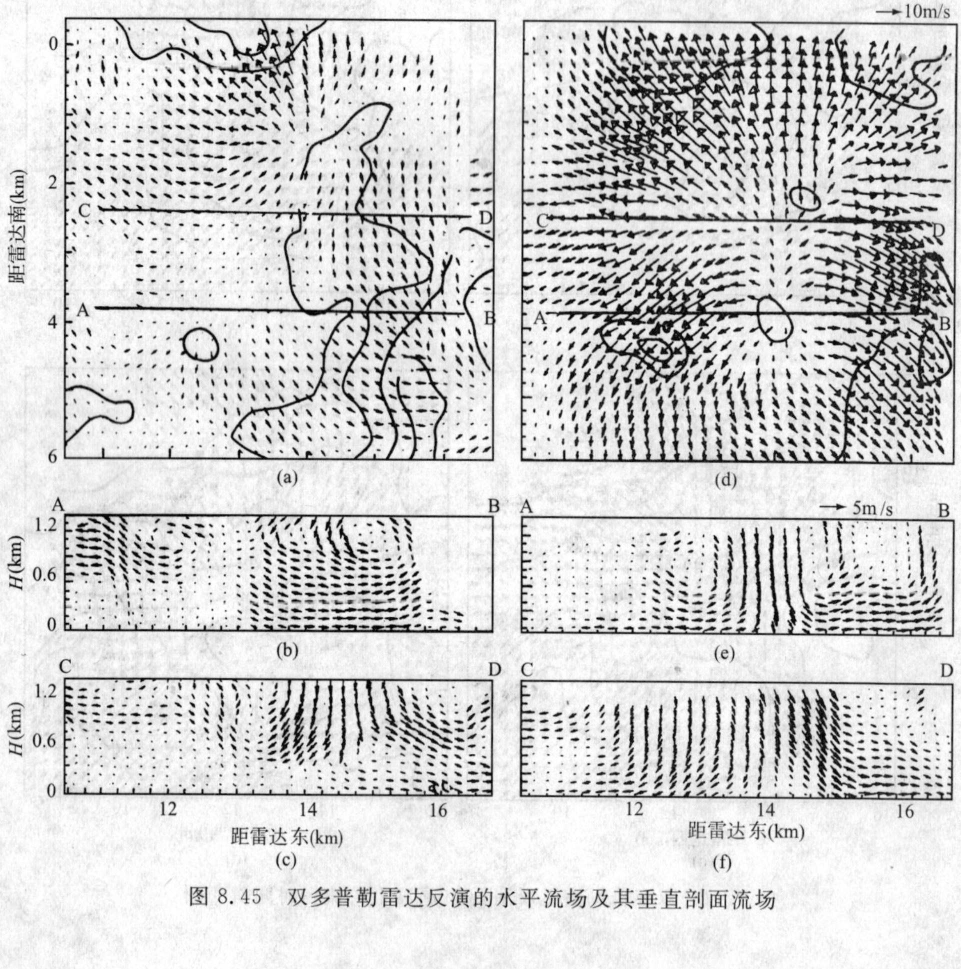

图 8.45　双多普勒雷达反演的水平流场及其垂直剖面流场

6m/s。在微下击暴流水平辐散区的东侧和西侧存在着涡动气流。这种具有涡动特征的气流对一般的阵风锋出流和其他下击暴流都是普遍存在的。从图 8.45b 可以看出，第一时刻的下沉气流仍在 1km 高度以上，这里的下沉气流速度约为 10m/s。在第一时刻的 CD 基线剖面图上（图 8.45c），可看出下击气流没有着地，但在 600m 高度上已存在着水平方向辐散气流特征，在其东西两侧已出现气流涡动现象。对照图 8.45c 和 8.45f，说明第二时刻 CD 基线处的下沉气流已经着地。下沉气流区的直径已从原来的 1.5km 扩大到 3.5km，下沉气流速度由 6m/s 增大到 10m/s。从图中还可以看到，最大散度或最大差值发生在低层约 200m 左右的高度上，这和 Fujita 等分析其他地方的微下击暴流的结果相同。

为进一步检查最大速度差的所在高度情况，首先按照上面微下击暴流的定义，用单多普勒雷达以体积扫描方式确定微下击暴流后，对这些微下击暴流不同仰角观测的速度差及其所在高度进行统计，得到速度差随高度的变化情况。如图 8.46 所示，图中四条廓线分别为三个微下击暴流速度差随高度的分布和总的微下击暴流的平均分布。可以看出，最大速度差位于 75m 高度左右，而后分别向上、向下缓慢减少，平均廓线也有类似特征。而且在这以前和以后的 2.5～5min 内，廓线形状与图 8.46 相似，所以这种分布代表了总体情况。关于 75m 高度以下速度差减少的原因，可能是地面摩擦阻力所致。例如，与多普勒雷达同时观测的 3m 高度上风速表的实测风速比较，多普勒雷达测量的低层速度要大得多。

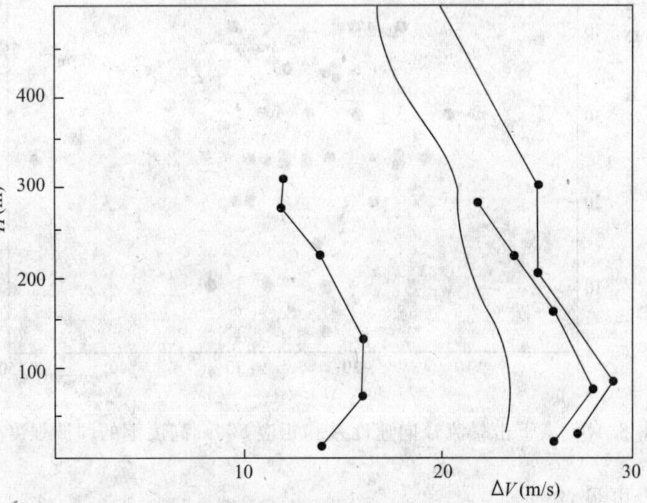

图 8.46 径向速度差随高度变化廓线

大量观测和研究表明，微下击暴流开始水平辐散出流的高度小于 1km，如对 56 个微下击暴流做详细分析后，发现单多普勒雷达速度资料中能辨认出辐散分布特征的顶部高度，在300～1200m范围内的占总数的90%。说明应用单多普勒雷达探测下击暴流时，只能进行低仰角、近距离探测，否则很可能使雷达波束高度大于1km，而探测不到微下击暴流。如美国和澳大利亚等地规定探测仰角小于1.5°，最大探测距离小于等于40km。

8.4.3.2 微下击暴流强度及其与回波强度关系

微下击暴流强度一般用朝向雷达和远离雷达的最大径向速度的差值表示，差值越大，强度越强。大量实际观测事实表明，微下击暴流强度和相应对流单体的回波强度没有关系。图8.47为在JAWS试验期间，共探测到68个微下击暴流中的径向速度差和相应产生这些微下击暴流单体内500m高度上的回波强度分布情况，图中横坐标为雷达观测的径向速度差，纵坐标是以dBZ为单位的回波强度。

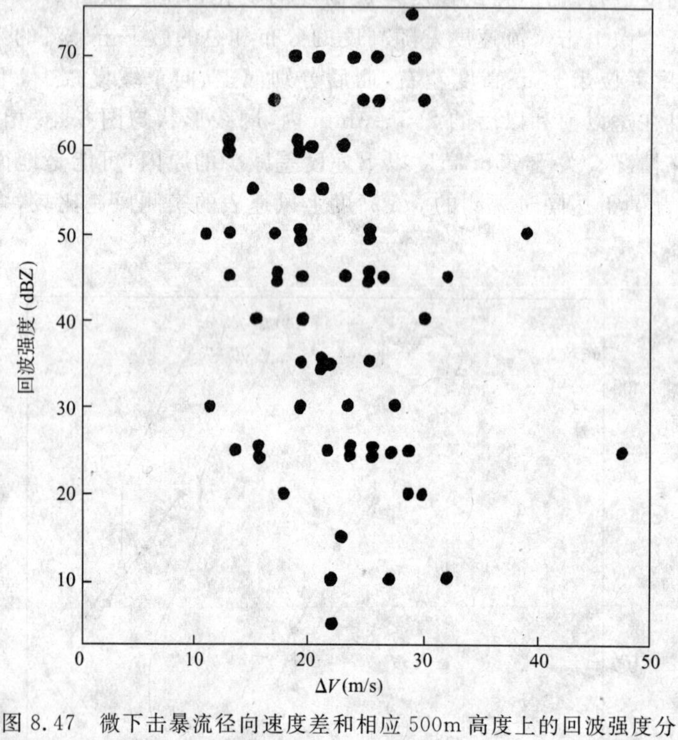

图8.47 微下击暴流径向速度差和相应500m高度上的回波强度分布

由图8.47可见：

(1)不同微下击暴流的速度差变化很大，从10m/s变化到48m/s，平均速度差为22m/s。这与Fujita等分析的造成飞机降落事故的速度差基本相同。另外，还与1989年澳大利亚达尔文市的试验结果也非常相似，研究人员在达尔文市2月份(夏天)15天的试验期间内，在 40km 范围内共探测到 76 个微下击暴流（仍按照相同的微下击暴流定义），其分布如图 8.48 所示。这些微下击暴流的速度差和平均速度比美国丹佛机场探测的略小些，分别为 27m/s 和 17m/s。这主要是因为达尔文市雷达的径向分辨率比美国雷达的径向分辨率小的缘故。

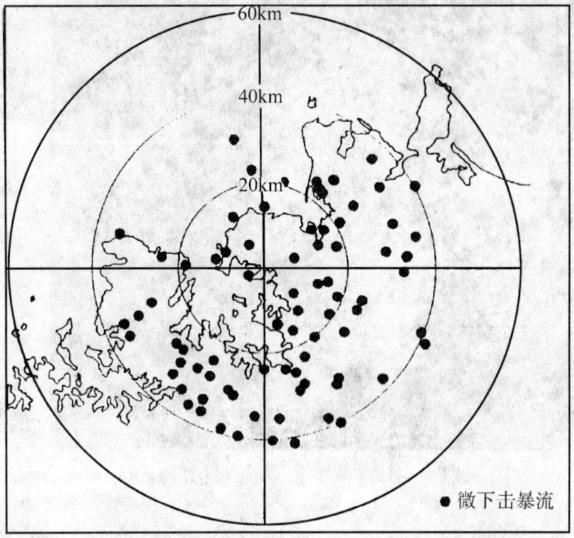

图 8.48　澳大利亚达尔文市试验期间探测的微下击暴流分布

（2）微下击暴流的速度差和相应 500m 高度上的回波强度没有关系，如 48m/s 的速度差的强烈下击暴流所相应的回波强度小于 30dBZ，而 70dBZ 回波强度的雷暴的速度差也仅为 18～30m/s 之间。从图 8.47 还可看出，微下击暴流相应的回波强度变化范围很大，为 10～70dBZ（其中一 5dBZ 的微下击暴流除外）；从 68 次微下击暴流中，小于等于 30dBZ 的次数为 23 次，占总数的 34%。小于等于 20dBZ 的占总数的 12%。所以有人把回波强度很弱，表示地面上小雨或无雨情况下发生的微下击暴流称为“干”微下击暴流（Dry Microburst）。但应指出，这种干微下击暴流可能主要发生在气候较为干旱地区（JAWS 试验地属此类地区）。在水汽较为充沛的沿海热带地区可能很少发生这类干微下击暴流，如在澳在利亚达尔文市 15 天试验期间，发生微下击暴流的对流单体的回波强度都在 30dBZ 以上，不属于干微下击暴流。1998 年 7 月我国宁波地区的多普勒雷达也观测到微下击暴流（按照上面微下击暴流定义），如图 8.49 所示。对照同时探测的回波强度资料（图略），说明微下击暴流和回波强度也没有什么关系，但不属于干微下击暴流。

8.4.3.3　微下击暴流的生成环境和机制

典型的干微下击暴流，其生成环境是一个具有湿的对流层中层大气，而在云下为一

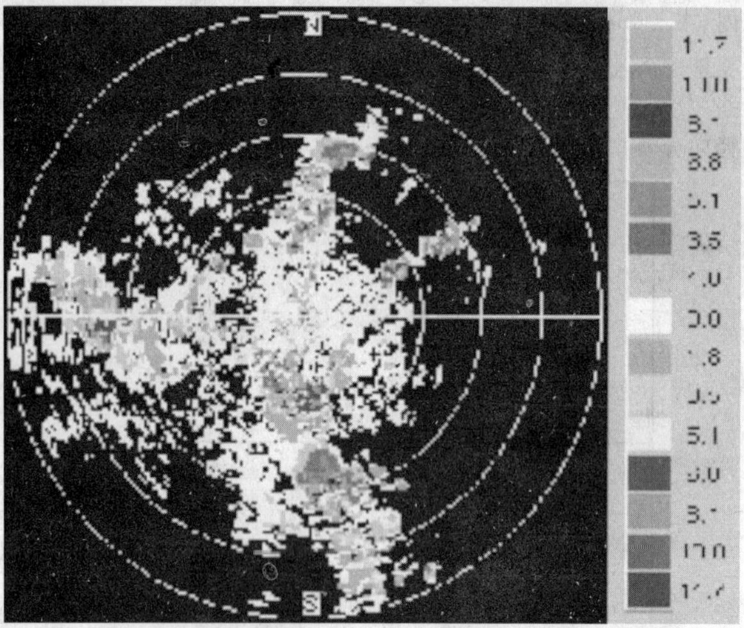

图 8.49　宁波地区一次实测下击暴流，距离每圈 12km(参见彩图)

个深厚而湿度很小的干空气层。如图 8.50 所示，在 500hPa 附近存在一湿层，以下的空气很干燥，温度递减率几乎是干绝热的。当在中层形成雨滴下落到深厚而干燥的边界层中时，由于强烈蒸发冷却使下沉气流加速而产生近地面的下击暴流。

湿微下击暴流典型的生成环境，则在低层是深厚而潮湿大气，在其上覆盖着一干层(图 8.51)。这样的层结环境，就不能用云下雨滴蒸发冷却来解释。这是因为(1)云底高度较低，没有足够的时间加速气块的下沉运动；(2)云下湿度较大，减少了蒸发率，所以蒸发冷却作用不明显；(3)低层存在着较稳定的温度递减率，很难使气块加速。

对这种湿微下击暴流形成的可能解释是，雷暴中的强上升气流由于惯性穿过对流高度上冲到稳定层结(见图 8.52a)，形成在云砧上突起的冷重云顶，并从高层大气中获取大的水平动量。当雷暴云下的阵风锋向前移动切断低层暖湿空气的供应时(见图 8.52c 和 d)，上冲气流减弱以至消失，冷重云顶便下坍。由此产生下沉气流，由于具有高层大气的大的水平动量，在到达地面附近时，形成下击暴流。多普勒雷达观测雷暴下部气流的资料，证实了这种机制的存在。

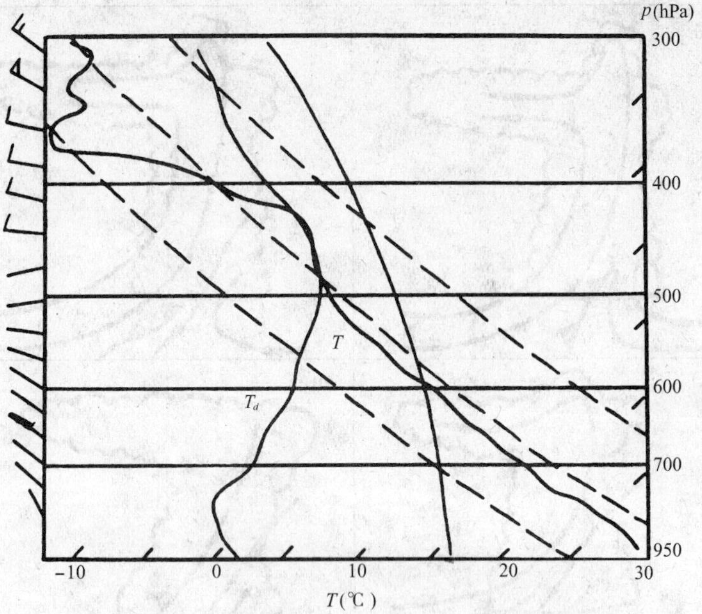

图 8.50　产生干微下击暴流典型探空曲线

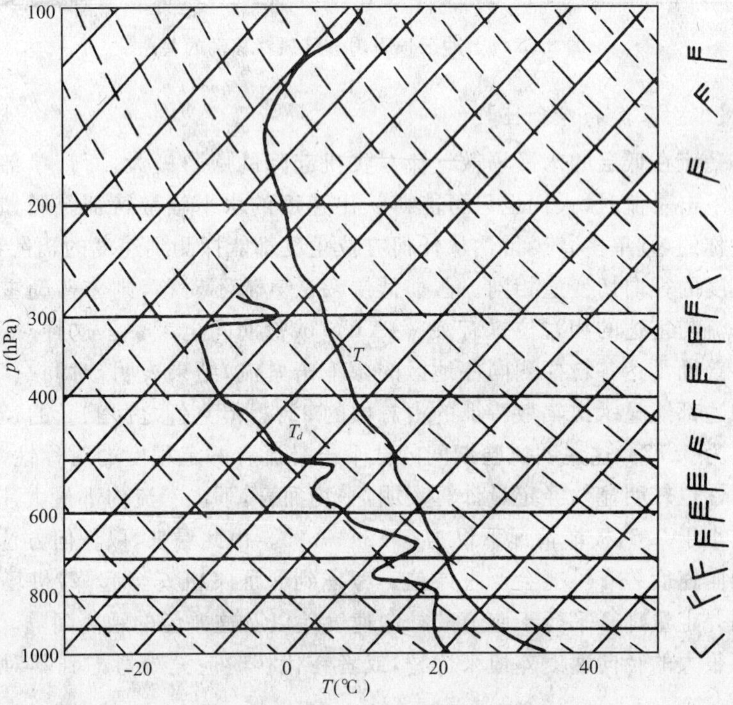

图 8.51　产生湿微下击暴流典型探空曲线

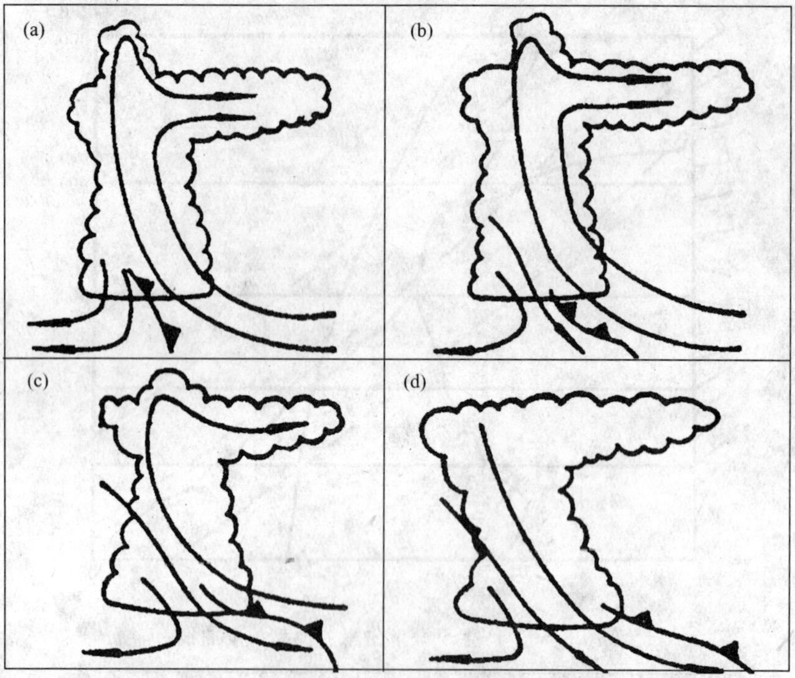

图 8.52 上冲云顶下坍和阵风锋移动的关系

8.4.3.4 微下击暴流的对称性

微下击暴流在低层的水平辐散气流对飞机起降的威胁极大，而且单部多普勒雷达低仰角探测下击暴流时，人们也只可能辨认出速度的水平辐散特征。假如这种低层辐散气流是对称的，则单多普勒雷达从任何方位角度都能探测到速度的辐散特征分布，并且其径向速度的径向切变值相同。假如低层辐散气流不对称，则多普勒雷达探测时就和微下击暴流与雷达的相对位置有关。JAWS 试验期间也考察了这种对称性问题，他们用三部多普勒雷达各自探测同一地区的微下击暴流，结果表明，对同一下击暴流，三部多普勒雷达都能显示出辐散特征的占总数的 92%，但它们之间测量的径向速度差值的相关系数为 0.72。这说明试验期间的微下击暴流有一定程度的对称性，但径向速度差的不对称性也较明显。经定量计算表明，平均而言，下击暴流内部最大速度差和最小速度差之比小于 0.5，极端情况下仅为 0.15～0.20。由此看来，以任何方位角探测微下击暴流的径向速度差有可能会产生误差。考虑到保证飞机安全起降，机场多普勒雷达应重点探测并定量计算平行于跑道的径向速度差以及这差值的距离间隔。最好不要用与跑道夹角很大的径向速度差值来代替，或者在代替时应充分考虑到不对称性带来的误差。

8.4.3.5　微下击暴流的持续时间和多发性

微下击暴流的生命史极短，统计分析结果如 8.53 所示，图中横坐标为间隔时间，即自从符合微下击暴流最低标准开始，到形成最大速度差之间的时间间隔 Δt，纵坐标为频率。

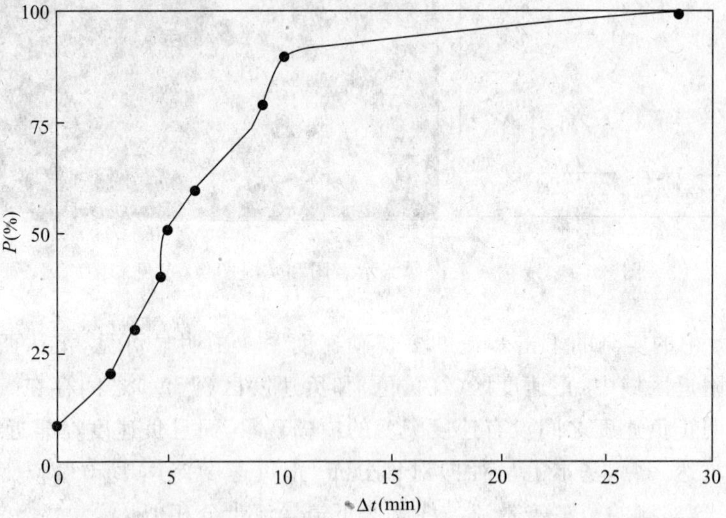

图 8.53　微下击暴流的持续时间的累积频率分布

从图 8.53 可明显看出，$\Delta t=0$ 的频率仅为 4%，说明达到微下击暴流最低标准后不再发展的与总数之比很低。$\Delta t=5$min 的频率为 53%，$\Delta t=10$min 的频率为 95%。一旦速度达到最大后就很快减弱，经常在 5min 之内消失。偶尔有个别的下击暴流，其辐散区进一步增长，变成持续一段时间的辐散区或辐散性切变线，但其切变强度(风速差)进一步减弱。

不同地点的单多普勒雷达探测事实表明，微下击暴流经常不是单个孤立发生的，经常成群产生。如 JAWS 试验期间，70%的在同一天发生 3 个以上微下击暴流，澳大利亚达尔文市试验期间，平均每天发生 5 个以上，最多的一天发生了 16 个。我国探测的微下击暴流也有类似情况(见图 8.49)。所以在多普勒雷达探测时，一旦发现有微下击暴流发生，就必须引起警觉，密切监测 40km 范围，特别是邻近机场区域的径向速度的中小尺度辐散特征。

有时微下击暴流群发的位置很接近，宏观看来，各个微下击暴流中心形成一条线或间断线，如图 8.54 所示，从图 8.54a 也可明显看出线性的辐散中心。这也是形成微下击暴流不对称的重要原因之一。有时这些群发性微下击暴流的前向边缘组合成一阵风锋。形成不对称的另一原因可能和下沉气流相对于垂直方向的倾斜性有关，可以理解，当下沉气流越倾斜，则低层水平辐散气流区前缘的出流速度越大于其后缘的出流速度。

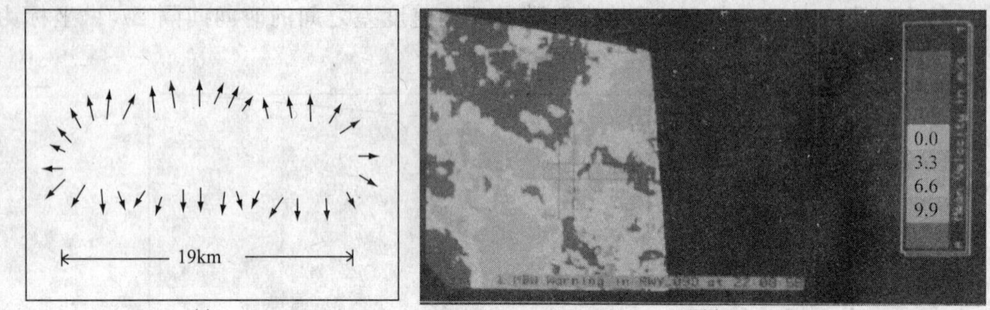

(a)　　(b)

图 8.54　线状微下击暴流示意图和实况图像(参见彩图)

图 8.54 中的实测的下击暴流的多普勒速度图像中明显可见，雷达西南方的十字形飞机跑道附近区域中，正速度区(红黄色)和负速度区(蓝色)之间存在一条很窄的零速度带。说明正负速度之间没有速度突变的模糊现象，而且负速度在靠近雷达一侧，正速度在远离雷达一侧，基本上呈径向对称分布，正负速度差达 10m/s 以上。对照图中的示意图像，这实测的微下击暴流与线状微下击暴流十分相似。

8.4.3.6　微下击暴流的演变模式

通过大量多普勒雷达观测事实，总结归纳的微下击暴流演变模式如图 8.55 所示，图中 T 时刻为符合微下击暴流定义的辐散气流接地时间。由图可见，接地前 5min(即 $T-5$ 分钟)，下沉气流在 2km 或其以上，这时速度分布没有明显的水平辐散特征，但下沉气流和其母云中的回波强度中心相伴。接地前 2min 时，下沉气流在 1km 以下的高度，并且开始显示出水平辐散气流特征，在辐散出流两侧边缘存在着水平涡动气流现象。这时近距离低仰角探测时就能识别出径向速度的辐散特征(小尺度)。在 T 时刻，水平辐散气流接地，这时下沉气流速度已增加到 10m/s 左右，下沉气流区的直径约为 1km，水平辐散气流的厚度小于 1km，其中在 1.8km 的水平距离上的最大速度差达到 12m/s，即径向切变值为 $6.7\times10^{-3}s^{-1}$。接地 5min 前后，向辐散气流区的四周伸展，在 3.1km 距离上的最大速度差为 24m/s，即速度径向切变为 $7.7\times10^{-3}s^{-1}$。到 $T+10$ 时刻，下沉气流区直径扩展到 2～3km，但下沉速度下降；水平辐散气流扩展到 6～8km，但速度差值减少。$T+10$min 以后，进一步扩散，这时大多数个例中的水平辐散特征已很不明显，少数的辐散气流区扩散后的特征继续存在，但速度差值减少。还有极个别的辐散气流区扩散后，新的微下击暴流在该区域内突然发展形成。

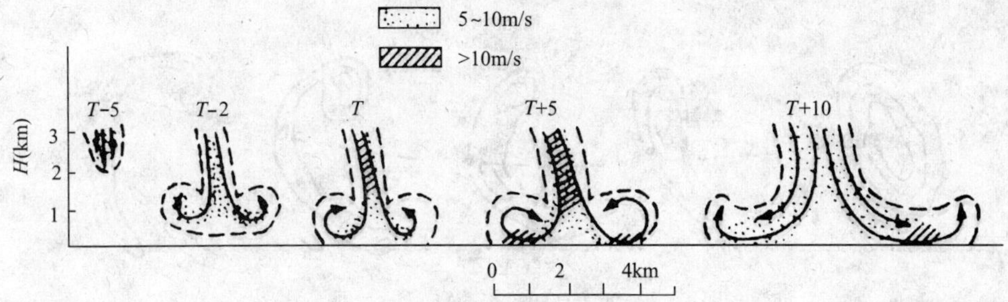

图 8.55　微下击暴流的演变模式

8.4.4　微下击暴流的强度回波特征

下击暴流的尺度很小，现有的地面观测站网难以发现和追踪。近年来在美国主要机场上安装的用来警戒低层风切变的测风网(LLWSAS)，也经常不能发现尺度更小的微下击暴流。研究大量下击暴流个例的雷达强度回波特征后发现，大多数伴有强下击暴流的雷暴回波，具有钩状或弓状的回波形态特征，如图 8.56 所示。强下击暴流通常发生在回波钩的周围和弓状回波的前沿。对弓状回波作为强天气识别指标的可靠性进行统计后，表明弓状回波是发布强天气警报的一个重要指标。

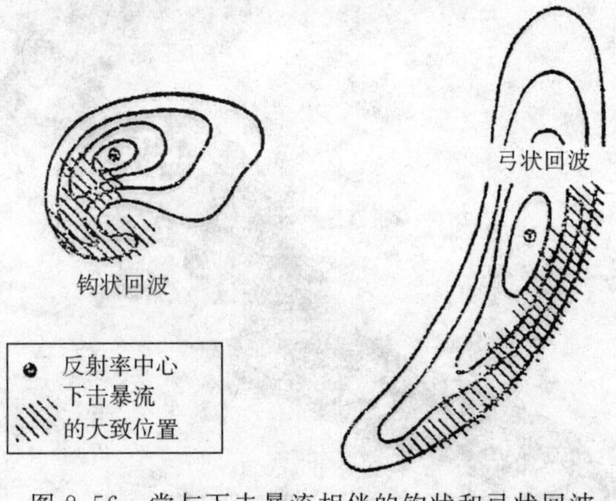

图 8.56　常与下击暴流相伴的钩状和弓状回波

图 8.57 所示的是弓状回波的演变模式，由图可以看出，弓状回波是由强、大、高的对流回波演变而成的。当它的两端进一步向后弯曲，使回波中部进一步向前突出时(图 8.57c)，下击暴流最强。在下击暴流减弱期，弓状回波演变成逗点状(图 8.57d 和 e)，它前进方向的左端为回波较强的头部，那里常形成钩状回波，气流呈气旋式旋转，可能产生中尺度气旋及龙卷风；前进方向的右端是伸展很长的尾部，气流呈反气旋式转动。也有的弓状回波在转变成逗点状回波之前就消失了。

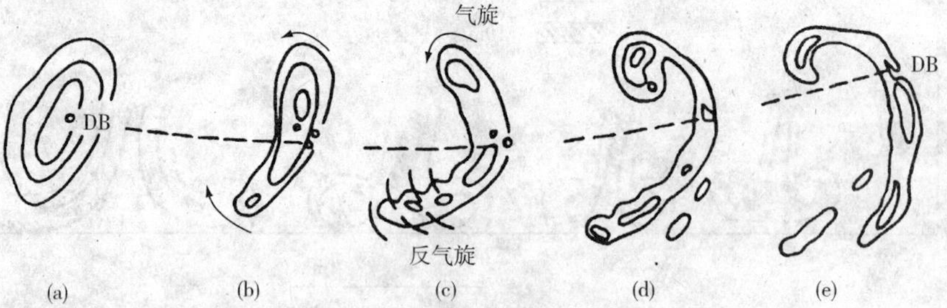

图 8.57　弓状回波演变模式

弓状回波除了其形态特征外，其排列走向和移动也有其特点。观测表明，弓状回波的走向常和 500hPa 上空气流的方向正交，并随着高空风向前移动，其移速常大于 60km/h，甚至超过 100km/h。

此外，还有较强的带状回波，由于某种原因产生扰动，产生带状回波波动模型形态(LEWP)，在其突出部位也常伴有下击暴流，其后凹部位常伴有中尺度气旋及其派生出的龙卷风，如图 8.58 所示。

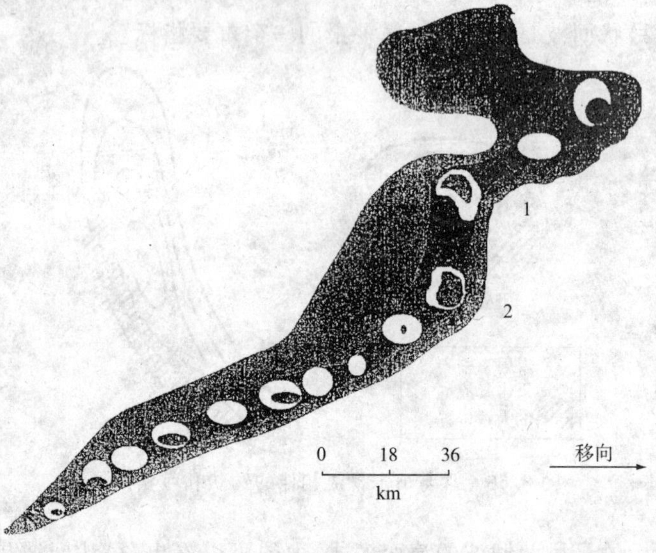

图 8.58　LEWP 回波形态

图 8.59 为我国贵州省观测到的一较典型的弓状回波，它尺度较大，已成为一超级单体。我们应用回波跟踪技术估计这回波内部的运动情况，结果如图 8.60 所示，由图可明显看出，其估计的流场结构与图 8.57c 的模式气流基本上是相同的。这更进一步证明了弓状回波演变模式的代表性。

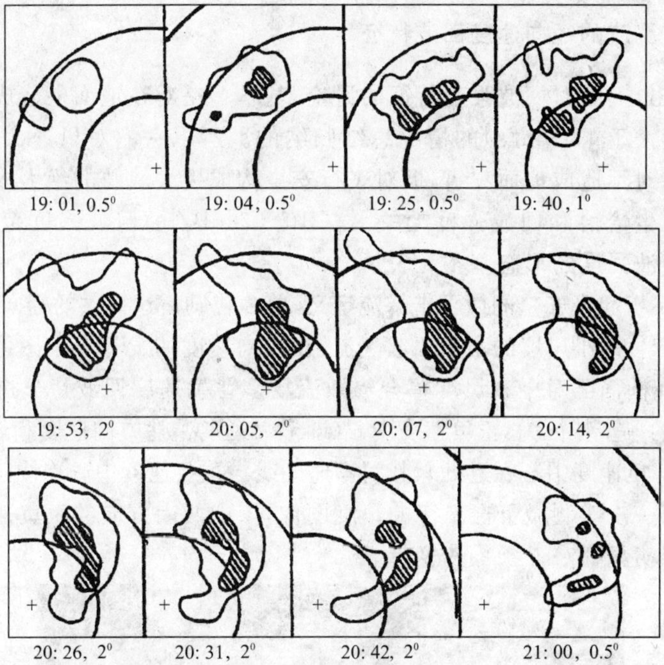

图 8.59　一次实测弓状回波

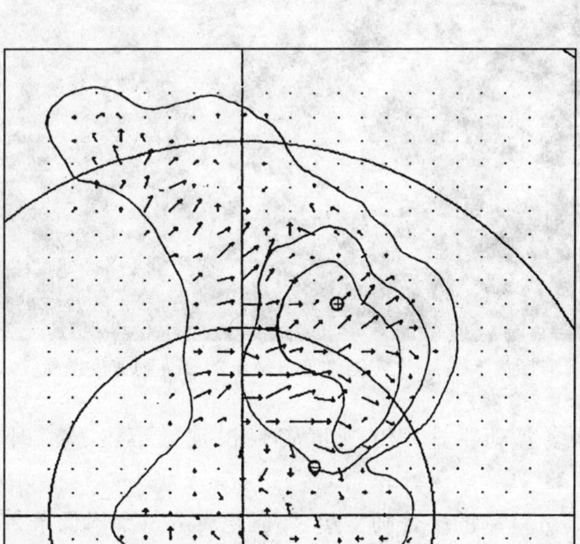

图 8.60　应用回波追踪技术估计的内部流场

8.4.5　微下击暴流的径向速度回波特征

应强调指出，上面对回波强度特征的讨论，基本上是对在地面上造成灾害的下击暴流(即地面风速大于17.9m/s)的情况总结归纳的。所以它们对风速大于17.9m/s的下击暴流适用，对不造成地面灾害，但对飞行安全构成极大威胁的绝大多数的微下击暴流来说，它的发生恰恰和回波强度无关。在10～70dBZ的回波强度范围内都可能产生，所以也和回波强度的形态基本无关。

按照保障飞机起降安全的微下击暴流定义，单多普勒雷达提供的径向速度回波信息，对微下击暴流产生的小尺度的水平辐散气流，在径向速度的PPI显示图像中有明显的分布特征。我们在前面已对中小尺度辐合辐散流场多普勒速度回波特征进行过详细讨论(见7.4.1)，它的典型特征为：正负速度中心(即最大远离雷达方向速度和最大朝向雷达速度)呈径向对称(负速度中心在近处)，其间零速度线与正负速度中心连线正交。

图8.61为一次实测微下击暴流的速度图像，图中西南方向的正负速度中心基本呈径向对称，其间明显存在一条零速度带。

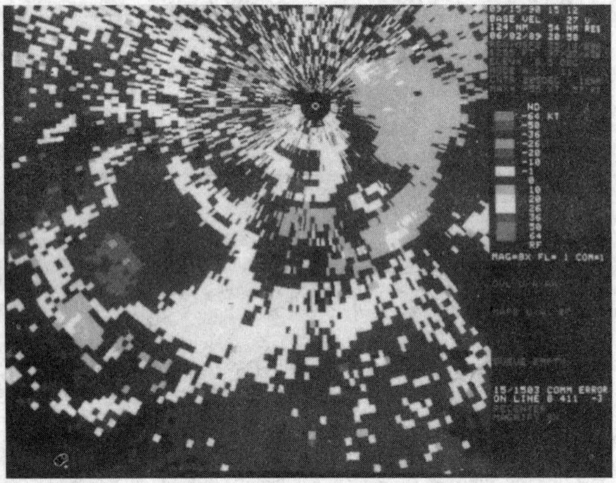

图8.61　一次实测微下击暴流的多普勒速度图像

在实际应用单多普勒雷达PPI速度资料识别微下击暴流时，应注意以下几种情况：

(1)必须使用高分辨率的多普勒雷达，一般距离分辨率不低于250m，方位分辨率不低于1°。否则可能因为距离和方位的平滑作用而探测不到尺度很小的微下击暴流。我们目前在业务上应用的多普勒雷达基本上都能满足这一要求。

(2)鉴于微下击暴流的水平尺度小于等于4km，水平辐散气流的厚度小于1km，所以多普勒雷达必须低仰角做近距离探测，一般仰角不大于1.5°，探测范围为半径40km

左右。另外，由于微下击暴流的突发性，必须密切监测飞机起降前邻近机场区域的情况，特别是与跑道和飞机航道平行的径线上的情况。

(3)注意速度模糊现象的判断，以避免造成产生微下击暴流的假像，有条件的台站最好应用经双 PRF 技术扩展多普勒速度不模糊范围的 PPI 图像识别微下击暴流的径向速度特征。

(4)设置在机场内的多普勒雷达必须注意地物回波的影响。一般情况下使用经地物回波抑制技术处理后的资料，并且仔细选择探测仰角，使残剩的地物回波尽可能地少。对个别台站，若选择的仰角大于 1.5°，则探测范围必须减小，具体可根据测高公式计算，使得波束轴线的高度不大于 1km。

(5)若多普勒雷达设置在机场外十几千米的地方，则必须注意雷达探测机场的径向与飞机跑道之间的夹角。若夹角过大，由于微下击暴流的不对称性可能导致误差。

(6)由于产生微下击暴流和相应的回波强度基本无关，所以在监测强雷暴条件下的微下击暴流的同时，还必须注意回波强度不大的云情况下的微下击暴流。在有利产生对流性天气的环境条件下，在小雨或无雨时，最好也进行监测，防止“干”的微下击暴流漏网。

(7)有些观测个例分析表明，微下击暴流存在如图 8.62 所示的三维流场结构。

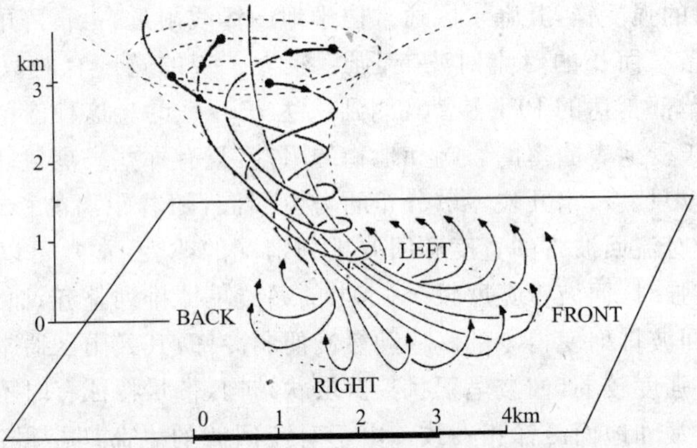

图 8.62　微下击暴流三维流场结构

由图可见：①首先在 3～6km 高度的中空存在明显的辐合气流或气旋辐合气流；②而后中空以下，伴随降水质点下落，大气呈旋转下沉运动；③下沉到近地面的低空(1km 以下)水平扩散，形成强的辐散气流。由此可见，当用单多普勒雷达进行高仰角探测时，有可能探测到中空的辐合气流。我们知道，多普勒雷达的径向速度在中小尺度的辐合运动中有很明显的分布特征。这样，若我们在下击暴流的下沉气流还没有到达 1km 高度的低空以前，能及时识别这种中空的辐合特征的话，则将使对微下击暴流的警戒能提前 2～5min。

第九章 天气雷达探测大尺度天气

§9.1 天气雷达探测锋面

锋面是大尺度天气系统，往往需要综合多部雷达探测的结果才能了解其全貌。不过单部雷达获得的资料，除了可以了解有效探测范围内的中尺度结构外，对大尺度的结构也可以作一定的推测。

9.1.1 锋面的回波强度图像特征

9.1.1.1 冷锋的回波特征

冷锋降水在雷达上显示的回波特征，随着冷锋强弱、季节、地区等的不同而有很大差别。移动较快的强冷锋，其降水区通常位于地面锋线附近，由雷阵雨组成，宽度较窄。因此，回波为一条窄而长的对流回波带，强度较大。带的宽度有时只有一块回波的宽度，带的长度在单部雷达的 PPI 上曾观测到长达 700km 的。这种冷锋回波带在距离雷达站较远时，由于受地表曲率的影响和地物的阻挡，只有那些发展较旺盛的对流单体才能被观测到，所以只显示出几块零散分布的对流回波，随着距离的移近，带状结构就越来越清楚。冷锋对流回波带的宽度和回波排列情况的改变，常常可以反映冷锋强度的变化。当冷锋较强时，回波带宽度较窄，带上的回波单体排列整齐；而当冷锋减弱时，回波带变宽，带上回波排列变得零乱。移动缓慢的弱冷锋，其云雨区通常位于地面锋线的后方，宽度较大，强度较弱，回波呈絮状甚至层状结构，带状特征有时不明显。冷锋回波带的移向移速通常和地面冷锋相一致。由于对流回波的生命期是很短的，所以在冷锋回波带持续存在和移动的过程中包含着平移、连续传播和离散传播等移动的多种方式。

图 9.1(a)所示是 1978 年 6 月 19 日济南 711 雷达观测的一条冷锋回波带随时间的演变。可以看出，在 17 时 15 分以前，带上回波排列整齐，宽度较窄，当时带上多处降雹；17 时 15 分以后，带上回波排列逐渐零乱，宽度增大，带状特征逐渐变得不明显，这时地面降雹已经停止。图 9.1(b)是 14 时的地面天气图，图 9.1(c)是降雹的时间和地点。

图 9.2 是 2003 年 8 月 2 日成都空军某气象台多普勒天气雷达探测到的一次弱冷锋影响下的层状云降水回波。图 9.2(a)为当日 07 时的天气实况图，标有冷锋的位置。图 9.2(b)为 07:07 的回波强度 PPI 显示，可见回波区比较宽，强度不大，最大仅 25dBZ。图 9.2(c)为 07:07 径向速度的 PPI 显示，分析可见，地面为偏北气流，在北和西北象限

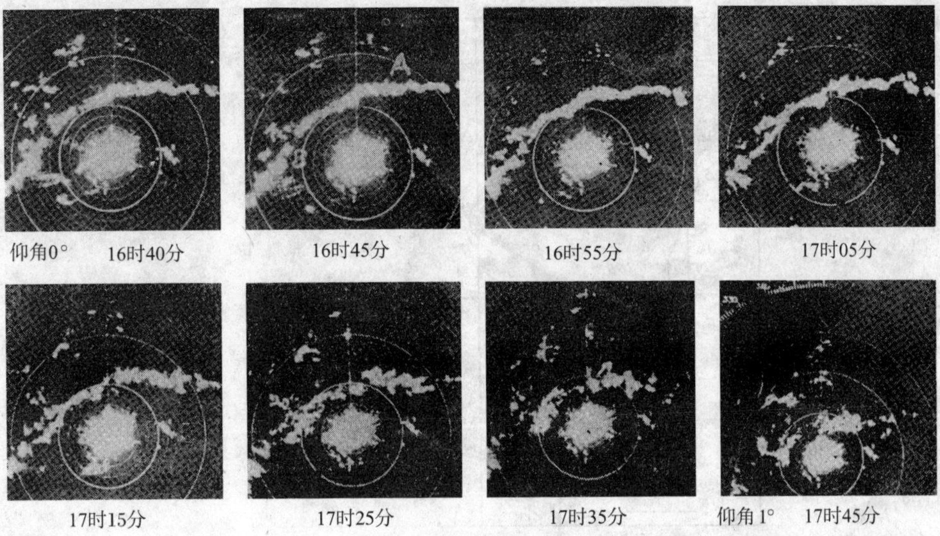

(a) 雷达回波,距离每圈10km

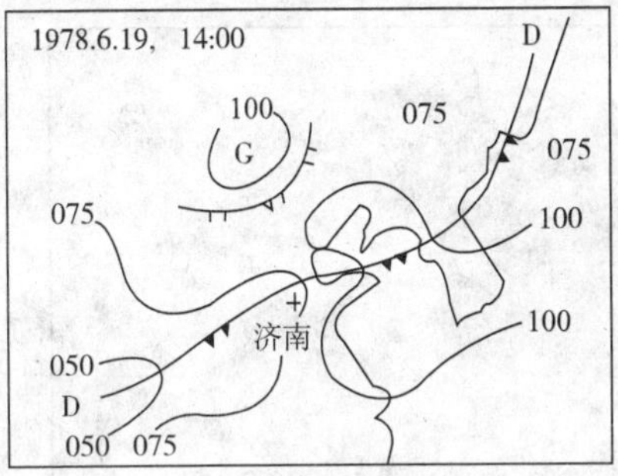

(b) 14时地面天气图

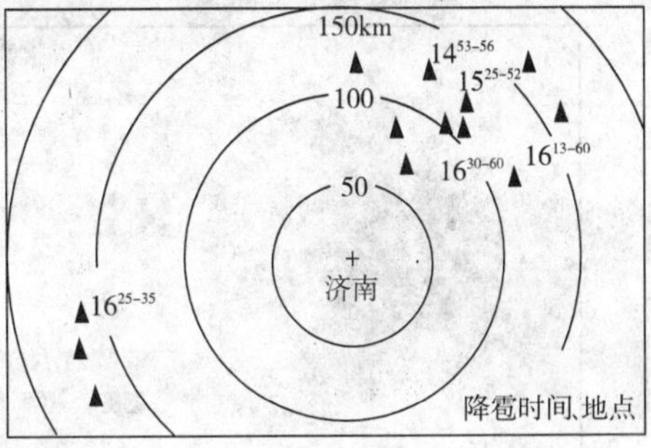

(c) 降雹时间和地点

图 9.1　一条冷锋回波带的演变

1.5km 以上即转为偏南气流。图 9.2(d)为 07:15 回波强度的 RHI 显示,可见明显的层状云回波结构,顶部平坦,顶高 10～12km,在 5km 左右有断续的 0℃层亮带。(e)为 07:15 的径向速度 RHI。可见云中各层的气流结构比较均匀,近地面有下沉气流分量,1.5km 以上都有上升气流分量。从雷达回波图可见,当时成都地区已经由对流云转为层状云,但天气实况图上还有几个站报告为积雨云和雷雨,很可能是清晨地面观测人员不易判断所致。

9.1.1.2　暖锋的回波特征

暖锋是影响华北、东北、华东等地区的天气系统之一。在我国暖锋单独出现的情况比较少,往往是锋面气旋的一个组成部分。

在较冷的季节,或暖湿空气不活跃时,暖锋回波主要是在地面暖锋前面有范围宽广的层状云降水回波,呈片状或絮状,回波强度不是太强。在较暖的季节,或暖湿空气比

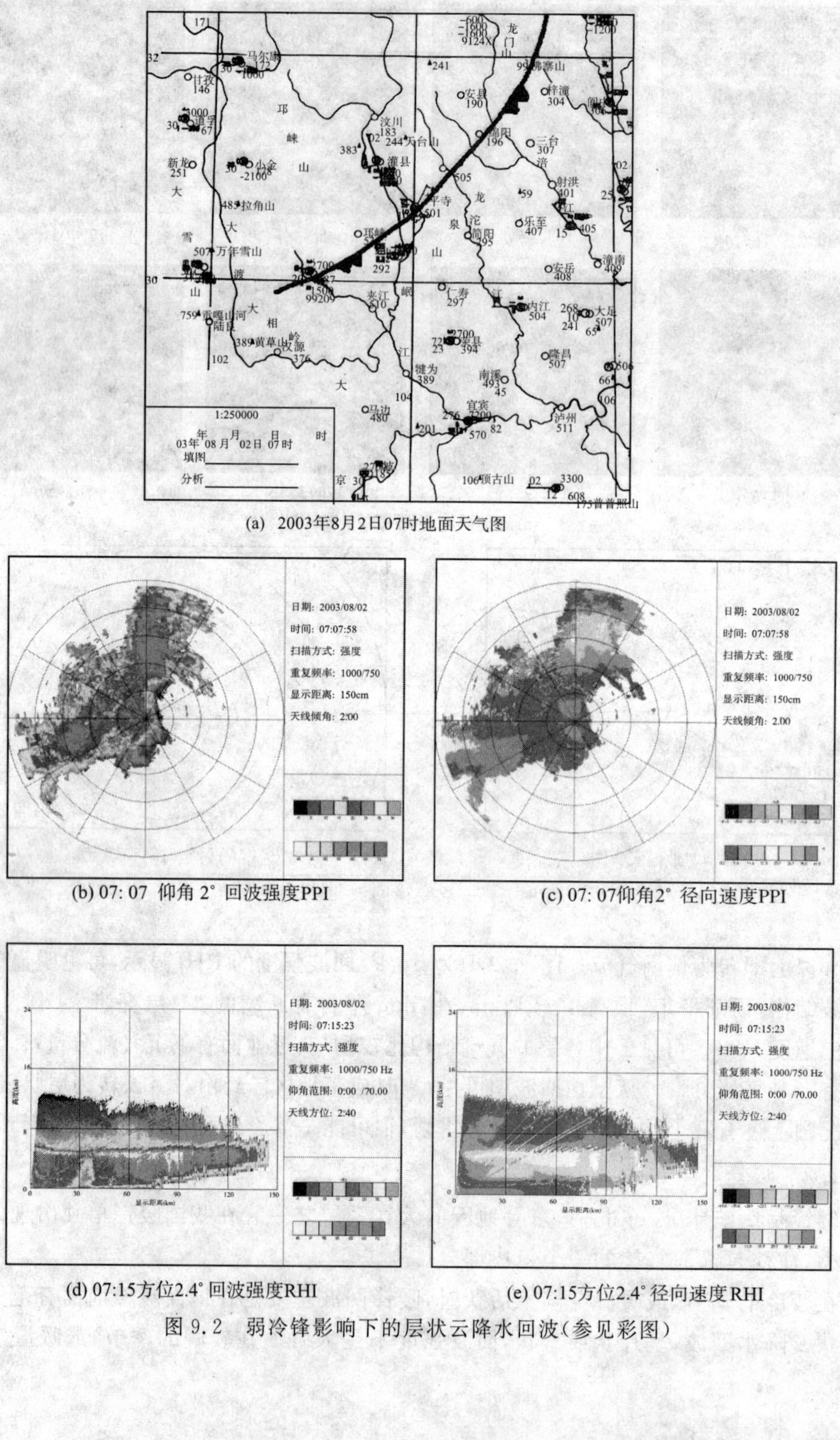

(a) 2003年8月2日07时地面天气图

(b) 07: 07 仰角 2° 回波强度PPI

(c) 07: 07仰角2° 径向速度PPI

(d) 07:15方位2.4° 回波强度RHI

(e) 07:15方位2.4° 径向速度RHI

图 9.2　弱冷锋影响下的层状云降水回波(参见彩图)

较活跃的时候，暖锋回波是以对流云降水为主的絮状回波，强度比较强，有时还夹杂着几条互相平行的强度较强的回波带。暖锋回波区一般与暖锋的走向一致，与暖锋一起向东北方向移动。

图 9.3 是 1971 年 8 月 17 日朝阳雷达站观测到的暖锋回波，图 9.3(a)为 09:33 的 PPI 图像，距离每圈 100km，从中可见暖锋前有多条平行回波带。图 9.3(b)为 09 :35 时 190°方向的 RHI 图像，距离每格 50km，高度每格 5km，从中明显可见暖锋云系倾斜的空间结构。

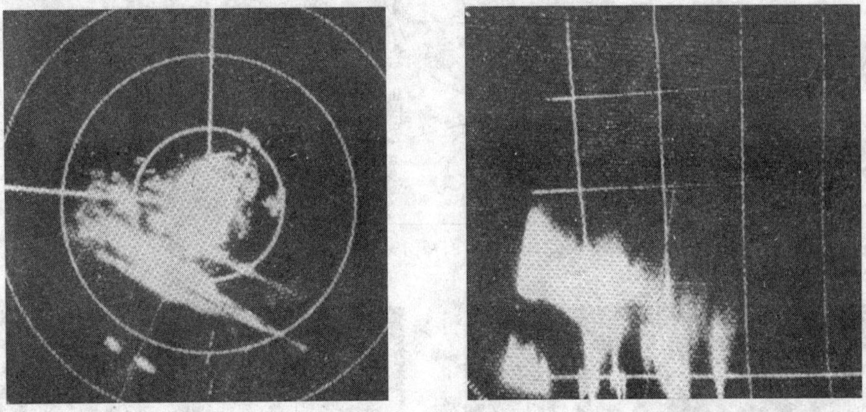

(a)PPI　　(b)RHI

图 9.3　一次暖锋回波

图 9.4 是 1976 年 6 月 16 日观测到的一次暖锋回波。图 9.4(a)为 05 时的地面天气图。可见暖锋位于南京南面 120km 处，即霍山－铜陵－庵东一线。这一天江南地区低云密布，间有小雨，位于暖锋前的大片降水随着暖锋向东徐徐推进。图 9.4(b)是 04:57 南京空军气象学院雷达站观测到的混合型降水回波 PPI 图像，回波呈西北－东南走向，与暖锋走向基本一致。由于测站有中雨，3cm 雷达受到较大衰减，只能探测到几十千米范围内的回波。图 9.4(c)是 05:09 时 31°方向衰减 30dB 后的 RHI，水平距离每格 10km。可见层状云中夹杂着积状云的柱状回波，并有 0℃层亮带，高度 4km 左右。根据南京 12 时探空曲线查得气温 0℃的高度为 4.9km。

9.1.1.3　静止锋的回波特征

静止锋是移动缓慢的或呈准静止状态的锋面。在我国通常是由冷锋演变而成，常见的是春季华南一带出现的华南准静止锋和夏初江淮流域的梅雨锋。此外，还有在我国西南地区昆明、贵阳之间由地形引起的昆明准静止锋。

静止锋往往能在一个地区维持很长时间，造成连阴雨天气，形成暴雨。静止锋雨区与雷达回波特征和慢行冷锋(亦即第一型冷锋)相似，只是因静止锋的坡度更小，只有 1/200 左右，因此，雨区和回波区的宽度比慢行冷锋更大。下面以梅雨锋为例，介绍静

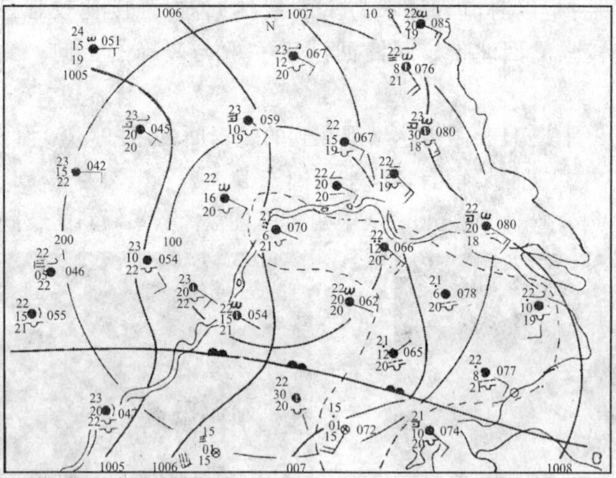

(a)1970年6月16日05时地面天气图

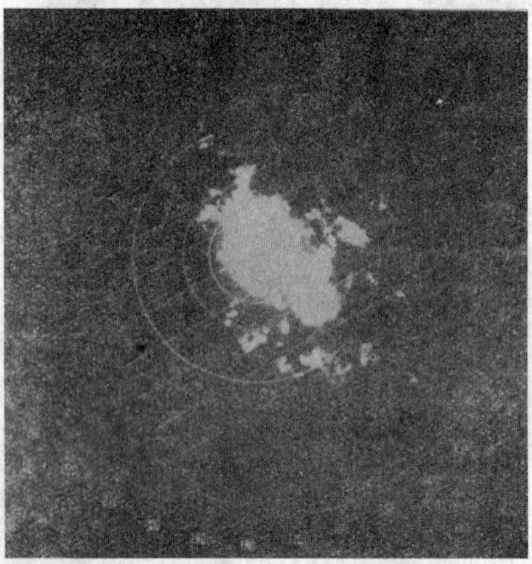

(b) PPI、仰角1°、距离每圈10km

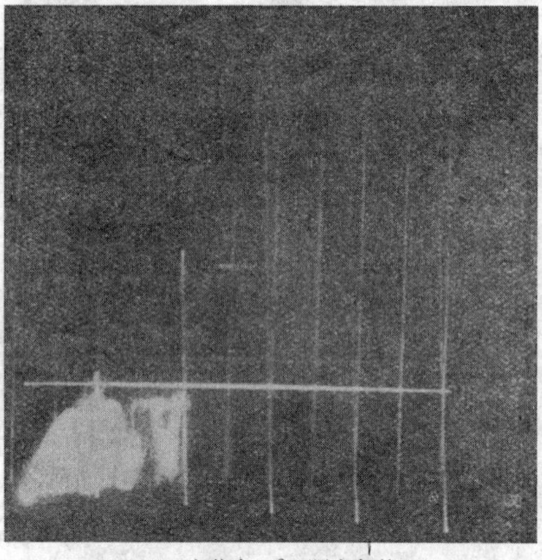

(c) RHI、方位角31°、距离每格10km

图 9.4　1976 年 6 月 16 日暖锋回波

止锋的雷达回波特征。

根据卫星云图和多部雷达的综合观测，梅雨锋的回波是一条长度至少在 1000km 以上的带状回波，它与地面带状雨区相对应。在沿梅雨锋线分布的大尺度回波带上，有间隔 150～200km 的中间尺度回波团，回波团的水平范围约为 300×(400～600)km^2，回波团本身又由层状云回波和一些中尺度对流单体群(带)组成。从回波类型来看，梅雨锋回波包括混合云、层状云和对流云三种类型。混合型回波是主要类型。其中一种是大片层状云中有零星的不规则分布的对流云。在 RHI 上可见较均匀回波中有对流单体存在。另一种是大片层状云与对流回波带的混合，在这种情况下对流单体一般强度比较大，垂直发展比零星的单体旺盛。梅雨锋暴雨往往是多条回波带降水共同造成的。在梅雨锋上也常常观测到不含有对流单体的纯层状云回波，但仍然具有不均匀的回波结构。从 PPI 上可见，在大片均匀回波中有分布凌乱的点块状强回波，从 RHI 上看这些强回波块不是对流单体回波，而是从 0℃层亮带向下延伸的雨幡或降水回波，称为亮带中的强回波核。这种亮带中的不均匀结构，使得层状云降水具有不均匀性，即在连续性降水中带有阵性特征。这可能是梅雨锋云系中的一个重要特点。

至于梅雨锋回波中的纯对流云回波，则不伴有层状云，有时随机分布，有时也会被组织成对流带。上述三种类型回波在梅雨锋上的分布是有一定规律的。洪延超、黄美元等将梅雨锋云系相对于地面锋线分成三个部位，锋线南侧 50km 到北侧 200km 的范围作为锋区，锋区北面和南面区域分别作为锋北区和锋南区，对 1980－1982 年三年梅雨期雷达资料中没有气旋波的区域的回波进行统计，结果是：锋区的 34 次观测中，有 25 次是混合型回波，9 次是层状云回波；锋北区的 17 次观测中，有 16 次是层状云回波；锋南区的 10 次观测中有 8 次是纯对流云回波。这就是说，梅雨锋北区主要是大片的层状云回波，锋区多半是对流云和层状云共存的混合云回波，锋南区则是以对流云回波为主。梅雨锋各部位的降水特征与上面的统计结果是一致的。根据这些统计，可得到图 9.5 所示的梅雨锋回波分布模式。至于梅雨锋上气旋波内的回波，则与上面的分布模式不同，常会组织成中间尺度回波团，与梅雨锋上中间尺度的气旋相对应。通过地面分析，可以发现中间尺度回波团内有负变压中心和气旋性环流。这些中间尺度回波团还常常与中尺度对流带相伴。

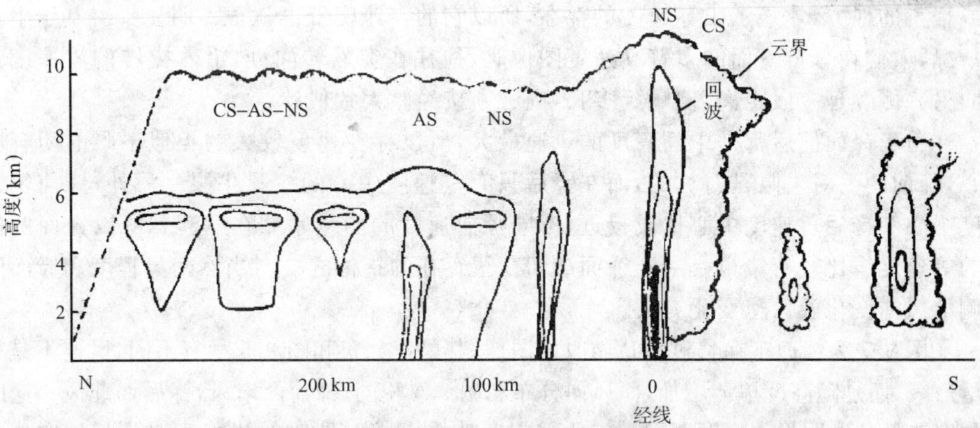

图 9.5　梅雨锋云系中云和回波分布模式

静止锋回波带本身一般都呈准静止状态，随锋面缓慢地南北摆动，而带上的回波则不同，通常沿锋面向偏东方向移动，并且可以移动得相当快。

连续监测回波的演变可以对静止锋的动态特征有一个基本了解。当冷锋窄回波带减速变宽，回波结构由块状向絮状转变，对流回波单体的移向由东南变成沿锋面往东或东北时，说明冷锋将减速并可能演变成静止锋；相反，当静止锋的宽回波带开始变窄、加速，回波由絮状转变为块絮状到块状，对流回波单体的移向再一次转向东南时，静止锋就有可能加速南移变成冷锋。根据上海市气象局雷达组的经验，利用这些回波演变特点，有时可以预报江淮"梅雨"的开始和结束。

9.1.2 多普勒速度图像特征

大家知道，锋面或切变线邻近的两侧地区一般存在风向突变，锋面或切变线为风向突变的狭长的过渡区。利用适当的多普勒雷达的速度资料，可以确定锋面或切变线之前和之后的流场特征，从而表明了锋区的存在及其所处的位置。

图 9.6 为模拟图，表示锋面正从西北方向移近时的风场(图左)和相应的多普勒速度图像。由左图可见，锋后为西北风，锋前为西南风，它们的风向都不变化，但在可测高度的中间(即相应可测距离的中间)锋两边的风速最大(即风速均是先增后减，在中间高度速度最大)。可以分析出，锋前西南风的零速度为东南—西北走向的平直带，该零速度带直到锋面前沿为止，而后零速度带突然转向，沿着锋面向东北方向伸展；但在沿锋面的西南方向，零速度带却很不明显。这主要是由于沿锋面的东北侧，锋后任何径向的径向速度均为负值，而锋前任何径向的径向速度均为正值，所以作为正负径向速度交界面的锋面上，零速度带很明显；但在其西南侧，锋前后的任何径向的径向速度均为负值，也就是都是朝向雷达方向的径向速度，没有正负速度的过渡区，所以只有真实风速为零或很小的地方，才显示出零速度的存在，所以它的零速度带也就很不明显了。基于上述情况，人们在分析锋面的多普勒速度图像时，往往在突然转向处，沿着突转的零速度带向另一侧顺延一段距离，但顺延多长，则必须按经验大致估计。

由于锋面前后都是中间高度的风速最大，所以存在速度较大的类似牛眼的闭合中心，锋前的一对牛眼是对称的，而在锋后只有负速度中心的一只牛眼。另外，锋前正速度中心和锋后负速度中心比较接近，不同径向速度的颜色紧靠在一起。所以锋面两侧的等速度线比较密集也是判断锋面或切变线存在的指标之一。当然密集程度和锋面两侧的风向变化及风速变化有关。

图 9.7 为锋面正在移过雷达站时的图像，其风速分布和图 9.6 稍有不同，风速不是先增后减，而是随高度单调增加，而风向分布和图 9.6 相同，锋前西南风，锋后西北风。这时的多普勒速度图像如右图所示。它的零速度带的特征和图 9.6 相似，但是突然转向的点在雷达所在处的显示中心。这给人们确定锋面位置带来一些困难，但稍有气象知识的人员都知道，锋前都为偏南风，所以折向东北方向的零速度带是由锋面所致。和上面讨论相同，确定锋面时，须沿锋面所致的零速度带向零速度带很不明显的方向顺延一段距离。

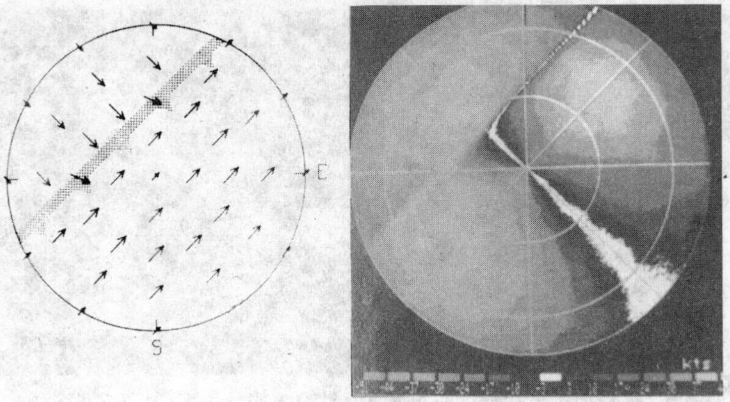

图 9.6　锋面移向测站时的多普勒速度图像(参见彩图)

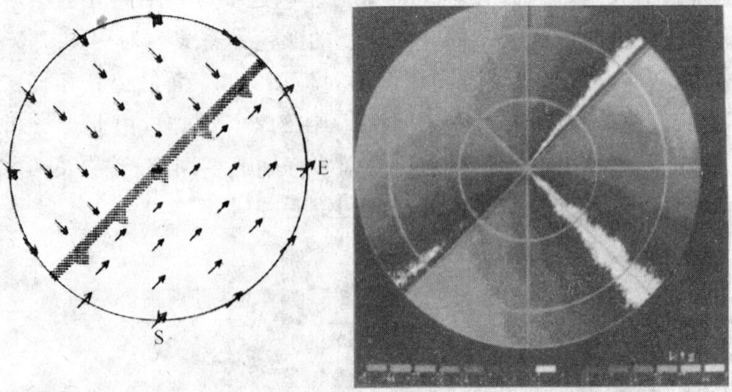

图 9.7　锋面移过雷达时的图像(参见彩图)

图 9.8 为锋面过镜后继续向东南方移动的风场分布和相应的多普勒速度图像。由风场结构图可知(左图),风速随距离(即随高度)增加而增加,显示中心(即地面)风速为零,锋前风向随高度顺转,锋后风向随高度逆转。根据上面的分析知识,这种风场的多普勒速度图像是锋后的零速度带以雷达所在处的显示中心开始,由近及远地逆转,并且零速度带穿过中心,逆转的零速度带直到锋面止,而后零速度带沿锋面伸展,直到锋面两侧的多普勒速度均为正值区为止,最后又开始随距离增加而顺转到显示区边缘。由于风速随高度增加,在锋前正负速度中心,和锋后的负速度中心均在距离较远的边缘。在表示锋面的零速度带两侧的多普勒速度带比较密集的特征仍清晰可见。当然,确定锋面时,需沿表示锋面的零速度带向没有零速度带或零速度带很不明显的方向顺延一段距离。

图 9.9 为一条中小尺度锋面正向测站移动的实测多普勒速度图像,由图明显可见,一条穿过显示中心的平直零速度区呈东南—西北走向,负速度区在其左下侧,正速度区

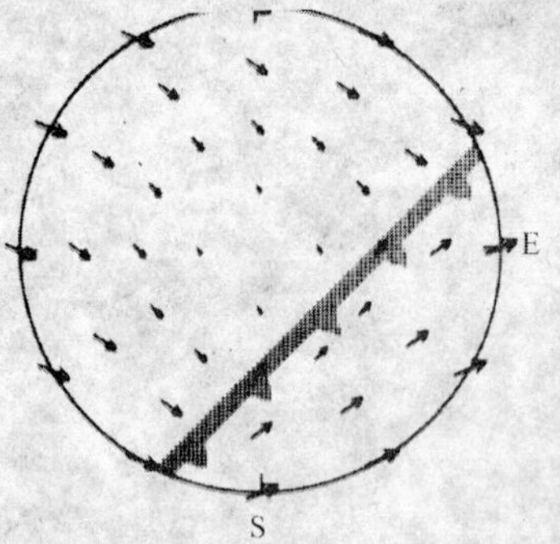

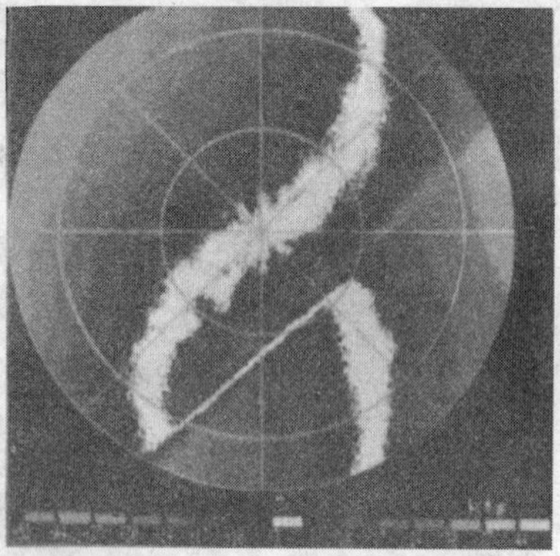

图 9.8 锋面过境后继续向东南方移动的多普勒速度图像(参见彩图)

在右上侧,说明这里为西南风。在零速度带西北侧约 20km 距离处突然转向而向北伸展,并且转向零速度带两侧代表不同径向速度的颜色带密集。对照图 9.6 的模拟图像,说明突然转向的零速度线是正负径向速度的过渡带,和锋面的位置相同。由于带的左侧为负速度区,而且其约 15m/s 的速度中心区在约 280°方向,由此可分析出锋后的风向为西北偏西风,风速 15m/s。根据前后两幅多普勒速度图像,预报员可大致得到锋面的移动速度,从而大致估计锋面过境的时间和锋后的风速。

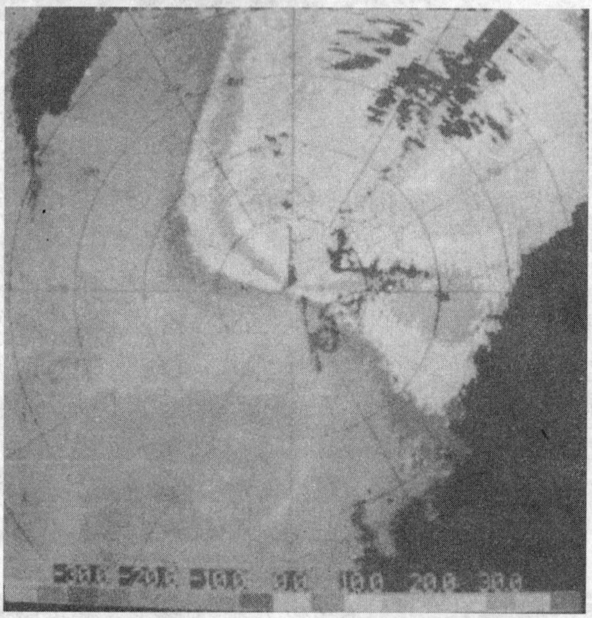

图 9.9 向测站移动的中小尺度锋面的实测多普勒速度图像(参见彩图)

9.1.3　多普勒雷达探测实例

白先达[50]介绍了桂林市多普勒雷达观测的一次华南急行冷锋的雷达回波演变情况。

9.1.3.1　天气概况

2004年5月3日，受高空槽、850hPa切变线和地面冷锋的共同影响，桂林地区自北向南出现了一次短时间强降水、强降温并伴偏北大风的天气。08时天气形势图上，500hPa西风槽位于105°E附近，广西到湖南均为槽前西南气流控制；850hPa切变线在湖南中部到贵州南部，广西位于切变线南侧西南气流区；地面冷锋位于湖南和广西交界处。由桂林地区各县观测资料也可以看到一致的西南风，地面温度都在25℃左右；11时，冷锋在越过南岭山脉后加速南压，18时左右南压过桂林地区，20时的地面观测风已全部为东北风，也就是说，这条冷锋在约7个小时的时间内，冷锋南压移动了400km，到了晚上20时，桂林地区各县气温为13～19℃，气温下降8～10℃。北风降温非常明显，由于锋面云带影响的时间短，尽管雨强比较大，累积雨量都不大，各县日降水为9～45mm，降水不均，南部比北部大。

9.1.3.2　降水回波演变

图9.10为这次急行冷锋的雷达回波演变过程，图中心为桂林雷达站位置。从图可以看出，5月3日09时(图a)，冷锋带状降水回波位于湖南与广西交界处，贵州有一块状回波向回波带靠拢，致使回波带得以加强，11时(图d)回波带增强变窄，窄带开始影

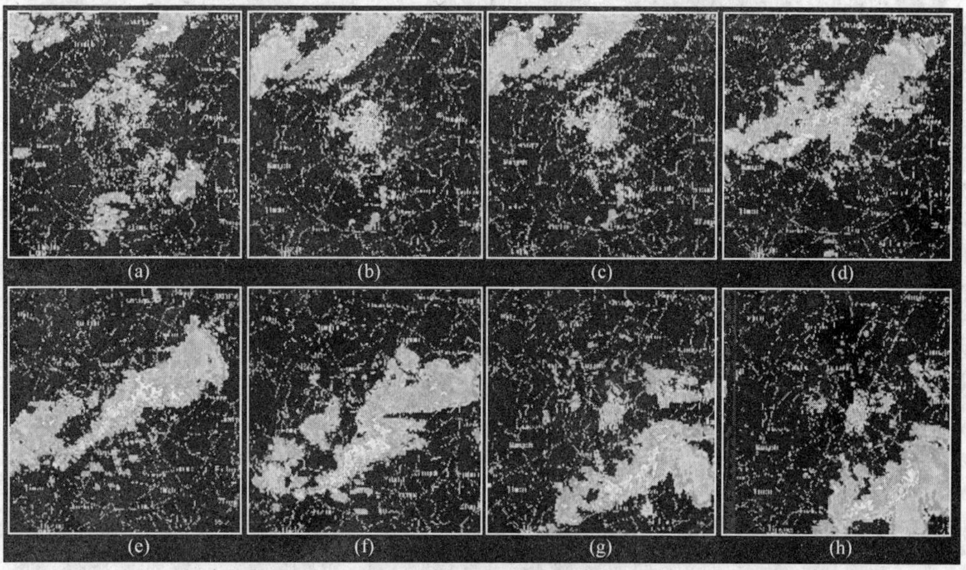

图9.10　回波强度演变图。图中的时间(世界时)分别为：a(09:05)、b(10:31)、c(11:02)、d(11:51)、e(12:04)、f(13:29)、g(14:24)、h(15:33)(参见彩图)

响桂林，13 时(图 f)回波带继续南压，且北段减弱，14 时已压过桂林。

9.1.3.3　雷达速度产品的演变

图 9.11 是这次急行冷锋的多普勒雷达速度图，从其中图 a、b、c 中可以比较明显地看出零速度线转弯的特点。可以分析出一条冷锋从湘桂交界南压，于 11 时(图 c)开始影响桂林，13 时开始，桂林基本为北风控制。

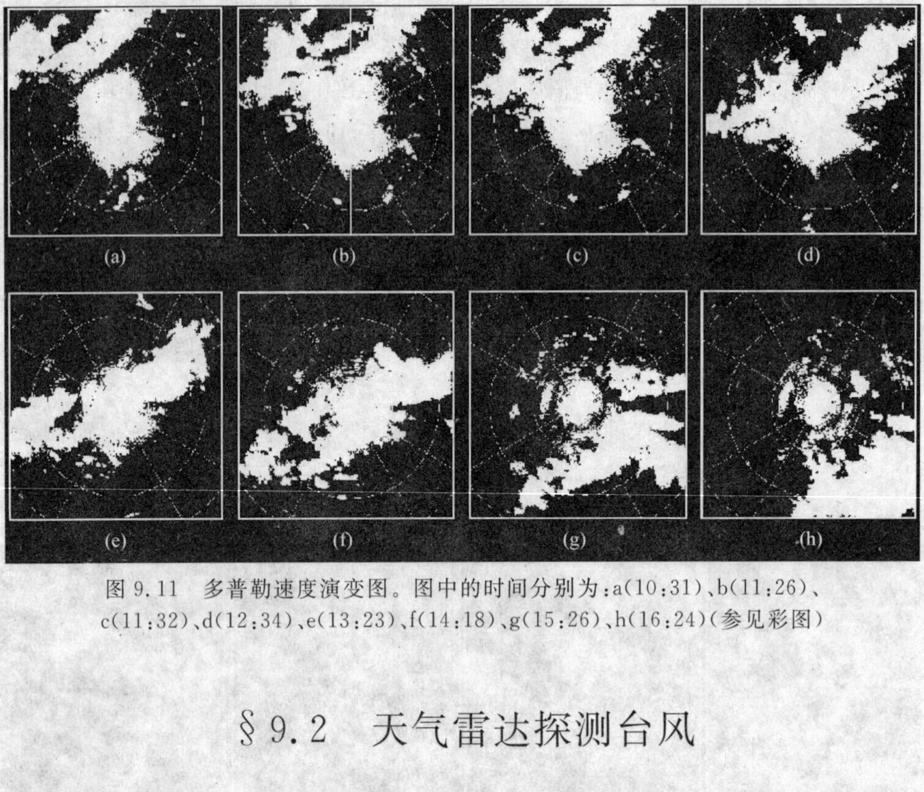

图 9.11　多普勒速度演变图。图中的时间分别为：a(10:31)、b(11:26)、c(11:32)、d(12:34)、e(13:23)、f(14:18)、g(15:26)、h(16:24)(参见彩图)

§9.2　天气雷达探测台风

台风是我国东南沿海地区夏秋季节的主要灾害性天气。伴随台风而来的狂风、暴雨和海潮往往给国民经济和人民的生命财产造成严重的损失。利用雷达探测台风，并与气象卫星资料、天气图资料相结合，可以大大提高台风预报的时效和精度。

9.2.1　台风的雷达回波特征

台风是生成在热带海洋上的巨大的气旋性涡旋。台风的雷达强度回波一般都具有如图 9.12 所示的形式。主要包括：

(1)台风中心呈圆形的无回波区域，称为雷达眼。它与无雨弱风的台风眼基本一致。

(2)雷达眼外围的环状强回波区，称为眼墙或眼壁(Eye Wall)。它由垂直发展旺盛

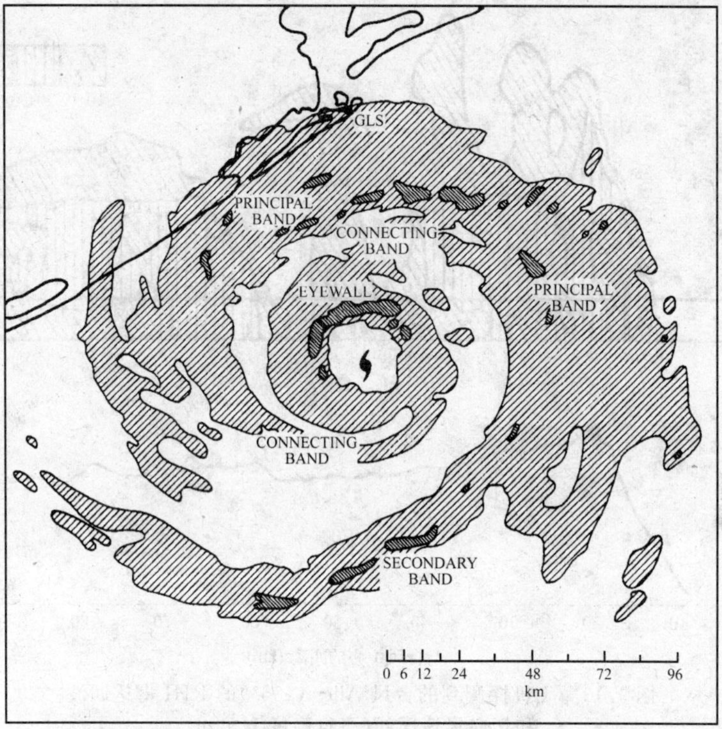

图 9.12　台风 Alicia(1983)雷达回波素描

的对流云构成，是台风中的狂风暴雨区。眼墙的直径在 12～80km 之间，眼墙的宽度一般为 20～30km。

(3)眼壁之外，有若干条向内旋转与眼壁相连的螺旋状回波带，称为内螺旋带。它是由较强的对流云构成的中尺度螺旋状回波带，大部分集中在台风的某一方位，一般在前半部较多，后半部较少。少数发展完好的台风，内螺旋带比较对称。进一步观察可以发现，螺旋形雨带是由一个个单体组成。带上的每一个单体都是围绕着台风眼从新生到消亡作反时针切向运动，而整个雨带则是相对于台风眼向外扩张，并作反时针旋转。

(4)再向外是若干条向内旋转，但一般不与台风主体回波相连的螺旋状回波带，称为外螺旋带。这里是层状云降水的若干条次雨带，这里没有强风，垂直运动较弱。

台风回波的 RHI 和切向风速廓线如图 9.13 所示，由图可见，眼墙处(图中距台风中心 12～25km 处)回波强，高度高，切向风速大，反射率因子的水平梯度也大，这里的地面降水也最强。围绕眼墙是范围宽广的层状云降水区(位于台风中心 50km 以外)，其中有明显的 0℃层亮带。眼墙及雨带中最大反射率区域常常有随高度向外倾斜的趋势。

图 9.14 是 1960 年 9 月 6 日台风 Donna 的 PPI 和 RHI 回波图。这是一个双眼台

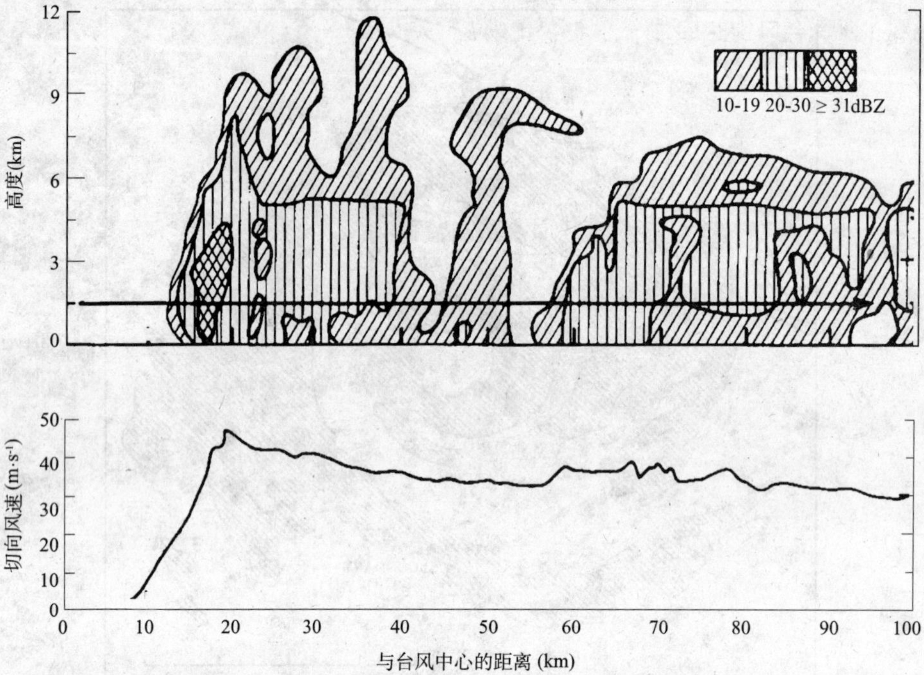

图 9.13　飞机探测到的台风 Alicia(1983)的 RHI 雷达回波
和切向风速廓线(飞行高度 1.5km)

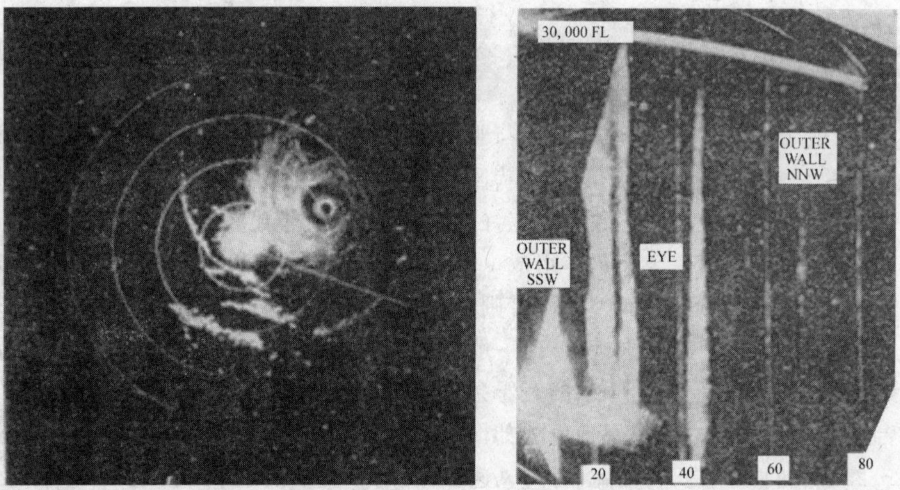

图 9.14　1960 年 9 月 6 日台风 Donna 的雷达回波图

风的例子。一般而言,双眼台风能量更多、强度更强、危害更大。

9.2.2　影响台风雷达回波分布和变化的因子

前面介绍的台风回波特征，只是台风发展到成熟阶段的典型情况，实际上，不同的台风之间，一个台风的不同发展阶段，雷达观测到的降水回波千差万别，有时台风回波分布很典型，而有时却残缺不全。造成台风回波的这种差异可能与下列原因有关。

(1)一个台风，处于不同的发展阶段和运动状况时，回波可能不同。一般情况下，在台风的初生阶段，回波松散，洋面上的积雨云团还不成螺旋带状，但已有一定的规律。这时一般没有明显的台风眼。到台风的发展阶段，台风的各种结构特征如螺旋雨带、眼壁等逐渐明显，雨带分布渐趋对称。到台风的成熟阶段，一般也是台风雷达回波最典型的时候。在台风成熟后稳定维持的期间，台风的典型雷达回波分布也能维持。当台风减弱，或登陆后，首先是回波分布的对称性破坏，各种回波特征也逐渐不明显。由于台风的主要生命期大都在广阔的洋面上，很难用陆基雷达连续跟踪它们，因而在不同时间、不同地点取得的台风雷达回波图形可能出现各种各样的情况。

(2)地形对台风的影响。当台风受海上岛屿影响强度发生变化时，台风的降水分布也会发生变化。岛屿对台风的影响决定于岛屿的面积和地理特征。一般的山和岛屿对台风，尤其对成熟的强台风几乎没有什么影响，而面积大的岛屿对台风路径和强度都有明显的影响。在西太平洋和我国南海地区，对台风影响最显著的是菲律宾群岛，其次是台湾岛和海南岛。

1960－1970 年期间有 30 个台风穿越菲律宾。台风到达菲律宾之前 48～24h，强度是增加的，以后风速维持在 46m/s 左右。通过菲律宾岛区时，风速减弱到 31m/s，即减弱了 33%；过了菲律宾进入南海时强度又增加。对于强的台风，这种影响尤其明显。一般风速大于 45m/s 的强台风，在通过该岛时风速减小 46%～50%，而对于较弱的台风(风速小于 45m/s)，最大风速只减小 10%～15%。台湾岛和海南岛也有类似的作用。

台风通过岛屿时，降水回波的变化主要表现在：眼的直径变大，完整的眼壁回波断裂，形成所谓的“残眼”或“开眼”，完整的螺旋雨带结构也被破坏。岛屿对台风的这种影响，可能主要是由于向台风中输入的水汽含量大为减少的缘故。台风与陆地的摩擦作用也是一个原因。

(3)海水温度对台风降水回波分布的影响。现在已经确认，海水温度对台风的发生、发展、维持都有至关重要的作用。在判断一个热带风暴是否会发展时，第一个条件就是那里的海水温度至少应超过 27℃。

图 9.15 是日本富士山雷达探测到的台风降水回波分布。在 22 日 01 时以前，台风东北象限的降水回波一直在发展扩大，但到 22 日 12 时，在充满降水回波的地方出现了一个空洞，16 时后空洞进一步扩大，几乎占了台风雨区的一半范围。由于这是发生在

海上，并且在雷达回波的远端仍然观测到了降水回波，因此，这片无回波区显然不是由于地形遮挡或降水衰减造成的。事后分析当时的海水温度发现，这里原来是一个22℃的低温区。

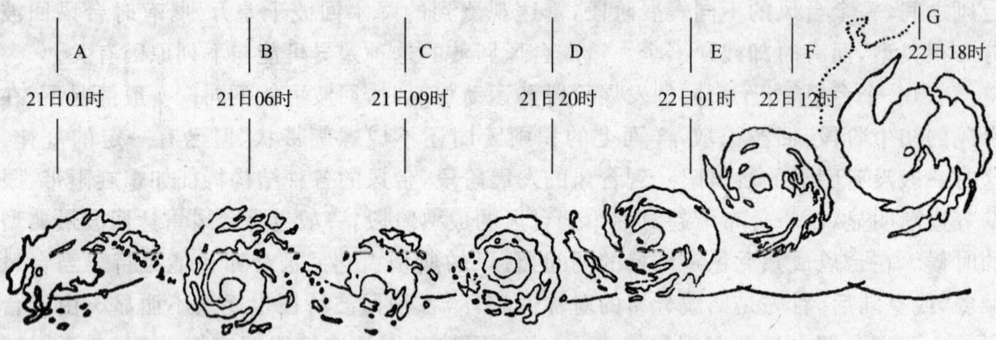

图 9.15　一个台风在日本南部洋面上的演变(富士山)

图 9.16 作为一个相反的例子，原来没有台风眼和眼壁的台风 Dora 进入 29℃高温的暖湾流时，眼区回波不断增长，螺旋雨带也逐渐完整，终于形成了一个典型台风的回波分布。

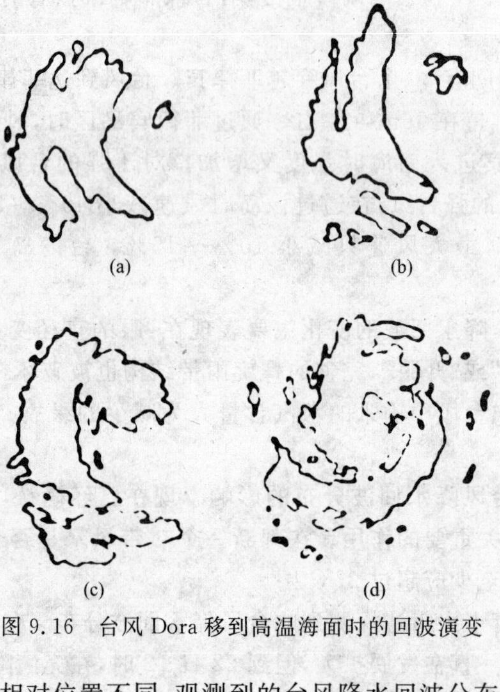

图 9.16　台风 Dora 移到高温海面时的回波演变

(4)雷达与台风的相对位置不同，观测到的台风降水回波分布有时也会不同。尤其在用机载雷达观测时，PPI 上回波图像在飞机飞近台风中心时有着明显的变化；螺旋雨带变得不明显了，在台风中心附近只看到一个孤立的环状回波，使回波分布看起来变形了。

(5)台风所在区域大气的物理状况对雷达观测也有影响。台风中不同地区由于气象要素的分布异常造成的电磁波的不正常传播，可以使不同地点的两部雷达观测到的同一台风的回波图像很不相同，一部雷达观测到的台风回波可能显示得很好，而另一部雷达却可能几乎什么也看不到。

9.2.3　台风中心的雷达定位

准确地确定台风中心的位置，是了解台风活动情况、分析预报台风天气的基础工作之一。现在有好几种资料可以用来确定台风中心的位置，它们是地面天气图上气压场和风场的资料、卫星云图资料、飞机侦察和机载雷达资料、地基雷达资料等。不同的资料，具有各自不同的特点，因此，所得结果不尽相同。条件允许时应互相参照，作出尽可能准确的判断。用雷达回波来确定台风中心的位置，一般有下列几种方法。

9.2.3.1　用雷达眼确定台风中心位置

一个发展完整的台风，大多数情况下都有眼壁回波，可以用雷达眼的几何中心确定为台风的中心位置。虽然有时候眼壁回波可能不全，但只要观测到这种眼壁回波，就可以比较准确地确定台风中心的位置。在残眼情况下，有时可以抬高雷达天线仰角或改变雷达接收机增益来寻找弧状回波，以帮助确定台风中心位置。实践证明，绝大多数台风雷达眼的中心与实际的台风中心基本上是一致的，因此，用雷达眼确定台风中心的位置是实际业务工作中使用最普遍的一种方法。用这种方法确定台风中心的位置，对于圆形的、较小的台风眼，误差一般不超过 3～5km。但当雷达眼不规则时，往往很难确定它的几何中心，这时台风中心的定位就有一定的误差。

用机载雷达确定台风中心位置时，由于飞机飞行在一定的高度上，而且台风雷达回波的分布在垂直方向上有差异，特别当台风中心附近的雷达眼向上有倾斜时，用空中某一高度上雷达眼的几何中心位置确定的台风中心位置与地面上实际的台风中心就会有一定的差异。

一般来说，雷达眼定位方法简便、准确，误差大致小于雷达眼的半径。因此，用雷达眼确定台风中心位置的方法是一种比较好的方法。但当台风没有眼壁回波时，这种方法就不能用了。

9.2.3.2　利用螺旋雨带回波确定台风中心的位置

根据 5 个台风 443 条螺旋雨带，用最小二乘法得出大多数螺旋雨带能适用的方程是

$$\ln(r) = A + B\theta$$

式中 r 是螺旋线中心到螺旋线上任一点的径向距离，A、B 是常数，

$$B = \mathrm{tg}\alpha$$

α 是螺旋线与以螺旋线中心为圆心的圆弧之间的夹角，称为螺线角，它常表示台风辐合的强弱，台风辐合越强，这个角越小。θ 是向径 r 与参考坐标轴之间的夹角。

实际业务使用时，事先在透明纸上做好螺线角为 10°、15°、20°的三条螺旋线，根据实际的台风螺旋雨带分布，选取最适合的一条螺旋线，然后定出螺旋线中心位置，即台风中心位置。图 9.18 就是用 α= 15°的螺旋线确定台风中心的一个例子。

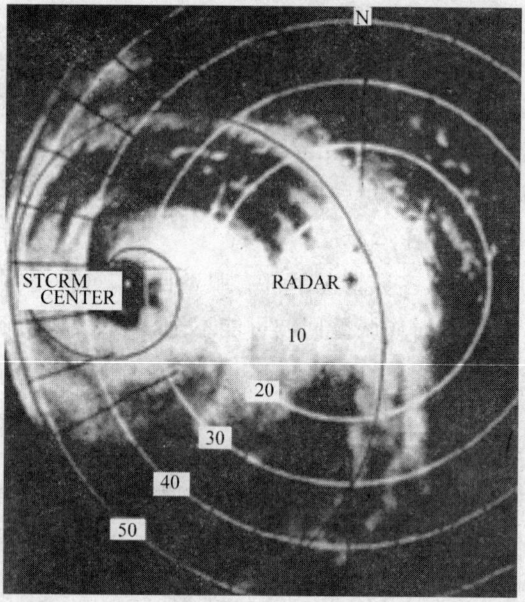

图 9.17　用 α= 15°的螺旋线确定台风中心的实例

用这种方法，在台风没有雷达眼时一般也能较迅速、准确地确定台风中心的位置，平均误差约 10～20km，这主要与螺旋线的选择有关。当台风降水分布比较零散时，最好使用多站资料的雷达综合回波拼图，然后再选择合适的螺旋线来确定台风中心的位置。

9.2.4　台风移动的雷达标志

由于台风是一个天气尺度的系统，它受到地球上各种力的作用；在台风内部，还包含有不同尺度的系统，它们还有各自的运动变化。因此，台风作为一个整体的移动，是相当复杂的。所以，台风移向是台风预报中的一个重大问题，尤其是在台风的异常路径

中，台风转向的预报更为重要。能否通过对台风的雷达探测，从台风降水回波分布和演变中寻找一些台风转向的先兆是一个普遍关心的问题。下面的几点对判断台风的移向可能有一定帮助。

(1)利用台前飑线的分布来推测台风中心的移动。在许多情况下，台风的前进方向先有飑线出现，称为台前飑线，台前飑线的走向近似地与台风的移动方向相垂直。因此，当发现不断移来的台前飑线的走向发生变化时，可能预示着台风中心的移向已经发生了改变。

(2)近眼壁的具有略为不同的交叉角的两条回波带的汇合常常发生在台风中心的前面，当螺旋雨带的这种分布发生变化时，预示着台风中心的移动可能已发生了变化。

(3)在台风眼壁回波中，有时可以观测到特别强的小回波亮点，称为高强度点。它一般出现在台风移去的方向上，我们可以追踪这种高强度点的位置，大致确定台风的移向。

9.2.5　台风雷达回波在天气预报业务中的应用

台风预报是一项比较困难的工作，台风路径的预报更是关键。近年来对台风的探测技术虽然有了长足的进步，但对台风的认识还有许多工作要做。

9.2.5.1　利用台风雷达回波定性地判断台风的强度及其演变

根据观测，由雷达眼的形状大致可以推断台风强度。一般情况下闭合圆形眼、范围小的眼或双眼都是强台风；由开眼向闭合眼发展的，或向双眼演变的，也说明台风正在增强。

台风眼壁的垂直发展与这里的垂直运动有关，一般情况下眼壁回波越高，台风强度越强。台风眼壁区与台风近中心附近的狂风暴雨相联系，如果一个台风的眼壁愈厚，一般情况下这个台风愈强。

台风螺旋雨带区域(也是台风中主要的风雨区)的强度、范围，与台风强度有关。一般情况下，如果螺旋雨带的回波强度强、范围大，则这个台风的强度也强，而且螺旋雨带的演变趋势也反映了台风强度的演变趋势。

螺旋雨带的连续性和对称性，也是台风强度和发展阶段的一个标志。一般在台风的成熟期，螺旋雨带的连续性好，分布对称，而且稳定。螺旋雨带的结构，也与台风发展有关，在成熟台风中，这种螺旋雨带结构紧密，层次清晰。

此外，台前飑线是最先进入雷达探测范围、与台风活动直接有关的回波，如果它出现的条数多，离台风中心远，也是强台风的特征。

9.2.5.2　用雷达反射率因子资料定性估计台风中心附近的风力

在台风中，螺旋雨带内单体一般随台风中的气旋性环流向近中心运动，如果连续追踪这些单体的运动，就可以大致估计台风中近中心的最大风力。在实际业务工作中，有些雷达站选用多个与台风风力有关的量，如眼壁高度、厚度、眼区直径、眼的形状，夹角 α 角的大小、螺旋雨带的紧密程度等，分别统计它们与台风风力大小的关系，然后再将它们综合起来建立预报方程，也能用以判断台风中心附近的最大风力的大小。

用单多普勒雷达的径向速度有时可以确定台风中的风速。如果用双多普勒雷达探测，则可以直接获得台风内的水平风场。

9.2.5.3　警戒台风中可能出现的灾害性天气

台风引起的灾害性天气，主要是台风大风、台风暴雨和台风引起的海潮以及台风中的中小尺度强对流天气，如龙卷风等。

(1)用台风雷达回波特征来判断台风登陆后的大风范围

台风中的最大风速出现在台风中心附近的眼壁云墙处，宽度约 2～20km。台风最大风速的分布也是不对称的，通常在台风的右前象限最强。雷达警戒小而强的台风特别有效，这种小台风直径只有 200km 左右，但在它的眼壁附近存在一条很狭窄的强风带。这条强风带虽然影响范围不大，但破坏极其严重，有类似龙卷风破坏的性质。7413 号台风也是一个小台风，登陆时吹毁了所有的测风仪器。这个台风于 9 月 14 日凌晨 4 时多在海南岛琼海登陆，2 时多琼海还是晴空无风，台风的强度在天气图上也看不出来，可是在雷达回波上看起来，雨带回波围绕台风中心呈同心圆分布，螺旋雨带几乎与同心圆相切($\alpha<6°$)结构紧密，眼壁回波呈闭合圆形，据此可以判断这是一个风速大于 50m/s 的特强台风。事实上，它登陆后横扫一切，所经之处犹如经历了一场强烈地震。

(2)用雷达回波特征警戒台风暴雨

一次台风经过，一般可造成 150～550mm 的降水，个别台风在有利的条件下，可以降 1000mm 以上的特大暴雨，例如 7503 号台风在河南省造成的“75.8”特大暴雨。

台风暴雨主要有两种类型。第一类暴雨主要出现在台风登陆之前，台风中心登陆后降水很快减弱。第二类暴雨主要出现在台风中心登陆后，而在台风的前半圆没有什么强回波，主要强螺旋雨带集中在台风的后半圆。

我国从有气象水文观测以来，三场最大的暴雨都与台风活动有关。1967 年 10 月 17－19 日台湾省的新寮特大暴雨产生在 6718 号台风北侧的东风扰动里，6312 号台风造成 9 月 10－12 日台湾省百新特大暴雨，7503 号台风造成河南省的“75.8”暴雨，它们有一些共同点：

①台风登陆后维持不消。台风环流系统在陆地上维持愈久，总雨量愈大。出现特大暴雨的台风，一般在陆上维持 3 天或 3 天以上。

②台风停滞。

③源源不断的水汽输送。一个地区要连降暴雨，必须要有源源不断的水汽供应，持续的水汽供应既有利于登陆台风的维持，也是形成特大暴雨最根本的条件。

④中低纬环流的相互作用。台风登陆后由于离开海面，总趋势是减弱的。但当台

风与中纬度系统相互作用时，如与冷空气、西风槽、低空急流相互作用，又会产生暴雨。天气雷达探测要注意监视其他降水回波系统与台风降水系统合并且得到加强重新形成新的降水回波系统的可能性。因为这种合并过程在天气雷达上看起来既直观又比天气图及时而准确。

(3)用天气雷达警戒台风中的强对流天气

在台风中经常出现局地强对流天气，它们在小范围内形成狂风骤雨，造成灾害。这种强对流天气主要是由台风内的辐合线、飑线、雷暴、龙卷风等造成。对于这类中小尺度天气系统，目前还主要依靠天气雷达来警戒。

在台风前 600～800km 的台前飑线，是由较强的积雨云发展组成的，尤其在海上，这种飑线比较强，它所经之处，也出现类似中纬度飑线的天气，如强雷暴、龙卷风等。

台风中经常出现雷暴活动。在台风的发展阶段，雷暴常常很强。当台风成熟时雷暴减弱到最少。在台风的衰减期，雷暴活动又趋增强。最多的雷暴活动位于台风的强风圈内，在台风经过以后，雷暴活动最易见到，因而雷暴活动的出现常常被认为是台风即将解体衰亡的标志。

台风内部的雷暴主要集中在两个部位：一是台风外围孤立的积雨云团或台前飑线中，一是台风眼壁的强对流云中。台风外围的雷暴主要发生在台风倒槽和台风切变线中。

一般认为，龙卷风并不是热带的天气现象。由于在台风中并不具备一般西风带天气系统中产生龙卷风的那种天气条件，如极不稳定的大气层结、低空逆温等，所以很难解释台风中龙卷风的成因。但事实上台风、飓风中经常出现龙卷风。根据大西洋中 83 个到达美国海岸的飓风统计，有四分之一产生了龙卷风(共 373 个)，1967 年飓风 Beulah 产生了 141 个龙卷风。而一般每个产生龙卷风的飓风平均有 10 个龙卷风发生。据上海气象台统计，1962 年至 1971 年间共有 23 个龙卷风是在台风内产生的。

通常，龙卷风产生在台风中一定的部位。如以地理坐标表示，则台风龙卷风多发生在 350～120°方位、37～460km 半径的范围内。龙卷风出现位置离台风中心愈近，龙卷风强度愈强。7503 号台风深入内陆在其右前象限曾出现了 11 个龙卷风。

分析表明，大部分龙卷风出现在台风开始上岸、强度迅速减弱的时期，分布在离海岸不到 200km 的沿岸地区。填塞最快的台风，冷心结构最显著，垂直风切变大，因而也最易出现龙卷风。

第十章 多普勒天气雷达产品计算与应用

应用多普勒天气雷达探测的回波强度、径向速度和速度谱宽数据，经过加工处理、坐标变换和计算，生成的与气象有关的数据和图像称为产品。根据 WSR-88D 说明书，多普勒天气雷达的产品分四大类共 76 种，这四大类是：(1)基本数据产品；(2)物理量产品；(3)自动识别产品；(4)风场反演产品。仔细分析发现，其中一些产品，由于显示的距离范围、距离分辨率、色彩等级、显示方式(如图像还是等值线)等的不同，又分成了好几种产品，其计算原理、产品含义并无不同，本章将其适当归类并择其要者，简略介绍它们的生成过程和物理意义，尽量避免繁复的数学推导。

§10.1 基本数据产品

基本数据产品是将雷达以各种探测方式获取的数据，在不改变属性的前提下，在多种不同的坐标上显示出它们的分布情况。这些产品具有实时性强、直观和形态特征明显等优点，在多普勒雷达资料应用方面有一定的知识和经验的业务人员有时可从这类产品中，直接识别和分析出一些重要的天气现象，如中尺度气旋、锋面、下击暴流、大尺度的风向风速和冷暖平流等。这类产品主要有平面位置显示(PPI)、距离高度显示(RHI)、等高平面位置显示(CAPPI)、任意垂直剖面显示(VCS)和组合反射率因子显示(CR)等。

10.1.1 平面位置显示(PPI)

雷达以固定仰角、天线全方位扫描的探测方式获取的数据，以极坐标的形式(以雷达为中心)，用不同的彩色色标表示数据大小和方向而形成的图像，并显示出来的产品，称为平面位置显示(简称 PPI)。按照获取数据的性质，这种产品有回波强度、径向速度和速度谱宽三种形式，为方便用户使用，还可在这三种产品中叠加雷达探测范围内的地形、河流以及行政区划等地理信息。

这三种 PPI 产品均可以实时显示，完全满足业务工作要求，而且它们相应的雷达探测方式简单易行，所以应用十分广泛。另外，根据测高公式，雷达不同的探测距离对应不同高度，所以对大尺度流场，这种产品可以分析估计风向风速以及它随高度的分布情况，如第七章中讨论的一些大尺度流场相应的径向速度分布特征都是基于径向速度的 PPI 产品。对中小尺度流场，由于尺度小，使得这种流场的高度差很小，人们照样可以用这种产品分析到相应的径向速度分布特征。在回波强度的 PPI 产品中,也早已分析出很多分布形态与强对流和长时间降水等天气现象之间的关系。可以说,PPI 显示是业务工作中应用最广泛的产品。

10.1.2 距离高度显示(RHI)

雷达天线以固定方位作俯仰扫描,这种探测方式获取的数据用不同色标表示数据大小和方向,以极坐标形式(雷达为坐标原点)显示出来的图像产品即为 RHI 产品,产品中应用测高公式,还配上雷达测距及其相应高度信息。显然,这种产品显示用户选定的方位上,其回波强度、径向速度和速度谱宽三种信息随高度分布的情况,从而直接分析出这三种信息的垂直结构。它们也是实时显示产品,在业务和研究工作中经常用到,如强对流天气中有时出现穹窿状的强度回波分布形态,就是应用这种产品分析得出的。

应指出,为便于用户分析回波的垂直结构,RHI 产品中已把高度坐标放大了。这对回波强度和速度谱宽这两种没有方向性的标量信息没有什么影响。但在分析带有方向性的径向速度的 RHI 产品时,应注意到某高度上的径向速度信息,实际上是在某个仰角的径线上某距离处的径向速度,并不说明是该高度上的上升或下沉速度,否则将导致巨大的分析错误。

10.1.3 等高平面位置显示(CAPPI)

雷达以不同仰角分别作全方位扫描的探测(简称体积扫描)时所获取的是球坐标形式的三维数据,它实际上由不同仰角的 PPI 数据组合而成。按照用户设置的高度,应用测高公式,选取临近该高度平面上的上下两个仰角相应雷达测距上的数据,然后用内插方法得到该高度上的数据。为提高数据精度,常采用双线性插值及加权平均插值方法。当然,若实测数据刚好位于设置的高度平面上,则无须用内插方法。如图 10.1 所示,6km 高度上一个点的数据需用 A、B、C、D 四个点的实测数据经内插方法得到。用这种方法得到的图像产品即为 CAPPI 产品。

由于这种分布图像的高度相等,可以较方便分析信息在某高度上的水平分布,便于和临近该高度的天气图分析相结合。用不同高度上的 CAPPI 数据还可以了解信息的三维结构。

从图 10.1 明显可见,某一高度平面上的资料,实际上是由不同仰角不同距离上的资料经内插方法得到的。由于不同仰角的径向速度之间没有明确而固定的关系,所以径向速度的 CAPPI 分布的意义不够清晰。因此,有些雷达系统的 CAPPI 产品中只有回波强度和速度谱宽这两种没有方向性的产品。对有些雷达系统提供的径向速度 CAPPI 产品,在分析时应注意到上述 CAPPI 的制作过程,以免产生错误。

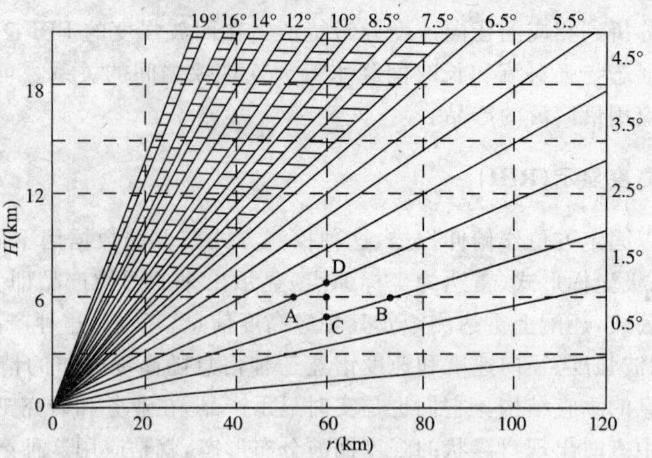

图 10.1　CAPPI 数据获取示意图

10.1.4　组合反射率因子显示(CR)

CR 产品是应用体积扫描获取的回波强度数据，在以 1km×1km(或 2km×2km)为底面积，直到回波顶的垂直柱体中，对所有位于该柱体中的回波强度资料进行比较，挑选出最大回波强度。再用测高公式计算最大回波强度的所在高度，从而得到最大回波强度及其所在高度的两幅分布图像。为方便用户分析，将这两幅分布图像作同屏显示。

这种产品有助于用户快速查看最大回波强度及相应高度的分布。对有些突发性的强对流天气，其初始回波往往出现在中空，用户使用这种产品可以有效监测这一类的强对流天气。在稳定性降水条件下，还有助于用户识别 0℃层亮带及其所在高度。由于在降雹区域，相应的中空可能存在水分累积区，所以 CR 产品还可作为监测冰雹的发生发展的工具之一。

使用该产品时，应注意到近距离处的地物回波干扰，以免把地物回波误认为最大回波强度。在远距离处，由于最低仰角获取的数据离地面有一定高度，所以有可能探测不到真正的最大回波强度。另外，由于业务工作的时间限制，一般体积扫描的最高仰角不会很大(小于 30°)，所以在雷达周围地区不一定能探测到最大回波强度，如图 10.2 中大于 α_{max} 仰角的地区就探测不到，这个区域又称静锥区。

10.1.5　任意垂直剖面(VCS)

VCS 产品一般用来分析降水云体的垂直结构，它需要用体积扫描获取的三维数据制作。根据用户在任一仰角的 PPI 图像上确定的两点，以两点连线作为需分析的垂直剖面的基线，显示出垂直剖面与其他仰角的 PPI 相交点的数据。由于体积扫描时，相

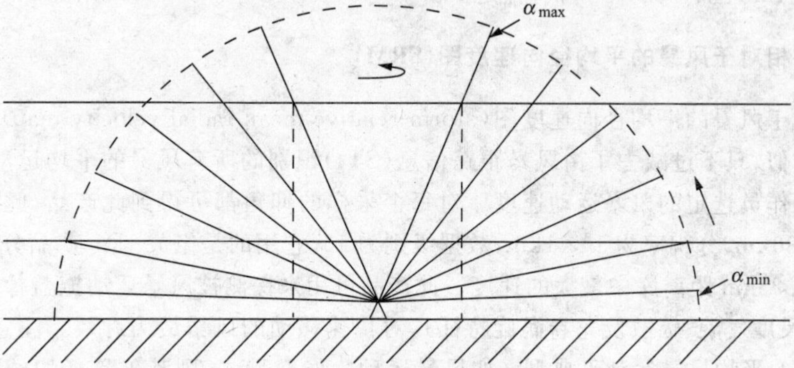

图 10.2 探测范围示意图

邻不同仰角之间的间隔不可能取得很小,所以在不同仰角之间区域,仍采用双线性插值及距离加权平均插值的方法予以弥补。

VCS 产品与 RHI 产品不同,它不受固定方位角的限制,因此能分析回波区中任意方向的垂直结构。与 CAPPI 产品类似,由于径向速度的方向性,任意方向剖面上的径向速度一般情况下没有明确的意义。

§10.2 物理量产品

物理量产品是指由雷达以各种探测方式获取的回波强度、径向速度和速度谱宽数据,经过一定的计算和处理,转化为有明显气象意义的物理量,进而把这些物理量的分布显示出来的图像和图形产品。它有助于用户直接和某些天气现象联系起来进行分析和应用。

10.2.1 回波顶高显示(ETPPI)

一般而言,对流的强弱在一定程度上和回波伸展的高度有关,所以 ETPPI 产品可用来分析估计雷达探测范围内不同地区的对流发展与否,以及对流相对强弱的情况。

应用体积扫描获取的三维数据,选择一定的回波强度阈值,根据测高公式,在以某一特定的底面积的垂直柱体中,自上而下地搜索选定阈值所在的高度。若该回波强度阈值在上下两个仰角的径线之间,则用线性插值和距离加权平均技术确定阈值所在高度。用这种方法得到的回波顶高度分布图像即为 ETPPI 产品。

回波强度阈值,用户可根据当地的气象气候条件自行择定。在一般情况下,云顶高度处的回波强度阈值为 5dBZ,估计降水层顶时的强度阈值为 18dBZ,探测强回波顶高度时,则用 30dBZ 作为强度阈值。垂直柱体的底面积一般分为 1km×1km、2km×2km

和 4km×4km 三种，用户可自行择定。

10.2.2 相对于风暴的平均径向速度图(SRM)

相对于风暴的平均径向速度图(storm-relative mean radial velocity map)与基本速度产品类似，只不过减去了由风暴跟踪信息(STI)识别的所有风暴的平均运动速度，或减去由操作员选定的风暴运动速度。对每个采样的仰角都可得到此产品，此产品最大距离为 230km，分辨率为 1°×1km，数据级别为 16，它用的是组成 1km 产品分辨率体积的 4 个 0.25km 距离库中最大的速度。此产品可用来探测被风暴运动掩盖掉的切变区域(如中尺度气旋、辐散及龙卷涡旋特征)，对快速移动的风暴最为有效。注意：如果由 STI 得到的平均风暴运动不典型（如风暴运动为发散型式，则其矢量平均的风暴运动不具有代表性)，则产品将不可靠。

10.2.3 相对于风暴的平均径向速度区(SRR)

相对于风暴的平均径向速度区(storm-relative mean radial velocity region)与 SRM 产品类似，但有几点区别。首先它是一个覆盖 50km×50km 距离的"窗口"产品，其产品中心可由操作员在 230km 雷达半径内任意指定。此外，产品分辨率(1°×0.5km)也比 SRM 要好。SRR 产品减去的风暴移速缺省为最接近产品中心的风暴移速，或可由操作员输入风暴移速值。操作员一般在几个仰角上将 SRR 产品中心定在雷暴上，以估计相对于风暴的三维流场。

10.2.4 强天气分析(SWA)

强天气分析(severe weather analysis)以可能的最高分辨率提供 4 个不同的产品：反射率因子(SWR)、平均径向速度(SWV)、谱宽(SWW)及径向切变(SWS)。在距雷达位置的 230km 内，4 个产品以相同的 50km×50km"窗口"显示，其中每个占四分之一屏幕，但也可显示在全屏上。当特定的警报(如中尺度气旋)被触发时，4 个产品的 SWA 可自动生成，并以被警报气象现象的方位、距离和最接近"临界高度"的仰角为中心。产品也可在用户指定的仰角和地理中心点上生成。最高分辨率的速度和谱宽产品(1°×0.25km)的显示半径为 60km，而 SWA 速度和谱宽能在雷达的 230km 内以 1°×0.25km 分辨率在任何地点生成。

10.2.5 层组合反射率因子平均值(LRA)及最大值(LRM)

层组合反射率因子平均值及最大值(the layer composite reflectivity average and maximum)是从三个层次(定义为可调参数)得到的，分层的缺省值为地面到 7.3km MSL、7.3km 到 10.1km MSL、10.1km 到 18.3km MSL。以雷达站点为每层的中心，在笛卡尔网格(460km×460km)上显示分辨率为4km×4km的8个数据级别的反射率因子。将相关方位扫描的反射率因子垂直投影到层格点上,并计算层上所有格点值的平均值(LRA)或取最大值。

该产品的处理思路是:应用体积扫描反射率因子资料,按照测高公式计算不同仰角、不同斜距资料点相应的高度,然后按高度把资料归入以上三个层次中。对每一层中每1km×1km(或2km×2km)为底面积的垂直柱体中的反射率因子资料进行比较,挑选其最大值,并同时计算它们的平均值。以PPI方式,用16个(或8个)等级的彩色分别显示最大值和平均值分布。

航空气象学家可用此产品确定飞机的空中航线。此产品也可用于确定风暴趋势,做法是将中层组合反射率因子最大值产品与低仰角的反射率因子产品作比较。对低层产品,雷达波束扫描会遗漏掉较远距离有意义的低层反射率因子;对高层产品,会遗漏掉较近距离有意义的高层反射率因子。

10.2.6 层组合湍流平均值(LTA)及最大值(LTM)

层组合湍流平均值及最大值(the layer composite turbulence average and maximum)产品是应用多普勒雷达获取的速度谱宽资料,根据它与湍流强度的关系式,从而估计大气中尺度小于雷达采样体积的气流扰动分布的图像产品。这种产品可用于对飞机颠簸区域的监测,还有助于估计降水云体的发展情况。

该产品的处理思路与层组合反射率因子平均值及最大值相同,只不过应用的是体积扫描谱宽资料。

10.2.7 风切变产品

飞机在起降或飞行过程中,有时会受到一些强风切变的威胁。对飞机起降造成灾难性后果的天气现象,如下击暴流和阵风锋等都是表现为低空水平风切变较大,另外,中高空的强风切变往往伴随着湍流。因此,如果多普勒雷达能定量地探测到那些风切变较大的区域,则对保障飞机起降和飞行安全是十分有利的。目前,国内外有些雷达系统已经提供了一些风切变产品。

10.2.7.1 径向切变(VRS)

VRS产品实际上是应用某仰角的PPI数据,计算同一根径线上径向速度的径向切变$\frac{\partial v}{\partial r}$分布图像。当流场中出现辐散辐合现象,并认为各向同性时,它在一定程度上表征流场的散度,所以这种产品又称为径向散度显示。它是定量分析低空风切变的有效工具之一。另外,在雷达低仰角、近距离探测的低空中,若径向切变表征为辐散性,并达到一定强度和一定范围时,这种产品还可用来帮助识别下击暴流。

当径向切变表征为辐合性，并达到一定强度和一定范围时，该产品可用来帮助识别低空阵风锋等强对流天气。

10.2.7.2 方位切变(VAS)

应用某仰角 PPI 资料，在相同距离上计算径向速度的方位切变$\frac{\partial v}{r\partial\theta}$分布的图像，即为速度方位切变(VAS)产品。若流场中出现气旋与反气旋运动，并认为这种运动各向同性时，则方位切变产品在一定程度上可表征为涡度分布，可以反映出大气中存在气旋性的或反气旋性的旋转运动情况。另外，当这种方位切变表征为气旋性，并且达到一定强度和一定范围时，这种产品还可用来帮助识别中尺度气旋和风向气旋性切变等天气现象。

10.2.7.3 径向方位合成切变(RACS)

RACS 产品是速度径向切变和速度方位切变合成的一种风切变产品，它反映了大气流场中的一种不均匀性。这种产品还可用来帮助识别速度在径向和方位上均有切变的天气现象、如阵风锋、风切变线，辐散辐合性的气旋或反气旋等。

§10.3 降雨量有关的产品

10.3.1 垂直累积液态含水量(VIL)

VIL 产品是反映降水云体中，在某一确定的底面积(一般为 1km×1km、2km×2km 和 4km×4km 三种)的垂直柱体内液态水总量的分布图像产品。它是判别强降水及其降水潜力、强对流天气造成的暴雨、暴雪和冰雹等灾害性天气的有效工具之一，如美国对 WSR-88D 多普勒雷达产品应用情况调查表明，VIL 是业务中应用次数最多的产品之一。因此，有必要对 VIL 产品的生成和应用方面进行较详细的讨论。

10.3.1.1 生成原理

假设降水云内雨滴直径的分布(简称雨滴谱)符合 M－P 分布，即

$$N(D) = N_o \exp(-\Lambda D) \tag{10.1}$$

式中 D 为雨滴直径，$N(D)$表示单位体积内直径范围从 D 到 $D+\mathrm{d}D$ 的雨滴数，N_o 和 Λ 分别为 M－P 分布的参数。根据雷达反射率因子 Z 的定义，其积分形式为

$$Z = \int_o^{\infty} N(D) D^6 \mathrm{d}D \tag{10.2}$$

将(10.1)式的 $N(D)$表达式代入(10.2)式，应用伽玛函数及其性质，不难得到

$$Z = N_o \frac{\Gamma(7)}{\Lambda^7} \tag{10.3}$$

式中 Γ(7)是以 7 为参数的伽玛函数，Γ(7)＝720。

直径为 D 的雨滴质量等于$\frac{\pi}{6}\rho D^3$（ρ 为液态水密度）。含水量 M 定义为单位体积内所有雨滴的质量，所以在 M－P 分布假设条件下，M 的理论表达式为

$$M = \frac{1}{6}\pi\rho\int_o^\infty N_o \exp(-\Lambda D) D^3 \mathrm{d}D \tag{10.4}$$

同理应用伽玛函数及其性质，可得

$$M = \frac{1}{6}\pi\rho N_o \frac{\Gamma(4)}{\Lambda^4} \tag{10.5}$$

其中 Γ(4)＝6。

若 Z 取 $\mathrm{mm^6/m^3}$，N_o 取 $\mathrm{cm^{-4}}$，Λ 取 cm，ρ 取 $\mathrm{g/cm^3}$，M 取 $\mathrm{g/cm^3}$ 作为单位，则(10.3)、(10.5)式可分别表示为

$$Z = 10^{12} N_o \frac{\Gamma(7)}{\Lambda^7} \tag{10.6}$$

$$M = \frac{1}{6}10^6 \pi\rho N_o \frac{\Gamma(4)}{\Lambda^4} \tag{10.7}$$

比较上面两式，可得

$$Z = AM^b$$

式中

$$A = \frac{10^{12} N_o \Gamma(7)}{\left[\frac{1}{6}10^6 \pi\rho N_o \Gamma(4)\right]^{1.75}}$$

$$b = 1.75$$

所以

$$Z = 2.042 \times 10^4 M^{1.75} \tag{10.8}$$

或者

$$M = 3.44 \times 10^{-3} Z^{\frac{4}{7}} \tag{10.9}$$

上两式统称为 $Z-M$ 关系，它把雷达反射率因子 Z 和降水云中含水量 M 直接联系起来了。而 Z 值可通过雷达直接测量到。应指出，一般雷达系统的回波强度的单位为 dBZ，即雷达反射率因子的分贝数，所以计算含水量时，应把雷达获取的回波强度值除

10 后再取反对数，然后再应用(10.9)式得到。

垂直累积液态含水量 VIL 定义为某底面积的垂直柱体中的总含水量，所以

$$\mathrm{VIL} = \int_{\text{底高}}^{\text{顶高}} M\mathrm{d}h \tag{10.10}$$

将(10.9)式代入(10.10)式，则得

$$\mathrm{VIL} = \int_{\text{底高}}^{\text{顶高}} 3.44 \times 10^{-3} Z^{\frac{4}{7}}\mathrm{d}h \tag{10.11}$$

(10.10)式和(10.11)式为 VIL 产品的理论表达式，实际计算时只能应用实测的体积扫描三维回波强度数据进行离散求和，并在某距离上相邻两仰角之间的高度间隔 Δh 内，用这两仰角的实际数据的平均值进行计算。这样(10.11)式可改写为

$$\mathrm{VIL} = 3.44 \times 10^{-3} \sum_{i=1}^{N-1} \left(\frac{Z_i + Z_{i+1}}{2}\right)^{4/7} \Delta h_i \tag{10.12}$$

式中 Z_i 为第 i 层高度上的雷达反射率因子，Δh_i 为第 i 层和第 $i+1$ 层之间的高度差，N 为体积扫描的仰角总数。

10.3.1.2 使用 VIL 产品的注意事项

(a)由于体积扫描时不可能把仰角抬得很高，所以如图 10.2 所示，在静锥区以内，探测不到回波顶，使 VIL 值估计过低。而在远距离处，最低仰角的底层的高度已经较高，与回波顶高度之间的厚度小于距离较近处的厚度，这也将导致 VIL 值估计过低的现象。

(b)由上面的讨论可以看出，$Z-M$ 关系式是在雨滴谱服从 M－P 分布假定下得到的，所以实际降水云中雨滴的易变性将导致 VIL 值产生误差。用户最好对不同降水分型，然后对同一类型降水的不同降水过程的 VIL 进行比较，以便得到对本地有实际意义的判别指标。

(c)对强烈倾斜的对流降水云体，其上部可能伸展到其他相邻的柱体中。另外，对快速移动的降水云体，由于雷达探测低仰角和高仰角的时间差也可能使降水云体上部伸展到其他相邻的柱体中。所以，这时的 VIL 值可能小于假定这些降水云体不倾斜或移动较慢时的 VIL 值。

(d)探测非对流降水云体时，存在 0℃层亮带，这时计算的 VIL 值将有明显误差。

10.3.2 雨强

大家知道，在瑞利散射条件下，雷达反射率因子 Z 定义为单位体积内所有粒子直径 D 的六次方之和，即

$$Z = \sum_{i=1}^{n} D_i^6$$

Z 的单位为 mm^6/m^3。应用雷达气象方程，在雷达参数已知，不考虑衰减影响，降水质点充满采样体积情况下可根据实测回波功率得到 Z 值。应指出，雷达系统提供的回波强度数据是反射率因子 Z 值的分贝数：

$$\mathrm{dBZ} = 10\ \lg Z$$

所以必须按以下公式

$$Z = 10^{\mathrm{dBZ}/10}$$

计算得到 Z 值。

雨强 R 定义为单位时间内落到单位面积上的水的质量。所以雨强与落到单位面积上总的雨滴质量和雨滴下落速度有关，而前者与雨滴直径 D 的三次方成正比，后者亦和雨滴直径密切相关。

可看出，反射率因子 Z 和雨强 R 都和雨滴直径有关，可以理解 Z 和 R 存在某种关系（简称 $Z-R$ 关系），这种关系通常用下面形式表示

$$Z = AR^b \tag{10.13}$$

式中 Z 以 mm^6/m^3 为单位，R 单位为 mm/h。大量研究表明，$Z-R$ 关系中的参数 A 和 b 是不稳定的，随不同雨型、天气条件等因素而变化。一般情况下，可根据当地降水中的统计物理特性确定 A、b 系数，也可以用当地雨量站资料对雷达测量的雨强进行对比、校正，对系数 A、b 作适当修改。经典的 $Z-R$ 关系为 $Z=200R^{1.6}$。

10.3.3　时段累积雨量

某一点的雨量实际上是某一时间内的降雨量，原则上由雷达用上面技术计算的雨强乘以两次探测时间间隔，即得到该间隔内的雨量，然后把该时段内所有相邻观测时间间隔内的雨量累加，即为该时段内的雨量。鉴于降水的时空变化性，两次雷达探测时间间隔不宜取得很长，一般以小于 12 分钟为宜；另外，累加时用上述直接累加法较粗糙，一般用梯形求和方法。设相邻两次探测时间间隔为 Δt，则某点 j 在这间隔内的雨量 V_j 为

$$V_j = \frac{1}{2}(R_{ij} + R_{i+1,j})\Delta t_i \Delta s_j$$

式中 Δt_i 为第 i 和第 $i+1$ 次探测时间间隔，Δs_j 为某点 j 所代表的面积。V_j 单位可采用 mm/km^2，意为在 $1km^2$ 面积上降了 1mm 厚度的雨量。

若某时段内雷达探测 N 次，则某点 j 在该时段的累积雨量 V_{ja} 为

$$V_{ja} = \frac{1}{2}\sum_{i=1}^{N-1}(R_{ij} + R_{i+1,j})\Delta t_i \Delta s_j$$

式中 V_{ja} 单位为 mm/km^2，也可用降水质量表示。若质量 M 单位为 t，水密度 ρ 单位为 g/cm^3，面积单位为 km^2，则

$$M_{ja} = 10^3 \cdot \rho \cdot V_{ja}$$

式中 M_{ja} 即为在 Δs_j 面积上在该时段内降水的质量。

鉴于可能存在强干扰噪声长时间维持现象，时段累积雨量产品仍需质量检验，检查是否存在明显不合理的超强奇异值。为此 WSR-88D 设置 1 小时累积雨量阈值为 800mm，去除大于此阈值的点，由其周围 8 个邻点的小时雨量平均值代替。

另外，由于雷达估测雨量与地面雨量的时空不一致性，不适当的 $Z-R$ 关系，电磁波的非正常传播，天线罩沾水引起衰减等，这些因素都将引起雷达时段累积雨量的误差。大量研究表明，用地面雨量测值校正相应雷达估算值是十分必要的，且是业务上可行的方法。校正方法很多，如平均校正法、卡尔曼滤波法、变分法和最佳线性插值法等，目前卡尔曼滤波校正方法用得最多。

用上述方法校正后，可得到一个校正因子，然后用校正因子校正其他点该时段上的累积雨量，用 16 个色调显示累积雨量分布。时段累积雨量产品一般为 1 小时雨量、3 小时雨量、6 小时雨量、过程雨量和用户选择时段雨量等 5 种产品。

10.3.4　流域降雨量

在上述单点雨量产品基础上，计算雷达探测范围内（包括雷达组网后的探测范围）任意区域上的总降水量。设把某区域分成 $M \times N$ 个网格，则该流域上某时段的降水总量可表示为

$$V = \sum_{j=1}^{M \times N} V_{ja}$$

这种产品仍以 16 种色调显示各时段的累积雨量分布，但对所计算的区域注明降水总量，所以它仍保留着降水量的空间分布信息。

在用上述方法计算区域时段总雨量以前，仍须再一次进行质量检验，进一步消除个别漏网的奇异资料点。另外，应用流域内所有地面雨量资料（有条件的台站增加红外云图资料）检查雷达异常点，剔除那些红外云图上无云区而雷达有回波的资料，同样剔除地面雨量为零，但相应上空有回波的雷达资料。

§10.4　强天气识别产品

强天气识别产品一般有：风暴单体识别、中尺度气旋识别，以及进一步衍生出来的

风暴跟踪、冰雹指数、龙卷涡旋特征、报警文本信息等。这里简单介绍一下目前 WSR-88D 中采用的风暴核识别方法(详见参考文献[3])。

该方法将强风暴定义为强度达到一定值、具有一定体积的空间连续区域。其基础是 1978 年 Lemon 根据对美国国家强风暴实验室 10 年的 WSR-57 雷达的观测资料的研究,提出的根据雹云的三维回波结构特征来判别强雹云(落地冰雹直径≥1.9cm)的指标:

中层(离地面 5～12km)的最大反射率因子≥45dBZ。

中层悬挂回波超出低层(离地≤1.5km)回波外缘或最强的反射率梯度处≥6km。

最高回波顶位于悬挂回波一侧,并位于回波核与回波边缘之间的反射率梯度最大处的上方,或悬挂回波的上方。

因此,该识别算法的基本做法是:首先在体扫描资料的每幅 PPI 的每根径向线中搜索满足一定条件的"一维风暴段",再按一定条件将相邻的风暴段组合成强度大于一定阈值的二维连续区域,即"二维风暴分量",然后依据不同层 PPI 上的风暴分量是否具有垂直相关性,将不同层中垂直相关的二维风暴分量合并成三维风暴体,简述如下。

10.4.1　一维风暴段搜索

一维风暴段是指沿雷达观测的径向线上,有连续的多个点,其回波强度都大于某个预置阈值。因此,一维风暴段的搜索思路是:

(1)沿径向搜索反射率因子 Z 第一次大于某个预置阈值 T_z(如 35dBZ)的点。在同一条径向上,将该点以后的连续满足 Z 大于 T_z 的点记录到一个风暴段中,直到遇到 Z 小于 T_z 的点。在继续沿径向搜索时,如果该点的 Z 虽然小于 T_z,但是满足 $D_z<Z<T_z$(预置阈值 D_z 可取 30dBZ),则记录 $D_z<Z<T_z$ 的连续点数。若连续点数大于某个预置阈值 N_p(如 5),则该风暴段搜索终止,下一风暴段搜索开始。

(2)对于所记录的风暴段,如果长度小于某个预置阈值 L(如 3km),则删除。

(3)同一径向上所记录的两个风暴段,如果首尾相距不超过 1km,则合并成一个风暴段。这样处理是为了避免大块回波区中因弱回波区的存在而导致的回波分离,从而产生识别错误。

记录下来的每一个风暴段为有效风暴段。计算并保存特征量。

10.4.2　二维风暴分量搜索

在同一个 PPI 上,将所有的径向线都搜索完后,按一定条件将相邻的风暴段合并,形成方位上连续的风暴段,即为二维风暴分量。如图 10.3 所示。

其基本思路是:在整个 PPI 上,沿切向搜索连续的风暴段。多个风暴段合并成一

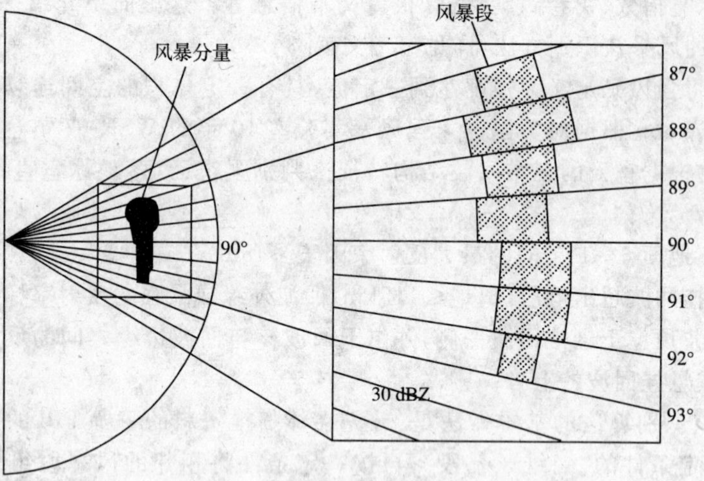

图 10.3　二维风暴分量由风暴段组成

个有效风暴可能区域必须同时满足下列条件：

在同一个风暴区域中，相临风暴段的方位间距不大于 1°；

风暴区域中，相临风暴段的首尾距离至少重叠一段距离（如 1.5km）；

一个风暴区域至少包含一定数量的风暴段（如 5 个）。

对于每个风暴可能区域，计算特征量并保存。

10.4.3　三维风暴体搜索

三维风暴体由不同仰角上垂直相关的风暴分量组成。如图 10.4 所示。

其基本做法是：从第二个仰角开始，每个仰角 PPI 扫描资料中的风暴分量都和它下面相临仰角的风暴分量进行比较，具体步骤如下：

（1）搜索相临仰角风暴分量的反射率权重中心之间的水平距离。定义小于一定值（如 5km）的风暴分量为垂直相关的风暴分量。

（2）在步骤（1）后无垂直相关的风暴分量，则终止搜索。如果同时有几个风暴分量与其相临高度的一个风暴分量垂直相关，则选择相临仰角风暴分量的反射率权重中心水平距离最小的一个。

（3）一个风暴体中至少要有两个相临仰角且垂直相关的风暴分量，且风暴体积必须大于 $50km^3$。

经过以上三步，搜索出的三维风暴体即为风暴单体，计算其特征量并显示。

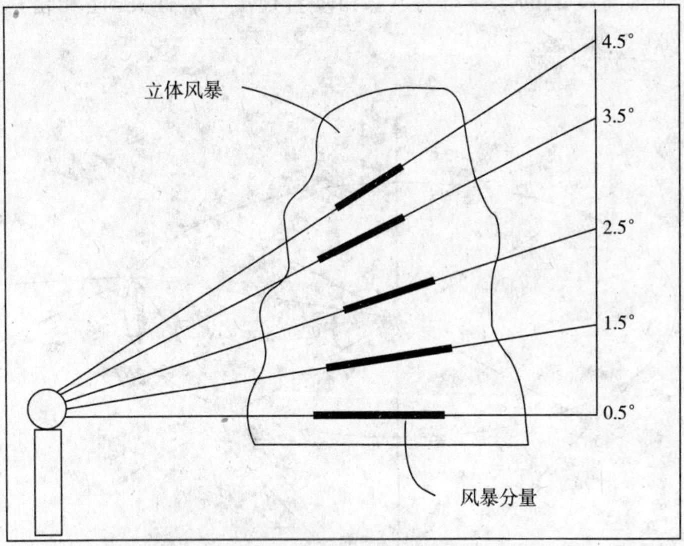

图 10.4　风暴体由风暴分量组成

§10.5　风场反演产品

多普勒天气雷达系统获取的径向速度分布数据，在某些假定条件下，通过反演可以获取某高度平面上的平均风向风速、二维风场、三维风场等。其中除 20 世纪 60 年代初期 Lhermitte 和 Atlas 等提出的用单部多普勒天气雷达测量风场的 VAD(Velocity-Azimuth-Display)技术比较成熟外，其余大部分方法还处在研究或试验试用阶段，尚达不到业务使用要求。本节主要介绍与 VAD 技术有关的平均风向风速反演产品。

10.5.1　VAD 技术的基本思想

若各高度上的风场水平均匀，即风向风速不随方位角而变化(假设为西风，参见图 7.2)，此时，若把雷达作旋转扫描探测到的不同方位上的多普勒速度显示在以雷达方位为横坐标、速度为纵坐标的图上，则将是一个正弦变化曲线。这时从该曲线上读出的多普勒速度最大值即为风速(假定雷达观测仰角为零度)，而该曲线上多普勒速度最小值所在方位便为风向。这种将多普勒天气雷达测得的同距离圈上多普勒速度值点绘在以方位为横坐标、多普勒速度为纵坐标的图上，从而可查得该距离圈所在高度的风向风速的方法称为速度－方位显示技术，简称 VAD 技术。

推广到更一般情况：当天线以某一固定仰角 α 作方位旋转扫描时，雷达测出的多普勒速度不但和所在高度上的水平速度 V_h 和垂直速度 V_f 有关，还和雷达的方位角和仰角有关。如图 10.5 所示。

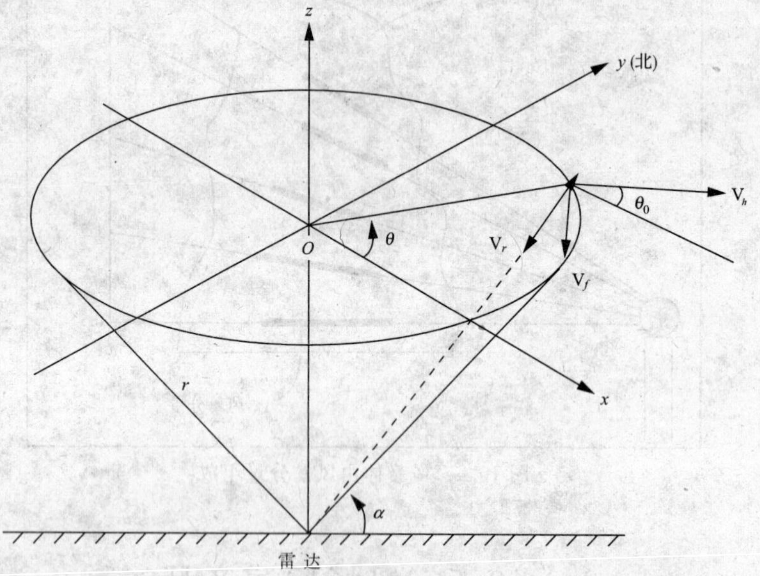

图 10.5　圆锥扫描示意图

我们以正东为 X 轴正向，正北为 Y 轴正向，Z 轴向上为正。令水平风向和 X 轴的夹角为 θ_0，则雷达测得的某方位角上的 $V_r(\theta)$ 可表示为

$$V_r(\theta) = V_h(\theta)\cos\alpha\cos(\theta - \theta_0) + V_f(\theta)\sin\alpha \tag{10.14}$$

若风场均匀，则 V_h、V_f 和 θ_0 为常量，不随方位角而变化，由(10.14)式可知，某一固定距离圈上的多普勒速度 $V_r(\theta)$ 将按余弦方式变化，并且叠加了一个常数 $V_f\sin\alpha$。如图 10.6 所示。

当雷达天线指向风的来向时，$\theta = \theta_0 + \pi$，所以这时的多普勒速度 V_{r1} 为

$$V_{r1} = -V_h\cos\alpha + V_f\sin\alpha \tag{10.15}$$

显然，V_{r1} 朝向雷达方向，为余弦变化中的最小值。

当天线指向水平风的下风方向时，$\theta = \theta_0$，这时的多普勒雷达 V_{r2} 远离雷达方向，为最大值。

$$V_{r2} = V_h\cos\alpha + V_f\sin\alpha \tag{10.16}$$

比较上面两式，可得探测高度上的水平风速 V_h 为

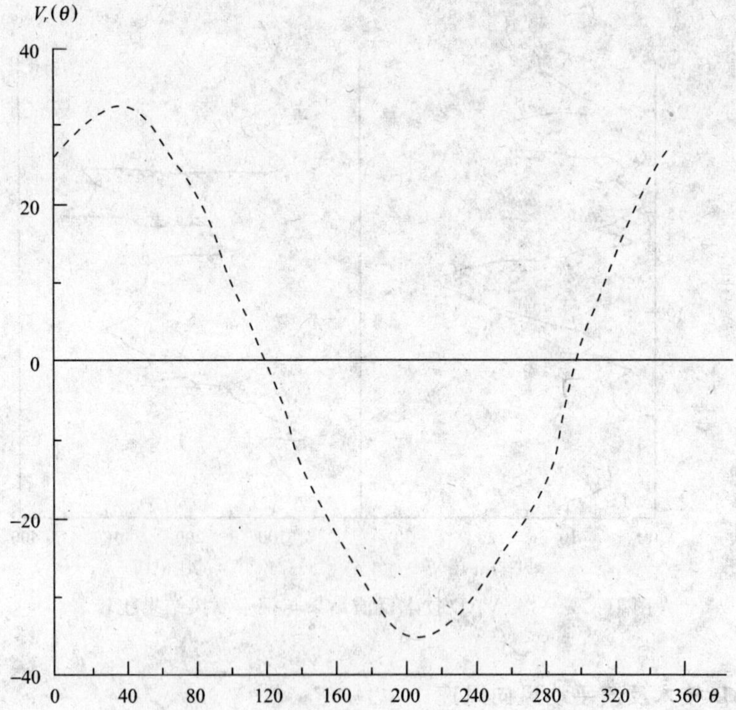

图 10.6　均匀风场时的多普勒速度分布

$$V_h = \frac{V_{r2} - V_{r1}}{2\cos\alpha} \tag{10.17}$$

水平风的风向就是多普勒速度最小值时天线指向的方位角。

垂直速度也可由(10.15)、(10.16)两式解出，为

$$V_f = \frac{V_{r1} + V_{r2}}{2\sin\alpha} \tag{10.18}$$

(10.17)式就是风场均匀时一般意义上的 VAD 技术的基本思想。即将多普勒天气雷达测得的同距离圈上多普勒速度值点绘在以方位为横坐标、多普勒速度为纵坐标的图上，这时从图上直接读出多普勒速度的最大、最小值，利用(10.17)式便可以求得该距离圈所对应高度上的风速，而多普勒速度最小值所在方位便是风向。

考虑到 PPI 上不同的距离圈对应不同的高度，因此，对不同距离圈上多普勒速度的观测资料，应用 VAD 技术，便可得到水平风速风向和垂直速度 V_f 随高度分布的信息。图 10.7 是一次用 VAD 方法反演结果(实线)与用探空测风所得结果(虚线)的比较，其一致性相当好。

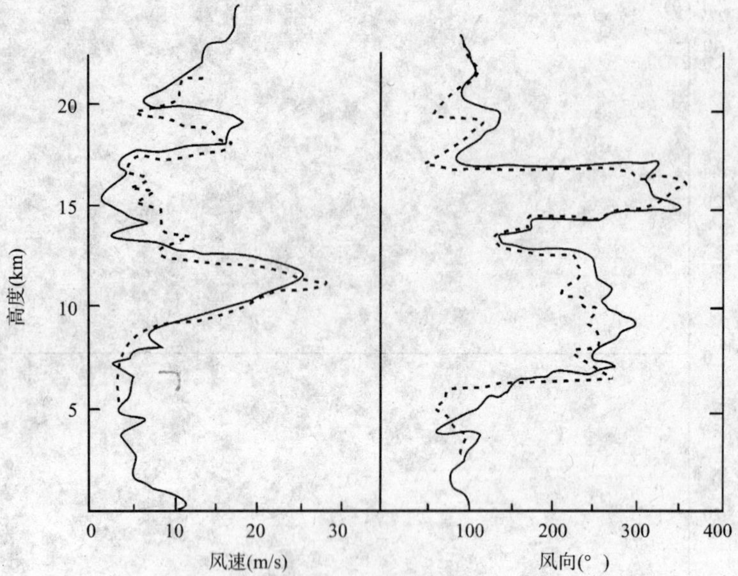

图 10.7 一次 VAD 技术反演结果与探空测风结果比较

10.5.2 VAD 技术反演平均风向风速

10.5.2.1 VAD 技术原理

当水平风场不均匀时，VAD 技术显示的 $V_r(\theta)$ 将不是余弦曲线形式，图 10.8 为一次水平风场线性变化时的 $V_r(\theta)$ 曲线，它远比余弦曲线复杂得多。

在某距离圈所相应高度的垂直气流为常数，水平风场为线性分布的假定条件下，对 VAD 曲线作谐波分析，可将在 $V_r(\theta)$ 中包含的平均风向风速、平均散度和平均形变等信息分离出来。简要介绍如下。对(10.14)式展开，可得

$$\begin{aligned} V_r(\theta) &= V_h \cos\theta \cos\theta_0 \cos\alpha + V_h \sin\theta \sin\theta_0 \cos\alpha + V_f \sin\alpha \\ &= u\cos\theta\cos\alpha + v\sin\theta\cos\alpha + V_f \sin\alpha \end{aligned} \tag{10.19}$$

u、v 分别为 V_h 在 X 轴和 Y 轴上的分量。

在(10.19)式的右边，将 u、v 按泰勒级数展开，则有

$$\begin{aligned} u &= u_0 + u_x r\cos\theta + u_y r\sin\theta \\ v &= v_0 + v_x r\cos\theta + v_y r\sin\theta \end{aligned} \tag{10.20}$$

式中 u_x，u_y，v_x，v_y 分别为 u、v 分量的一阶偏导数在中心的取值，r 为测点的距离，$x=r\cos\theta$，$y=r\sin\theta$。

设 V_f 水平均匀，将(10.20)式代入(10.19)式，整理后可得

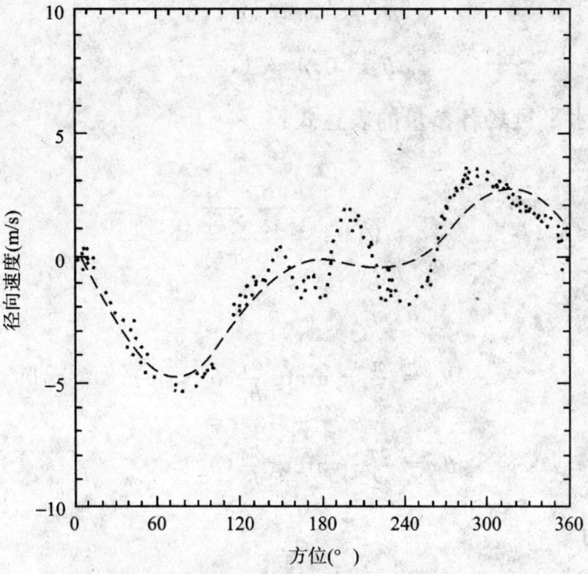

图 10.8　一次线性风场的 $V_r(\theta)$分布

$$V_r(\theta) = u_0\cos\theta\cos\alpha + v_0\sin\theta\cos\alpha + \frac{1}{2}(u_x + v_y)r\cos\alpha$$

$$+ \frac{1}{2}(u_x - v_y)r\cos2\theta\cos\alpha + \frac{1}{2}(u_y + v_x)r\sin2\theta\cos\alpha + V_f\sin\alpha \qquad (10.21)$$

式中，u_0 和 v_0 分别为平均风的风分量，(u_x+v_y)为水平风场散度，(u_y+v_x)和(u_x-v_y)为水平风场的形变，它们分别相应于方位角 θ 的一次、零次和二次谐波。

另一方面，我们可将 $V_r(\theta)$按方位角展成富氏级数，有

$$V_r(\theta) = \frac{1}{2}a_0 + \sum_{n=1}^{\infty}(a_n\cos n\theta + b_n\sin n\theta) , \qquad (10.22)$$

比较(10.21)和(10.22)两式，对应谐波项系数相等，可得到

$$a_0 = (u_x + v_y)r\cos\alpha + 2V_f\sin\alpha$$

$$a_1 = u_0\cos\alpha$$

$$b_1 = v_0\cos\alpha$$

$$a_2 = \frac{1}{2}(u_x - v_y)r\cos\alpha$$

$$b_2 = \frac{1}{2}(u_y + v_x)r\cos\alpha$$

$$a_n = 0, n \neq 0,1,2$$

$$b_n = 0, n \neq 1,2$$

于是,可解得水平风场各参量的表达式:

水平风速为

$$V_h = \frac{\sqrt{a_1^2 + b_1^2}}{\cos\alpha} \tag{10.23}$$

水平风向为

$$\theta_0 = \frac{\pi}{2} - \mathrm{arctg}\,\frac{a_1}{b_1}(b_1 < 0)$$

$$\theta_0 = \frac{3\pi}{2} - \mathrm{arctg}\,\frac{a_1}{b_1}(b_1 > 0) \tag{10.24}$$

水平风辐散辐合为

$$\mathrm{div}(V_h) = \frac{a_0}{r\cos\alpha} + \frac{2V_f}{r}\mathrm{tg}\alpha \tag{10.25}$$

水平风形变为

$$\mathrm{Def}V_h = 2\sqrt{a_2^2 + b_2^2}/r\cos\alpha \tag{10.26}$$

形变轴取向角为

$$\upsilon = \frac{\pi}{4} - \frac{1}{2}\mathrm{arctg}\,\frac{a_2}{b_2}(b_2 < 0)$$

$$\upsilon = \frac{4}{3}\pi - \frac{1}{2}\mathrm{arctg}\,\frac{a_2}{b_2}(b_2 > 0) \tag{10.27}$$

这里的 θ_0 和 υ 角均以逆时针方向为正。

在具体的工作中,天线扫描一周,对某一距离圈每隔一定方位角测量到一个 V_r 值,即可得到 $V_r(\theta)$ 分布,从而富氏级数中各系数可由下列各式确定

$$a_0 = \frac{2}{M}\sum_{i=1}^{M} V_{ri}$$

$$a_1 = \frac{2}{M}\sum_{i=1}^{M} V_{ri}\cos\theta_i$$

$$b_1 = \frac{2}{M}\sum_{i=1}^{M} V_{ri}\sin\theta_i$$

$$a_2=\frac{2}{M}\sum_{i=1}^{M}V_{ri}\cos2\theta_i$$
$$b_2=\frac{2}{M}\sum_{i=1}^{M}V_{ri}\sin2\theta_i \tag{10.28}$$

式中，M 表示某一距离圈上有速度值点的总数，i 表示点的序号，θ_i 表示第 i 个点的方位角，V_{ri} 表示第 i 个点处的多普勒速度。根据(10.28)式计算出来的各系数，代入(10.23)～(10.27)式，可以求得平均风速、平均风向和平均形变。

如果雷达探测仰角较低，或者某个距离圈上所相应高度上的垂直气流速度 V_f 较小，则(10.25)式可简化为

$$\mathrm{div}(V_h)=\frac{a_0}{r\cos\alpha} \tag{10.29}$$

由此可得到某距离圈上的平均散度。

从以上推导过程可以看出 VAD 技术比较适用于大范围降水天气，当同一距离圈上无回波点太多时，将对计算结果造成误差。同时限于风场线性的假设条件，分析区域不宜太大，推荐的最佳水平距离半径为 30km。有速度模糊现象时，应首先退模糊，然后才能进行 VAD 技术处理。

10.5.2.2　应用个例

根据不同时刻的同一仰角不同距离上的 $V_r(\theta)$ 分布资料，应用 VAD 技术就可得平均风向风速、平均散度和平均形变随高度和时间的分布情况。图 10.9 中(a)、(b)、(c)就是一次大面积降水过程中风速、风向和散度的时间高度剖面图。

知道了各高度上的水平辐散后，可以应用连续方程计算出某高度 H 上的大气的垂直速度

$$w(H)=\frac{1}{\rho(H)}\int_0^H\rho(z)\mathrm{div}(V_h)\mathrm{d}z \tag{10.30}$$

式中 $\rho(z)$ 是 Z 高度上的大气密度，$w(H)$ 为 H 高度上的大气垂直速度，图 10.9(d)即为 w 的时间高度剖面分布。由(10.30)式可知，H 高度上的大气垂直气流速度是通过水平散度值由地面到 H 高度积分而算出的，所以 VAD 技术得到的低层散度值的误差会带入到高层垂直速度的计算中。此外，还要求至少在天线转一周的观测时间内，其风场结构应当保持不变。因此，这种方法不能应用到对流云中。

10.5.3　VWP 产品

在上述 VAD 产品基础上，应用体积扫描资料，可得到不同高度上的平均风向、风速，从而得到平均风向、风速随高度变化的垂直廓线。应用相继时间的体扫资料，即可

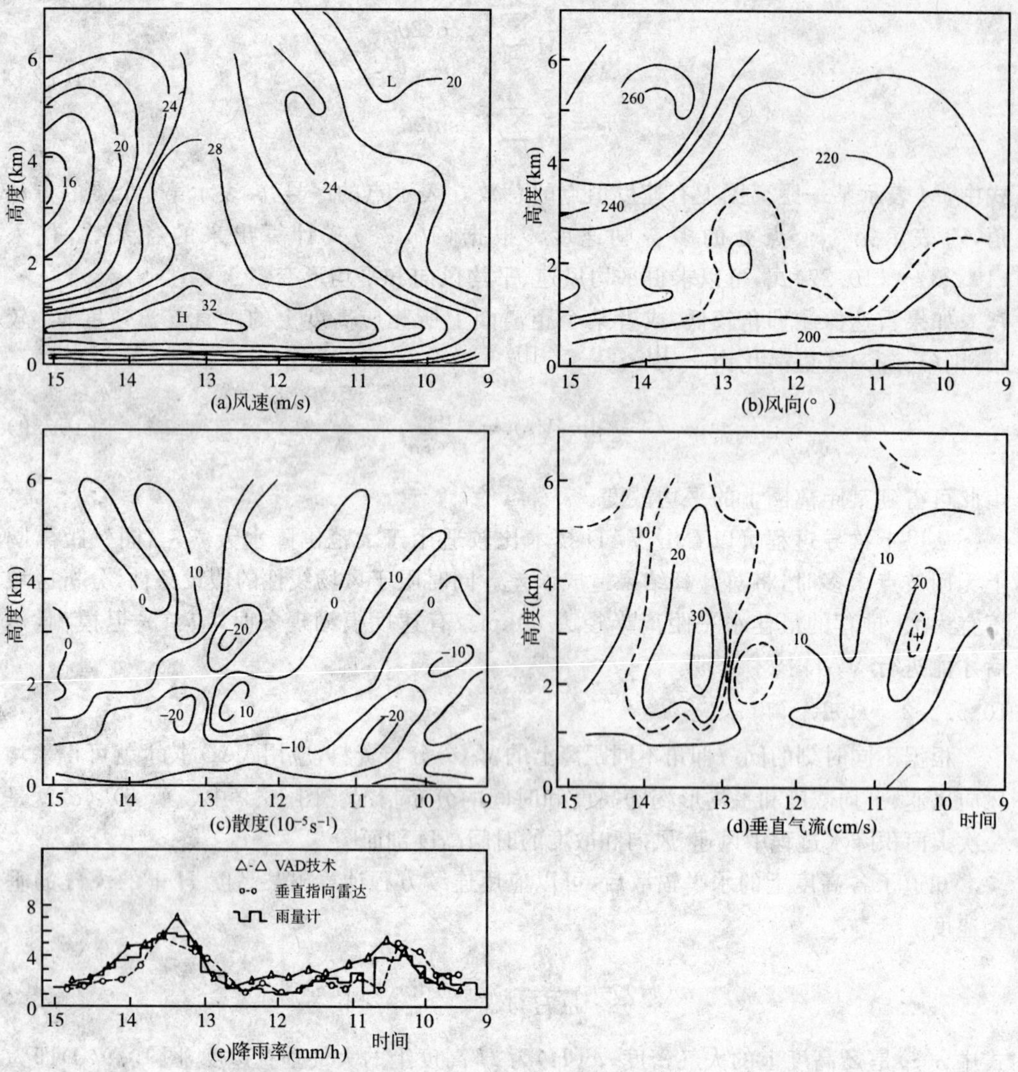

图 10.9　VAD 技术计算的风场、散度场和形变场的时间高度剖面图

获得平均风向和平均风速随高度和时间变化的剖面图形。图形与一般天气图中的风向、风速表示形式相同。如图 10.10 所示。

此产品有较高的实用价值，如航空气象人员常用来识别平均风的垂直切变（特别是低空中的垂直风切变）及其随时间的变化，亦可分析环境风随高度和时间的变化情况等。

产品中在某一时刻最多显示 30 个高度的平均风向风速，为避免残剩地物回波影

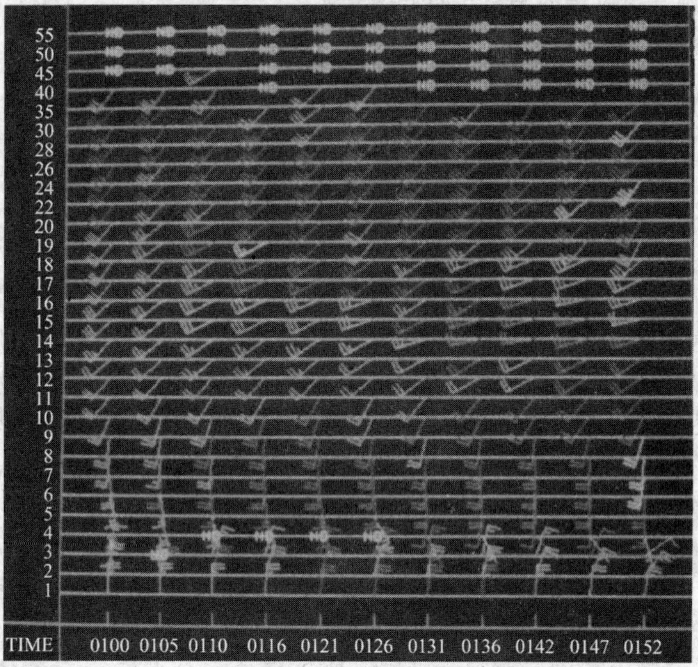

图 10.10　平均风向、风速时间高度剖面图例

响，最低高度为雷达上空 500m 左右，两高度之间的差最少不低于 350m，最高分析高度为 24km，但 16km 高度以上的资料已很少探测到。剖面图中横坐标为时间，纵坐标为高度。另外，若与某高度相应的距离圈上有资料，但经 VAD 技术计算后，其质量控制未通过，或者该圈上有资料的点少于 25 个，则在该高度上不显示平均风向风速，用"ND"字样显示，若没有资料可供分析，则用"X"符号显示。

10.5.4　两(多)部多普勒天气雷达联合反演三维风场

单部多普勒雷达只能测量云雨区中流场的径向速度分布，而实际大气是在三维空间中按各种可能的方式运动着。因此，单部多普勒雷达测量空气运动和降水粒子尺度的能力是有限的，它不能测定局地对流性降水区中不同高度上的二维风场结构和垂直气流的详细结构。并且，从测得的径向速度分布推测气流的空间情况时，不得不包含一定的假定。

在强对流风暴中，气流分布很不均匀，有很强的湍流和风速切变，流场在时空上有强而快的起伏。气流速度的三个坐标分量 u、v、w，从原则上讲，可以用三台波束交叉的多普勒雷达同步测量确定下来。Lhermitte(1968)提出了用三台多普勒雷达进行观测的方案，如图 10.11 所示。以 V_1、V_2、V_3 分别表示三台雷达对空间同一点目标测得的径向速度，则其与风场的关系式如下：

$$V_1 = V_h \cos(\beta_1 - \beta_0)\cos\alpha_1 + V_f \sin\alpha_1 \tag{10.31}$$

$$V_2 = V_h \cos(\beta_2 - \beta_0)\cos\alpha_2 + V_f \sin\alpha_2 \tag{10.32}$$

$$V_3 = V_h \cos(\beta_3 - \beta_0)\cos\alpha_3 + V_f \sin\alpha_3 \tag{10.33}$$

$$\frac{\partial \omega}{\partial z} = -\left(\frac{\partial u}{\partial x} + \frac{\partial v}{\partial y}\right)$$

式中 $V_f = W_t + \omega$，W_t 为粒子下落末速度，β_0 为 V_h 的方向。在进行测量时，要求同步地改变三台多普勒雷达的天线指向和选择取样距离，使每一次测量都让三个波束相交于一点，这是不切实际的。并且，完成整个测量需要很长的时间和复杂的同步指挥系统。代替的方案便是使三个波束独立地扫描，多距离同时取样、记录，而后用内插计算各时刻、各地点上的三个径向速度。这就要假定在整个测量过程中气流分布是定常的。另外，资料处理程序非常复杂。

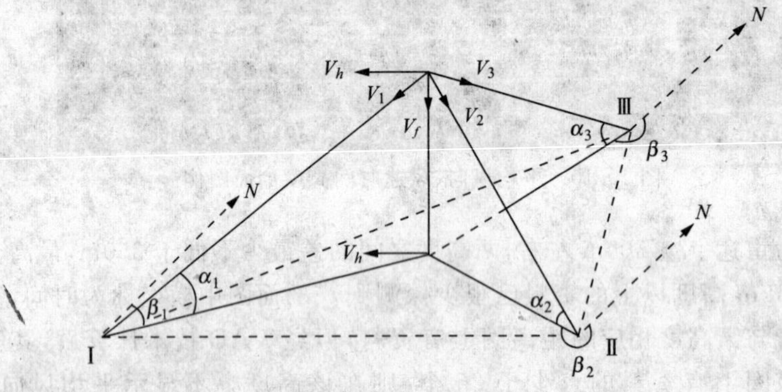

图 10.11　三台多普勒雷达观测方案示意图

在低仰角观测条件下，例如 $\alpha < 10°$，垂直速度项对多普勒速度的贡献可以忽略。这时只需要用两台多普勒雷达联合观测，各自独立扫描，而后内插出各时刻、各空间同一点的径向速度 V_1 和 V_2，该点的水平风速即为：

$$V_h = \frac{1}{\sin(\beta_2 - \beta_1)}\left[\frac{V_1^2}{\cos^2\alpha_1} + \frac{V_2^2}{\cos^2\alpha_2} - \frac{2V_1V_2\cos(\beta_2 - \beta_1)}{\cos\alpha_1\cos\alpha_2}\right]^{\frac{1}{2}} \tag{10.34}$$

$$\beta_0 = \mathrm{tg}^{-1}\left\{\frac{-1}{\sin(\beta_2 - \beta_1)}\left[\frac{V_2\cos\alpha_1}{V_1\cos\alpha_2} - \cos(\beta_2 - \beta_1)\right]\right\} \tag{10.35}$$

再用连续方程从辐散辐合求得垂直气流速度 ω，就可以得到气流场的三维分布。这个测量方案亦需假定在整个测量过程中(3～5min)气流分布是定常的。显然，这个假定与实际是有出入的，尤其是在强风暴猛烈发展阶段。

为了减小由于假定气流是定常的而引起的误差，1970 年 Lhermitte 提出了用两台多普勒雷达协同地扫描通过这两个站的一个斜面的观测方案(图 10.12)，称为“共面”扫描。这时只需假定在对同一共面进行扫描时气流是定常的(小于 1min)。采用这种扫描方案时，两部雷达测量斜面上任一点的两个径向速度 V_1 和 V_2，由这两个径向速度计算出在此斜面上与雷达基线平行的速度分量 u' 和与基线相垂直的速度分量 v'。如果认为降水粒子的水平运动相对于气流没有滞后的话，那么，u'就确切地代表在此方向上的水平气流分量。但 v'的方向，由于与真正的水平面有一倾角，因此，包含有粒子垂直降落速度 V_f 的影响。不过当斜面的仰角 α 不大时，例如小于 5°或 10°，V_f 影响很小，可略去不计。这样，v'就可以代表在此方向的水平风分量。然后，用气体运动的连续方程，求出与斜面相垂直的第三个速度分量 w'。由 u'、v'、w'可以计算斜面上任一位置上的地平直角坐标系中的三个分量 u、v、w。由多个斜面上(通常都间隔仰角 2°)的三维速度场，可以推算出各个水平面上的气流场。

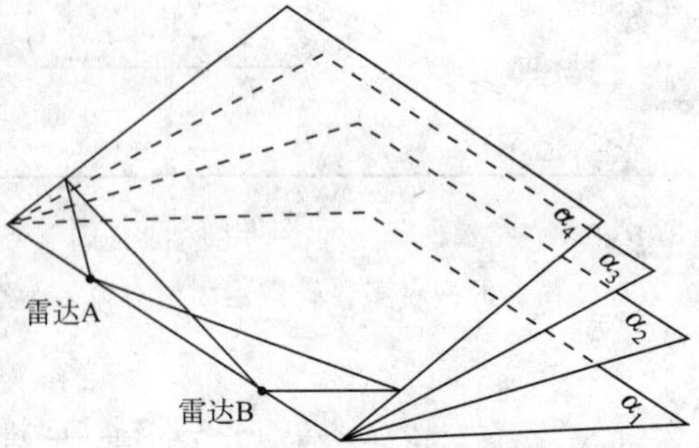

图 10.12　双多普勒雷达共面观测示意图

Browning 等(1968)曾经用另一种两台多普勒雷达观测方案研究一次阵性降水中的气流分布。如图 10.13 所示，一台机动雷达 B 机动到阵性降水区的下方，垂直指向，测量降水粒子的垂直速度；另一台固定雷达 A 沿 AB 方向作距离—高度—速度 RHV 测量(固定天线方位，变动仰角作多普勒速度测量)和 RHI 测量。这样可以得到 B 点上空的垂直速度和水平风速在 AB 方向的分量。再借助另一位置的普通雷达 C 同时得到的 RHI 测量，可以测得阵性降水区在 AB 方向上的移动速度。从而可以得到阵性降水区在 AB 方向剖面上的气流结构。这个方法的优点是资料处理方便，可以对目标进行机动跟踪观测，但还不能得到降水区气流完整的三维结构。

应该指出，有关多普勒速度资料派生出的产品中，应该使用不模糊或经退模糊后的速度资料，否则将导致重大错误。此外，风场反演产品均需要某些假设或有关天气条件，不像物理量产品那样的客观分析和计算，所以这些产品是否适用或运用的程度如何，尚需作进一步检验。

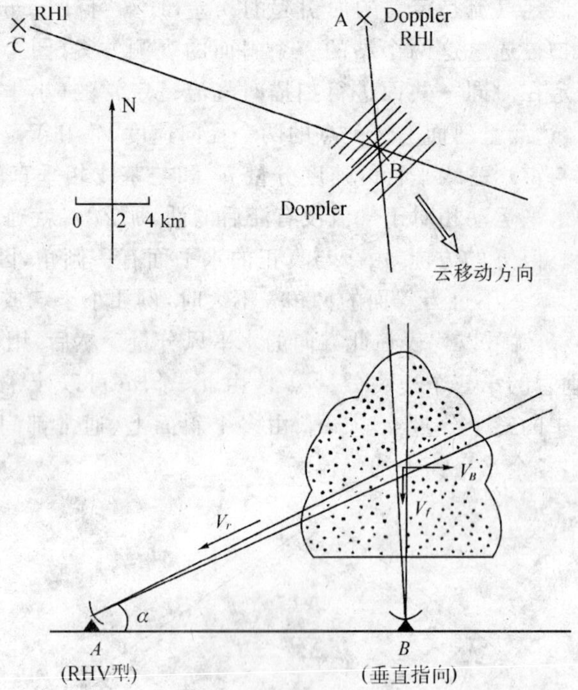

图 10.13　简化的两台多普勒雷达测量对流云示意图

§10.6　谱宽产品及其应用

多普勒速度谱的宽度(简称谱宽)σ_v，表示有效照射体内不同大小的多普勒速度偏离其平均值 V_r 的程度，实际上它是由该照射体内的散射粒子具有不同的径向速度所引起的，它定义为

$$\sigma_v^2 = \frac{\int_{-\infty}^{\infty}(v-v_r)^2 \boldsymbol{\Psi}(v)\mathrm{d}v}{\int_{-\infty}^{\infty}\boldsymbol{\Psi}(v)\mathrm{d}v} = \frac{1}{\overline{P}_r}\int_{-\infty}^{\infty}(v-v_r)^2\boldsymbol{\Psi}(v)\mathrm{d}v \tag{10.36}$$

式中 $\Psi(v)\mathrm{d}v$ 为 v 到 $v+\mathrm{d}v$ 间隔内相应的回波功率，对所有间隔的积分即为总的回波功率 $\overline{P}_r$。v_r 为多普勒速度的平均值，v 为速度谱中某一多普勒速度值。由定义式可以看出，均方差 σ_v^2 实际上是以 $\boldsymbol{\Psi}(v)\mathrm{d}v$ 为权重，对 $(v-v_r)^2$ 这个物理量的加权平均值。

谱宽或均方差 σ_v^2 对 $(v-v_r)^2$ 十分敏感。有的 v 其功率很小，对平均值 v_r 没有什么贡献，但$(v-v_r)^2$很大，对σ_v^2的贡献就不能忽略不计。因此，远离平均值v_r的经滤波后残剩的噪声或地物回波，仍对σ_v^2有影响，有时这种影响还很大；所以如何在业务中用好谱宽信息，目前仍在不断的研究之中。总体来说，影响谱宽大小有气象因子和非气象因子两种，我们分别加以讨论。

10.6.1　影响σ_v的气象因子

主要有四种，它们是：垂直方向上的水平风切变，因波束宽度而产生的横向风效应，大气中的小于有效照射体尺度的湍流运动，不同直径雨滴在静止大气中的下落末速度的不均匀分布。由于以上四因素对谱宽的影响可近似看作相互独立，则多普勒速度谱方差σ_v^2可以表达成各因素造成的方差之和，即

$$\sigma_v^2=\sigma_s^2+\sigma_b^2+\sigma_T^2+\sigma_w^2 \tag{10.37}$$

式中等号右边四项方差分别表示风切变、横向风效应、湍流和雨滴落速引起的谱方差。现分别对各项因素进行讨论。

10.6.1.1　风切变

水平风在垂直方向上的切变对有效照射体内径向速度分布的影响，可以形象地用图10.14表示。

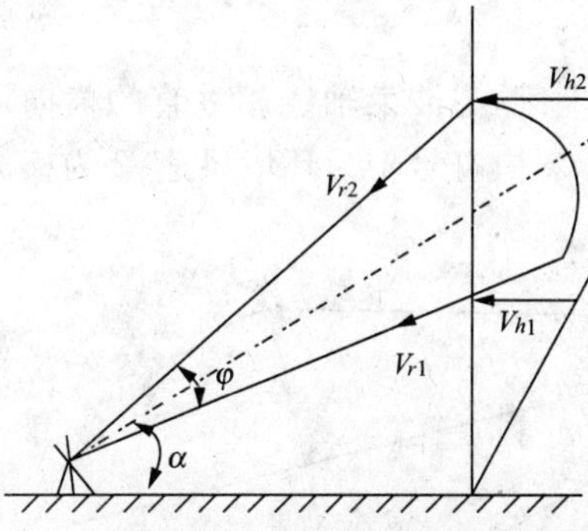

图10.14　风切变造成的径向速度差

当雷达天线指向水平风的上风方向时，在波束宽度半功率点的下界处，粒子的径向速度V_{r1}为

$$V_{r1}=V_{h1}\cos\left(\alpha-\frac{1}{2}\varphi\right) \tag{10.38}$$

其中V_{h1}为h_1高度上的水平风速，α为天线仰角，φ为天线波束垂直方向的宽度。

在波束宽度半功率点的上界处，相应的径向速度V_{r2}为

$$V_{r2} = V_{h2}\cos\left(\alpha + \frac{1}{2}\varphi\right) \tag{10.39}$$

显然，若仰角 α 和波束宽度均不超过几度，则 V_{r1} 和 V_{r2} 分别近似等于 V_{h1} 和 V_{h2}，这时

$$\Delta V_r = |V_{r1} - V_{r2}| = |V_{h1} - V_{h2}| = kr\varphi \tag{10.40}$$

式中 k 为风速梯度，r 为探测距离。在天线方向性图为高斯型分布情况下，这个 ΔV_r 所产生的多普勒速度谱宽 σ_s 为

$$\sigma_s = 0.42kr\varphi \tag{10.41}$$

应指出，(10.38)～(10.40)式仅在风向和天线指向一致或相反的情况下才成立，当天线指向和风向有偏离时，则切变 ΔV_r 及其所产生的 σ_s 均将减少。当天线指向与风向垂直时，其切变效应为零。另外，它还与天线的仰角 α 有关，切变效应随 α 角的增大而减少，当天线垂直指向时，这种风切变效应为零。由于在实际大气中不仅风速随高度而变化，而且风向通常也随高度而变化，因此，当雷达天线指向不同方位时，风切变产生的 σ_s 并不像(10.41)式所示的那么大。对于任意的雷达方位，Nathanson 建议采用 k=4m/s · km^{-1} 作为估计值，当雷达指向主要高空风向时，则建议采用 k=5.7m/s · km^{-1}。很明显，若使用窄波束雷达探测不很远的气象目标时，则由风切变产生的 σ_s 将很小。

10.6.1.2　波束宽度的横向风效应

由于波束存在一定的水平宽度，与波束轴线相垂直的横向风在偏离轴线方向上就有径向分量，如图 10.15 所示。图中符号 1 为环境风速，2 为横向风分量，3 为横向风分量在波束边缘造成的径向分量。

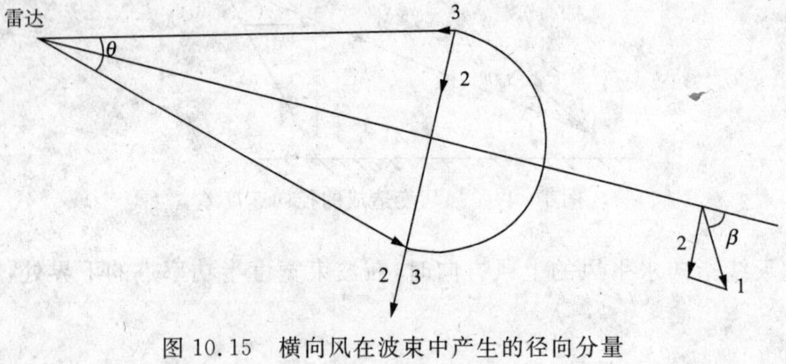

图 10.15　横向风在波束中产生的径向分量

设在波束宽度范围内，风速 V 水平均匀，波束轴线方位与风向之间的夹角为 β，则横向风分量为 $V\sin\beta$，以 θ 表示以两半功率点为界的水平波束宽度，则在此两侧由横向风分量贡献的径向速度之差为 $V\theta\sin\beta$。由图 10.15 可见，两侧的径向速度大小相等，方向相反，所以这种效应造成的径向速度分布的平均值显然为零。当天线方向性图为高

斯分布时，和上面的切变效应类似，可以导出由波束宽度产生的谱宽 σ_b 为

$$\sigma_b = 0.42v\,\theta\sin\beta \tag{10.42}$$

当风速为 30m/s，波束宽度为 2°时，由此产生的谱宽 σ_b 最大也只有 0.4m/s，因此这一项对总的谱宽的贡献不大。

10.6.1.3　粒子下落速度分布

众所周知，不同直径的降水粒子具有不同的下落速度，雷达以一定仰角探测时，由它们产生的径向速度就具有一定的分布，因而产生了一定的多普勒速度谱宽 σ_w，显然，雷达有效照射体积中降水粒子直径差别越大，则 σ_w 越大。因此，这种原因产生的谱宽取决于降水粒子的谱分布。

当雷达水平探测时（仰角 $\alpha=0$），粒子的下落速度在波束轴线上的径向速度为零。由此产生的谱宽相当于上述的横向风效应产生的谱宽。而当雷达垂直指向时，粒子下落速度即为径向速度，所以由此产生的谱宽最大。因此在一定程度上，谱宽 σ_w 与 $\sin\alpha$ 成正比。

按照速度谱方差定义，当大气垂直速度在雷达有效照射体内均匀时，垂直指向探测的多普勒速度谱的均方差可表示为

$$\sigma_w^2 = \frac{1}{P_r}\int_0^{\infty}(w_t - w_0)^2\Psi(w_t)\,\mathrm{d}w_t \tag{10.43}$$

因为某一速度间隔内的回波功率 $\Psi(w_t)\mathrm{d}w_t$ 取决于该间隔内粒子的直径及数量，所以粒子下落速度产生的方差与雨滴的尺度谱分布有关。经大量探测，在不同降水情况下，垂直指向多普勒雷达测得的速度谱方差 σ_w^2 典型值如表 10.1 所示。

表 10.1　不同类型降水在静止大气中的多普勒速度谱方差(单位：m^2/s^2)

降水类型	速度方差		附注
雪	0.04～0.25		海平面附近的值
融雪	0.5		同上
雨	0.7～1.0		同上
冰雹(波长 3cm)	干	湿	同上。当最大直径超过 2cm 后，速度方差随波长有显著变化
最大直径：2cm	8	19	
4cm	24	19	

由表 10.1 可见，雨和雪的方差 σ_w^2 均不超过 $1m^2/s^2$。若取 1m/s 作为降水情况下的速度谱宽的典型值，那么当天线仰角为 α 时，由粒子落速产生的谱宽为 $1.0\sin\alpha$。当 α 角在 10°以内，这种谱宽与风切变或湍流产生的谱宽比较起来是很小的。

若有效照射体内存在落速差别较大的降水粒子，例如同时存在雨滴和冰雹时，则实测的谱方差 σ_w^2 就较大。实际观测表明，指向天顶的多普勒雷达测到的速度谱方差

$\sigma_w^2 > 4m^2/s^2$，则表明可能存在冰雹，或者存在强烈的对流，或者两者兼而有之。

10.6.1.4　大气湍流

在湍流大气中，有效照射体内一定直径的降水粒子除具有环境风场的平均速度和它本身的下落速度外，还随周围大气的湍流脉动而运动。大一些的粒子，由于其惯性作用，对小于有效照射体积尺度的大气脉动的响应不如小粒子那样灵敏。在脉动速度为高斯分布的大气中，D 直径粒子的速度概率分布 $P_D(v)$ 为

$$P_D(v) = \frac{1}{\sigma(D)\sqrt{2\pi}} \exp\left[-\frac{(v-v_D)^2}{2\sigma^2(D)}\right]$$

式中 v_D 为直径 D 粒子的平均速度，v 为它的瞬时速度，$\sigma^2(D)$ 为该粒子的速度方差。由于粒子的惯性，不同大小的粒子具有不同的速度方差。因此，由湍流效应产生的多普勒速度谱宽 σ_T，既依赖于湍流强度本身，也依赖于粒子对大气湍流运动响应的灵敏程度。故当粒子直径大于 1mm 时，粒子的速度可能只是阵风风速的一部分，因而雷达直接测到的由湍流运动产生的速度谱方差可能比实际值小，粒子直径越大，偏低越多。尽管如此，定性而言，湍流效应多普勒速度谱宽度与湍流强度之间仍有一定的相应关系。Lhermitte 给出的弱湍流所贡献的方差为 $0.1 \sim 0.5m^2/s^2$，而强烈湍流为 $6 \sim 20m^2/s^2$。

上已述及，当波束较窄，测距不大时，由风切变和波束宽度引起的横向风效应造成的速度谱宽可以忽略不计。另外，若同时以低仰角观测，粒子下落速度引起的谱宽是微不足道的话，那么从理论上讲，只要排除掉其他非气象因子的干扰，实测的谱方差 σ_v^2 就主要是湍流运动引起的。

表征湍流强度时，湍能耗散率 ε 是一个重要的参数。ε 大的区域就是湍流强烈的区域，ε 在降水区中的空间和时间分布，是内部能量输送的一种重要量度。在一定的探测距离外，雷达波束宽度比脉冲长度大得多。在这种情况下，Frisch 和 Clifford 导出的湍流引起的速度方差 σ_T^2 与 ε 之间的关系为

$$\varepsilon = \frac{1}{\alpha}\left[\frac{\sigma_T^2}{1.28A}\right]^{3/2} \tag{10.44}$$

式中 A 是一个普适常数，$A=0.47$，α 是高斯型波束的一个宽度参数。Strauch 等应用这种方法测量了一个冰雹云中不同区域的湍能耗散率 ε，发现在雹云区的不同部位，ε 值相差可达两个量级。在雹云后部，ε 小于 $30cm^2/s^2$，与其他人在大气边界层中的测量值较接近，而在中层高度以上的上升气流的顶端处，ε 可达 $360cm^2/s^2$，其位置正好在强回波中心的前部。

可以证明，当天线方向图服从高斯分布，且水平波束宽度和垂直波束宽度相等时，其宽度参数 α 可表示为

$$\alpha^2 = \frac{\theta^2}{4\ln 2}$$

式中 θ 为水平方向波束宽度，与垂直方向波束宽度相等。

10.6.2　影响 σ_v 的非气象因子

由于速度谱宽 σ_v 对速度差($V-V_r$) 很敏感，很容易受到一些使速度差增加，从而导致谱宽加大的非气象因子的影响。定性地说，其主要的非气象因子有天线转动、地物回波干扰、雷达机内噪声等。

多普勒雷达观测时，需要对一定数量的相继脉冲的回波信号进行 FFT 或 PPP 技术处理后，才能得到多普勒频移及其径向速度信息。所以可以理解，在这些一定数量的脉冲采样时间内，天线扫过的区域大小与天线的转速成正比。天线转速越快，则采样区域越大，它所包含的气象目标物(如雨滴)越多，从而可能使($V-V_r$)增加，导致谱宽增加。

地物干扰的情况较复杂，我们分几种情况讨论。

(1)若雷达有效照射体积内充满固定不动的地物，则从理论上讲，其回波信号强，平均多普勒速度 V_r 和速度差($V-V_r$)不易受噪声影响，应当为零。但由于天线转速等因子影响，谱宽可能为一较小的非零值。

(2)若雷达有效照射体内部分充满地物，或虽充满地物，但地物中存在高速运动的目标物，例如高速行驶的汽车、火车或飞机，或者在高大建筑物之间，由于狭管效应，导致风向散乱，风速很大。这些因素对谱宽加宽作用是十分明显的，而且有很多偶然因素(如有时没有或很少有高速行驶的目标物)，基本上无规律可循。甚至地表面上的树叶飘动，也能使谱宽加大，有时会产生某一地区春夏谱宽较大，秋冬较小的现象。

基于以上分析，可以说明在对谱宽资料作 PPI 显示时，在低仰角近距离的地物干扰区域，存在谱宽很大和谱宽很小的回波相互渗杂，而且随距离和时间变化不连续的现象。

10.6.3　谱宽资料应用

根据影响谱宽大小的气象因子和非气象因子的分析，我们在使用谱宽资料时首先要注意地物干扰的影响。若要分析近距离谱宽资料，需根据当地地形，适当抬高仰角。探测时固定天线转速，不要任意变动。注意低信号回波中的特大谱宽奇异点等情况，如美国下一代天气雷达系统中规定谱宽大于 10m/s 时，认为是非气象因子干扰，不予考虑。在这个基础上，目前对谱宽资料的应用大致为以下几个方面。

10.6.3.1　一些天气的典型值

在前人大量研究的基础上，美国下一代天气雷达系统提供了一些天气的谱宽典型值。

(1)层状云降水：天气无强烈对流，风切变小，湍流较弱，雨滴直径相差不大，谱宽值较低，一般在 0～3.5m/s 范围内。

(2)在湍流区，强雷暴区或低层出流边界，谱宽值一般大于 4m/s。

(3)0℃层附近，由于干雪、湿雪、雨滴并存，下落速度差异大，其典型值约为 4m/s 左右。

由于影响谱宽大小的因子很多，所以应结合当地天气气候条件，对谱宽资料作具体分析，以上典型值仅供比较和参考。

10.6.3.2　检验平均多普勒速度 V_r 的可信度

一般谱宽较大时，可能对估算平均多普勒速度的准确性有较大影响。所以有的雷达系统提出了与谱宽及信噪比有关的指标，称为"信号质量指数"(SQI)，若某一点的资料的 SQI 低于某一指标值，则说明该资料计算的平均多普勒速度不可靠，应弃之不用。

10.6.3.3　帮助识别风切变区和强湍流区

一般谱宽较大的区域往往和强湍流区有关，但在使用时应注意风切变的影响(高仰角探测时还须注意不同雨滴下落速度的影响)。结合多普勒速度图像，若在某区域存在风切变现象(可在 V_r 分布场中识别)，则谱宽较大的区域是风切变和湍流两种作用的结果，否则可考虑为强湍流区。

应指出，用谱宽资料定量计算湍能耗散率的(10.44)式，是在某些前提下得到的，如需窄波束、低仰角、距离不太大等条件。所以在使用该公式的计算结果时，还须结合考虑当地的地形和天气等实际情况。

第十一章　天气雷达探测的组织和实施

天气雷达资料收集的好坏，直接影响到对天气的分析判断和预报保障工作，因此组织好雷达探测工作是十分重要的。气象业务主管部门发布的《天气雷达探测规范》，对天气雷达探测的组织和实施进行了全面而系统的规定，是我们开展天气雷达探测工作的依据。本章附录给出了中国气象局监测网络司发布的《新一代天气雷达观测规定》，供参考。以下介绍的是一些最基本的工作和原则。

§11.1　雷达阵地的选择和雷达校准

新建雷达站或移动式天气雷达，都存在如何选择雷达阵地的问题，以及雷达架设后投入使用前有哪些工作要准备的问题。

一部雷达探测效果的好坏，除雷达本身的性能之外，与雷达阵地的选择、雷达的架设和标定、通电检查等关系非常密切。因此，这方面的工作应认真细致地进行。

11.1.1　雷达阵地的选择

通常，天气雷达的有效探测距离可达 200～300km。但是，如果雷达发出的电磁波被周围的地物所阻挡，它的这种探测能力就得不到发挥。这个问题由于气象目标的高度较低，并且地球的表面是球面而显得格外严重。在表 11.1 中列出了在大气标准折射条件下不同仰角的天线所发出的电磁波波束轴线在不同距离时离地面的高度。

表 11.1　在标准折射条件下波束轴线离地面的高度

仰角(°) \ 高度(km) \ 距离(km)	50	100	150	200	250	300
0	0.2	0.6	1.3	2.4	3.7	5.3
1	1.0	2.3	3.9	5.9	8.0	10.5
3	2.8	5.8	9.2	12.8	16.8	21.0
5	4.5	9.3	14.4	19.8	25.5	31.4

可以看出，当天线仰角为 1°时，在距离 200km 处波束轴线离地面的高度已超过 5km；当天线仰角为 3°时，在距离 100km 处已超过 5km。所以，在选择雷达阵地时，为

了充分发挥天气雷达的探测能力，应力求周围的山脉、建筑物、树林等的挡角越小越好，在降水系统的主要来向或主要保障方向挡角应小于0.5°，其他方向一般也不应超过1°。

在符合雷达探测需要的前提下，还要考虑雷达站工作与气象预报工作的紧密配合、安全保障和供给等方面的条件，以及便于解决电源、水源、通信、避雷、交通运输等方面的问题。

11.1.2 雷达方位和仰角的校准

雷达探测时，目标的位置是根据雷达天线指向来确定的。为了准确地测定降水的空间分布，必须对雷达的方位和仰角进行校准。即雷达指向正北时，伺服分系统给出的方位读数应正好为零度。同时，雷达指向水平时，伺服分系统给出的仰角读数也应为零度。

天气雷达方位和仰角的校准工作，包括天线座的水平调整、天线机械轴和电轴一致性的标定，以及终端指示一致性的校准。这些工作，要按照天气雷达探测规范和雷达说明书中的有关规定仔细进行。

11.1.3 地物遮蔽角图的测量

雷达的方位和仰角校准完毕后，应用经纬仪测定不同方位的地物挡角，绘出雷达站周围地物挡角的分布图，作为分析和使用雷达回波资料时的参考。在第六章中图6.1所示为某雷达站的地物遮蔽角分布图。该雷达站的选址并不理想。

11.1.4 雷达技术参数的校准

雷达架设后和使用过程中，某些技术参数会因种种原因而发生变化，这样在数据处理终端中，利用雷达出厂时的技术指标，根据气象雷达方程算出的云雨区强度就会与实际情况有误差。因此，为了实施对降水目标的定量测量，并使不同技术参数的雷达所测得的回波信号强度能够相互进行比较，必须定期地对雷达的各项主要技术参数进行校准。这种校准包括波长、脉冲宽度、接收机灵敏度(最小可辨功率)、天线增益、波束宽度等。这些参数的变化都会使目标的回波功率发生改变。这项工作要按照天气雷达探测规范的规定进行。

一般认为，雷达灵敏度和发射功率比较容易变化，需要经常监测；波长和脉冲宽度可以在测定灵敏度和发射功率时同时进行测定；在雷达天线结构没有发生变形的条件下，天线增益与波束宽度一般不太变化，不必经常进行测量。

§11.2　天气雷达探测的实施

11.2.1　探测时次

天气雷达的探测分为定时探测和非定时探测两种。定时探测是根据日常天气预报和气象保障的需要事先规定的。非定时探测是根据服务和保障单位的要求以及开展科研工作的需要临时规定的。

雷达站应积极主动地做好探测服务工作，在预计可能出现和已经出现灾害性天气(如冰雹、龙卷风、飑线、台风等)时，要主动进行监视探测，增加开机探测的次数，及时把探测的结果通报各有关部门。

11.2.2　探测内容

定时探测时，探测内容有：降水回波的位置、范围大小、高度、强度、强中心位置、回波的形状、结构、性质、移向移速及其演变趋势等。探测中遇到的各种非降水回波，如超折射、负折射、雷达之间的同波长干扰、海浪回波、晴空大气回波等，也应记载。在非定时探测时，探测的具体内容根据需要而定。

11.2.3　探测方法

11.2.3.1　回波位置和范围大小

回波的位置和范围大小，可以从低仰角时的平显回波图像直接读取。现代天气雷达可以将回波与数字地图叠加显示，可以很方便地了解回波区所在的地理位置和影响范围。

由于地球曲率的影响和气象目标发展的高度有限，平显时天线仰角的高低对目标的回波图像、探测的部位，以及能否探测到等等，都有严重的影响。

11.2.3.2　回波高度

在距离高度显示上，回波的高度可以根据回波顶的位置来直接读取。在观测对流云降水时，由于回波顶部起伏很大，需要测定的是该块对流回波的最大高度，以便反映对流运动所达到的高度和强弱。这时，应操纵雷达天线，通过平显上回波的强中心进行天线的上下俯仰扫描。因为通常对流回波十分陡直，平显上的强中心位置与最大回波高度相对应。当测站周围同时存在数块对流回波的情况下，应测定回波顶的一般高度和最高回波顶的高度。

11.2.3.3　回波强度和强中心位置

回波强度是指回波区内的最大回波强度。它不仅反映了降水区的强弱，还是判别对流强弱的一种指标。强中心的位置是指回波区内最大回波强度所在的位置。有时，在一片较大范围的降水回波中，有几个分散的强中心，应分别进行测定。

在现代数字化天气雷达上，回波强度和强中心位置可以用鼠标点到平显上的相应位置直接读取。

11.2.3.4 回波形状

回波的形状包括单块回波本身的形状和由许多回波组成的回波系统的形状。回波本身的形状可以分为片状、块状和絮状三类。有些强风暴还具有一些特殊的形状，如钩状、指状、弓状等等，它们是识别强风暴的一种指标。回波系统的形状，指很多回波块集合在一起的分布和排列状况，有零散孤立、团(或群)状、带状、人字形带、螺旋带等等。它们都是与一定的大气系统相对应的。如带状回波常与冷锋、高空槽和其他中尺度辐合线相伴。因此，在观测时要记下能反映回波特征的有意义的回波形状。

11.2.3.5 回波性质

回波的性质是指回波由什么样的目标产生的。观测时要根据回波的外貌和结构特征，回波的强度和高度等进行正确判断。如使用的是多普勒天气雷达，还应结合多普勒速度图、速度谱宽图进行综合判断。降水回波包括层状云降水、对流云降水和混合型降水三种，其中对流云降水又可分为阵雨、雷雨、冰雹、龙卷风。如有非降水回波，也应记载。

11.2.3.6 回波移向移速

回波的移向是指回波的去向，移速以 km/h 为单位。回波的移动是根据前后两次观测中平显上回波特征点的位移来测定的。回波特征点可以选择轮廓分明的回波前沿、后沿或强中心。

必须注意，单块回波的移动常常与回波系统的移动不一致，要分别测定。

在测定回波移动时，两次观测的时间间隔不能太短，否则误差太大。通常，测定单块回波的移动，时间间隔应等于或大于 10min；测定回波系统的移动，时间间隔应更长些。

11.2.3.7 回波演变趋势

回波的演变趋势可以分为发展加强、少变和减弱消散三种，要根据前后两次观测中回波大小、强度、高度和回波多少的变化综合判断。如使用的是多普勒天气雷达，还应结合多普勒速度图、速度谱宽图进行综合判断。在判断时，要注意由于回波距离的改变所引起的回波虚假变化。同样的目标，当距离移近时，由于回波信号增强，使得显示的回波加强、增大，同时回波的数目也可能增多。因为原来显示不出来的弱小目标在移近时由于回波加强而显示出来了；相反，当目标离远时，回波减弱、缩小，回波数量也可能减少。

11.2.4 探测程序

雷达探测的程序，应以操作方便和所获得的资料及时、准确为原则。通常，在开机后首先进行搜索观测。即先以仰角 0°附近和最大距离量程作水平扫描观测，然后逐步抬高天线仰角和缩小距离量程进行搜索。发现目标后，把天线调整到最佳仰角(显示的回波最多、最远)和采取适当的量程进行观测。然后，对准强中心进行高显观测。最后，测定回波的移向移速和确定回波的演变趋势。在观测过程中要注意随时存储回波原始数据，以便积累回波资料，供日后总结工作经验和进行科学研究之用。观测完毕后，要及时、准确地把观测的结果通报有关单位。

§11.3　回波资料的采集

雷达观测资料是进行回波分析研究，以了解降水回波系统及与其相伴的天气系统发展演变规律的基础。许多天气现象，尤其是剧烈的天气现象(大风、雷电、冰雹、龙卷风、暴雨)，都是与中小尺度天气系统相伴的。但是，由于中小尺度系统发展演变的复杂性和受局地地形的严重影响，利用常规的气象观测资料难以发现、追踪和进行研究。雷达是探测中小尺度天气系统的有效工具，利用雷达资料进行这种研究，对于提高局地短时天气预报的准确性有十分重要的作用。因此，天气雷达站在进行日常预报服务的同时，应十分注意收集和积累回波资料，并通过分析研究逐步掌握本地区回波发展演变的特点，不断提高预报服务的质量。

11.3.1 基本要求

回波资料采集的基本要求，包括下述五个方面。

11.3.1.1　准确性

雷达的方位、仰角和主要技术参数的标校应符合有关规范的要求，并且各种观测数据应准确无误。

11.3.1.2　完整性

包括两个方面，一是空间上的完整性，二是时间上的连续性。空间上的完整性要求每次取样尽可能包括整个雷达探测范围内所有的回波。时间上的连续性要求多次取样的资料能反映回波系统发生、发展和演变的全过程。为此，各雷达站应制定合适的取样方案，并在雷达不能连续工作的情况下，适当地选定开机取样的时间间隔。

我国目前采用定时和非定时相结合的方式进行雷达观测。当预计有较强的天气过程时，应增加开机次数，及时发现移入本站探测范围的外来回波系统和本站探测范围内就地产生的新回波。然后按照回波的远近、强弱和发展演变等情况，选定开机取样的时间间隔，并且在回波系统已经移过本站或趋向减弱时，仍应继续进行探测取样。

11.3.1.3　代表性

在用有限的平显和高显回波资料反映当时回波的主要特征时，应选择适当的天线仰角和方位进行回波取样。例如，在反映测站周围降水分布的全貌时，应采用最佳仰角进行平显。所谓最佳仰角，是指在一般情况下用该仰角进行探测时，平显上显示的回波最多、最远，它取决于雷达周围地物的挡角。在测定对流回波的顶高时，应对准平显回波的强中心进行高显等。

11.3.1.4 同时性

为了使所取得的回波资料能反映回波的三维结构特征，高显和平显取样的时间间隔或一套不同仰角（方位角）平显（高显）回波资料的取样时间，不应过长。例如，对于随时间变化迅速的对流性降水回波，不应超过 3～5min。

11.3.1.5 比较性

每次探测所取得的回波资料应能相互比较，以了解回波的发展演变。为此，各雷达站应根据本站的具体情况，对回波取样时，天线的仰角、方位和距离档、衰减档的使用等制定统一的规定，每次开机都应按此规定取下一套基本的回波资料，然后再根据回波的具体情况取下其他的回波资料。

11.3.2 基本方法

雷达回波资料的采集方法有两种。

11.3.2.1 三维取样法

三维取样法是取下一套不同仰角的平显回波资料，反映当时回波的三维结构特征。仰角间隔的选择，要考虑到波束宽度和一次取样所需的时间。为了保持回波资料的空间连续性，两次扫描的空间间隔不应过大，最好有少部分重叠；为了保持回波资料的同时性，一次取样的时间不应超过 3～5min。

新一代雷达在计算机的控制下，一般采用三维取样法，通过预置一组仰角，雷达连续自动完成（即第一章介绍的体积扫描模式）。在用人工操作进行取样的雷达站，如果采用这种取样方法探测局地强风暴的三维回波结构，则为了保证取样的同时性，可适当增大取样的仰角间隔，尤其在高仰角部分。

11.3.2.2 基本取样法

基本取样法是取下少数有代表性的平显和高显回波资料来反映当时回波的基本特征。通常是先用最大量程、最佳仰角进行平显，取下降水回波分布的全貌。再根据回波的实际分布，取适当量程、适当仰角进行平显。然后对准若干回波强中心或回波特征点进行高显。最后再用最大量程、最佳仰角取下回波分布的全貌。在每次开机探测的首尾取下回波分布的全貌，可以在不增加开机次数的情况下加密回波取样的时次，从而可以更好地追踪回波的演变和移动。

§11.4　天气雷达组网观测

单部雷达的探测距离有限，在大范围的降水区中往往只能测出其中的一小部分雨区。从外地移入的回波系统，也常常不能及时发现。这样就影响了利用雷达对降水区进行警戒和超短时预报效用。为了充分发挥天气雷达监视中小尺度灾害性天气的良好功能，弥补单部雷达探测的缺陷，更好地为广大气象台站提供雷达回波信息，进行雷达组网观测是十分必要的。

天气雷达组网观测始于20世纪70年代初期，目前已在许多国家投入使用。美国1970—1976年开展了数字化天气雷达及其组网实验（D/RADEX），用于强对流灾害性天气监测和警戒，为空中管制和国防服务。在下一代多普勒天气雷达（NEXRAD）布网后不久，美国就完成了雷达回波的组网拼图，并在互联网上发布。日本和一些欧洲国家也已完成天气雷达组网拼图。

我国在80年代起开展了天气雷达组网拼图的研究，先后在华北、华东、华中和华南等地区开展了雷达拼图业务，并从早期的手工拼图，逐步过渡到数字化雷达的计算机自动拼图。目前，中国气象局在部分多普勒天气雷达上已开始探测组网拼图。图11.1是中国气象局新一代多普勒天气雷达的一次组网拼图。

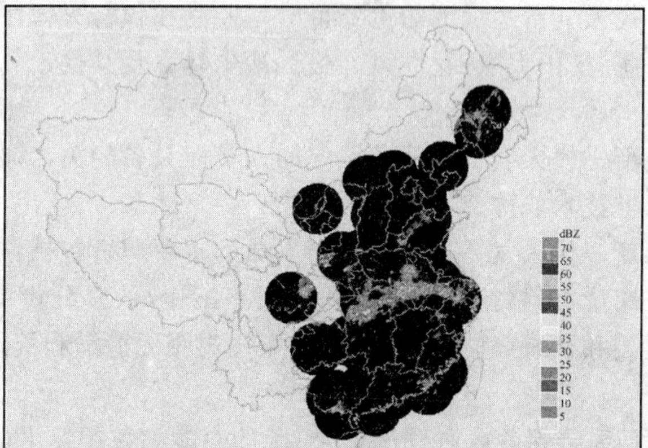

图11.1　天气雷达组网拼图

天气雷达组网拼图要求在拼图区域内有多部雷达，其定量探测范围相互衔接，且所有雷达按照统一时间、统一探测模式观测存储原始数据，及时通过传输线传送至指定拼图中心，经计算机处理，形成区域回波拼图。

附录 新一代天气雷达观测规定

第一章 总则

第一条 为加强对新一代天气雷达观测业务的管理，根据《中华人民共和国气象法》及《全国气象事业发展规划》(2001－2015)、《全国新一代天气雷达发展规划》(1994－2010)，并考虑到新一代天气雷达功能及特点，制定本规定。

第二条 新一代天气雷达是指中国气象局布网的CINRAD雷达系列的多普勒天气雷达，S波段多普勒天气雷达有CINRAD/SA、CINRAD/SB、CINRAD/SC等；C波段多普勒天气雷达有CINRAD/CB、CINRAD/CC、CINRAD/CD和CINRAD/CCJ等。

第三条 新一代天气雷达观测是气象业务观测的重要组成部分，新一代天气雷达观测业务包括雷达开机、数据采集、处理、存储、传输、整编、归档，编制各种雷达观测报表，观测环境的保护，雷达参数测量和标校，雷达系统的维护和检修等内容，本规定是新一代天气雷达观测业务的基本准则，适用于新一代天气雷达气象业务观测。

第四条 新一代天气雷达观测的主要目的是监测和预警灾害性天气。探测重点是热带气旋、暴雨、冰雹、雷雨大风、龙卷风、雪暴、沙尘暴以及其他天气系统中的中小尺度结构等。

第五条 从事新一代天气雷达业务工作的人员应具备相关专业大专及大专以上学历或中级及中级以上技术职称。

第六条 从事新一代天气雷达业务工作人员的主要职责包括：

(一)严守工作岗位，严格按照本规定开展观测工作，认真分析雷达回波及其演变，做好重要天气的监测和预警，确保重大灾害性天气观测无遗漏和资料的可靠性、完整性及真实性；

(二) 认真填写、妥善保管各种观测记录、统计表簿和各类技术档案；

(三) 严格执行值班制度、交接班制度、雷达标校制度和其他有关规章制度，检查各种安全设施；

(四)负责系统运行管理、工作模式选择、雷达系统适配参数设置、系统软件维护；

(五)负责雷达系统和网络设备的维护、保养与检修，监视雷达工作状态，发现异常及时处理、报告。

第二章　观测环境

第七条　雷达站址环境应当符合下列要求：

（一）雷达站址周围无高大建筑物、高大树木、山脉等遮挡。在雷达主要探测方向上（天气系统的主要来向）的遮挡物对天线的遮挡仰角不应大于0.5°，其他方向的遮挡角一般不大于1°；

（二）雷达天线所在位置以经度、纬度、海拔高度表示，经纬度定位精度应小于3秒，海拔高度测量误差应小于5米；

（三）建站时应绘制四周遮挡角分布图，以及距测站1千米高度和海拔3千米、6千米高度的等射束高度图。观测环境发生变化应重新绘制遮挡角分布图、等射束高度图，并上报上级业务主管部门；

（四）雷达站周围不能有影响雷达工作的电磁干扰；

（五）雷达站应具备必要的通信、水、电、路和消防设施，人员生活基本条件及自备供电能力。

第八条　雷达机房应当符合下列要求：

（一）雷达机房内应配备空调设施，保证适宜雷达工作的温度、湿度，收发机环境温度一般保持在22℃及其以下，相对湿度一般不超过80%，确保雷达正常工作；

（二）雷达机房内各分机与墙之间留有足够的空间，连接电缆和导线应埋设在预置的地沟板槽中，机房内工作线缆应屏蔽；

（三）雷达机房地面铺设绝缘物质，防止静电或漏电对雷达、人身造成损伤；

（四）雷达机房内必须有防火警报系统和消防设施；应有防水、防风、防尘、防腐蚀等措施，防止鼠类和各种昆虫侵入。

第九条　雷达和人员安全保护应当符合下列要求：

（一）雷达站安全是保障雷达正常运行的重要环节。雷达站应安装视频监视设备，具有防偷盗、防破坏等安全保护措施；

（二）雷达供电系统必须符合国家有关标准。各路供电电压和电流应满足设备要求，负荷应留有足够的余量；

（三）机房地线要符合要求，接地电阻一般应小于1欧姆，地线布线安全有效；

（四）雷达站应采取有效措施，防止发射机微波辐射泄漏对雷达工作人员产生危害；

（五）天线罩周围应设有防护栏，防止人员跌落；

（六）雷达站必须安装防雷设施，并严格按照相关规定对防雷设施进行定期检测。

第三章　定标与检查

第十条　新一代天气雷达应当进行强度标定（精度 1dB）、速度检查（精度 1m/s）。

第十一条　观测时段内每日应对雷达自动定标数据进行检查并记录，出现异常及时处理。

第十二条　雷达站应当每年汛期前进行机外仪表定标，并与机内定标结果进行对比检验，若对比检验差异较大，应及时处理以保证资料的可靠性。

第十三条　雷达站应在观测时段每天对系统的相干性进行一次检查。

第十四条　雷达站应当在每年汛期开始前及结束时，按照雷达建站架设时的方法对天线座水平、天线伺服控制精度、天线波束指向等进行检查调整。

第十五条　影响系统定标的故障排除后，应当用机外仪表对雷达系统的定标进行检验。

第十六条　机外测试仪表应当按计量检验规定定期检定。

第四章　观测时段及方式

第十七条　新一代天气雷达观测采用北京时。计时方法采用 24 小时制，计时精度为秒，观测资料的记录时间从 00:00:00 到 23:59:59。观测用的钟表和计算机每天至少对时一次，保证计时准确。

第十八条　汛期观测时段应当符合下列规定：

（一）北京、天津、河北、山西、内蒙古、辽宁、吉林、黑龙江、陕西、甘肃、青海、宁夏、新疆、西藏等省、自治区、直辖市从 6 月 1 日至 8 月 31 日；

（二）上海、江苏、安徽、山东、河南、湖北、四川、云南、贵州、重庆等省、自治区、直辖市从 5 月 1 日至 9 月 30 日；

（三）浙江、江西、湖南、福建、广东、广西、海南等省、自治区、直辖市从 4 月 15 日至 9 月 30 日。

第十九条　在汛期观测时段内，新一代天气雷达应当全天时连续立体扫描观测。

第二十条　非汛期观测时段应当符合下列规定：

（一）每天从 10 时到 15 时进行连续观测，艰苦雷达站根据实际情况可酌情进行观测，并报中国气象局备案；

（二）在雷达监测范围内，预测和发现天气系统，应开机进行连续观测，直至天气过程结束；

（三）各雷达站应根据当地气象服务需求，增加观测时次或进行连续观测。

第二十一条　根据防汛抗灾、气象业务及科学研究的需要，上级业务主管部门可以增加雷达观测任务。

第五章　观测模式

第二十二条　新一代天气雷达具有立体扫描模式（VOL）、圆锥扫描模式（PPI）、垂直扫描模式（RHI）。业务观测主要以连续自动立体扫描模式为主。

（一）降水观测模式 1：仰角为 0.5°、1.5°、2.4°、3.4°、4.3°、5.3°、6.7°、7.5°、8.7°、10.0°、12.0°、14.0°、16.7°、19.5°的 14 层观测模式。对降水结构作详细分析时主要采用该模式。

（二）降水观测模式 2：仰角为 0.5°、1.5°、2.4°、3.4°、4.3°、6.0°、9.9°、14.6°、19.5°的 9 层观测模式。在降水过程中主要采用该模式。

（三）警戒观测模式：仰角为 0.5°、1.5°、2.5°、3.5°、4.5°的 5 层观测模式。在对晴空气象回波观测时采用该模式。

（四）自选观测模式：除降水观测模式 1、降水观测模式 2、警戒观测模式外，各雷达站根据当地天气系统特点和科研的特殊要求，设置所需的观测模式。

第二十三条　根据专项业务和科研的需求，新一代天气雷达可采用圆锥扫描模式（PPI）和垂直扫描模式（RHI）观测。

第六章　基本观测程序

第二十四条　雷达开机前应当检查电源电压，天线位置，并确保天线附近无人，严防天线转动和微波辐射对人体的伤害。

第二十五条　开机时应当检查系统中各项设置是否符合要求，检查雷达各分机是否处在正常工作状态，检查雷达系统的产品生成、使用终端及通信网络等是否正常，并按照规定步骤开机。

第二十六条　雷达进入正常运行状态后，确定观测模式。

第二十七条　雷达系统运行过程中，雷达工作人员应注意监视运行状况。

第二十八条　业务工作人员必须注意回波演变，监视重要天气的发生发展，及时向上级部门和有关单位报告灾害性天气的监测和预警信息。

第二十九条　雷达工作人员应当及时存储数据，生成和传送规定产品。

第三十条　观测结束时应当按规定步骤关机。

第三十一条　因设备维护或故障等原因雷达不能正常工作时，工作人员应报上级主管部门，并通报用户和有关服务单位。

第七章　资料传输与分发

第三十二条　新一代天气雷达探测资料必须按有关规定向国家、省级信息中心传送，并向有关单位分发。

第三十三条　雷达拼图时次、文件命名、数据压缩格式按照全国雷达拼图规定执行。

第三十四条　按照组网拼图观测时次，传送的数据文件应当为正点前10分钟内的资料，并在正点后5分钟前发送。

第三十五条　如不能正常按时发送拼图数据文件时，应当在30分钟以内补充发送最接近正点的资料或其他信息。

第三十六条　区域或省内天气雷达产品互传的办法应当报中国气象局业务主管部门备案。

第三十七条　本地服务传输时次和方式由省（区、市）和地（市）气象局自行规定，报上级主管职能部门备案。

第八章　资料存储和整编

第三十八条　雷达观测基数据，是指以极坐标形式排列的方位、仰角、时间、反射率因子、径向速度、速度谱宽以及采样时的雷达参数等信息的数据集。基数据是长期性保存的气象资料，以文件形式存档。保存介质：光盘等。

第三十九条　基数据文件整编

（一）基数据文件每年必须进行整编；

（二）数据文件整编以时间序列为线索，统计基数据文件的起止时间、基数据文件的种类及个数等；

（三）整编后的基数据按规定归档到省级气象档案部门，并要求雷达站有备份。

第四十条　典型个例资料整编

（一）典型个例资料整编，是指对灾害性天气或具有科学价值的个例等进行整编。

（二）整编的内容包括：建立典型个例基数据集、典型个例产品图像集、过程演变索引和其他相关资料等。

（三）个例数据整编的结果及其他资料形成文档装订成册，并制作成电子文本和图像集。

（四）整编后的典型个例资料按规定归档到省级气象档案部门，雷达站同时要进行备份保存，并于下一年度3月份前上报中国气象局业务主管部门。

第九章　维护和检修

第四十一条　雷达硬件设备和软件系统应当进行日巡查和周、月、年维护与保养，配套的发电机每月至少启动一次。保障新一代天气雷达的正常运行。

第四十二条　雷达站汛期观测开始前，应当对雷达系统进行一次全面的检查维护。汛期观测期间，周、月维护应选择在本站监测范围内无重要天气过程时段内停机进行。

第四十三条　当系统设备出现故障时，雷达站工作人员必须及时处理并向本单位主管领导报告；故障在 12 小时内未能排除，应当向上级业务保障和业务主管部门报告；故障在 24 小时内未能排除，应当向省局业务保障和业务主管部门报告；故障在 3 天以上未能排除，由省局业务主管部门上报省局领导和中国气象局业务保障和业务主管部门。

第四十四条　应当妥善保管雷达随机资料、仪器仪表、工具、备件等。

第十章　表簿

第四十五条　新一代天气雷达站业务工作人员必须填写天气雷达值班日记，保存在本站备查。

第四十六条　雷达站必须保存天气雷达运行状态日志和定标记录的电子文档，制作和保存系统维护和故障检修记录电子文档。

第四十七条　雷达站应当每月 10 日前制作上月的天气雷达业务运行情况月报表和电子版本，并报送省（区、市）局业务主管部门，省（区、市）局业务主管部门汇总审核后于 20 日前报送中国气象局业务主管部门。

第十一章　附则

第四十八条　本规定由中国气象局业务主管部门负责解释。

第四十九条　本规定自发布之日起施行。

第十二章　天气雷达在短时预报中的应用

短时预报是一个统称。其中 12 小时以内的预报称为甚短期预报或展望预报；6 小时以内的预报，有的部门称之为短时预报；2 或 3 小时以内的预报称临近预报或现时预报。短时预报由于其预报时段较短，所以对其落区和落时有更高的要求。我国“七五”期间，长江三角洲灾害性天气预报研究时，展望预报的落区为 1°×2°经纬度（约 20000 平方千米），临近预报的落区为 1500 平方千米；美国 20 世纪 80 年代 PROFS 发布强天气警报的落区≤2500 平方千米。

由于预报时效短，所以天气雷达应用于短时预报，主要是针对强对流天气的监测而言的。美国在 70 年代发布强对流天气 2～6 小时的概率预报时，规定龙卷风或冰雹直径≥19mm 或阵风风速≥26m/s 为强对流天气。到 80 年代实施“区域观测和预报服务计划”（简称 PROFS）时，把强对流天气进一步分为三个等级，并增加了强降水的项目，如表 12.1 所示。在发布重要天气的预报时，对流天气不分类；而在发布强烈天气和灾害天气的警报时，要分出强雷暴（包括冰雹和雷雨大风）、龙卷风和强降水。目前我国通常规定龙卷风或冰雹直径≥5mm 或阵风风速≥17m/s 为强对流天气。在天气雷达上强对流天气主要表现为风暴和飑线。

表 12.1　PROFS 对流天气的等级标准

等级标准	冰雹直径	阵风风速	降水量/30min	龙卷强度
重要天气	6～19mm 或积雹 25.4mm 以上	≥18.0m/s(8 级)	12.7～25.4mm	无龙卷。云对地闪电 15 次/5min 以上
强烈天气	≥19mm	≥25.7m/s(9 级)	≥25.4mm	≥F0
灾害天气	≥50mm	≥38.6m/s(13 级)	≥25.4mm	≥F1

注：F0 和 F1 均为 AFOS 规定的龙卷强度等级

我国在 20 世纪 80 年代和 90 年代，曾先后开展了华北、华中、华东、华南等地区的中尺度观测试验，在天气雷达应用于强对流天气的短时预报方面积累了丰富的科研成果和经验，虽然中尺度天气具有很强的局地性，这些方法不一定适合别的地区，但其思路和做法有借鉴意义，对我们开展新一代多普勒天气雷达的应用有参考价值，特此编写本章。以下主要是根据一些文献编写的，我们尽可能地标出了它们的出处，以此感谢雷达气象界的前辈们。

§12.1　统计与拟合预报法

12.1.1　雷达资料的统计分析

强对流天气的短时预报，是一项对落时和落区要求更为严格的预报工作。只有对影响本地区的强对流天气系统的类型和结构，以及它的发生发展和移动的规律有充分的了解，才能在有利于强对流天气系统形成的环境气象条件下，根据对流运动的触发机制，预计其可能形成的时间和地点，从而加强监测，及早发现。因此对较长期的雷达观测资料进行一些统计分析，是十分必要的，这也是雷达气候学中的一些内容。

唐洵昌等[53]对1974—1986年3—6月发生于华东地区的143次强对流天气过程进行了统计分析，主要结果如下。

12.1.1.1　大尺度天气形势和中尺度回波系统的形态特征

通过对1974—1986年3—6月发生于华东地区的143次强对流天气过程的统计分析，根据500hPa大尺度天气形势进行的分类及所占百分数为：槽前类(26%)、过境槽类(24%)、槽后类(24%)、切变类(11%)、切断冷涡类(4%)和副高边缘类(8%)，此外，还有3%难以确切分类。与这些高空形势相配合的地面系统有冷锋、静止锋、辐合线、气旋、西南倒槽和入海高压后部。

在上述143次过程中，中尺度回波系统的形态特征为，有62%是强对流回波带或短带状，14%是涡旋状的强对流回波团或超级单体，零散的为块状回波单体或较密集的块状回波群占12%，另外，12%是气旋或静止锋等系统中混合型降水的絮状回波。

12.1.1.2　时空分布

在143次过程中，对地面出现强对流天气的925个时次的强对流回波，作了统计，结果表明，强对流回波发生的时间主要在午后13—20时，占总频数的64%，高峰时段在16—17时。这说明午后的大气热力不稳定层结是强对流回波发生的重要条件。

由于华东各省在143次过程中所能取得的回波资料的年限不一，所以还对华东各省分别进行了统计。李春风等[54]对浙江省1979—1985年3—6月强对流实况与回波资料统计表明：

(1)地理分布：天目山、括苍山、镇海是高值中心，频数在31次以上，而附近的昌化和临海，频数只是高山站的1/5。总的看来，强对流回波频数随海拔高度增高而增强，高山区多于平地，盆地和迎风坡次之，而镇海位于山谷出口处与水陆交界面。

(2)日变化：见图12.1。冰雹：13—17时最多，占总数的75%。雷雨大风：14—19时最多，占总数的66%。对流性强降水：13—22时最多，占68%。

(3)月变化：见图12.2。冰雹：3、4月份最多，占总数的63%。雷雨大风：6月份最

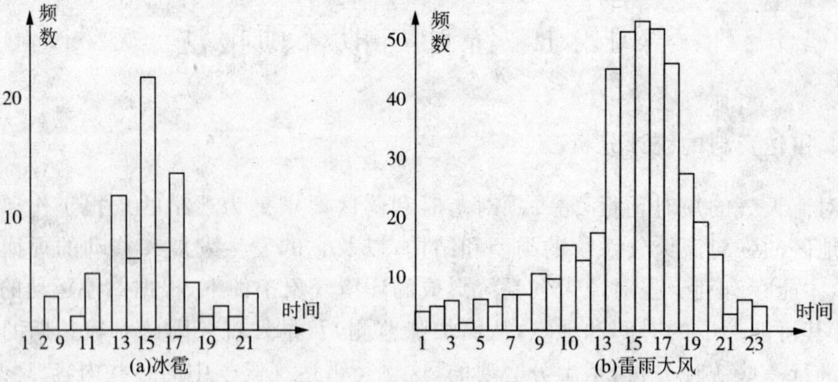

图 12.1　强对流天气日变化统计,(a)冰雹,(b)雷雨大风

强,占总数的 29%。强降水:6 月份最强,占总数的 69%。

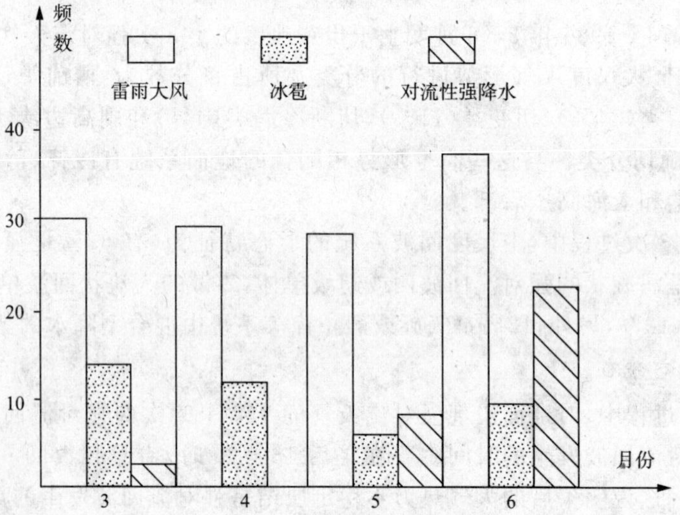

图 12.2　强对流天气月变化统计

(4)年变化:影响 1～4 个站,平均每年有 19 次,占总数的 75%。影响 5～19 个站,平均每年有 5 次。影响 20 个站以上,平均每年不到 1 次。

(5)生命史:最短的 2 小时,最长的可达 14 小时。初始回波单体到地面开始降雹,最短只有 40min,平均 1h。

12.1.1.3　回波发生源地及移动路径

分析 143 次过程中的各回波系统,发现初始对流回波基本上是在有利的天气背景和特定的边界层环境条件下,于山地或大的水域一侧的陆地上发生的,明显地反映了地形条件对生成强对流回波的作用。纵观这些源地，主要是太行山区、泰沂山区以及枣庄至徐州、宿县一线的泰沂山地余脉、皖东丘陵地、大别山东北侧和黄山、天目山、赣东北山地、井冈山、武夷山等地区。结果见图 12.3。

56％的情况是在源地产生初始回波后迅速发展成强对流回波，44％是初始回波从源地产生后移到大的河谷、山谷、平原地带再发展成强对流回波，或者由山区移到平原再发展成强对流回波的。

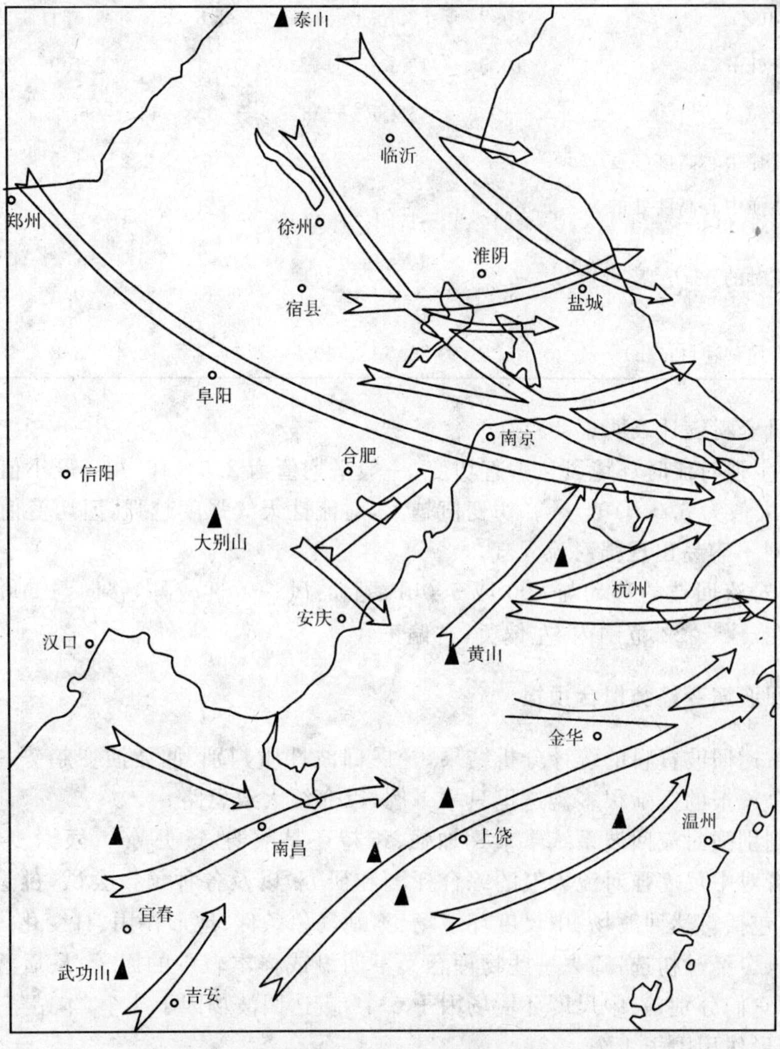

图 12.3　强对流天气发生源地及移动路径统计分析

12.1.1.4 回波参数与天气因子的关系

唐洵昌等[53]对江苏省 1974—1986 年 3—6 月强对流天气回波资料统计结果如下表所示。

表 12.2 江苏省强对流天气回波参数及有关天气因子的统计表(112 个样本)

回波参数	均值				方差			
	4 月	5 月	6 月	总计	4 月	5 月	6 月	总计
回波强度(dBZ)	50.7	53.8	54.1	52.8	3.5	3.1	3.2	4.5
回波顶高度(km)	10.5	13.6	14.2	13.4	2.6	1.9	2.2	2.4
回波顶温度(℃)	−49.9	−58.6	−58.2	−56.8	11.1	6.35	7.3	8.7
高显上回波强中心高度(km)	6.1	6.7	6.2	6.3	2.2	1.9	1.0	1.8
高显上回波强中心高度处的温度(℃)	−24.8	−17.4	−11.2	−17.8	5.4	9.6	4.5	10.4
出现强对流时的 0℃层高度(km)	3.2	3.8	4.1	3.8	1.1	0.5	0.3	0.6
回波单体平均移速(km/h)	45.8	36.5	40.9	39.7	12.4	8.8	10.7	10.7

高空风资料统计表明:

(1)发生强对流时环境风速垂直切变,一般平均值为 2.5×10^{-3}/s,最小值为 0.2×10^{-3}/s,最大值为 6.0×10^{-3}/s。切变值越大,对流性天气强度越强,但切变值大于 8.0×10^{-3}/s 时不容易出现强对流天气。

(2)强对流回波的移动与 700 或 500hPa 上的风一致性较好,移向与 500hPa 高空风向偏差在 $-4^\circ\sim22^\circ$ 范围内(左偏负,右偏正)。

12.1.2 回波演变趋势拟合预报

利用雷达回波资料的统计分析结果,开展回波性质判别、回波演变趋势、回波移动路径等拟合预报的文献很多。这里只举一例,以介绍大致思路。

为了判别强对流回波系统未来是加强、维持还是减弱,黄炎等[55]根据多年国内外气象工作者对中尺度强对流天气的综合探测和研究,以及各种预报尝试,挑选了 24 个预报因子,包括雷达回波场、中尺度环境场、本站气象条件、地形作用、日变化因子、大尺度形势背景。经过初选,筛去一些物理意义不明显或样本较少的因子,最后选取 12 个预报因子,它们分别是:中尺度环境场因子 5 个,雷达回波场因子 4 个,本站气象条件因子 2 个,地形作用因子 1 个。

12.1.2.1 预报因子

他们把强对流天气的发展演变作为两个分类的定性天气来预报,将所有的预报因

子进行(0,1)化处理。这样能大为简化预报方法的建立,使用更为简便。因子(0,1)化的具体做法是:

(1)中尺度环境场因子

X_{M1}:温度场。回波前方为高温区,暖舌为1;回波前方为低温区或回波移动与等温线平行为0。

X_{M2}:流场。回波前方为辐合区或气流有辐合为1;回波前方无明显辐合或辐散区为0。

X_{M3}:入流条件。回波前方相对入流加强为1;相对入流减弱为0。

X_{M4}:能量场。回波前方为高能区或在高能区中移动为1;回波前方为低能区或由高能区移向低能区为0。

X_{M5}:中尺度系统配置。符合中尺度强对流系统发展或维持阶段模式的为1;发展到最旺盛阶段,出现温度轴、辐合线、雷达回波三轴重合或符合减弱模式的为0。

(2)地形作用因子

X_{M6}:地形影响。回波前方为陆地与太湖、长江或杭州湾之间的陆地走廊、回波由江湖到陆地为1;回波前方为太湖、长江口、海洋或山地为0。

(3)雷达回波场因子

X_{E1}:回波强度变化。回波强度增加,高度升高或维持为1;回波强度减弱,高度下降为0。

X_{E2}:典型回波生消。出现强对流特征回波或带状回波加强为1;反之为0。

X_{E3}:新生回波。原回波前后产生新回波,并且并入原回波继续发展为1;反之为0。

X_{E4}:移向偏差。原回波单体为500hPa风向的偏差,右偏为1;左偏为0。

(4)本站条件因子

X_{P1}:本站温度变化。本站增温迅速,超过平均日变化或晚上不降温为1;反之为0。

X_{P2}:本站风向变化。本站风向保持SW或由SE转SW为1;由SW转SE或保持SE以及其他风向为0。

以上各因子中(0,1)化的标准是从物理意义上考虑或实践中反映对强对流发展有利则为1,不利则为0。

12.1.2.2　预报方程

按上述(0,1)化标准,将预报量和全部12个预报因子加以整理,然后,经IBM－PC微机加以逐步回归筛选。

他们根据实时得到的资料,选取了7个因子,经逐步回归组成三个部分因子预报方程。7个因子包括地形条件因子 X_{M6},回波场因子 X_{E1},X_{E2},X_{E3},X_{E4},本站条件因子 X_{P1},X_{P2}。方程的预报时效也分别为1h,2h,3h。1h预报方程为:

$$Y_{G1}=0.156X_{M6}+0.510X_{E1}+0.203X_{E3}+0.158X_{E4}-0.0113$$

结果 $Y\geqslant 0.6$ 为 1，$Y<0.6$ 为 0。拟合率 85.7%。

一般而言，预报时效越长，预报准确率越差。

§12.2 活动规律分析与概念模式预报法

概念模式是描述天气系统与天气现象的时空配置的物理图像，它是定量数据和数值模拟的客观结果与定性预报经验的结合。有些概念模式已经得到广泛的认可，如本书 8.2 节介绍的风暴内部气流结构与冰雹粒子增长轨迹的概念模式。

又如热带飑线的雷达回波结构，位于飑线前沿的对流单体发展到很大的高度，但是其强回波区位于低空，说明对流单体内部上升气流较弱，不能把大的降水粒子携带到高空。在飑线的前沿有对流尺度的下沉运动，形成飑锋，触发产生新的对流单体。新单体最初形成于低空。在深对流的后方，最大范围的层状云降水区，宽度超过 100km，其中有明显的 0℃层亮带。

在了解和掌握这些概念模式的基础上，根据雷达监测结果，结合地面中尺度天气条件和卫星云图分析，按不同的强烈天气类型，可帮助预报强对流天气可能经过的地区、时间及其强度。

12.2.1 活动规律分析

根据所收集的强对流天气过程的详细资料，先弄清强对流系统发生发展演变的客观事实，再了解当时的环境气象条件和地形条件，然后运用现有的知识对各种资料进行综合分析，揭露其发生和发展演变的物理过程和物理机制。

通过对历史个例的分析，了解影响本地区的强对流系统的触发系统和由地形形成的局地对流发生源地，以及它们的触发条件，则可以在强对流系统形成之前，具体地估计其可能的初生地点和时间，再结合高空引导气流和归纳得出的不同天气形势下强对流系统的发展演变特点，进一步预测强对流系统可能的影响区域和影响时间。在强对流系统形成后，则可确定其触发机制，并根据所总结的不同触发机制产生的强对流系统的发展演变特点，估计其未来影响的区域和影响时间。

进行活动规律分析的一般思路是：

(1)大尺度环境场分析：弄清这次强对流过程发生的大尺度背景。

(2)区域天气图和卫星云图分析：弄清有几个中尺度对流系统影响本地区，确定它们的来源、活动范围和时间以及它们的尺度、强度、走向、移动等变化情况。

(3)地面气象资料分析：了解大气层结状况，各层风的变化以及过程降水量分布情况。

(4)雷达回波分析:确定强对流过程所产生的时间、地点和形成方式以及回波演变情况。

(5)机制探讨:运用已有的天气学知识,前人研究成果,探讨强对流系统发生发展演变的机制。

(6)提出监测方案:提出对强对流天气发生发展短时预报以及回波特征,特别指标等雷达监测有用的结论。

(7)统计分型:在多个个例分析的基础上,归结总结本地区不同天气形势、不同季节、不同地区地形下强对流活动规律。

12.2.2 预报时的主要步骤

(1)强对流天气的展望预报。通常在强对流系统形成之前,根据当天08时的常规气象资料,利用统计得出的回归方程或判据确定预报区域是否存在有利于强对流系统发生发展的条件,从而预测强对流天气发生的可能性。

(2)预测强对流天气的落时和落区。可以利用常规气象资料所反映的环境气象条件,根据触发机制的位置和其触发条件随时间的变化,结合高空引导气流和多次个例分析所归纳总结的不同天气形势和不同触发机制产生的强对流系统的发展演变特点,来估计其未来初生的时间和地点。

(3)卫星云图分析。如果在上午的卫星云图和雷达组网观测资料上,已可看到正在向预报区移来的中尺度对流系统(如与冷锋、切变线相伴的对流云带和由高空冷中心触发产生的对流云团)。在这种情况下,则可以根据卫星云图和雷达资料所反映的强对流系统的形成时间、地点和排列走向等,确定其触发机制,再根据其发展演变规律预报其未来的影响区域和影响时间。

(4)雷达监测。当卫星云图显示强对流系统已移到雷达的有效探测范围内时,应及时通知雷达开机进行监测。此外,当本站附近存在有利于强对流系统发生发展的环境气象条件时,雷达应主动开机,监测在近距离处发生发展的对流系统。

(5) 移动预报。强对流系统的移动由其中对流单体的平移和对流单体的更新(即传播)引起。单体的平移主要由高空引导气流决定;单体的新生可以由强对流系统自身的飑锋和与强对流系统相伴随的大尺度天气系统的触发引起。因此,强对流系统的移动由与其相伴的大尺度天气系统的移动和高空引导气流,以及强对流系统自身的传播决定。由于新单体最易发生在辐合抬升作用最强处,所以在高空为偏西风、低层为偏南风的情况下,飑锋触发产生的新单体通常位于强对流系统的前方和右侧附近,从而使其偏向高空引导气流的右方传播,尤其当其发展旺盛时。

强对流系统的移动速度,在其与大尺度的触发系统相伴时,主要由触发系统的移动决定。当其不与触发系统相伴时,则由引导气流和其自身的传播决定,约为高空引导气流速度的 70%。

12.2.3　个例分析 1

以陈良栋等[52]对 1985 年 5 月 12 日华东南支槽前一次强对流天气的分析为例来说明上述做法。

(1)大尺度环流形势(见图 12.4)

在 500hPa 图上,槽线位于 105°E 附近的东胜、汉中、下关一线,呈东北—西南走向,主体在 35°N 以南。华东处在槽前的西南气流中,风速较大(大于 30m/s),有较强的暖平流。槽后冷平流不明显。850hPa 图上,切变线位于连云港、万县等一线,在其南侧有西南低空急流(风速大于 12m/s),形成暖湿空气的输送带,华东地区处于大风速中心前方的辐合区中。在地面图上,锋面和温带气旋都在 30°N 以北,华东处在入海高压后部。

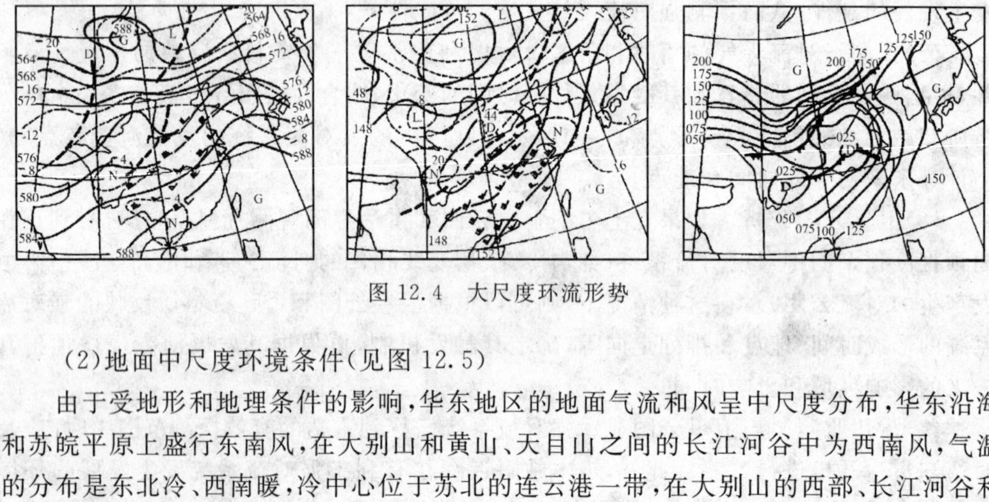

图 12.4　大尺度环流形势

(2)地面中尺度环境条件(见图 12.5)

由于受地形和地理条件的影响,华东地区的地面气流和风呈中尺度分布,华东沿海和苏皖平原上盛行东南风,在大别山和黄山、天目山之间的长江河谷中为西南风,气温的分布是东北冷、西南暖,冷中心位于苏北的连云港一带,在大别山的西部、长江河谷和浙赣走廊有三个暖舌,向东北方伸展。

(3) 大气层结条件(见图 12.6)

在边界层以上,华东各地的大气层结相差不大。850～500hPa 的假相当位温 θ_{se} 随高度减小,气层为较强的对流性不稳定,整层的湿度比较大,850hPa 层上的比湿超过 10g/kg。华东各地大气层结的主要差别表现在边界层中。在华东沿海的苏皖平原上,由于盛行的东南风来自海上,气温很低,这股冷气流插在西南暖湿气流下方。在边界层中形成强的逆温层,尤其在苏北沿海。而位于内陆的江西南昌,边界层中没有这种逆温层。

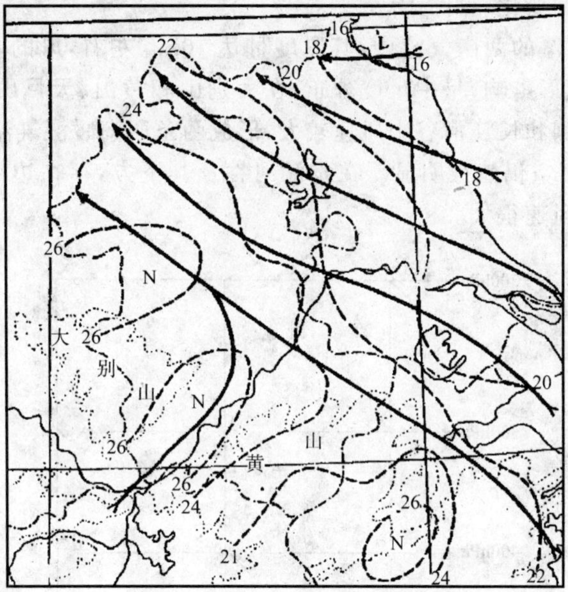

图 12.5　地面中尺度环境条件

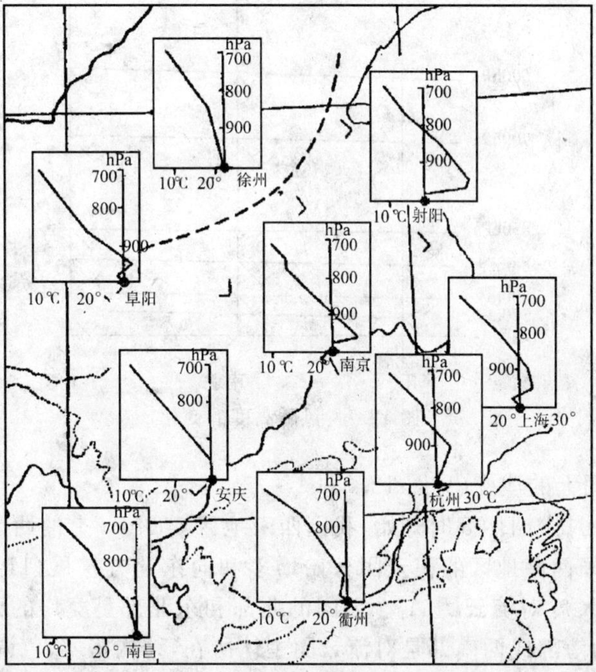

图 12.6　大气层结条件

(4)风随高度的变化(见图 12.7)

华东地区在深厚的西南气流中,其厚度可达 10km 左右,风的垂直切变很小,边界层的风速由于受地形影响,呈中尺度分布,在大别山和黄山、天目山北侧是两个小风速区,在大别山的西侧和长江河谷中风速较大,形成两条西南暖湿气流的通道。这种情况甚至在 2500m 的高空仍然很明显。在长江河谷及其下方,存在边界层急流,其中心高度为 600～900m,风速很大。

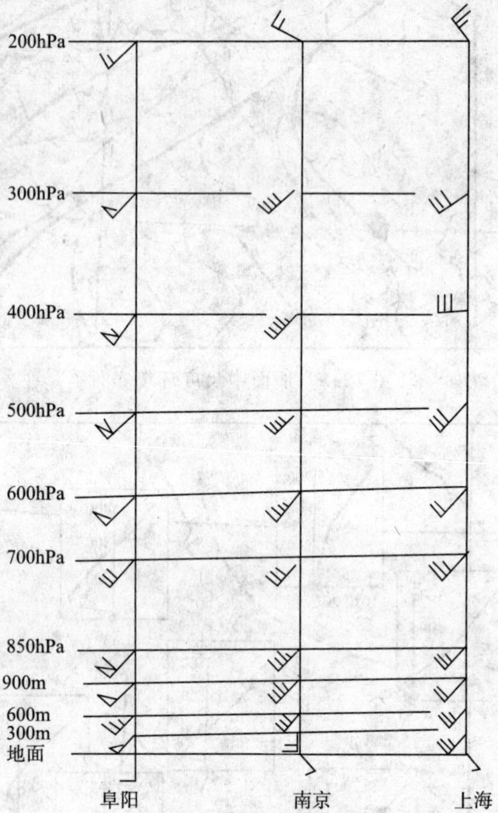

图 12.7　风随高度的变化

(5) 卫星云图上的演变(见图 12.8)

从 1985 年 5 月 10 日 08 时开始,我国西南地区 500hPa 上的西南风开始建立和加强,与此相伴,我国西南地区的积云团开始增多和向东北方扩展,11 日 02 时的四川东部形成了一个中尺度对流云团 A_1。云团的北部和东北部是宽广的云砧区,结构松散,边缘发毛;云团的南部或西南部是对流云团主体所在,结构密实,色调白亮;在云团的西南侧,还有一些新生的小块积云团。中尺度对流云团形成后,沿 500hPa 引导气流的方向有规则地向东偏北方向移动。并在其南侧有中尺度云团 A_2 新生。

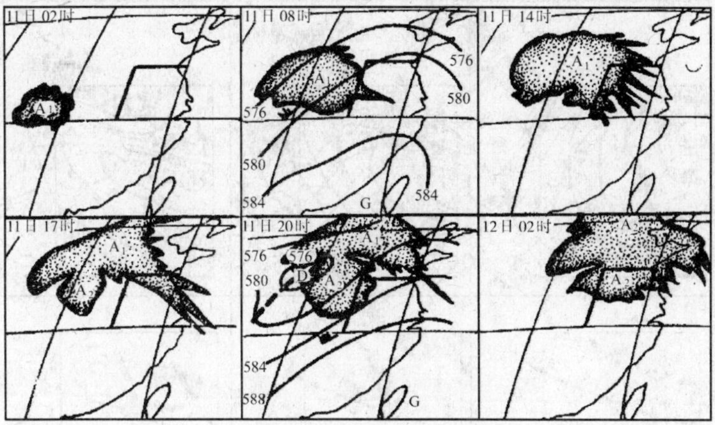

图 12.8　卫星云图演变

(6)雷达回波演变

当天 02 时，与外来对流云团 A_1（见图 12.8）相伴的降水回波带靠近华东地区的西北部（见图 12.9），当时苏皖平原上为一致的东南气流，气温是东北冷（连云港 16℃）、西南暖（望江 27℃）。该外来降水回波带（实况表明为雷阵雨带）有规则地向东偏北方向移动，其雷暴冷出流与南面的盛行气流之间构成中尺度切变线。由于外来对流系统的水平尺度较大，降水在苏皖北部持续维持，雷暴冷出流便逐渐向南推进。到 11 时，该中尺度切变线已经移到降水回波的南面约 100km 处。与此同时，由于切变线南面的晴空区中白天低层气流的升高，使切变线两侧的温差加大。12 时的切变线的西段，首先触发产生对流回波并发展加强，使降水回波带的西段传到淮河一线。以后，通过在降水回波带的东南方不断产生新的回波使回波带的东段也逐渐向南传播。这时，与外来对流云团的东移伴随，地面倒槽向东伸展，云团南面的西南气流向东伸展。同时，白天长江河谷中有穿谷流形成，于是中午前后在大别山的东北方和天目山区的北面形成了两条准定常的中尺度地形辐合线。由于边界层中强逆温的存在，在这两条辐合线上一直没有对流回波产生，直到中尺度切变线南下，与地形辐合线相交汇时，在交汇点附近才产生新的对流回波，使降水回波带的局部段向南伸展，强对流天气也进一步扩展到苏皖南部。

在这次过程中，华东共有 23 个县（市）出现雷暴大风，18 个县（市）降雹，见图 12.10。

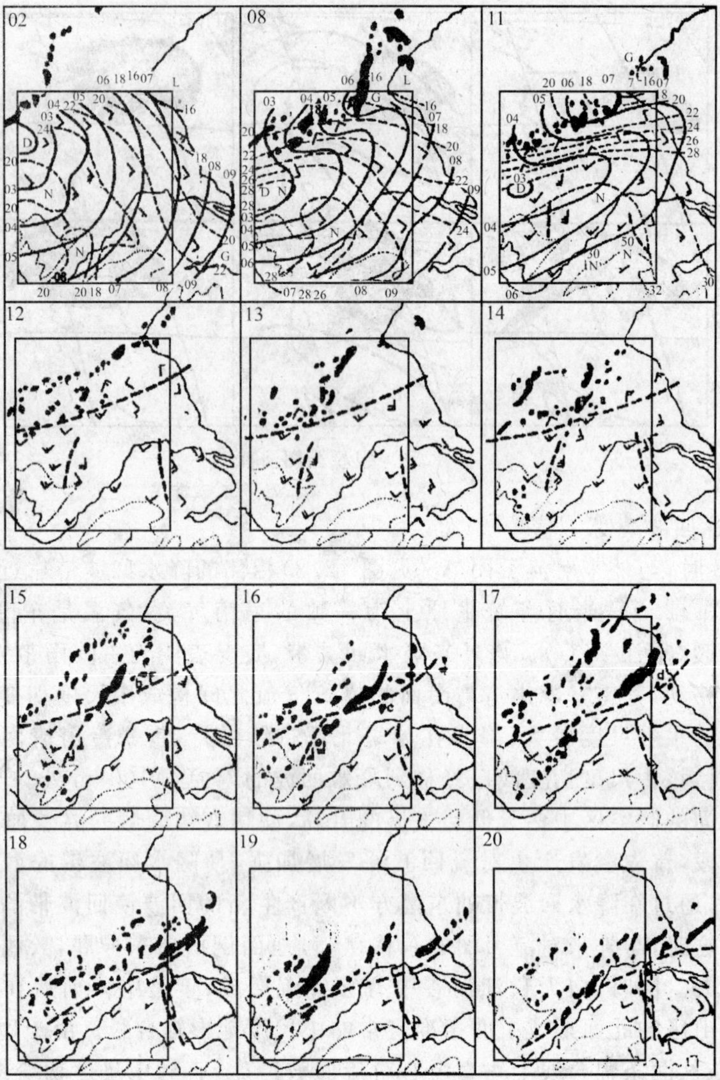

图 12.9　雷达回波演变

12.2.4　个例分析 2

以朱君鉴等[56]对山东省新一代多普勒天气雷达 2003 年 4 月 17 日观测的一次大暴雨过程的分析，说明多普勒天气雷达的应用。

12.2.4.1　暴雨过程概况及环流背景分析

2003 年 4 月 17 日白天到夜间，山东省出现了罕见的春季暴雨，局部大暴雨过程。

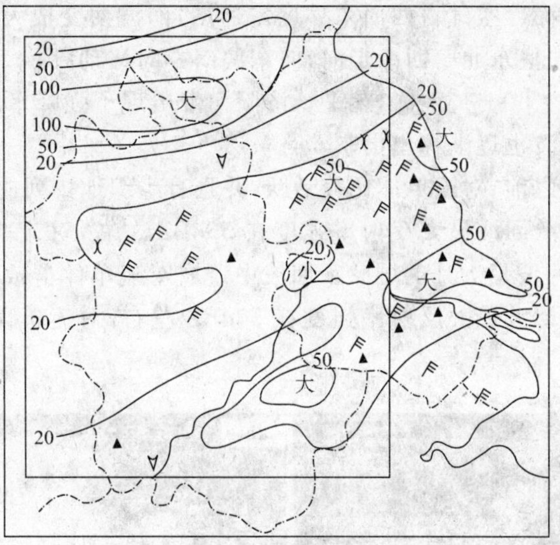

图 12.10　地面天气实况

强降水主要出现在鲁西北和鲁中的西部，有 48 个站降水量在 50mm 以上，其中有 7 个站超过 100mm。泰山降水量最大，为 145mm。

这次暴雨过程是受高空槽、对流层低层低涡和地面气旋的共同影响产生的。暴雨出现前的 4 月 16 日 12：00（世界时，下同）500hPa 图上，副热带高压加强西伸，与华北东移高压叠加，17 日 00：00 时 500hPa 图上副高西伸点到达 123°E，588 线北缘北抬至 36°N 附近，中支槽与南支槽在 108°E 附近叠加，经向度明显加大。在 500hPa 高空槽前的对流层中低层 700 和 850hPa 上，已建立的西南低空急流进一步加强北上，山东省中西部正处于低空急流的左前方，使得暖湿空气和不稳定能量源源不断地向山东中西部地区输送。与此相对应的对流层低层 850hPa 上，17 日 00：00 生成西北涡（37°N、108°E），其前部的暖切变东伸到山东中西部。地面图上表现为一条冷锋，其前部由于高空暖湿空气向该地区输送造成的减压，形成了地面倒槽，山东位于倒槽区内。伴随着 850hPa 上低涡的东移发展，地面倒槽进一步加强，冷锋进入倒槽，17 日 12：00 在鲁南地区生成气旋，此后，气旋中心向东北方向移动。副热带高压西伸北抬，西南气流加强和南支槽与东移南下冷空气结合，为暴雨的发生提供了有利的大尺度环境场，西北涡的生成为暴雨的发生创造了有利的辐合上升条件。

12.2.4.2　雷达反射率产品分析

自 4 月 17 日清晨开始在鲁西南出现雷达回波，回波为对流性单体群（图 12.11a）。单体群发生在地面倒槽前部的暖湿西南气流中，位置对应地面倒槽顶部的辐合区。回波单体群不断向东北方向移动，并且逐渐组织成一条宽阔的带状回波。下午该回波带移过雷达站，傍晚地面冷空气自西向东移近雷达站，回波演变成大片混合型回波，回波中强降水的对流回波呈东北—西南走向，向东偏南方向移动(图 12.11b)。强降水主要发生在这一时段，03：00—15：00，茌平—济阳一带出现了强降水区(图 12.12)。随着冷锋的东移，降水回波也逐渐移出山东。

下午 07：00 时之前，对流单体比较活跃，并且有组织地排列成宽阔的带状，对流带的强度在 45～50dBZ，回波最大反射率强度在 55dBZ 左右，对流单体对应的回波顶高 14km 左右。之后，回波呈大片的层状云回波中镶嵌对流单体群或对流单体带，对流的发展不如上午旺盛，回波最大反射率强度在 50dBZ 左右，对流单体对应的回波顶高在 8km 左右。

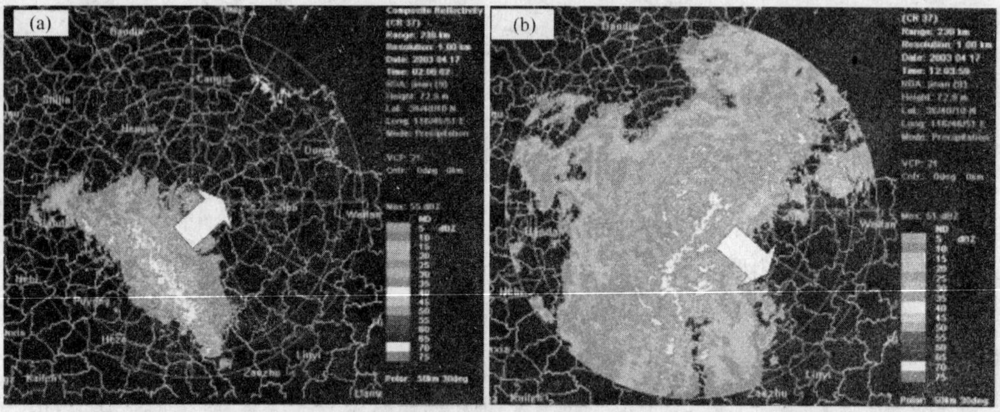

图 12.11　2003 年 4 月 17 日 02：06(a)和 12：03(b)济南多普勒天气雷达组合反射率产品(参见彩图)

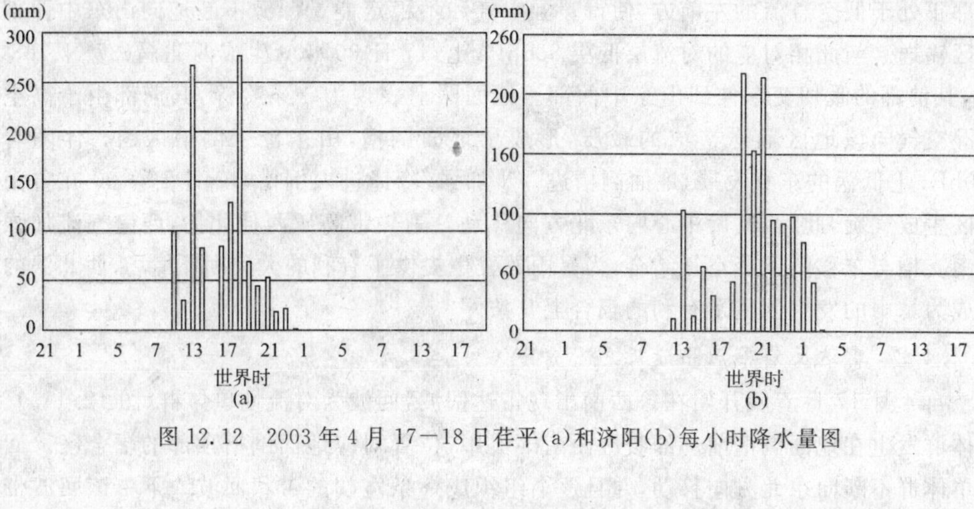

图 12.12　2003 年 4 月 17—18 日茌平(a)和济阳(b)每小时降水量图

12.2.4.3　平均径向速度产品分析

(1)近地面层平均径向速度产品

17 日上午，鲁西南出现雷达回波，回波区以偏南风为主，之后地面倒槽逐渐向东北方向加强发展，在低层，12：00 出现东南风，16：00 出现东风，20：00 出现东北风，近地面出现风向随时间的逆时针旋转，表现为东南风→东风→东北风的转向过程。在这一过程中，风速也逐渐加大，21：00 时 400～500m 高度上东北风增大到 19m/s(图 12.13)。

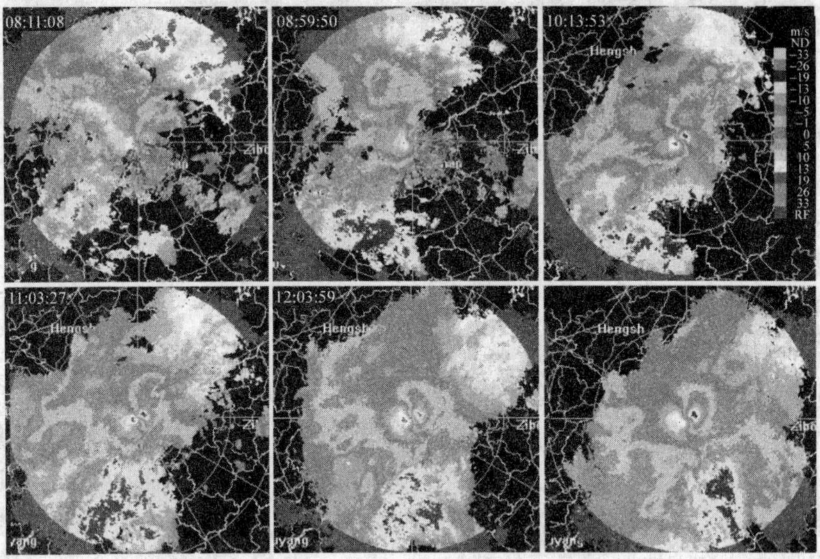

图 12.13　2003 年 4 月 17 日 08：11—13：04 济南雷达 2.4°平均径向速度产品(参见彩图)

(2)低空平均径向速度产品

850 和 700hPa 高度上的低涡自雷达站西向东移近雷达站，低空平均径向速度表现为西南风→南风→东南风的转向过程。其间，风速也逐渐加大，13:00 前后 3～4km 高度上东南风增大到 19m/s(图 12.13)，这支南一东南风表征了低空急流的活动，这支低空急流是暴雨产生的必要条件。

12.2.4.4　风廓线 VWP 产品分析

图 12.14 是新一代天气雷达的垂直风廓线产品。03：08—04：42 地面倒槽加深，低层风由南风转变为东南风。06：32 冷空气逐渐通过雷达站，雷达站低层出现东北风，之后东北风的高度逐渐增高。11：03 时 1.2km 高度上出现偏东偏北风，18：11 时 2.4km 高度出现东北风。与图 12.14 比较发现，强降水时段对应 VWP 低层风由偏南风转为东北风的一段时间，但随着北风层次的增高，降水又逐渐减小并停止。这反映了

冷空气移过雷达站进入倒槽造成了暴雨的产生。

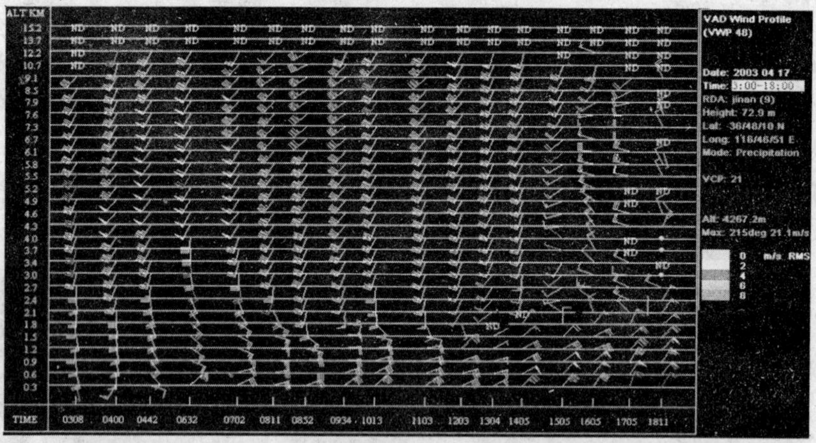

图 12.14　2003 年 4 月 17 日 03—18 时济南多普勒天气雷达垂直风廓线产品(参见彩图)

12.2.4.5　产生暴雨的流场结构

图 12.15 是 2003 年 4 月 17 日 12 时天气图和济南多普勒天气雷达 2.4°平均径向速度产品,图中可见,地面已经生成气旋,气旋中心在山东南部,上游 700hPa 有一低涡,500hPa 为低槽。多普勒天气雷达 2.4°平均径向速度产品显示了三维锥面上的平均径向速度,因此能大致表达探测范围内的流场状况。图中蓝色箭头与地面倒槽前的东北风对应,风速达到 19m/s,红色箭头与 700hPa 低涡前部的偏南风对应,风速达到 19m/s,棕色箭头与 500hPa 低槽前部的西南风对应,风速达到 13m/s 以上。这是雷达站附近出现暴雨的一种典型的流场结构,根据 2.4°平均径向速度产品随时间的变化(图 12.13),结合最近时次的天气图,可以近似地判断低槽、低涡等天气系统的移动情况,进而判断雷达站附近暴雨的形成和加强。当低涡自西向东或气旋自西南向东北移动时,这种典型的流场结构表现为逆时针方向旋转,即近地面风向随时间表现为东南风→东风→东北风的转向过程,低空平均径向速度表现为西南风→南风→东南风的转向过程。而随着影响系统的移出,这种流场结构则逐渐消散。

12.2.4.6　主要结论

(1) 暴雨的回波反射率因子产品的特征是,在大片的层状云回波中,镶嵌着对流单体群或对流单体带,对流带的强度为 45～50dBZ,最大反射率强度在 55dBZ 左右,对流单体对应的回波顶高 8km 左右。主要强降水时段发生在回波移向由西南向东北转为西北向东南方向之后的 3～4h 内。

(2) 两次暴雨过程发生在低空低涡,地面冷锋进入倒槽相似的形势下,暴雨发生时,平均径向速度产品具有如图 12.13 的特征,即低层为东北风,雷达站的南到东南方

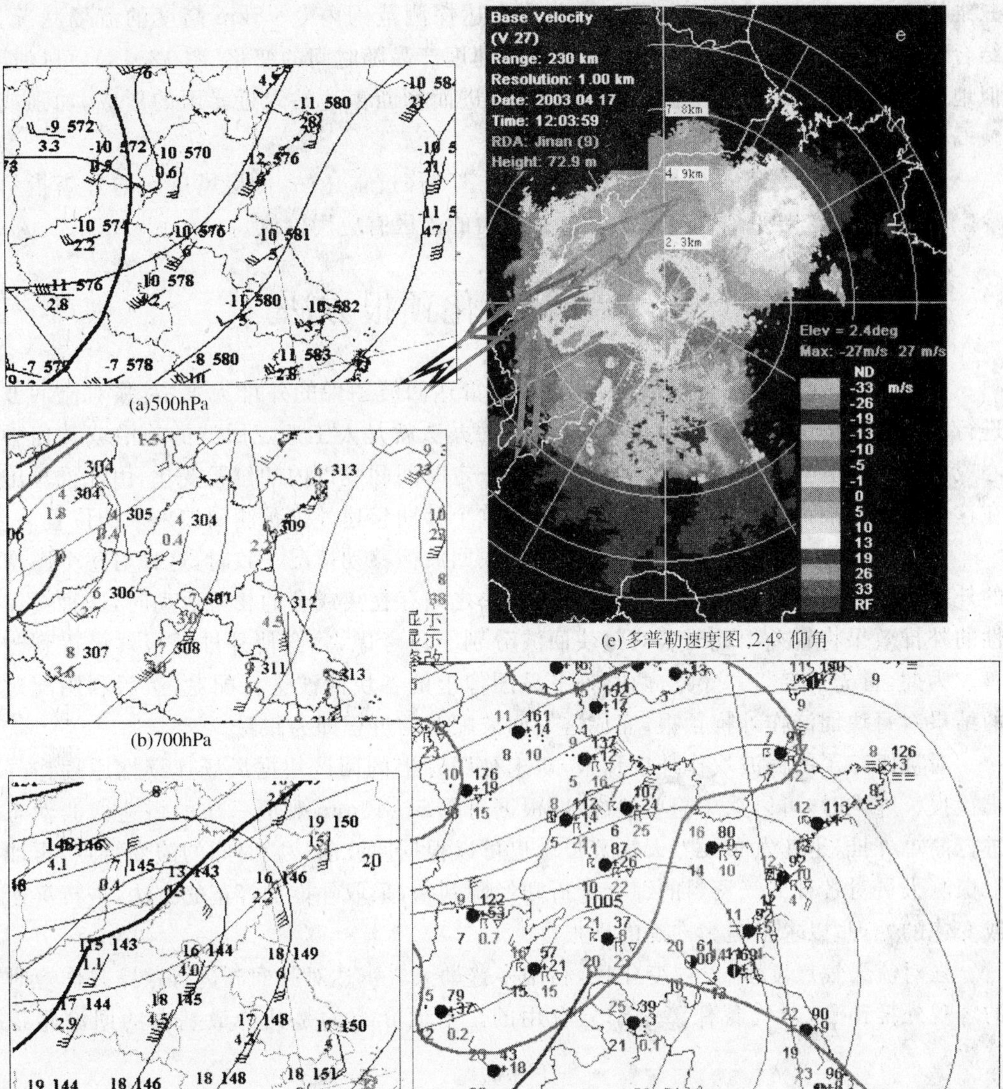

图 12.15　2003 年 4 月 17 日 12 时天气图和济南多普勒天气雷达 2.4°平均径向速度产品((e)参见彩图)

3～5km 高度上有一强南－东南风指向雷达站,这是雷达站附近出现暴雨的一种典型的流场结构,3～5km 高度上的强风在暴雨产生前逐渐形成,而随着这一强风的逐渐东移消失,强降水也逐渐减弱和消失。

多普勒天气雷达 2.4°平均径向速度产品 150km 处的高度约 8km,该产品显示的是三维锥面上的平均径向速度，因此能大致表达探测范围内 0～8km 高度的流场状况。结合最近时次的天气图，根据 2.4°平均径向速度产品随时间的变化(图 12.13)，可以近似地判断低槽、低涡等天气系统的移动情况，进而判断雷达站附近暴雨的形成，加强或减弱，以及雨区的移出等。

(3) 垂直风廓线产品低层风转向指示冷空气移过雷达站，低层风层次的升高指示冷空气的移动，这对于估计冷锋的位置和暴雨的落区有应用价值。

§12.3　客观化预报方法

目前 0～2 小时的临近预报，还主要是以雷达回波图像的外推为主，对强对流回波进行客观外推的方法比较多。最简单、粗略的办法就是人工选定回波的前沿或几何中心或探测人员关注的某一特征点，观察其在一定时间间隔以内的位置变化，由此推算出在这个时间间隔内回波的移向移速，再根据这个移向移速外推预测回波未来的位置。

当雷达平显上只有一块回波，或虽有多块回波但移动情况一致时，这种对整个图像的外推预报方法还是很有效的；但是若回波块之间存在离或合的相对运动时，这种整体性的外推效果将较差。此时若对每块回波分别予以考虑，将会使外推预报效果得到改善。为此，首先需要将 t_1 和 t_2 两时刻平显图像上的各块回波进行配对，然后利用配对的结果对每块回波作外推预报，完成这一回波配对的过程即为跟踪。

对被跟踪了的回波块作外推预报，对未被跟踪上的回波块据风场连续性原理作外推预报。外推时，可以采用简单外推，即根据每隔 5～10min 观测一次的雷达回波动态进行简单外推，迅速发布强烈天气警报。也可以根据回波前一段时间的演变特点，再加上探测人员对各种天气资料的综合分析和经验判断，采取外推加订正的方法，进行等速或变速的处理，以求得更为准确的预报。

强对流天气尺度小、发展变化快，利用多普勒天气雷达对其回波进行跟踪并作短时的客观外推预测，对气象保障是十分有用的。下面介绍的是几种最基本的回波跟踪算法。

12.3.1　回波矩心跟踪法

这种方法最初是由美国国家强风暴实验室提出并采用的。这种方法至少需要取得相继两个时刻的 PPI 图像。时间间隔一般是半小时或 1 小时。对于每一幅取得的数字化 PPI 图像，用规定回波面积阈值的方法来剔除那些较小的回波块。对于那些满足面积阈值的回波进一步用规定强度阈值的方法来抹掉那些较弱的回波。这样在 PPI 图像上只保留一些分属于不同回波单体的强回波区。这些强回波区就是资料自动处理系统跟踪的对象。在跟踪处理中首先计算出各回波块的矩心，即反射率加权中心。也可不作反射率加权，这时矩心就是面积中心。然后将第一时刻的 PPI 图像上的各个矩心位置与第二时刻图像上的各矩心位置进行配对，也就是说，选择最可能的对应中心，根据每个矩心在两张图像上坐标位置的变化，就可计算出它在该时段内的位移。简单地，假定在该时段内矩心的移动是线性的，那么它在直角坐标系中的坐标位置可简单地表达为：

$$x(t) = A_x + B_x \cdot t$$

$$y(t) = A_y + B_y \cdot t \tag{12.1}$$

回波移动速度是

$$(B_x^2 + B_y^2)^{1/2} \tag{12.2}$$

而回波的移动方向就是

$$\arctan(B_x / B_y) \tag{12.3}$$

无论对于相继两次的观测资料或者是两次以上的一系列 PPI 观测资料都可以用线性最小二乘法求出(12.1)式中的系数。将最后一次观测到的回波位置，按上述算得的移动速度和方向进行外推就可预测未来的位置。由于计算机能对图像上的各块回波分别进行跟踪，所以预报图像可以反映出各个回波不同的移动方向和速度。

对 PPI 图像上任一特定的回波来说，当选取不同的强度阈值时，会保留下不同形态和面积的强回波区，因而计算出来的矩心位置也将不一样，跟踪计算也就会得到不同的结果，因此，阈值的选取对于预报质量的高低也是很重要的。

12.3.2　交叉相关法

这种方法把整幅图像上的回波作为一个整体来处理，并且假设全体回波具有一致的移动方向。它是将第一时刻取得的回波图像，向任一方向移过一定的距离，然后计算此图像与第二时刻图像之间的交叉相关系数 R。对于不同的移动位置，会得到不同的数值，直至找到极大值 $R_{\max}$ 为止。与 $R_{\max}$ 对应的位移就可以作为在此时间间隔内回波的平均移动矢量。然后以此矢量进行外推，预报下一时刻的回波位置。具体做法如下：

设在 $t-\delta t$ 和 t 两个时刻回波图的回波强度分别为 $f(x,y,t-\delta t)$ 和 $f(x+p,y+q,t)$，那么，它们之间的交叉相关系数 $R(p,q)$ 就是

$$R(p,q) = \frac{\iint f(x,y,t-\delta t) \cdot f(x+p,y+q,t)\,\mathrm{d}x\mathrm{d}y}{\left[\left(\iint f^2(x,y,t-\delta t)\,\mathrm{d}x\mathrm{d}y\right) \cdot \left(\iint f^2(x+p,y+q,t)\,\mathrm{d}x\mathrm{d}y\right)\right]^{\frac{1}{2}}} \tag{12.4}$$

分母是对分子的规格化处理，使得 $R(p,q)$ 成为 1～－1 之间的一个无量纲数，以便于

比较。

如果在 $t-\delta t$ 时刻的回波图 $f(x,y,t-\delta t)$ 移动了 δx、δy 后，成为 t 时刻的回波图 $f(x+\delta x,y+\delta y,t)$，则

$$f(x,y,t-\delta t)=f(x+\delta x,y+\delta y,t) \tag{12.5}$$

把(12.5)式代入(12.4)式，可得到 $R(\delta x,\delta y)=1$，即 $p=\delta x$、$q=\delta y$ 时，$R(p,q)$ 达最大值。所以，可以通过改变 p、q 值，在回波所有可能位移上计算 $R(p,q)$，p、q 的取值可为正，也可为负，当取得最大值 $R_m(p_m,q_m)$时，就可用 p_m、q_m 来表示回波图的位移。一般来说，$f(x+\delta x,y+\delta y,t)$并不是 $f(x,y,t-\delta t)$原封不动地向前移动得到的。在实际雷达回波图上，总是伴随着形状和结构的变化，在这种情况下，$R_m(p_m,q_m)$的值要比 1 小，取 $R(p,q)$最大值的物理意义是使两个回波达到最好的相似状态。这时的 p、q 值就是 δt 时间间隔内回波平均位移的最佳估计，能更准确地表示回波的位移量。

在实际使用中，需将(12.4)式离散到网格点上，即

$$R(p,q)=\frac{\sum_i\sum_j[m(i,j,t-\delta t)-\overline{m}(t-\delta t)]\cdot[m(i+p,j+q,t)-\overline{m}(t)]}{\left\{\sum_i\sum_j[m(i,j,t-\delta t)-\overline{m}(t-\delta t)]^2\cdot\sum_i\sum_j[m(i+p,j+q,t)-\overline{m}(t)]^2\right\}^{\frac{1}{2}}} \tag{12.6}$$

式中 $m(i,j,t-\delta t)$为 $t-\delta t$ 时刻横坐标为 i、纵坐标为 j 的网格上的回波值。如果把 t 时刻的回波看作是 $t-\delta t$ 时刻回波在 i 方向移动 p、在 j 方向移动 q 的结果，由(12.6)式就可求出时间间隔为 δt 的两个回波的相关系数。在回波所有可能的移动区域内改变 p、q 值，就可得到一组 $R(p$、$q)$矩阵。找出相关系数最大值 $R_m(p_m,q_m)$，则 p_m、q_m 可作为 δt 间隔中回波的移动量，据此来外推下一时刻的回波位置。如前所述，当 R_m 为 1 时，表示在 δt 间隔中回波只有移动，没有变化；当回波在移动中有形状或结构变化时，其值小于 1，因此 R_m 的大小可反映出回波变化的程度。值得注意的是，在两个直角坐标方向上，通过计算所有可能位移时的 R 值来寻找 R_m，计算量太大。而根据历史资料分析表明，回波移动与 700hPa 气流有很好的相关性，作为一种初始估计，可以先利用 700hPa 的风外推前一时刻回波矩心的移动，再以后一时刻的矩心位置为中心，计算两个直角坐标方向一些格点上的 R 值，从中挑选出 R_m，即可求得回波的位移矢量。如图 12.16 所示，$F(t-\Delta t)$、$F(t)$和 $F(t+\Delta t)$是三个相继时刻的回波。在 t 时间预报未来 Δt 内回波的移动，可根据 $F(t-\Delta t)$和 $F(t)$间回波位移矢量外推未来回波的位移值。$\overrightarrow{AB}$ 表示在 $t-\Delta t$ 和 t 时间间隔内，用 700hPa 风外推得到的回波矩心位移矢量；$\overrightarrow{AC}$表示利用交叉相关法得到的位移矢量；$\overrightarrow{BC}$表示$\overrightarrow{AC}$对$\overrightarrow{AB}$的修正值；$\overrightarrow{CR}$表示以$\overrightarrow{AC}$相等的值外推

得到的预报位移矢量。$\overrightarrow{RO}$为实际运动$\overrightarrow{CO}$和预报矢量$\overrightarrow{CR}$间的误差。

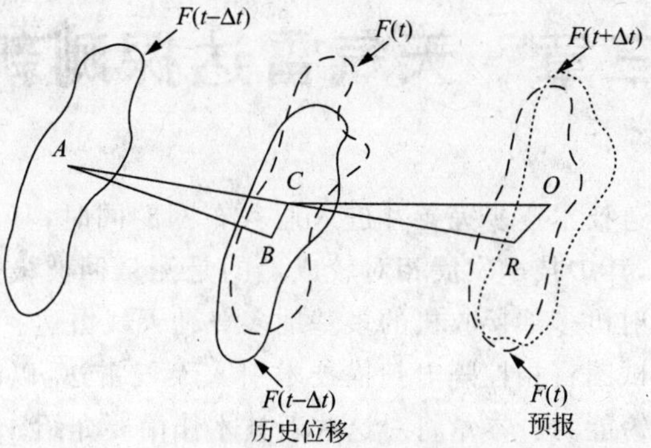

图 12.16　用交叉相关法外推雷达回波概略图

数字化天气雷达可采用以上算法编制相应的软件来自动完成回波的跟踪和预报。国内外多普勒天气雷达的数据处理系统一般都选用类似的算法编制成计算机软件，供业务工作中直接使用。需要注意的是，不同型号的雷达使用的识别软件可能各不相同，使用这些识别软件时，要根据当地当时的情况和经验，恰当地设定有关可调整的算法参数，以取得较好的效果。

第十三章　天气雷达探测新技术

在多普勒天气雷达技术逐步完善并进入业务布网的同时，其他雷达技术也在不断涌现和开展试验研究，其中技术发展相对较成熟的是测量回波极化信息的双极化多普勒天气雷达和一个发射机多部接收机的多基地多普勒天气雷达。进入21世纪后，美国的气象雷达工作者又试图将相控阵电扫描技术引入天气雷达，以改善对生命史较短的灾害性天气的监测预警能力。本章将对这些新技术作简要介绍。

§13.1　双线极化多普勒天气雷达

前面我们在讨论非球形降水粒子散射理论时提到：散射回波中不仅具有与入射波极化方向一致的极化分量，还包含有与其正交的极化分量，这个正交极化分量的大小与粒子的形状、大小、相态以及相对于入射波的取向有关。这就使得气象雷达工作者设想，是否可以接收这一正交极化分量，以更全面地了解降水粒子的特点。

早期的天气雷达只能接收与发射电磁波极化方向一致的极化分量，所以对此是无能为力的。为了获取回波中的极化信息，从中推测出降水区中降水粒子的形状、大小、相态、取向等特征，从20世纪50年代开始就有人进行这方面的理论和实践探索。1968年加拿大的雷达工作者研制成功了高精度双通道分集天线圆极化天气雷达系统，并在探测与识别冰雹方面取得了重要进展。这一成功进一步推动了极化雷达的气象研究。但由于圆极化雷达系统技术精度要求高、耗资大，再加上理论解释工作有待改进，从而使这一技术未能普通推广应用。1976年美国科学家提出了采用交替发射水平和垂直极化波的双线极化雷达系统测量降雨量的理论，并在外场试验中取得一系列与理论预期相一致的结果。于是，对双线极化天气雷达的研究再度引起气象学家们的强烈兴趣。许多国家都研制了自己的双线极化天气雷达。1996年夏季，美国国家大气研究中心用S波段双线极化雷达作了一次与WSR-88D比对的外场试验，结果证明了双线极化雷达的优越性，因此，确定把WSR-88D雷达网逐步改装成双线极化多普勒天气雷达网。

13.1.1　基本工作原理

双线极化天气雷达的关键技术是能够交替发射和接收水平极化波和垂直极化波。它的接收通道有两种，一种是双通道，即在每一个雷达重复周期内同时分别接收回波中的水平极化分量和垂直极化分量；另一种是单通道，即分别接收回波中的水平极化分量和垂直极化分量，也就是在雷达第一个重复周期内发射和接收水平极化分量；下一个雷达重复周期内发射和接收垂直极化分量，依次交替，不断重复。

双线极化多普勒天气雷达发射和接收极化波以后，从降水目标后向散射回波中获得的电压时间序列，经信号处理分系统对其进行运算后可以得到一系列参量。具体的参量种类各雷达不尽相同，归纳起来主要有以下几种：水平极化的反射率因子 Z_H；垂直极化的反射率因子 Z_V；差示反射率因子（differential reflectivity）Z_{DR}；双程差示传播相位变量（Two way differential propagation phase shift）ϕ_{DP}；差示传播相位常数（specific differential phase）K_{DP}；自相关系数 ρ；多普勒速度 V_r；多普勒速度谱宽 σ_v 等。此外，利用极化原理设计的单线极化雷达和圆极化雷达可以分别获得线退极化比（Linear depolarization ratio）L_{DR} 和圆退极化比（Circular depolarization ratio）C_{DR}。这些参量一般都是从某一个角度反映粒子的某一方面特征，所以往往需要结合起来分析才能获得有关降水粒子的有用信息。下面仅就在判断降水特性方面常用的几个参量及其实际应用作简单介绍。

13.1.1.1　水平极化的反射率因子 Z_H 和垂直极化的反射率因子 Z_V

这两个参量是雷达获得的最基本的参量，对两者进行比较可以了解降水粒子的形状等信息。为了能更确切地表明这些参量获得的过程，常以 Z_{HH} 表示发射水平极化波并接收水平极化波得到的反射率因子；Z_{VV} 表示发射垂直极化波并接收垂直极化波得到的反射率因子；Z_{VH} 表示发射垂直极化波接收水平极化波得到的反射率因子。

13.1.1.2　差示反射率因子 Z_{DR}

差示反射率因子 Z_{DR} 是双线极化雷达所能得到的最常用的参量。以下式表示

$$Z_{DR}=10\lg\left(\frac{Z_{HH}}{Z_{VV}}\right) \tag{13.1}$$

显然，Z_{DR} 反映的是水平极化的反射率因子和垂直极化的反射率因子之比。比值的大小直接和粒子的形状（非球形）有关。由前述我们已知，粒子的非球形程度是用椭率（a/b）来表示的，a、b 分别是旋转椭球的旋转轴和半径。单个粒子的 Z_{DR} 和 a/b 之间的关系如图 13.1 所示。它是等效直径为 0.4cm 的旋转椭球粒子的 Z_{DR} 与 a/b 之间的关系。不同等效直径的粒子的曲线有所不同，但变化趋势是相同的。

从图可见，a/b 值越小，即粒子越扁，则 Z_{DR} 值越大。当 a/b 接近于 1（粒子接近球形）时，Z_{DR} 几乎为零。实际降水区中，大雨滴接近于扁椭球，相应的 Z_{DR} 就是较大的正值；小雨滴和翻滚下落中的大冰雹接近球形，因此，相应的 Z_{DR} 就接近于零。当在实际探测中发现某一区域具有很大的 Z 值，对比这个区域的 Z_{DR} 很小，则可以判别这里出现的是冰雹。如图 13.2 所示，是美国国家大气研究中心（NCAR）的 CP-2 雷达于 1984 年

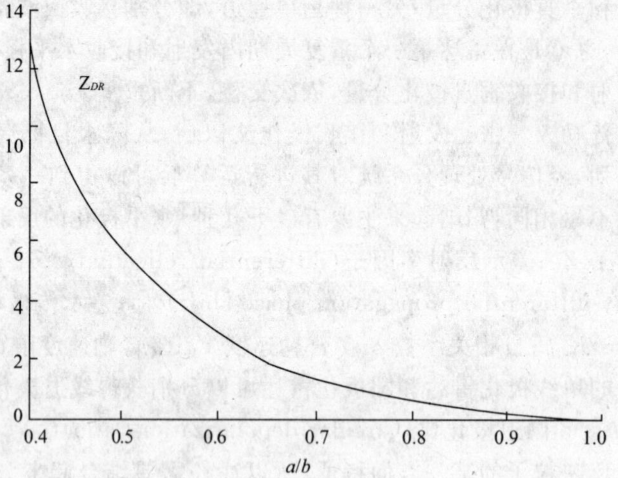

图 13.1　Z_{DR} 与 a/b 之间的关系(等效直径为 0.4cm 的旋转椭球粒子)

6 月 13 日在科罗拉多州丹佛收集的一次冰雹云回波。左图是 Z_{10}(10cm 波长),右图是 Z_{DR}。对比可见,回波反射率因子 Z_{10} 很大,且具有明显的冰雹云结构特征,反映在 Z_{DR} 上则是大部分区域保持低值,这正是冰雹存在所致。

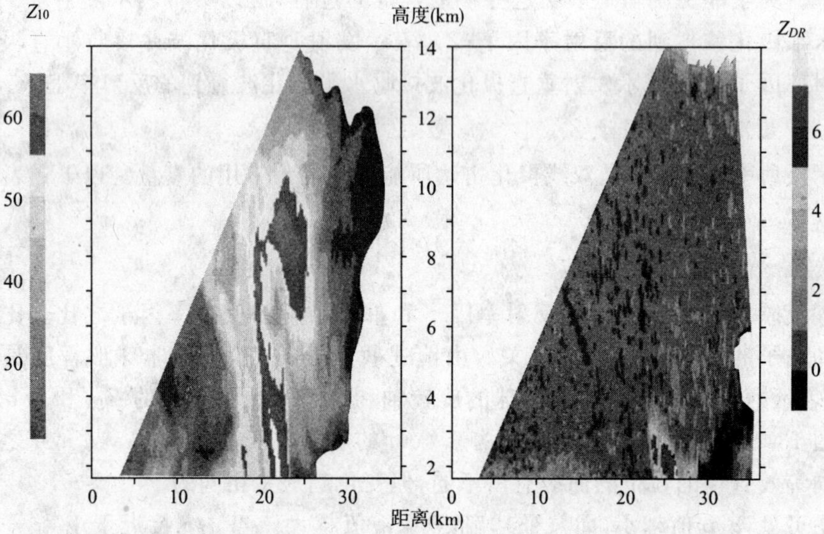

图 13.2　一次冰雹云的 Z_{10} 与 Z_{DR} 对比

以前在定量测量降水时,多采用 $Z-I$ 关系。但 $Z-I$ 关系式受雨滴谱易变等的影响,具有不确定性,以致影响定量测量降水的精度。如在降水中,冰雹的出现使 Z_H 值增大，就会过高估计降水量。Ulbrich、Atlas 等提出用 $I=aZ_HZ_{DR}{}^b$ 形式的定量测量降水的公式，可以把由于雨滴谱不同引起的误差从 33%下降到 14%。

13.1.1.3　双程差示传播相位变量 ϕ_{DP} 和差示传播相位常数 K_{DP}

前面已知多普勒天气雷达可以获得目标相对雷达运动产生的相位差。同样运动状态的降水区对于水平极化波和垂直极化波引起的相位变化是不同的，两者之间的差值与降水区的特性有关。双程差示传播相位变量 ϕ_{DP} 就是表示两者之间差值的参量，即

$$\phi_{DP} = \phi_{HH} - \phi_{VV} \tag{13.2}$$

式中，ϕ_{HH}、ϕ_{VV} 分别是水平极化回波和垂直极化回波的相位。由于这个差值是雷达电磁波往返于雷达和降水区之间的结果，所以称之为双程差示传播相位变量。

上述相位变量的产生，实质上是由于水平极化波和垂直极化波在不同特性的降水区中传播时传播相位常数不同引起的。差示传播相位常数 K_{DP} 就是表示传播相位常数不同的参量，它的平均值可由下式表示，即

$$K_{DP} = \frac{\phi_{DP}(r_2) - \phi_{DP}(r_1)}{2(r_2 - r_1)} \tag{13.3}$$

式中，r_2 和 r_1 分别是降水区中 1、2 两点离雷达的距离，K_{DP} 则是降水区中 1、2 两点区间内的平均差示传播相位常数。一般来讲，降水区中的液态水含量越多，K_{DP} 值越大。1987 年 Zrnic 等提出用 K_{DP} 来测量降雨量，如下式所示：

$$I = 5.1(K_{DP}\lambda)^{0.866} \tag{13.4}$$

图 13.3 是 10cm 雷达对一次 Alberta 风暴探测时分别用 $I(Z)$ 和 $I(K_{DP})$ 方法测得的降雨量与雨量筒实测雨量的比较。从图可见，用“+”号表示的 $I(K_{DP})$ 方法测得的结果绝大部分都处在拟合曲线（虚线）的两侧，而用“○”号表示的 $I(Z)$ 方法测得的结果偏离拟合曲线（实线）的程度要大得多。Chandrasekar 等（1990）数值模拟的结果表明，在降水量大于 70mm/h 时 $I(K_{DP})$ 方法的精度更高。这是 K_{DP} 主要与液态水含量有关，而不受冰雹出现影响的结果。

13.1.1.4　线退极化比 L_{DR}

在介绍非球形粒子散射理论时，已经给出了退极化比的表达式，和这里所说的线退极化比是类同的，即当雷达有两组天线，一组用来发射和接收水平线极化波，另一组用来接收降水粒子在水平极化波照射下由于粒子形状非球形而同时产生的垂直极化分量，则可以同时得到水平极化反射率因子 Z_{HH} 和垂直极化反射率因子 Z_{HV} 值，两者之比以分贝表示称为线退极化比 L_{DR}，即

$$L_{DR} = 10\lg\left(\frac{Z_{HV}}{Z_{HH}}\right) \tag{13.5}$$

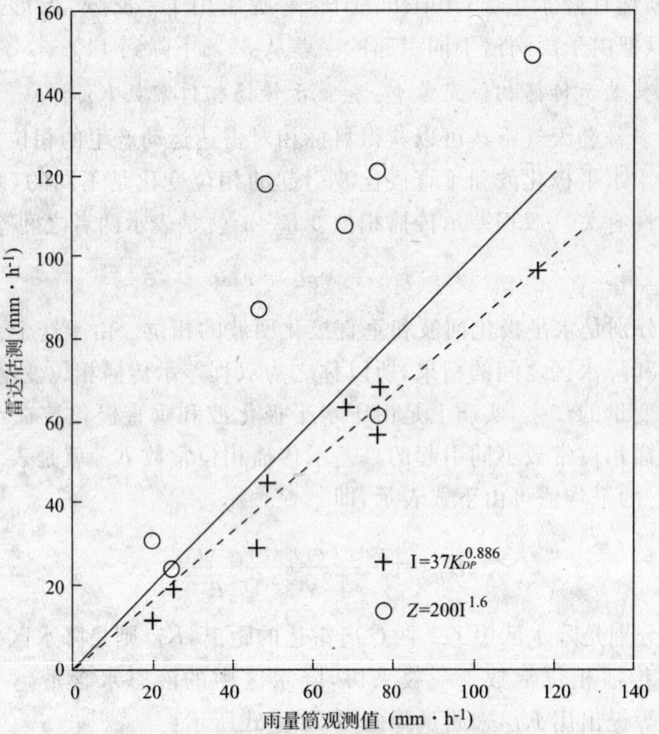

图 13.3　用 10cm 雷达对一次 Alberta 风暴探测时分别用 $I(Z)$ 和 $I(K_{DP})$ 方法测得降雨量与雨量筒实测雨量的比较

显然，通过 L_{DR} 的大小可以推断降水粒子的形状。对于完全球形的粒子，L_{DR} 近于 $-\infty$dB，对于细长目标（如金属丝），L_{DR} 近于 0dB，对于典型的实际气象目标，L_{DR} 在 $-15\sim-35$dB 之间。

13.1.1.5　圆退极化比 C_{DR}

圆极化雷达也有两组天线，一组发射和接收右旋圆极化波；另一组接收左旋圆极化波，由此可以获得与发射波相同旋转方向的极化分量的反射率因子 Z_{ll} 和与发射波旋转方向相反的极化分量的反射率因子 $Z_{\perp}$，两者的比值用分贝表示，称为圆退极化比 C_{DR}，即

$$C_{DR} = 10\ \lg\left(\frac{Z_{ll}}{Z_{\perp}}\right) \tag{13.6}$$

显然，C_{DR} 的大小与降水粒子的形状有关。从原理上讲，C_{DR} 在 $0\sim-\infty$ dB 之间变化。对于无限细长的散射体 $C_{DR}=0$，对于完全球形粒子，$C_{DR}=-\infty$dB。

13.1.2　降水粒子类型识别方法

Hall et al.(1980)首先提出了用双极化天气雷达测量的上述参数来识别降水粒子类型。Doviak and Zrnic(1993)给出了不同降水类型时各个双极化参数的阈值。

表 13.1　不同降水粒子各种参量出现的范围

	Z_H(dBZ)	Z_{DR}(dB)	$\|\rho_{HV}(0)\|$	K_{DP}(°/km^{-1})	L_{DR}(dB)
毛毛雨	<25	0	>0.99	0	<−34
雨 滴	25～60	0.5～4	>0.97	0～10	−27～−34
干 雪	<35	0～0.5	>0.99	0～0.5	<−34
密雪晶	<25	0～5	>0.95	0～1	−25～−34
湿 雪	<45	0～3	0.8～0.95	0～2	−13～−18
干软雹	40～50	−0.5～1	>0.99	−0.5～0.5	<−30
湿软雹	40～55	−0.5～3	>0.99	−0.5～2	−20～−25
湿雹(<2cm)	50～60	−0.5～0.5	>0.95	−0.5～0.5	<−20
湿雹(>2cm)	55～70	<−0.5	>0.96	−1～1	−10～−15
雨/雹	50～70	−1～1	>0.9	0～10	−20～−10

这些阈值主要是以模拟计算以及有限的雷达测量与实时的飞行器测量和地面测量的比较得出的，这使得统计算法的应用受到了限制。许多降水粒子类型识别算法都是基于这些阈值。在表 13.1 中可以看到，许多种粒子的双极化参数的阈值不是独有的，而是相互交迭的。这促进了一种新的算法——模糊逻辑算法的发展。此算法主要分为三步：

(1)模糊化：用成员函数决定每个输入值(Z_H、Z_{DR}、K_{DP}、L_{DR}等)属于每个模糊集(雨、冰雹、雪等)的程度叫做输入值的模糊化。模糊化使每个输入相对于每个模糊集的值介于 0 到 1 之间。

(2)集合化：对模糊化的结果乘以一个进行判别决定的权重，对模糊化权重后的结果进行求和，得到每个模糊集的单独值。

(3)退模糊：具有最大值的模糊集被认为是给定(Z_H、Z_{DR}、K_{DP}、L_{DR}等)值的粒子类型。

每个成员函数的形状主要是从已做过的研究以及模拟得到的。该算法成员函数的形状及权重可以调整，其精确程度主要取决于选取的成员函数贴近客观事实的程度。这种算法简单、高效，可以实时计算，显示降水粒子类型。

双极化天气雷达可以得到的参量要比常规雷达多出 4 个。在实际的应用中,可以综合多个参量来辨别回波区中气象目标的具体类型。这对于我们研究粒子类型的空间分布,粒子相态随高度的变化以及云雨目标随时间的发展演变有重要的作用。双极化天气雷达可以提高降水估测精度,还可以被生物学家用来研究候鸟的迁徙规律。由于双极化雷达所具有的这些优点,发展具有多普勒功能和双极化功能的天气雷达已成为当前天气雷达领域所关注的课题。

13.1.3　我国的研究进展

我国第一部 C 波段线—圆极化天气雷达是中国科学院兰州高原大气研究所于 1980 年利用 713 雷达改装成的,填补了我国在这方面的空白。1986 年,他们又研制成了 C 波段双线极化天气雷达,在冰雹研究和人工影响天气工作中发挥了很好的作用。但这个时期的雷达都是非多普勒体制的。

21 世纪初,国营第 784 厂研制出 X 波段双极化多普勒天气雷达,采用高相位稳定的全相参脉冲多普勒和双发双收体制。图 13.4 为该雷达照片。

图 13.4　X 波段双极化多普勒天气雷达

2004 年 8 月,该 X 波段双极化全相参多普勒天气雷达在青藏高原进行了科学试验。雷达从成都一路行驶到西藏那曲地区,共计行程 4000 多千米,在海拔 4700m 高原上雷达工作正常,并完成了多项科学试验,采集了水平反射率因子 Z_H、垂直反射率因子 Z_V、差示反射率因子 Z_{DR}、差示传播相位常数 K_{DP}、相关系数 ρ 和线退极化比 L_{DR} 等数据。见图 13.5。

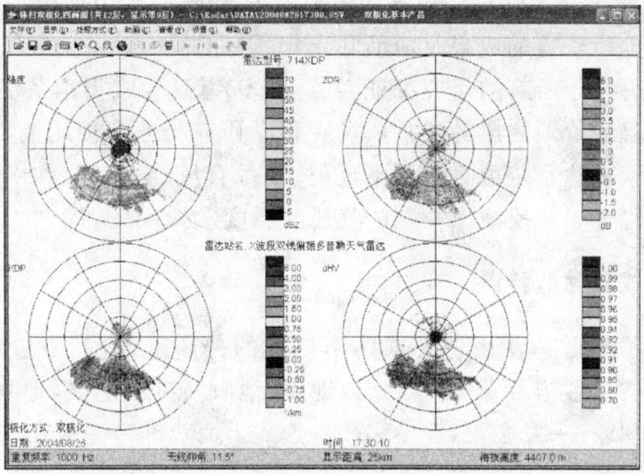

图 13.5　双极化 PPI 图像，四幅图分别为 Z_H、Z_{DR}、K_{DP}、ρ(参见彩图)

§13.2　双(多)基地多普勒天气雷达

双(多)基地雷达是相对于比较常见的单基地雷达而言的，它是从雷达收发站配置的角度来命名的。单基地雷达一般是收发共址，即接收站和发射站位于同一个地方，而双(多)基地雷达则是收发异址，具有一(多)个发射站和两(多)个接收站，以离散的形式配置。

双(多)基地雷达其实在雷达一出现时就已经出现了，因为最初的雷达就是收发异址的，其原理也早已为人们所熟悉，后来由于天线收发开关和脉冲发射技术的出现，使得单基地雷达在很长一段时间内占据了雷达技术发展的主导地位。但是近年来，随着目标隐身技术和反辐射导弹技术等威胁的日益加剧，现代战争对军用雷达的要求变得越来越苛刻，单基地雷达因此也面临着日益严重的生存危机。因此，为了对付这个挑战，双(多)基地体制雷达又重新得到了各国的重视。特别是美国，从 20 世纪 70 年代后期开始，美国就致力于双(多)基地雷达技术的研究，开展了多项双(多)基雷达研制论证计划。

在气象上国外对双(多)基雷达的研究开展的也很早。在 20 世纪 60 年代 Atlas 等就开始用双(多)基地雷达进行探测天气回波研究，1974 年 Shupyatsky 等把极化参数用到了双(多)基地天气雷达系统中，1993 年 Wurman 等把多普勒技术用到双(多)基地天气雷达系统中，由于 Wurman 等的卓越工作，双(多)基地雷达在天气探测中从此真正进入实用阶段。1995 年加拿大麦吉尔大学与美国俄克拉何马州立大学、美国国家大气研究中心(NCAR)合作在蒙特利尔建立了第一个双(多)基地天气雷达网,它包含一部S波段多普勒天气雷达与两部双基接收机。de Elia等利用这个系统做了几年的研究,于2000年对他所获得的成果及前面几十年所有的双(多)基地天气雷达系统研究成果作了概括性的总结。所有的研究都证实了双(多)基地天气雷达系统是有效的和实用的。用它直接而且廉价地测出的矢量风场在科学研究与业务使用上都有广泛的用途。用双(多)基地天气雷达系统可直接测出反射率、垂直风、涡流等,利用这些参数应用大气热力学原理还可进一步反演出相关的气压与温度。

13.2.1　系统构成及性能特点

由于双(多)基地雷达使用两个或两个以上的分离基地(其中包括有源和无源基地),因此从部署的位置方面来看,可分为地发/地收,空发/地收,地发/空收等几种形式,多基地雷达还具有一发多收,多发多收等形式。而双(多)基地天气雷达系统一般采用地发/地收,由一部常规的多普勒天气雷达与一个或多个没有发射系统和天线伺服系统布置在远处的双基接收站组成。(见图13.6)

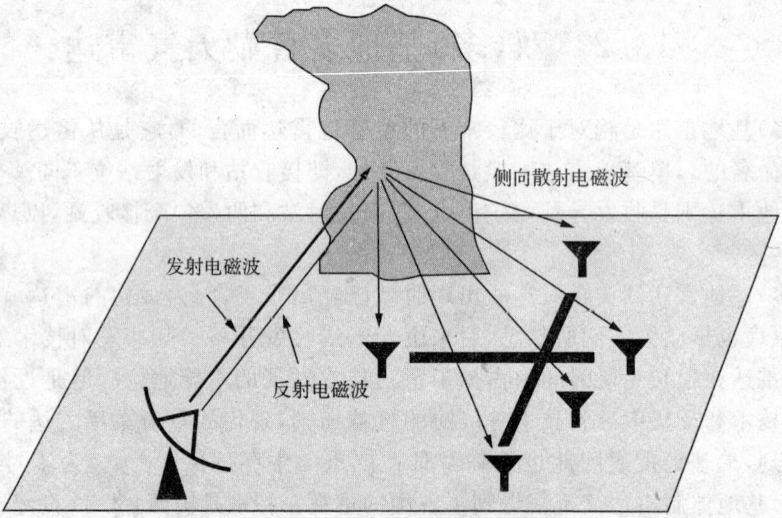

图13.6　双(多)基地天气雷达系统部署示意图

多个接收站可以从不同的角度对同一个天气目标进行观测,与多个常规雷达的观测效果一样。在发射机所发射的电磁波照射下,雨滴散射的电磁波能量及所产生的多普勒频移被接收站接收到,利用多普勒技术可获得完整的三维矢量风场。

13.2.1.1　系统的构成

双(多)基地天气雷达系统的接收站与单基地雷达是相似的,但双基地雷达接收站需要知道发射机发射脉冲的时间及天线指向，以便对目标进行同步定位接收；另外，要求探测目标的速度，发射信号与接收信号必须是相参的。所以双基地雷达需要配备精确的外部时间信号源与频率源来同步发射机与接收站。时间同步技术首选是采用来自全球定位系统(GPS)或罗兰远程导航系统(LORAN)的时间信号，它是一种现成又方便的技术，可是它作为双基地雷达的基准时间信号源还不够精确；原子钟可提供精确的外部时间，但原子钟之间有漂移，相噪很高，所以要经常进行校准，而且费用昂贵；也可用直接接收发射天线的旁瓣能量来同步，但收发站之间不能有障碍物。从目前研制状况来看，解决收/发同步问题还得待以时日。图 13.7 给出由 GPS 信号同步的双(多)基地天气雷达系统构成框图。

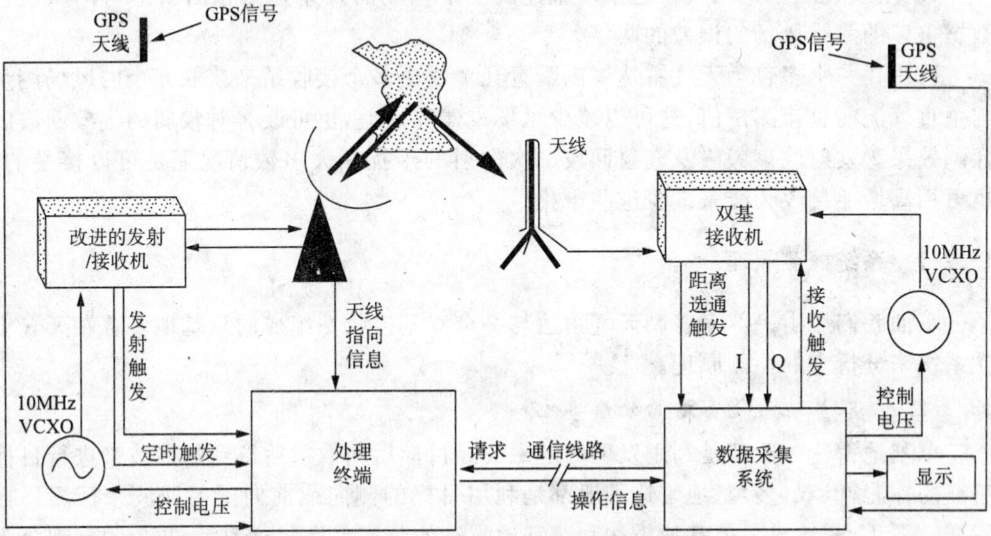

图 13.7　双(多)基地天气雷达系统的构成框图

发射站与接收站为了能同步，做了些修改，它们都用高稳定的 10MHzVCXO 作为它的主振荡源，并用它锁定全机的其他频率源的相位，VCXO 由 GPS 时间信号来控制。另外，GPS 信号与天线指向信息及极化信息等合在一起通过通信线路传送到接收站。接收天线因为没有伺服系统，所以天线波束要很宽，旁瓣要低。

13.2.1.2　性能特点

由于接收站没有含高压设备的发射系统；天线采用宽波束低增益天线，不要伺服系统；无需操纵人员，维护费用很低，所以单站的设备费用只相当于传统天气雷达的 2%左右。而一个发射站配 10 个接收站测量效果相当于 4 部传统雷达组网的探测效果，但设备费用还不到两部雷达的 2/3，每年的操作维护费用只有后者的 1/3。所以在天气雷达组网探测上使用双(多)基地天气雷达系统有巨大的经济效益优势。另外，双(多)基地天气雷达系统还有几个优点，使它在探测研究中具有独特的优势。

(1)由于只有一个发射源，所以接收站从不同角度同时接收同一信号源的信息，故风分量是由同时的真实的数据获得的；

(2)对局部天气现象探测，只要用一部快速扫描雷达就可获得多部雷达同时快速扫描的效果；

(3)侧向散射强度与瑞利散射计算结果相比较，用来发现冰雹。

目前的双(多)基地天气雷达系统也有几点不足：

(1)低增益接收站易受到发射波束旁瓣及气象回波二次散射的干扰；

(2)低增益天线不能探测较弱的气象回波；

(3)由双(多)基地天气雷达系统重建的三维风场的误差是由相同雷达组网所获得数据重建的三维风场的误差的两倍。

可用在一个多普勒天气雷达周围配置几个或更多个接收站来获取冗余的风场测量与垂直气流的直接测量值，这可以减少风场重建的误差，也可改善对较弱的气象回波的探测效果。发射波束旁瓣及气象回波二次散射的干扰在大多数情况上是可以接受的，也可用高增益接收天线来减少这些干扰。

13.2.2 系统探测原理

下面我们用由一部多普勒天气雷达与一个双基接收站组成的双基地多普勒天气雷达系统来分析它的探测原理。

13.2.2.1 双基地天气雷达的分辨单元

单基地雷达一般都是利用发射的电磁波经目标后向散射后得到的回波来进行目标特征的探测，但双(多)基地雷达一般都是利用目标的侧向或前向散射回波来探测目标特征。图 13.8 给出了单基地雷达和双基地雷达的分辨单元示意图，深灰色阴影部分为单基地雷达的分辨单元，浅灰色阴影部分为双基地雷达的分辨单元，从图中可看出两者基本是相似的。

由图 13.8 分析可得双基地雷达与单基地雷达分辨单元的关系如下：

$$vol_b = 2\frac{vol_m}{\cos^2(\alpha/2)} \tag{13.7}$$

式中，vol_b 为双基地雷达分辨单元，vol_m 为单基地雷达分辨单元，α 为收发基地相对于目标的夹角(双基角)。

13.2.2.2 双基地天气雷达的反射率测量

由传统的雷达方程修改可得双基地雷达方程如下：

$$P_r = \frac{P_t G_t G_r \lambda^2}{(4\pi)^3 r_1^2 r_2^2} vol_b \sum_{vol} \sigma_{bi} \tag{13.8}$$

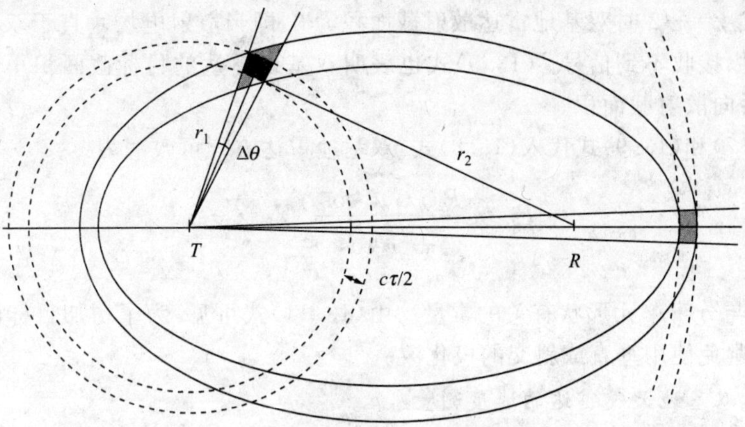

图 13.8 单基地与双基地多普勒天气雷达分辨单元

式中，P_t 为发射功率，P_r 为接收的平均功率，G_t、G_r 分别为发射与接收天线的增益，λ 为雷达工作波长，r_1 为发射站到目标的距离，r_2 为接收站到目标的距离，σ_{bi} 为分辨单元中单个微粒的交迭面散射截面积，它是双基地雷达方程的重要参数，由目标的极化与散射特性决定。

双基地雷达的散射截面积与后向散射截面积存在下面的关系：

$$\sigma_b = \sigma\cos^2\gamma \tag{13.9}$$

式中，σ_b 是双基地雷达的交迭面散射截面积，σ 为后向散射截面积，γ 为目标散射电场方向（E_t）与双基地接收机能接收的电场方向（E_b）的夹角。它们关系见图 13.9。

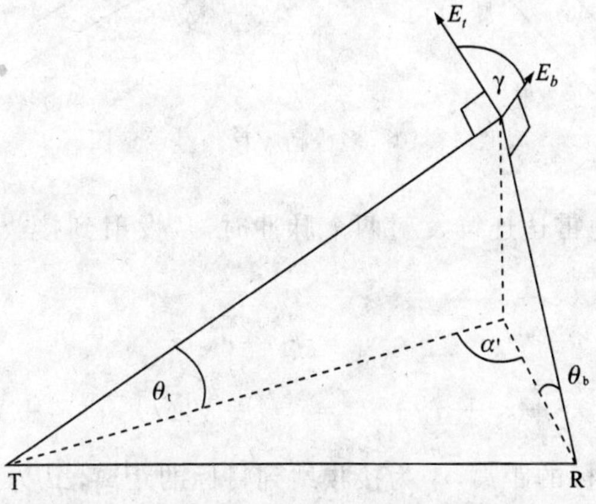

图 13.9 双基地雷达的信号极化方向图

γ 角可由下式获得：

$$\cos\gamma = \cos\theta_t\cos\theta_b + \sin\theta_t\sin\theta_b\cos\alpha' \tag{13.10}$$

由(13.9)式 $\gamma=\pi/2$ 时双基地雷达散射截面积为 0，即当散射电场垂直于双基地接收机极化方向时，接收不到信号。(13.9)式也表明双基地雷达的目标截面积小于等于单基地雷达的后向散射截面积。

将(13.7)和(13.9)式代入(13.8)式，双基地雷达方程可改写为：

$$P_r = \frac{P_t G_t G_r \lambda^2 \cos^2\gamma}{(4\pi)^3 r_1^2 \cos^2\dfrac{\alpha}{2}} V_0 \sum_{wl} \sigma_i \tag{13.11}$$

式中 V_0 为与分辨单元形状有关的常量。由(13.11)式可见，为了增加目标的散射电磁场能量，应避免使用垂直或斜交的极化波。

13.2.2.3　双基地天气雷达的速度测量

当双基地天气雷达系统两个连续发射的脉冲从发射端到接收端所走的距离不一致时，将产生多普勒频移。当目标沿以发射站与接收站为焦点的椭圆运动时，由于距离不变，将不发生相位改变，所以双基地雷达系统只能探测到正交于这个椭圆的运动。图 13.10 给出了多普勒频移测量示意图。

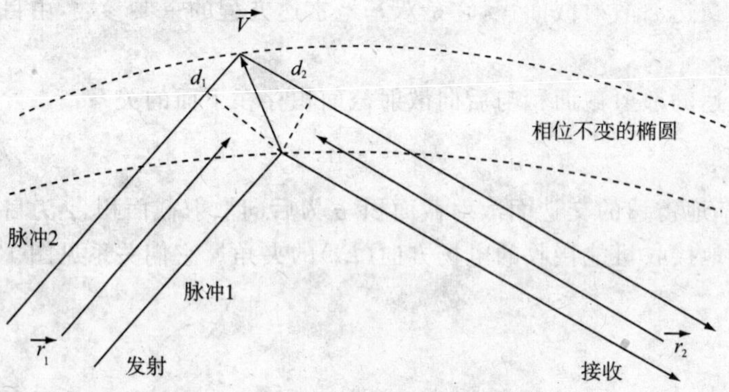

图 13.10　多普勒频移测量示意图

由图可知，双基地雷达连续发射两个脉冲时，从发射到接收电磁波所走的距离分别为：

$$s_1 = r_1 + r_2 \tag{13.12}$$

$$s_2 = r_1 + r_2 + d_1 + d_2 = (r_1 + V_r \Delta t) + (r_2 + V_b \Delta t) \tag{13.13}$$

式中 r_1 为发射站到目标的距离，r_2 为接收站到目标的距离，Δt 为两个连续脉冲的间隔，d_1、d_2 分别为收发径向的位移，V_r、V_b 分别为目标速度在发射与接收方向上的投影。

由上面两式的两个连续脉冲产生的位移变化为：

$$\Delta s = s_2 - s_1 = (V_r + V_b)\Delta t \tag{13.14}$$

应用与单基地雷达求径速同样的方法，可得双基地雷达的一个视在径速为：

$$V^* = \frac{\Delta s}{2\Delta t} = \frac{1}{2}(V_b + V_r) \tag{13.15}$$

我们可以用图 13.11 分析一下目标速度的各个分量及关系，图中 V 为目标速度矢量，V_r 为 V 在发射方向上的投影，V_t 为 V 在与发射正交方向上的投影，V_b 为接收站方向的速度分量，V_e 为沿 α 角平分线方向上的速度分量，为要测的径速，α 为发射与接收方向相对于目标的夹角，ϕ 为目标运动方向与接收站方向的夹角。由图可得：

$$V_e = |V| \cos(\alpha/2 + \phi) \tag{13.16}$$

$$V_r = |V| \cos(\alpha + \phi) \tag{13.17}$$

$$V_b = |V| \cos(\phi) \tag{13.18}$$

由上面三式可得双基地雷达系统要测的径速与视在径速的关系为：

$$V_e = \frac{V^*}{\cos(\alpha/2)} \tag{13.19}$$

从上式可看出，径向速度随目标物的位置而改变。对于单基地雷达 $\alpha=0$，$V_e=V^*$。

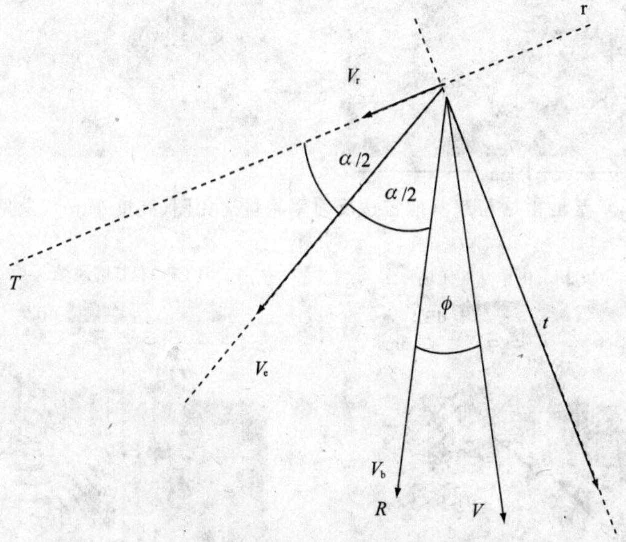

图 13.11　双基地雷达速度分量关系图

13.2.3　双(多)基地天气雷达系统探测个例

美国国家大气研究中心(NCAR)与加拿大麦吉尔大学，采用 CP-2/MHR 单基地网与 CP-2 双基地网进行了对比观测，双基地接收站天线波束水平宽达 160°，垂直宽达

40°，灵敏度为 15dBZ(<20km)。通过对比分析图 13.12、13.13 和分析图 13.14 可得：

(1)反射率在定性上是一致的，不一致大多发生在单基地雷达的高强度梯度区。双基地雷达系统不能分辨出被包围的小范围的反射率区域；双基地雷达系统不能分辨出强度急剧变化区域。速度场在这些区域的值也是可疑的。这些问题主要是由于多次散射干扰造成的，可用新的处理方法及高增益天线来解决。

(2)速度场大体上是一致的，在接近地面时有较大不同。在高反射率区双基地雷达接收的下沉气流有更高的速度值。双基地系统在发现低的辐散场比单基地系统有更强的能力。

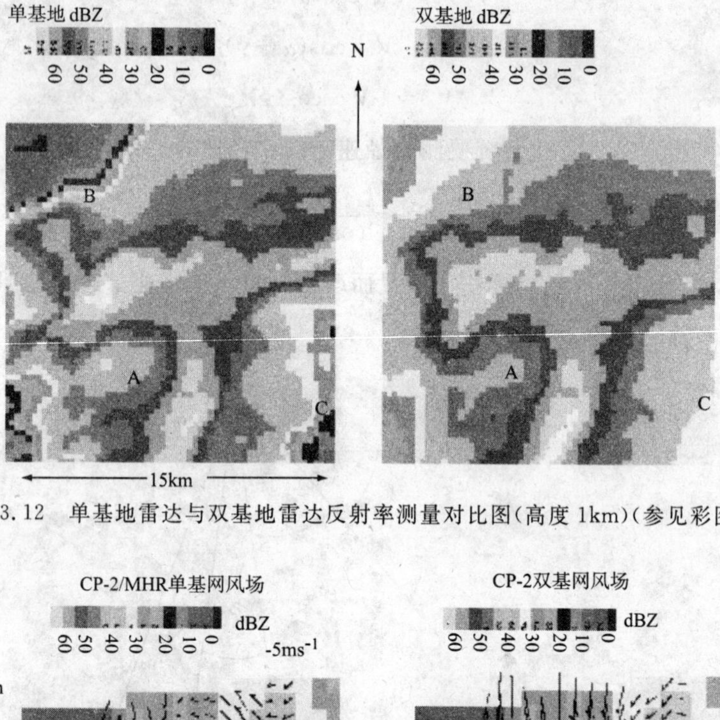

图 13.12 单基地雷达与双基地雷达反射率测量对比图(高度 1km)(参见彩图)

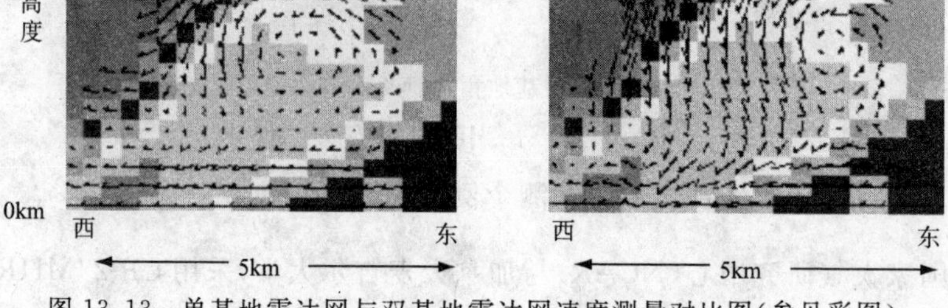

图 13.13 单基地雷达网与双基地雷达网速度测量对比图(参见彩图)

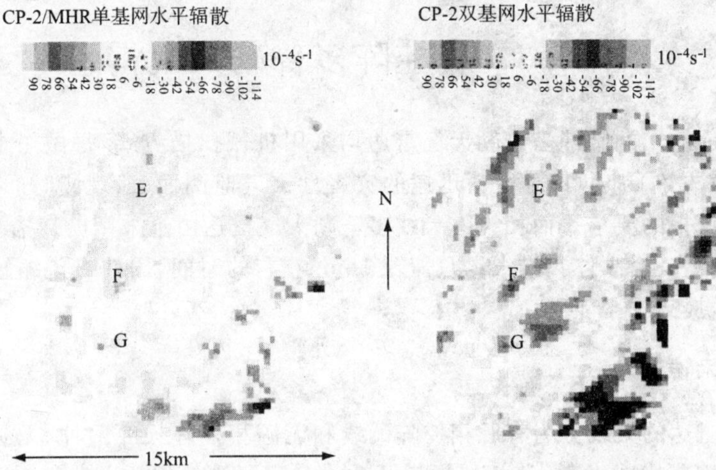

图 13.14　单基地雷达网与双基地雷达网辐散测量对比图(高度 250m)(参见彩图)

该例说明用双(多)基地天气雷达系统进行天气探测是有效的和实用的。用它直接而且廉价测出的矢量风场在科学研究与业务使用上都有广泛的用途。用双(多)地基天气雷达系统可直接测出反射率、垂直风、涡流、冰雹等。双基系统对反射率及风场的测量效果与单基系统大体是一致的,在发现低的辐散场方面有比单基系统更强的能力。

13.2.4　我国的发展

21 世纪初,中电集团第 38 研究所与中国气象科学研究院联合进行了双基地多普勒天气雷达系统的研制与观测试验。他们采用一部 CINRAD-CC 为发射和接收的主动雷达,采用裂缝波导作为接收的被动雷达,形成一发两收的双基地多普勒天气雷达系统。在 2004 年进行了野外观测试验,图 13.15 分别为主动雷达和被动雷达观测的结果。

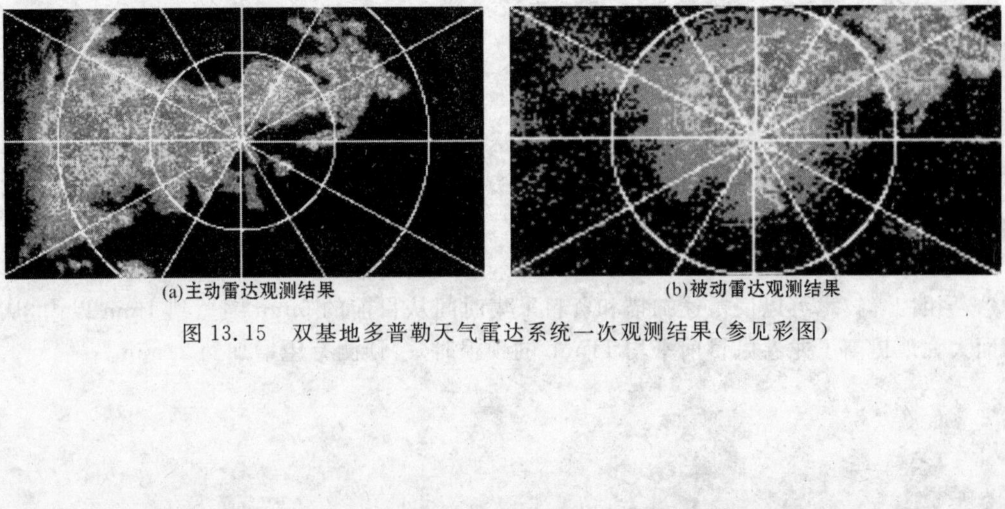

(a)主动雷达观测结果　(b)被动雷达观测结果

图 13.15　双基地多普勒天气雷达系统一次观测结果(参见彩图)

§13.3 相控阵多普勒天气雷达

由于目前应用的脉冲多普勒天气雷达均采用机械扫描方式，每做一个立体扫描大约需要6min左右的时间，对生消迅速的灾害性天气监测而言，观测时间显得长了，难以满足快测快报的要求。而相控阵天线多普勒天气雷达由于采用电扫描技术，能够快速扫描探测，做一个立体扫描大约只需要1min左右的时间，因此有望缩短灾害性天气的探测时间，提高预警能力。

13.3.1 技术特点

相控阵雷达的天线分为有源相控阵天线和无源相控阵天线两种，无源相控阵天线系统由于采用集中式发射，移相器损耗及功率分配网络的损耗大约为3dB，因此，发射馈线损耗较大。有源相控阵天线采用的阵列天线是在每个单元上安装一个低功率固态发射机，发射损耗可以降低到0.5dB以下，因此采用有源系统的优越性是明显的。

相控阵天气雷达可以用波束控制分系统取代控制天线机械扫描的伺服分系统，波控分系统控制每个天线单元的移相器相移值，以使整个天线阵面完成波束指向所需的方向，实现不同波束位置的电扫。相控阵天气雷达快速而精确地转换波束的能力使雷达能够在1min内完成全空域的扫描，同时获取大量的气象信息。

相控阵雷达由大量相同的辐射单元组成的孔径，每个单元在相位和幅度上是独立控制的，能得到精确可预测的辐射方向图和波束指向。发射时固态发射机分散到每个天线单元，通过大量独立的天线单元将能量辐射出去并在空间进行功率合成。接收时各天线单元将接收到的目标回波信号在接收系统的功率相加网络中进行相位相加合成回波信号，然后进入接收机。回波信号经接收机放大、滤波后进入信号处理机进行多种模式的信号处理。对信号处理提取的气象数据进行二次处理可得到气象预报需要的气象要素资料。

13.3.2 探测性能

采用相控阵技术的天气雷达可以提高空间分辨率和空间定位精度，采用相控阵技术的天气雷达可以使天气雷达的扫描时间从目前的6min缩短至几十秒钟，从而大大地提高了对龙卷风、冰雹等灾害性天气的预警能力，缩短预警时间。

(1)改善预警和预报能力

相控阵技术可以使雷达扫描和资料采集时间从目前的6min缩短到1min以内，从而大大地提高了龙卷风目前平均11min的预报时效，预测有望增加到22min。

(2)数据率和分辨率高

相控阵天气雷达具有快速而精确的转换波束的能力，使该雷达能够在极短的时间里完成全空域的扫描，同时获取大量的气象信息。

(3)实现多目标、多功能的探测能力

相控阵雷达可以同时形成多个独立控制的波速，实现多目标探测、多目标识别功能、多目标跟踪及预警功能，相控阵雷达可以同时有多频率工作模式，实现跳频电扫和天线方向自适应控制，与城市安全监控网的数据共享，构成完整的重点城市预警系统。

(4)可靠性高，长期维护成本低

相控阵雷达具有高可靠性，长时间全天候工作的特点，多个小功率 T/R 组件工作，其平均无故障时间高达 15000 小时，即使有 5%的单元损坏，也不影响雷达的正常工作，而且单个 T/R 组件维护成本低。

随着电子技术特别是雷达技术的高速发展，自适应技术、极化信息处理技术，特别是低副瓣平面等天线技术的日臻成熟，相控阵雷达成本的降低，采用相控阵技术的天气雷达应用于大气探测中必将大力推进大气物理研究上升到一个新的台阶，同时也将使天气雷达向着多功能、多用途及其他领域应用方面得到快速拓展。

13.3.3　国内外的发展现状

美国已经开始了将相控阵雷达应用于大气探测的探索。美国强风暴实验室、雷达保障中心、Okalahoma University 和美国海军等 9 个单位合作，已经完成了对美国军用的相控阵雷达的气象探测改造，新改装的相控阵气象雷达安装在 Oklahoma 州的 Norman 市，并进行了观测试验。已获得的很多资料表明，探测结果令人鼓舞，该技术能进一步改善目前使用的 WSR-88D 雷达系统的探测功能，特别是提高对龙卷风等剧烈天气的探测能力。

我国目前也在积极发展相控阵多普勒天气雷达探测技术。

第十四章 风廓线雷达探测原理

风廓线雷达(Wind Profiling Radar)也称为风廓线仪(Wind Profiler),是一种新型的测风雷达,它不属于天气雷达。考虑到风廓线雷达也是多普勒收发体制的雷达,其测风原理与多普勒天气雷达中所用的VAD技术很相似,对风廓线雷达的研制也是我们近年来开展得比较好的科研工作之一,所以将其编写作为本书的最后一章。本章的叙述相当扼要,事实上风廓线雷达所涉及的知识面很宽,作为专著来编写是我们的下一个目标。

§14.1 风廓线雷达的发展

风廓线雷达是一种新型的无球高空气象探测设备,是当前常规气球探空体制的重要补充。它能够不间断地连续提供大气水平风场、垂直气流、大气温度、大气折射率结构常数等气象要素随高度的分布,具有时空分辨率高、连续性和实时性好的特点,是天气预报和军事气象保障不可缺少的重要手段。

由于不同的风廓线雷达采用的工作波长、天线面积与发射功率的差异,使得风廓线雷达的测量高度也不同,按探测的高度范围,可分为边界层风廓线雷达、对流层风廓线雷达和平流层风廓线雷达,各自主要参数与特点见表14.1。

表14.1 各型风廓线雷达的特点

	边界层风廓线雷达	对流层风廓线雷达	平流层风廓线雷达
频率(MHz)	900～1300	400～500	50～90
发射功率(kW)	≤5	≤40	≤500
天线尺寸(m×m)	≤3×3	≤12×12	≤100×100
探测高度范围(km)	0.05～3	0.15～16	1～30
高度分辨率(m)	50	150	1000
雨雪影响	大	有影响	小
可移动性	好	可以移动	差
应用领域	飞机起降 战场能见度 巡航导弹 防化污染等	天气预报 战区大气环境 飞行航线 火炮与导弹	火箭发射 武器试验 弹道导弹 航天等

由于湍流散射回波信号很弱，比降水粒子对 10cm 天气雷达的散射能力要小 3～4 个量级，使得风廓线雷达的测风高度受到限制，对流层风廓线雷达测风高度一般在 12～16km。因此对流层风廓线雷达目前还不可能完全取代气球探空雷达，但是对流层风廓线雷达探测具有精度高、连续性好、时空分辨率高的特点，使其已成为高空气象探测的发展趋势和重要组成部分。

20 世纪 60 年代美国开始对风廓线雷达技术进行研究，经过近 20 年的发展完善，到 80 年代初已逐步趋于成熟。1980 年美国国家海洋大气局环境研究院在科罗拉多州中北部建立了一个风廓线雷达试验网，共安装了 6 部风廓线雷达，其中四部为 49.5MHz，可以探测到平流层；一部为 404MHz 用于探测对流层；另一部为 915MHz 的边界层探测雷达。经过 8 年的试运行和大量的对比试验，完善了雷达技术和数据处理方法，取得了第一手资料。在此基础上，1989 年 NOAA 环境研究院决定在美国中部建立一个由 31 部对流层风廓线雷达组成的业务实验网，布网雷达采用美国 Unisys 公司设计制造的 404MHz 风廓线雷达。美国利用布设的风廓线雷达网，监测输送墨西哥湾暖湿空气的低空急流和由它引起的雷暴活动，并将探测到的风廓线资料在数值预报模式中进行应用试验，弥补了常规高空探测站网空间密度和观测时次上的不足。

图 14.1　美国 404MHz 风廓线雷达

1988－1990 年美军在新墨西哥州白沙导弹靶场组建“大气廓线探测设备研究中心”时，不仅建有气象铁塔和气球探空雷达，还建立了平流层、对流层和边界层的 4 部风廓线雷达，组成了一个完整的风廓线雷达高空气象探测体系，用于导弹试验的军事气象保障和相应的科学研究。这四部风廓线雷达的主要指标如表 14.2 所列。

表 14.2　美军白沙靶场风廓线雷达装备情况

发射频率(MHz)	49.25	404.37	924.0	2900
发射功率(kW)	250	12	1	0.22
占空比	5%	5%	5%	100%
天线面积(m^2)	15657	170	40	7×2
波束数	3	3	3	扫描
波束宽度(度)	3.3	4	10	2.7
测量参数	C_n^2、风、温	风、温	风、温	C_n^2、风、温
最大探测高度(km)	20	16	6	2
最小探测高度(km)	2	0.5	0.12	0.05
高度分辨率(m)	150	375	100	32

西欧利用 COST—76 计划也建立了有 23 个站的风廓线雷达网，其中有两部平流层风廓线雷达已进入 WMO 业务观测网。1994 年世界气象组织仪器与观测委员会(CIMO)将风廓线雷达列为高空气象观测仪器，风廓线雷达已受到各个国家的广泛重视，技术也已相当成熟，并在民用和军用部门的气象保障与科学研究中得到广泛应用。

我国风廓线雷达技术研制工作开始于 20 世纪 80 年代。研制的第一部风廓线雷达工作频率为 365MHz，探测范围 350m—13km。进入 20 世纪 90 年代，随着我国国民经济的发展和气象保障工作要求越来越高，我国先后开展了边界层、对流层、平流层等各型风廓线雷达的研制和装备，总体水平已与国外相当，个别指标和采用的有些技术已优于国外同类产品。图 14.2 是我们参与研制的边界层风廓线雷达和对流层风廓线雷达外形。

(a)边界层风廓线雷达　(b)对流层风廓线雷达

图 14.2　风廓线雷达

§14.2　湍流散射理论

风廓线雷达探测的前提是晴空大气对雷达波的散射，晴空对电磁波的散射机制有三种：湍流散射、镜面反射、热散射，详见本书 6.2.3“晴空回波”一节的介绍。就风廓线雷达测风而言，主要利用的是湍流散射理论，也就是大气折射率的不均匀结构对雷达波的散射，因此，了解一些湍流理论对使用好风廓线雷达是必要的。

14.2.1　湍流

14.2.1.1 湍流

湍流是指流体的不规则运动。根据“频谱分析法”，湍流是由于大小尺度不同的众多湍涡综合作用的结果。湍涡是湍流运动中的流体元量，是一个抽象的理论模型。其含义是在周围介质中运行一定时段，能保持其固有特性的流体质块。大气中的湍涡尺度小的几厘米，大至几百到一千千米。

湍流运动是复杂的，流场中各种特性量是时间和空间的随机变量，而统计平均值则有一定的规律性。所以，研究方法目前仍以实验为主，有湍流半经验理论和统计理论两种方法，理论研究还不成熟。

14.2.1.2　均匀各向同性湍流

湍流特性量的统计平均值(如雷诺应力等)，一般是时间、空间的函数。若不随时间变化，称为“稳恒(定常)湍流”，不随空间变化，称为“均匀湍流”。近地层大气可近似做均匀湍流处理。在大气边界层，湍流特性量统计平均值随高度变化远大于水平变化，一般可认为是水平均匀的。

各向同性湍流的严格定义是：当坐标系旋转或翻转时，由湍流脉动量及其导数构成的任何统计平均值保持不变，此时，在一定时空点上，任何方向的湍流动能分量均相等。湍流运动各向同性时，可以用较少的变量和方程来描述湍流结构和运动情况。近地层大气湍流，因受地表影响，一般不满足各向同性条件，呈明显的各向异性。

均匀各向同性湍流是指同时满足均匀性和各向同性的湍流，即湍流脉动量及其导数所构成的统计平均值，既与空间位置无关，也与坐标轴的方向无关。这样的情况比较少见，通常只在局部小范围内可以这样考虑，称为局地均匀各向同性湍流。

14.2.1.3　晴空湍流

由于下垫面的影响，在离地面 1km 以下的大气边界层，基本为湍流运动，称为边界层湍流。当无其他天气现象发生时，将发生在大气层中的大气湍流称为晴空湍流。

造成晴空湍流的原因有：一是当风速足够大并有切变时，产生切变不稳定，导致湍流；二是白天地面太阳辐射加热，空气获得浮力，大气层结不稳定，扰动发展成湍流。一般认为，急流区域内垂直风切变超过 2m/(s · 10^2m)每百米，水平风切变超过 6m/(s · 10^2km)每百公里的地方，是飞机晴空颠簸最易产生的区域。

14.2.2　湍流描述

14.2.2.1　雷诺数

研究湍流时，通常采用湍流脉动量。某个物理量的湍流脉动量是指该物理量与其平均值之差，即 $u'=u(t)-\bar{u}$。

流体作湍流运动，由于不规则脉动引起动量输送所产生的流体内部的相互作用力称为湍流黏性应力(也称雷诺应力)。在(x,y,z)坐标系中，任一点的雷诺应力有 9 个分量，组成二阶对称张量，以 τ 表示为

$$\tau=\begin{bmatrix}\tau_{xx} & \tau_{xy} & \tau_{xz}\\ \tau_{yx} & \tau_{yy} & \tau_{yz}\\ \tau_{zx} & \tau_{zy} & \tau_{zz}\end{bmatrix}=\begin{bmatrix}-\rho\overline{u'u'} & -\rho\overline{u'v'} & -\rho\overline{u'w'}\\ -\rho\overline{u'v'} & -\rho\overline{v'v'} & -\rho\overline{v'w'}\\ -\rho\overline{u'w'} & -\rho\overline{v'w'} & -\rho\overline{w'w'}\end{bmatrix}$$

式中，ρ 为流体密度，u'、v'、w'为湍流在三个坐标方向的流速脉动量，τ_{xy} 表示与 x 轴垂直的(y,z)平面上的湍流应力在 y 方向的分量。其他的类同。

黏性应力与(速度)形变率的比例系数称为黏性系数，以泊为单位，以 μ 表示。流体黏性是由于分子不规则运动的动量输送引起的，故又称"分子黏性系数"。黏性系数 μ 与密度 ρ 之比值称为"分子运动学黏性系数"，以 ν 表示。在大气中近似作常数，取 $\mu=1.792\times10^{-4}$泊，$\nu=1.5\times10^{-5}\,\mathrm{m^2/s}$。

雷诺数是用流体运动的特征尺度与特征流速的乘积与分子运动学黏性系数之比表示的无量纲量。凡流体的雷诺数大的，属弱黏性流，雷诺数小的，属强黏性流，雷诺数近于1的，属一般黏性流。对同一黏性的流体来说，大尺度、大速度时的雷诺数大于小尺度、小速度时的雷诺数。凡黏滞流体相对于几何形状相似的物体流动时，只要其雷诺数相同，其流体情况就相似。

雷诺数达到或大于某一临界值时，流体的流动就会由层流转为湍流。当流体运动的雷诺数足够大时，湍流获得充分发展，从相当于平均场不均匀尺度直到最小可能尺度各种大小的扰动都被激发了。

14.2.2.2　里查逊数 Ri

单位时间内由切变引起的湍能速率是：

$$-\overline{u'w'}\frac{\partial\bar{u}}{\partial z}=k_m\left(\frac{\partial\bar{u}}{\partial z}\right)^2 \tag{14.1}$$

式中 k_m 为湍流动量交换系数，而由浮力作功引起的湍能速率是：

$$-g\frac{\overline{T'w'}}{\overline{T}}=k_T g\frac{\dfrac{\overline{\partial\theta}}{\partial z}}{\overline{\theta}}=k_T N^2=k_T g\frac{\gamma_d-\gamma}{\overline{T}} \tag{14.2}$$

式中，g 为重力加速度，k_T 为湍流热量交换系数，γ_d 为干绝热递减率，γ 为大气层结温度递减率。则里查逊(Richardson)数：

$$Ri=\frac{N^2}{\left(\dfrac{\partial\overline{u}}{\partial z}\right)^2}=\frac{g}{\overline{T}}\frac{\gamma_d-\gamma}{\left(\dfrac{\partial\overline{u}}{\partial z}\right)^2} \tag{14.3}$$

Ri 的意义为波反抗重力的铅直运动作功与切变气流内的可用动能之间比值的大小。当 $\gamma>\gamma_d$ 时，$Ri<0$，层结不稳定，湍流易发展。当 $\gamma<\gamma_d$ 时，$Ri>0$，稳定大气层结减少了平均流场向湍流场的能量转换。当 $\gamma=\gamma_d$ 时，$Ri=0$，即中性温度层结对湍流发生发展没有影响。许多的研究结果表明，临界 Ri 数的变化范围为 0.25～1。

14.2.2.3　湍流相关系数

湍流相关系数是用来表征湍流场两个脉动变量相关程度的(统计)数学表示式。如 $\overline{u'(x_1)u'(x_1+x)}$，$\overline{u'(t)u'(t+\tau)}$ 速度方向相同叫自相关，速度方向不同叫互相关。相关系数反映湍流尺度的大小。湍流尺度大，则两点容易落入同一湍涡中，相关系数大。小尺度湍流，总使得 $u'(x_1)$ 与 $u'(x_1+x)$ 不相关，故相关系数小。

在湍流场的观测与研究上有两种方法，即固定空间点的欧拉方法和固定湍流微团的拉格朗日方法。因此，可定义两种相关系数，即欧拉空间自相关系数

$$R(x)=\frac{\overline{u'(x_1)u'(x_1+x)}}{\overline{u'^2}} \tag{14.4}$$

欧拉时间相关系数

$$R(\tau)=\frac{\overline{u'(t)u'(t+\tau)}}{\overline{u'^2}} \tag{14.5}$$

拉格朗日相关系数

$$R(\xi)=\frac{\overline{u'(t)u'(t+\xi)}}{\overline{u'^2}} \tag{14.6}$$

根据泰勒“冰冻”湍流假设(湍流是“冰冻”成一固定形式，以定常的平均速度 u 移动，某点 A 涨落的时间变化是“冰冻”湍流通过 A 点引起的)，空间中固定点的随时间变化和给定时间的空间变化是相同的。因此，在实际应用中，常假设欧拉时间相关系数与拉格朗日时间相关系数的函数形式相同，只差一个比例常数。

14.2.2.4　湍流尺度

湍流尺度是指湍涡的平均尺度。设湍流相关系数为 $f(x)$，则定义湍涡平均尺度为：

$$L_f = \int_0^{\infty} f(x)dx$$

根据相关系数的定义，尺度又分为积分时间尺度和积分空间尺度。

当流体运动的雷诺数足够大，湍流获得充分发展，这时湍流就由具有连续尺度谱的一系列脉动所组成。每一尺度的扰动都具有其特征尺度和特征速度。

受边界影响明显，最大尺度的扰动的长度称为外尺度 L，它相当于平均场宏观不均匀尺度，而其特征扰动速度相当于平均场不均匀尺度上的速度差。外尺度扰动的雷诺数远大于 1，此时黏性作用可以忽略。

分子黏性耗散起主要作用时，扰动的长度称为内尺度 η，在此尺度上，流体惯性力和黏性力作用相当，黏性力作用将愈来愈显著。大气湍流内尺度的量级约为 1mm 到 1cm，大气湍流的外尺度据估计最高可达 2500km。

柯尔摩格罗夫相似性假设：①当雷诺数足够大时，尺度远小于外尺度的湍流具有均匀各向同性的结构，其运动的统计特征决定于流体黏性系数 ν 和单位质量单位时间内扰动能耗散率 ε，对于满足这个假设的扰动的尺度范围称之为“准平衡区”。②当雷诺数足够大时，在准平衡区扰动尺度内还可以划分出一个惯性子区，其尺度满足：$\eta \ll l \ll L$。对于惯性子区内的扰动，分子黏性作用可以忽略，扰动统计特征只依赖于扰动能量耗散率 ε。

14.2.3　结构函数

14.2.3.1　结构函数

在流体力学中，结构函数是用来表示局部湍流结构的一种参数。对任何一个用来描述湍流的物理量都可以定义该物理量的结构函数。以速度为例，设流体空间 A、B 两点的速度差为

$$\Delta u_i = u_i'(B) - u_i'(A), \Delta u_j = u_j'(B) - u_j'(A)$$

则速度结构函数定义为

$$D_{ij} = \overline{\Delta u_i \Delta u_j}$$

若假定沿 X 轴观测，A、B 两点间距为 r，则

$$D(r) = \overline{\left[u'(x_0 + r) - u'(x_0)\right]^2} \tag{14.7}$$

由于相关函数主要反映大湍涡的特征，大湍涡必然造成 $u'(x_0)$ 和 $u'(x_0 + r)$ 的差

别小，而小湍涡几乎使两者不相关，即大湍涡对 $D(r)$ 的贡献小，而小湍涡对 $D(r)$ 的贡献大，可以看做是各向同性的，因此，结构函数 $D(r)$ 是研究空间尺度小于 r 的湍流微结构的重要参数。

对于惯性子区湍流，根据相似性假设，可以导得著名的“三分之二”定律，即湍流结构函数与距离 r 的三分之二次方成正比，即

$$D(r) = c\varepsilon^{\frac{2}{3}} r^{\frac{2}{3}},$$

称 c 为结构常数，其值只能由实验决定。

结构函数和相关函数的关系是

$$D(r) = 2\,\overline{u'^2}(1 - R(r))$$

利用经验资料适宜于计算结构函数，而不适宜于计算相关函数，结构函数能给出随机场更精确的信息。

同样，可定义压力结构函数

$$D_P(r) = \overline{\left[\quad {}_0 + r) - P'(x_0)\right]^2}$$

对于惯性子区湍流，有 $D_P(r) = C_p\rho^2\varepsilon^{\frac{4}{3}} r^{\frac{4}{3}}$，$C_P$ 为压力结构常数。

定义温度结构函数

$$D_T(r) = \overline{\left[T'(x_0 + r) - T'(x_0)\right]^2}$$

对于惯性子区湍流，也有 $D_T(r) = C_T^2 r^{2/3}$，C_T 为温度结构常数。

14.2.3.2　大气折射率结构函数

定义大气折射率结构函数

$$D_n(r) = \overline{\left[n'(x_0 + r) - n'(x_0)\right]^2} \tag{14.8}$$

对可见光波段（$\lambda < 20\mu m$），大气折射率只依赖于波长和温度，与水汽无关。即

$$n - 1 = 77.6(1 + 7.52 \cdot 10^{-3}\lambda^{-2})(P \cdot T^{-1}) \cdot 10^{-6} \tag{14.9}$$

则

$$D_n(r) = \left[\frac{77.6 \cdot 10^{-6}}{\overline{T}^2}(1 + 7.52 \cdot 10^{-3}\lambda^{-2})\overline{P}\right]^2 D_T(r) = C_n^2 r^{2/3} \tag{14.10}$$

由此，大气折射率结构常数 C_n^2 与温度结构常数 C_T^2 的关系是

$$C_n^2 = \left[\frac{77.6 \cdot 10^{-6}}{\overline{T}^2}(1 + 7.52 \cdot 10^{-3}\lambda^{-2})\overline{P}\right]^2 C_T^2 \tag{14.11}$$

对于波长超过 1cm 的电磁波，大气折射率显著地依赖于大气水汽，而与波长的关

系不密切,其表达式为

$$n-1=\frac{77.6}{T}\left(P+\frac{4810e}{T}\right)\cdot 10^{-6} \tag{14.12}$$

由此,可导得

$$D_n(r)=b^2D_e(r)+a^2D_T(r)-2abD_{Te}(r) \tag{14.13}$$

式中,$D_e(r)$是水汽结构函数,$D_{Te}(r)$是温湿结构函数

$$D_{Te}(r)=\overline{[e(x_0+r)-e(x_0)][T(x_0+r)-T(x_0)]} \tag{14.14}$$

对局地均匀各向同性湍流,仍有 $D_n(r)=C_n^2r^{2/3}$

则

$$C_n^2=a^2C_T^2+b^2C_e^2-2abC_{Te}^2$$

式中,a^2、b^2、$2ab$ 与天气状态有关。对于热带海洋气团有 $a^2=2.24\times10^{-12}$、$b^2=17.8\times10^{-12}$、$2ab=12.6\times10^{-12}$。对于暖性大陆气团有 $a^2=1.25\times10^{-12}$、$b^2=16.2\times10^{-12}$、$2ab=9.01\times10^{-12}$。而且微波波段的 C_n^2 比光波段要大一到两个量级。

根据许多结果的平均,一般常采用以下形式的 C_n^2 廓线,它代表贴地层高度以上的大气折射率结构常数

$$C_n^2(z)=C_n^2(z_0)\left(\frac{z}{z_0}\right)^{-\frac{2}{3}}e^{-\frac{z}{z_0}}$$

式中,z_0 是贴地层高度(一般取 2.5m)。

14.2.4 湍流散射

湍流理论指出,大气中总是存在着各种尺度的湍涡,随着高度的升高,大尺度的湍涡所占比例越来越大。各种尺度的湍涡在传输过程中,都会逐级破碎,能量无衰减地逐级传输直到最小尺度,最后耗散为分子热运动能量。

由于大气中温、压、湿分布不均匀,致使各湍流微团的大气折射率有所差异,大气折射率结构常数分布不均匀,当雷达电磁波入射到不同湍流微团界面时,这种折射指数的不均匀结构将对电磁波造成散射。

依据麦克斯韦方程组,用小扰动法对局地均匀各向同性的折射率起伏场,求取与入射电矢量 $\vec{A}_0$ 成 θ 角的散射方向 $\vec{m}$ 的散射平均强度$\overline{S_m}$为

$$\overline{S_m}=\frac{cK^4VA_0^2\sin^2\theta}{4r^2}\phi(\vec{k}-k\vec{m})$$

式中,$\phi(\vec{k}-k\vec{m})$) 表示$(k-km)$尺度的湍流能量的谱密度。

当散射体积 V 为无限时，与此波段 $(k-km)$ 相对应的折射率不均匀尺度为

$$l(\theta)=\frac{2\pi}{|\vec{k}-k\vec{m}|}=\frac{\lambda}{2\sin\frac{\theta}{2}} \tag{14.16}$$

当散射体积 V 为有限时（线性尺度为 H），对 θ 方向散射有贡献的谱分量包含在下列尺度区间内

$$l(\theta)=\frac{\lambda}{2\sin\frac{\theta}{2}\pm\frac{\lambda}{H}}$$

在实际探测中，电磁波波长 λ 总是远小于散射体的尺度 H，故上两式近似一致，即对于给定的角度 θ 上的散射，只取决于折射率不均匀性的一个狭窄谱段，而谱中其余部分即使做任意改变，也不会对结果产生多大影响。

对于后向散射 $\theta=\pi$，则 $l(\pi)=\lambda/2$，即有效的湍流尺度为雷达波长之半。这就是湍流散射的 Bragg 条件。在大气层中各高度上的最小湍流尺度统计情况见图 14.3，因此，探测低空大气湍流宜选用分米波雷达，又称特高频（UHF）雷达。

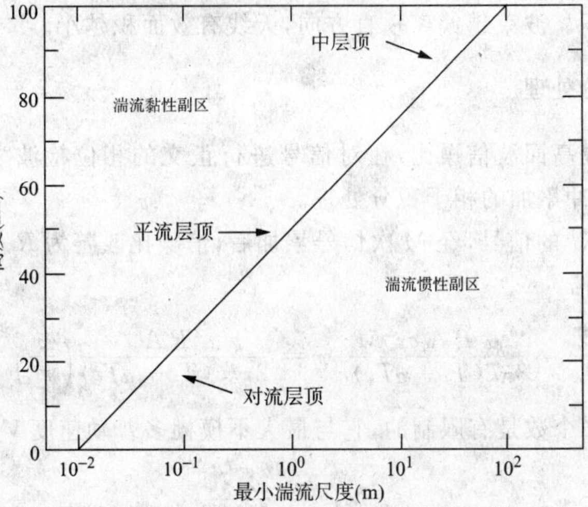

图 14.3　最小湍流尺度随高度的变化

对局地均匀湍流场，利用折射率结构常数，导得湍流介质对波长为 λ 的电磁波的反射率为

$$\eta=0.39C_n^2\lambda^{-\frac{1}{3}} \tag{14.17}$$

§14.3 风廓线雷达探测原理

14.3.1 雷达方程

风廓线雷达回波功率表达式为

$$P_r = \frac{\alpha^2 P_t A_e \Delta r}{4\pi r^2}\eta \tag{14.18}$$

式中，P_t 为发射功率，A_e 为天线有效面积，r 为距离，Δr 为距离分辨率，α 为馈线传输效率。

湍流散射回波信号很弱，在 5000m 以下，η 一般为 $10^{-14}\sim10^{-16}$ 1/m，而降水粒子对 10cm 雷达的反射率一般为 $10^{-11}\sim10^{-8}$ 1/m。因此风廓线雷达应具有较大 $P_t \cdot A_e$ 之积，由于采用较长波长，为了达到天线增益要求，天线面积一般较大，大多数风廓线雷达 $P_t \cdot A_e$ 之积达到 10^8 $\mathrm{Wm^2}$。

在阵列天线情况下，天线的有效面积 A_e 是天线阵的实际面积 A 与波束指向天顶角 γ 的余弦的乘积。波束越偏离垂直方向，天线有效面积越小。

14.3.2 相干积分处理

为了尽可能提高回波信噪比，在对信号进行正交的相位检波之后，得到 I、Q 两个视频分量，进行脉冲累加的相干积分处理。

原信噪比为 R_1 的信号，经 M 次信号累加后，信噪比改善为 $R_M=MR_1$，即信号噪声功率比改善了 M 倍。

$$\frac{P_r}{P_n} = \frac{\alpha^2 P_t A_e c\tau^2 M}{8\pi k(T_s+\alpha T_c)r^2}\eta = \frac{\alpha^2 P_t A_e}{2\pi kc(T_s+\alpha T_c)}\left(\frac{\Delta r}{r}\right)^2 \eta M \tag{14.19}$$

当然脉冲累加个数是有限制的，它与最大不模糊多普勒速度 V_m 的关系为

$$M \leqslant \frac{\lambda}{4.5 V_m T} \tag{14.20}$$

从信噪比公式可见，采用宽发射脉冲（增大 τ），也可以使信噪比提高，但距离分辨率下降。

14.3.3 测风原理

风廓线雷达采用脉冲多普勒收发体制。通过依次发射三个（或五个）指向的波束，其中一个为垂直指向，另两个（或四个）为方位正交的倾斜指向，分别测出各波束指向的

多普勒速度，在风场水平均一假设前提下联立解得三个风分量，见图 14.4。

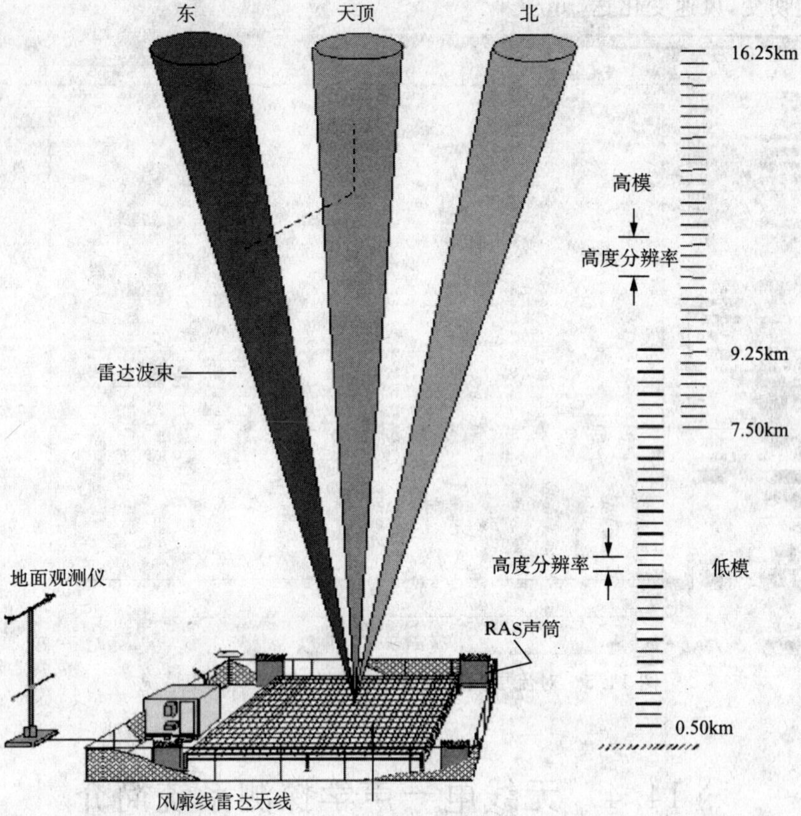

图 14.4　风廓线雷达三波束测风示意图

假定雷达形成的三个波束指向分别为垂直向上、向北和向东。东、北两个倾斜波束的天顶角为 a 度且为方位正交，三个波束指向上某高度的径向多普勒速度分别为 V_{rz}、V_{rn}、V_{re}，它们与三维风分量 u、v、w 的关系为：

$$V_{re} = u\sin\alpha + w\cos a$$

$$V_{rn} = v\sin\alpha + w\cos a$$

$$V_{rz} = w \tag{14.21}$$

由此，可联立解得该高度的风分量 u、v、w。

14.3.4　测量个例

图 14.5 为我们承担研制的某型对流层风廓线雷达探测结果。风廓线雷达连续开

机，给出了低空风切变 14：16—17：06 的变化情况。本站处于两高压之间，900m 高度出现风向切变，风速变化达 9m/s。

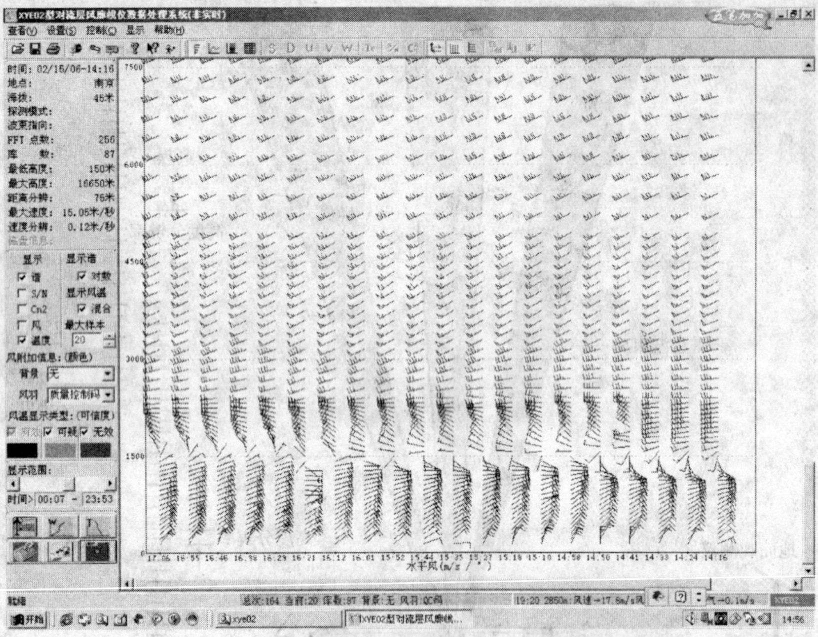

图 14.5　对流层风廓线雷达探测的低空风切变情况

§14.4　无线电—声学探测系统简介

无线电—声学探测系统（Radio Acoustic Sounding System，简称 RASS）是利用大气中的声速与温度之间的关系，通过测量声波在大气中的传播速度来反演大气温度的。

14.4.1　大气中的声速

声波在介质中的传播速度与介质的性质和状态有关。设 ρ_0 为介质密度，E 为介质的杨氏弹性模量，则声速 C 一般可表示为

$$C = \sqrt{E/\rho_0}$$

对气体来说，杨氏弹性模量 $E = rRT\rho_0/M$。如为空气，则 r 为空气定压比热容与定容比热容之比，R 为气体普适常数，M 为空气分子量。对于静止的干空气，利用气体状态方程，则

$$C = \sqrt{r_d R_d T} = 20.1\sqrt{T} \tag{14.22}$$

该式适用于 90km 以下，大气组成混合均匀，空气质量不随高度变化的静止干空气。

如果是静止湿空气，则引入虚温 T_v，上式仍然成立，即

$$C = 20.1\sqrt{T_v} \tag{14.23}$$

当有风时，声波波阵面的移动速度将是无风时的声速与风速的合成，设 n 为波阵面的切线方向，V 为风速，C_0 为无风时的声速，则

$$C = C_0 + \vec{n} \cdot \vec{V}$$

14.4.2　RASS 测量原理

RASS 的测量原理是：利用高功率的声源发出的声波扰动大气，人为地在大气中产生声湍涡，再用高灵敏的风廓线雷达来探测这种声湍涡的移动速度，再根据声速和温度间的关系反演出大气温度。

在具体测量时，一般是将声波发射装置与风廓线雷达一道进行垂直指向探测，以获取大气温度廓线。图 14.6 为 RASS 工作时的示意图。通常声波发射装置连续向上发射声波，让声波充满整个探测空间，风廓线雷达发射脉冲波进行探测。

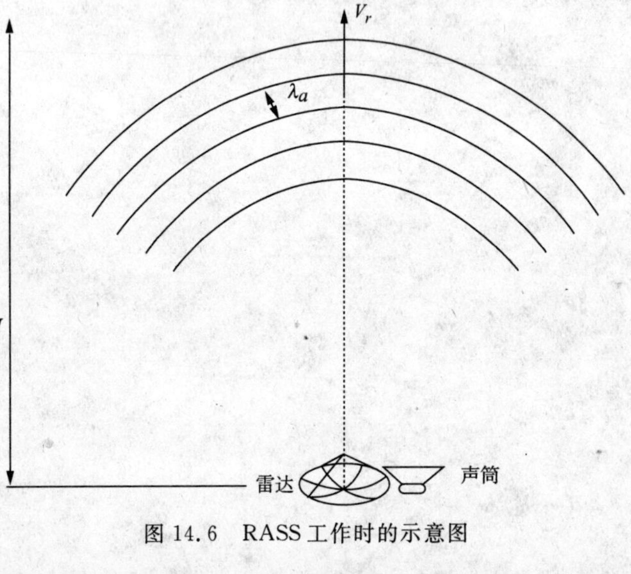

图 14.6　RASS 工作时的示意图

风廓线雷达测得的声湍涡速度，实际上是声传播速度与空气自身运动的合成速度，因此，RASS 在测温计算时，应设法消除垂直气流和水平风的影响。

由于雷达回波是声波波阵面对雷达波的散射而造成的，因此，电磁波波长与声波波

长之间应满足 Bragg 散射条件，即电磁波波长应是声波波长的两倍，这样，风廓线雷达才能接收到足够强的回波功率。

由于声波在大气中的衰减很严重，从而限制了 RASS 的测量高度。

参考文献

[1] MERRILL I S主编，王军等译. 雷达手册(第二版). 北京：电子工业出版社，2003.
[2] 焦中生等. 气象雷达原理. 北京：气象出版社，2005.
[3] 俞小鼎等. 多普勒天气雷达原理及其业务应用. 北京：气象出版社，2006.
[4] 马振骅等. 气象雷达回波信息原理. 北京：科学出版社，1986.
[5] 陈良栋. 天气雷达资料的分析与应用. 北京：气象出版社，1991.
[6] 张培昌，王振会. 大气微波遥感基础. 北京：气象出版社，1995.
[7] 张培昌等. 雷达气象学. 北京：气象出版社，2001.
[8] 陆佑中等. 雷达气象学. 空司气象局印刷，2005.
[9] 葛文忠，蒋培杰. 雷达探测大气和海洋. 北京：海洋出版社，1986.
[10] 葛润生等. 近代气象雷达及其应用. 四川省气象科学研究所，1984.
[11] 胡明宝等. 多普勒天气雷达资料分析与应用. 北京：解放军出版社，2000.
[12] 唐万年等. 气象工作者雷达指南. 北京：国防大学出版社，2004.
[13] 中国科学院大气物理研究所雷达组. 雷达探测冰雹云. 北京：科学出版社，1980.
[14] 赵树海. 航空气象学. 北京：气象出版社，1994.
[15] 朱乾根等. 天气学原理与方法(第三版). 北京：气象出版社，2000.
[16] 陆汉城，杨国祥. 中尺度天气原理和预报. 北京：气象出版社，2000.
[17] 孔玉寿，章东华. 现代天气预报技术. 北京：气象出版社，2000.
[18] 王永生等编著. 大气物理学. 北京：气象出版社，1987.
[19] 周秀骥等. 高等大气物理学. 北京：气象出版社，1991.
[20] 布朗 R A，伍德 V T，中国气象科学研究院中尺度所译. 多普勒风速图分析指南. 内部印刷，1998.
[21] ATLAS D, et al. Radar in meteorology. American Meteorological Society, 1990.
[22] DOVIAK R J, DUSAN S Z. Doppler radar and weather observations (2nd edit). Academic Press, 1992.
[23] BROWN R A, WOOD V T. On the interpretation of single-Doppler velocity patterns with in severe thunderstorms. Weather Forecasting, 1991, 6: 32－48.
[24] WOOD V T, BROWN R A. Effects of radar proximity on single-Doppler velocity signatures of axisymmetric rotation and divergence. Monthly Weather Review, 1992, 120: 2798－2807.
[25] WOOD V T. A technique for detecting a tropical cyclone center using a Doppler radar. Journal of Atmospheric and Oceanic Technology, 1994, 11: 1207－1216,
[26] CRUM T D, et al. An update on the NEXRAD program and future WSR-88D support to operations. Weather Forecasting, 1998, 13: 253－262.
[27] LEMON L R. The radar "Three body scatter spike": An operational large-hail signature.

Weather Forecasting, 1998,13: 327－340.

[28] FULTON R A, et al. The WSR-88D rainfall algorithm. Weather Forecasting, 1998,13: 377－395.

[29] WHITON R C, SMITH P L, et al. History of Operational Use of Weather Radar by U. S. Weather Services. Part II: Development of Operational Doppler Weather Radars. Weather Forecasting, 1998. 13: 244－252.

[30] CROOK A. Numerical simulations initialized with radar-derived winds, Part I: Simulated data experiments. Monthly Weather Review, 1994,122:1189－1203.

[31] CAYA D, ZAWADZKI I. VAD analysis of nonlinear wind fields. Journal of Atmospheric and Oceanic Technology, 1992,9: 575－587.

[32] MATEJKA T, SRIVASTAVA R C. An improved version of the extended velocity-azimuth display analysis of single-Doppler radar data. Journal of Atmospheric and Oceanic Technology, 1991,8: 453－466.

[33] BOCCIPPIO D. A diagnostic analysis of the VVP single-Doppler retrieval technique. Journal of Atmospheric and Oceanic Technology, 1995,12: 230－248.

[34] XIN L, REUTER G W. VVP Technique applied to an Alberta Storm. Journal of Atmospheric and Oceanic Technology,1998,15: 587－592.

[35] 陶祖钰. 关于 Doppler 雷达 VAD 技术的讨论. 应用气象学报,1999,6(1):109－113.

[36] 胡明宝等. 一次弓状降雹回波区流场结构分析,大气遥感技术论文集. 北京:气象出版社,1997:50－54.

[37] SUN J,CROOK A. Wind and thermodynamic retrieval from single-Doppler measurements of a gust front observed during Phoenix II. Monthly Weather Review, 1994, 122: 1075－1091.

[38] QIU C J, XU Q. Least square retrievals of microburst winds from single-Doppler radar data. Monthly Weather Review,1996,124:1132－1144.

[39] 邱崇践, XU Q. 由单 Doppler 雷达资料反演水平风场的简单共轭函数方法的改进方案. 应用气象学报,1996, 7(4):421－430.

[40] 杜晓勇, 胡明宝. 单多普勒天气雷达速度场模拟及其反演试验. 空军气象学院学报,1998,19(4):324－333.

[41] JOHNSON J T, MACKEEN L, et al. The Storm Cell Identification and Tracking Algorithm: An Enhanced WSR-88D Algorithm. Weather Forecasting,1998,13 (2).

[42] 胡明宝等. 单多普勒天气雷达探测低空风切变方法. 南京气象学院学报,2000,23 (1):113－118.

[43] ARTHUR W, MICHAEL D E. An Enhanced Hail Detection Algorithm for the WSR-88D. Weather Forecasting, 1998,13 (2).

[44] GREGORY J S, ARTHUR W. The National Severe Storms Laboratory Mesocyclone Detection Algorithm for the WSR-88D. Weather Forecasting, 1997,13(2):304－326.

[45] YU C L. An Explanation of the Wind Speed Underestimation Obtained from a Least Squares Type Single-Doppler Radar Velocity Retrieval Method. Journal of Applied Meteorology, 2002, 41: 811－823.

[46] ROBERT NISSEN DAVID HUDAK , STEPHANE LAROCHE, et al. 3D Wind Field Retrieval Applied to Snow Events Using Doppler Radar. Journal of Atmospheric and Oceanic Technology, 2001,18: 348－362.

[47] 张鹏,胡明宝. 多普勒天气雷达单 PPI 探测强风暴的方法. 解放军理工大学学报,2003,3.

[48] 张少波,胡明宝. 预处理共轭梯度法在 VVP 三维风场反演中的应用. 气象科学,2004,3.

[49] VIVEKANANDAN, et al. Cloud microphysics retrieval using S-band dual-polarization measurements. Bull Amer Meteor Soc, 1999,80: 381－388.

[50] 白先达. 华南急行冷锋的雷达回波分析. 成都:雷达气象学术研讨会,2005.

[51] 吴陈锋等. "艾利"热带风暴多普勒雷达定位方法的探讨. 成都:雷达气象学术研讨会,2005.

[52] 陈良栋. 不同天气形势下华东强对流天气活动特点,运用雷达作强对流天气短时预报研究文集. 北京:气象出版社,1990:1－38.

[53] 唐洵昌,栾承森. 华东地区春末夏初强对流天气的雷达气候统计分析,运用雷达作强对流天气短时预报研究文集. 北京:气象出版社,1990:50－57

[54] 李春风等. 浙江省强对流天气的雷达气候统计分析,运用雷达作强对流天气短时预报研究文集,北京:气象出版社,1990:58－64.

[55] 黄炎等. 强对流天气短时趋势预报的综合统计方法,运用雷达作强对流天气短时预报研究文集,北京:气象出版社,1990. 123－129.

[56] 朱君鉴等. 两次暴雨过程多普勒雷达产品分析. 成都:雷达气象学术研讨会,2005.

[57] 李妙英等. 双线极化多普勒天气雷达的发展及应用. 气象仪器装备,2002,1:10－12.

[58] 贺宏兵,胡明宝等. 双(多)基地天气雷达技术及其应用. 解放军理工大学学报,2001,2(4):82－86.

[59] 张越. 相控阵技术在天气雷达中的应用. 现代雷达,2003,25:23－25.

[60] STRAUOL R G, et al. The Colorado wind profiling network. Journal of Atmospheric and Oceanic Technology, 1984,1(5):37－49.

[61] PETER T. May Comparison of wind-profiler and radiosonde measurements in the tropics. Journal of Atmospheric and Oceanic Technology, 1993,10 (2):122－127.

[62] 胡明宝等. 风廓线雷达技术及其发展. 气象仪器装备,1999,3:6－8.

[63] 贺宏兵,胡明宝等. 无线电一声探测系统及其发展. 气象仪器装备,1999,4:21－22.

[illegible] ...ind profile measurement [illegible] ...journal of [illegible]

[illegible] KOHRT W S [illegible] AND [illegible] CAROL [illegible] ...journal of Atmospheric and Oceanic Technology [illegible]

[illegible]

[illegible] ...rical ... using... hotographic... ...radiation... ...ments... Amer... Soc... 1998 [illegible]

[illegible]

[illegible]

[illegible]

[illegible]

[illegible]

[illegible] ...Journal of Atmospheric and Oceanic Technology [illegible]

[illegible] ...profilers ...measurements [illegible] ...Journal of Atmospheric and Oceanic Technology [illegible] 1997 [illegible]

[illegible]

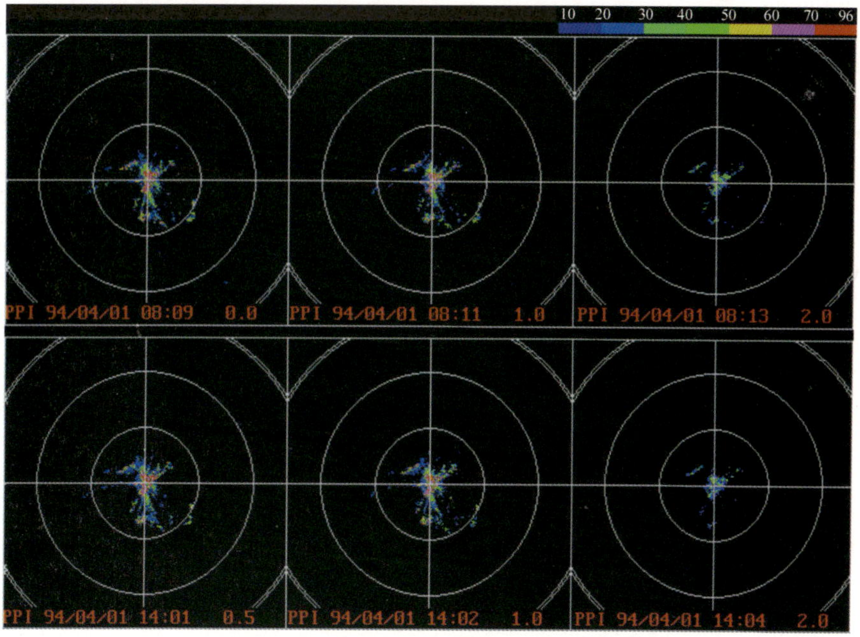

图 6.2　解放军理工大学气象学院 716 雷达站探测的地物回波图

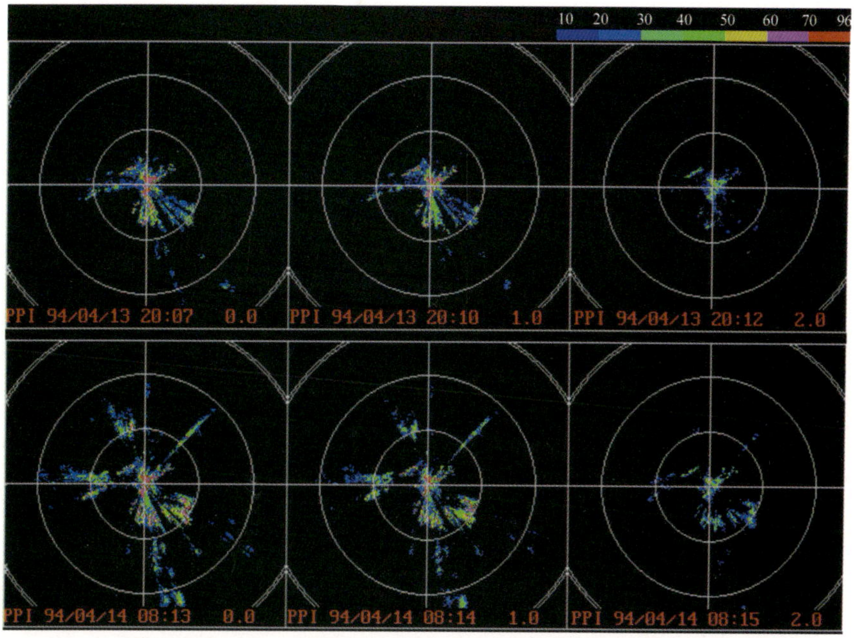

图 6.3　解放军理工大学气象学院 716 雷达站探测的超折射地物回波

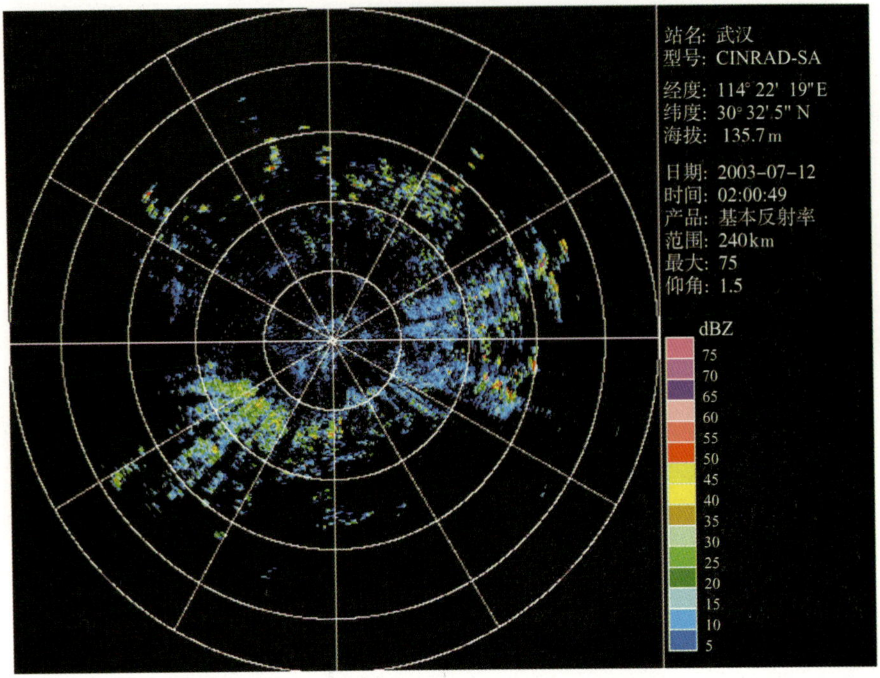

图 6.4　武汉 CINRAD-SA 雷达探测的超折射回波

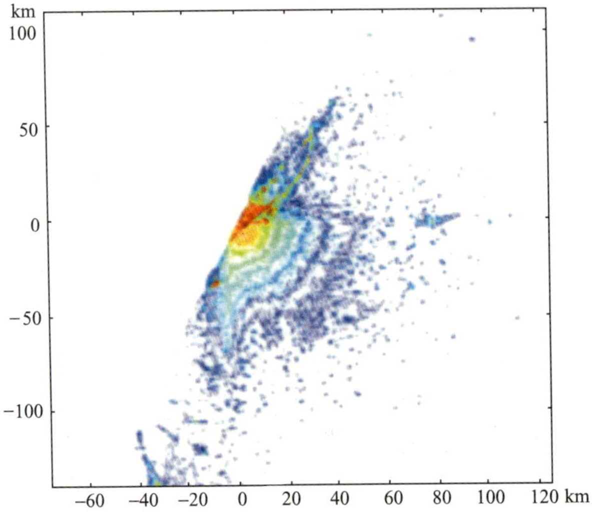

图 6.5　海浪回波

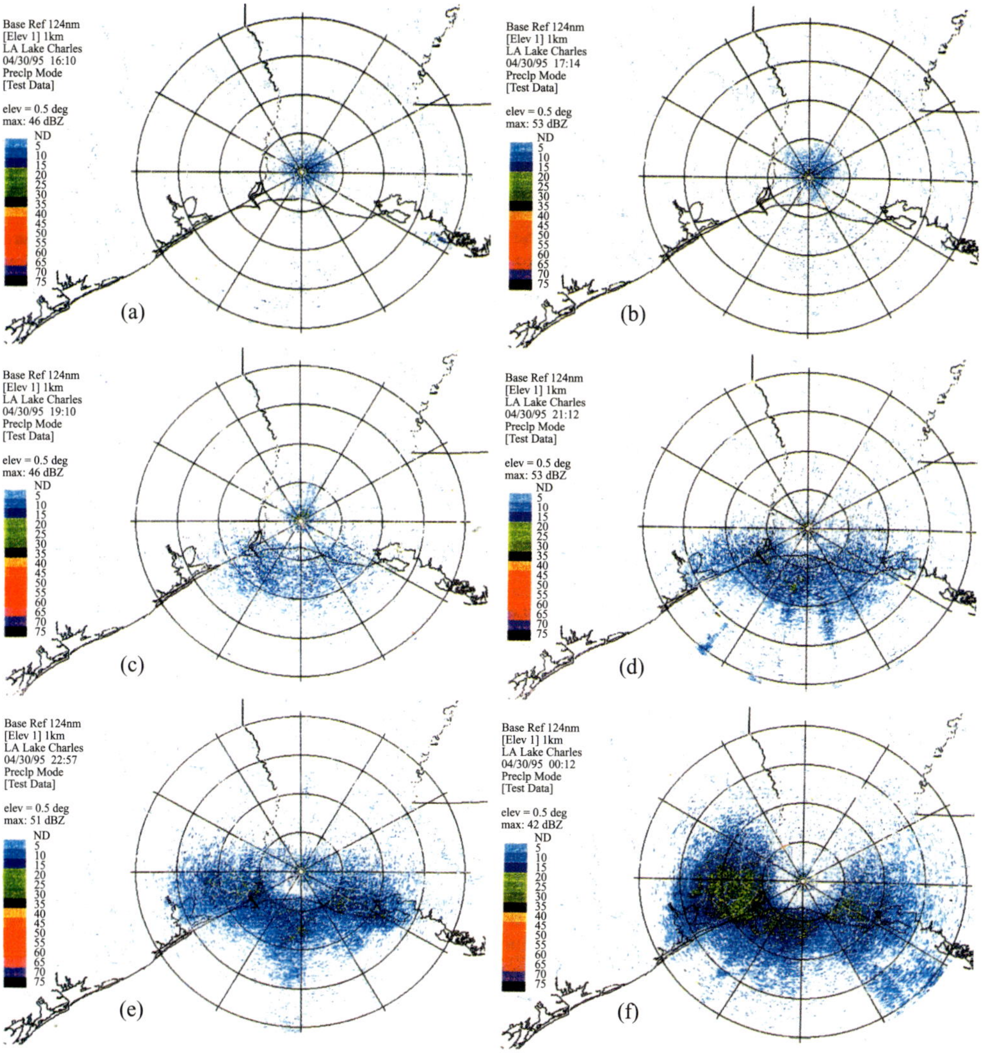

图 6.7 鸟群迁移的回波反射率因子图像（仰角为 0.5°）

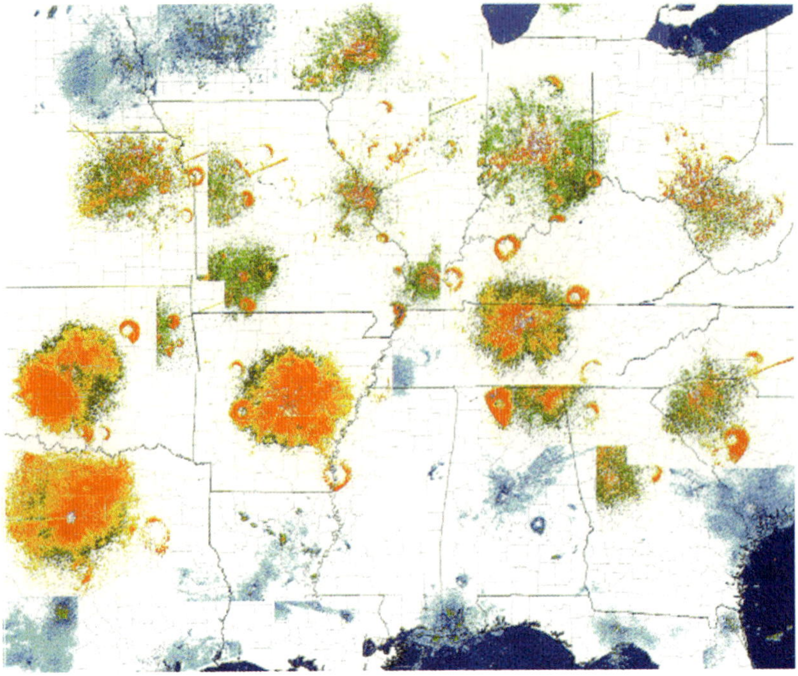

图 6.8　综合的鸟环回波

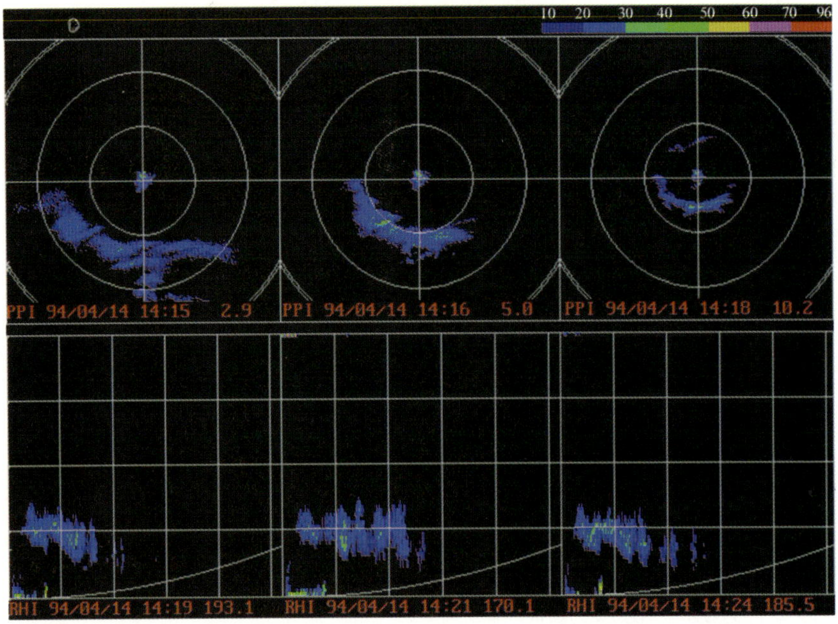

图 6.9　解放军理工大学气象学院 716 雷达站探测的层状云回波

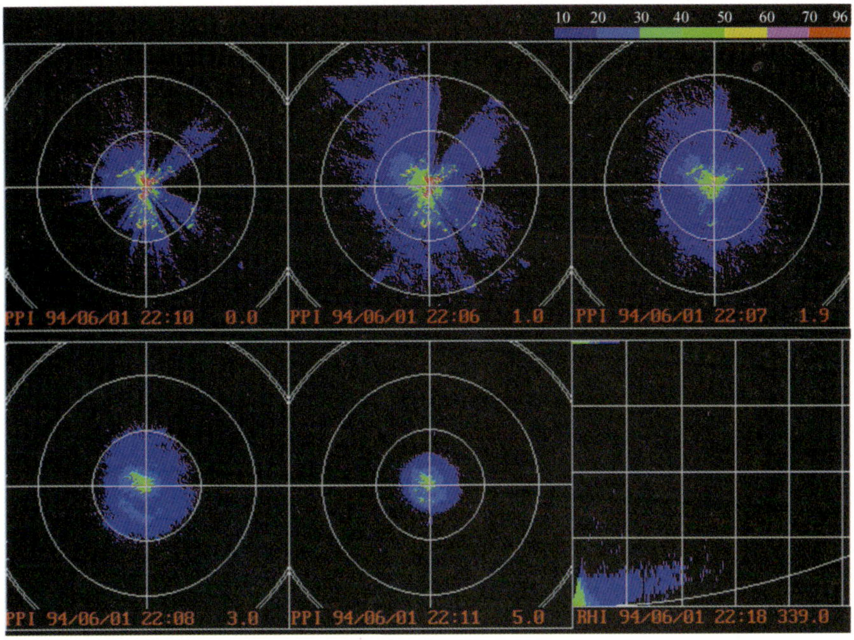

彩图 6.11　解放军理工大学气象学院 716 雷达站探测的晴空回波

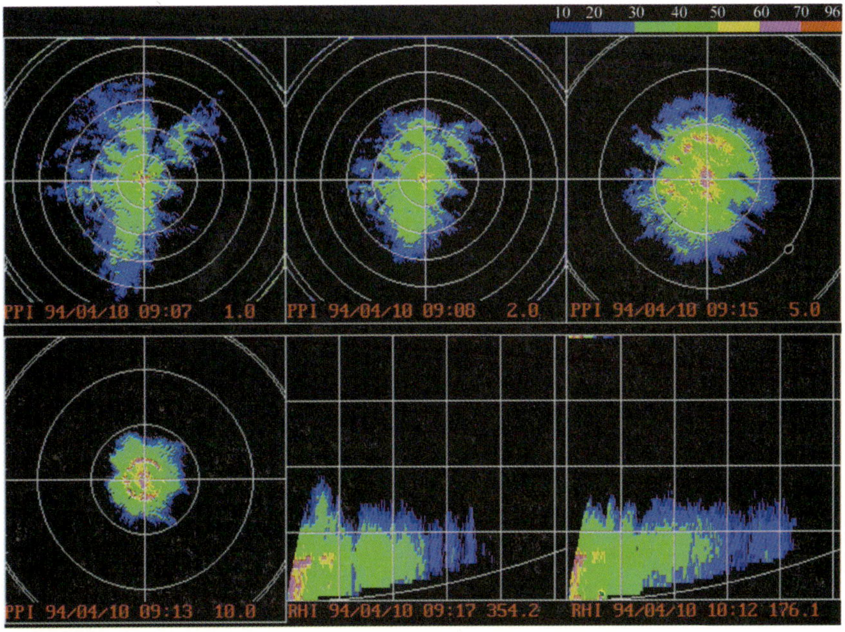

彩图 6.12　解放军理工大学气象学院 716 雷达站探测的层状云降水回波

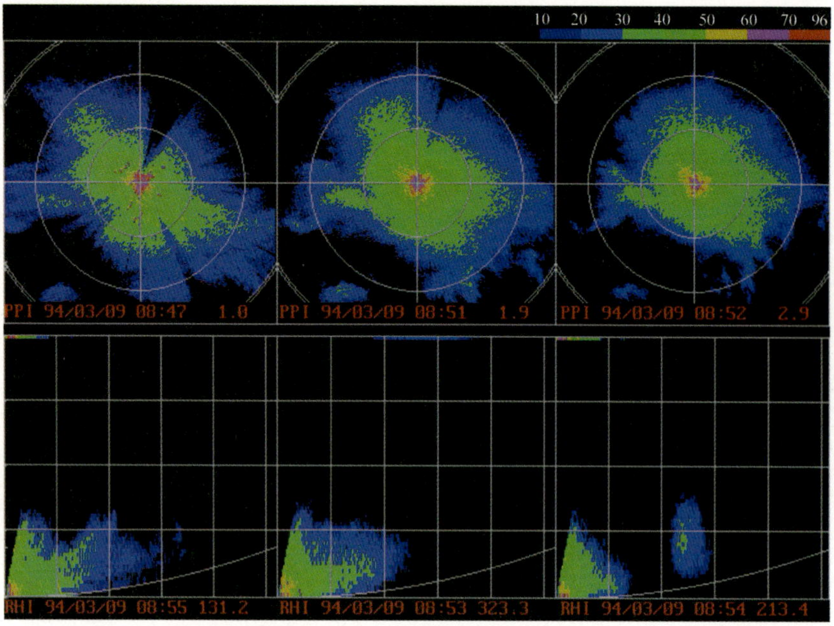

彩图 6.15　解放军理工大学气象学院 716 雷达站探测的层状云降雪回波

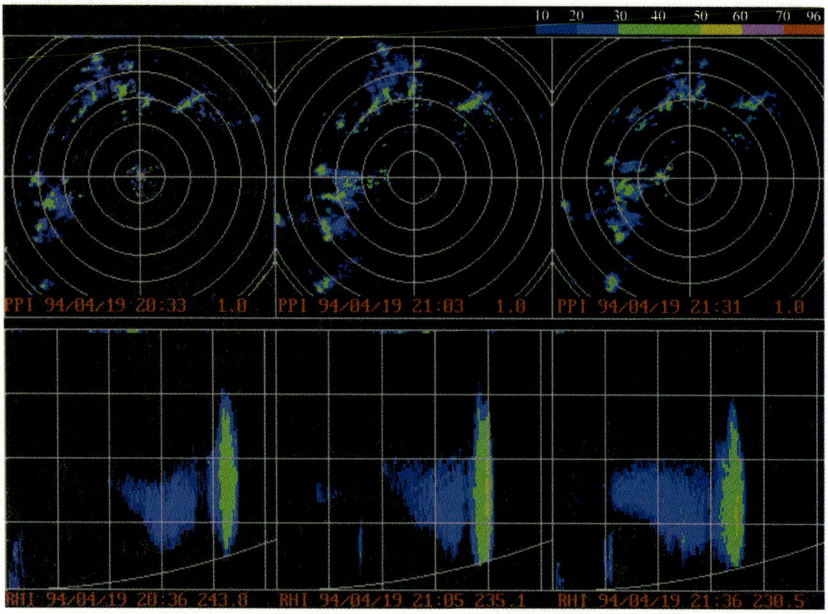

彩图 6.16　解放军理工大学气象学院 716 雷达站探测的对流云降水回波

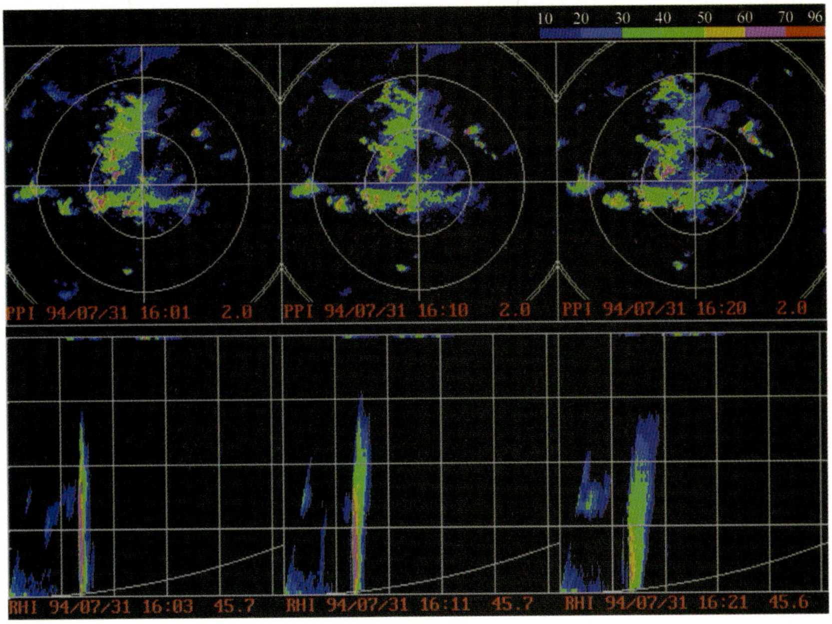

彩图 6.18　解放军理工大学气象学院 716 雷达站探测到的一个回波单体的演变

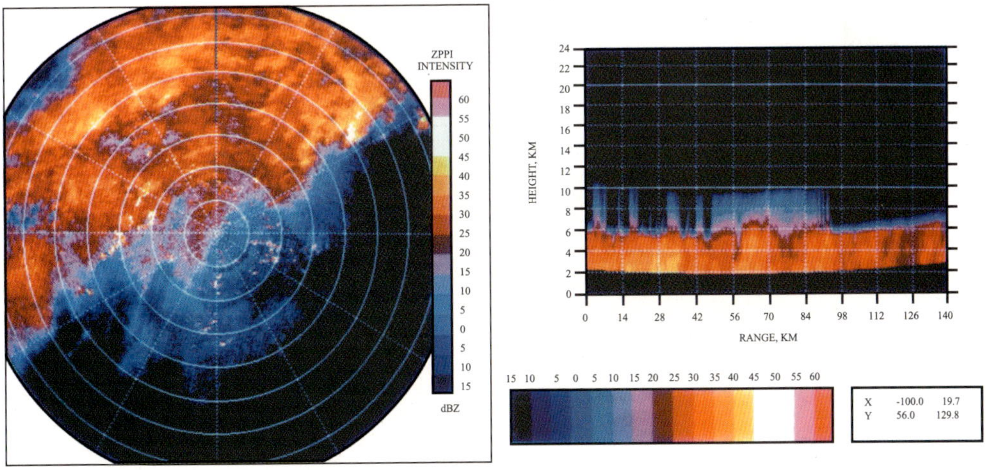

彩图 6.23　混合型降水回波

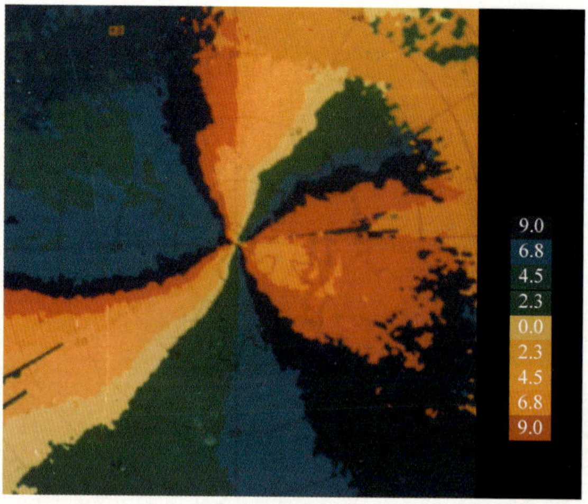

彩图 7.4　一次实测速度回波 PPI 图像

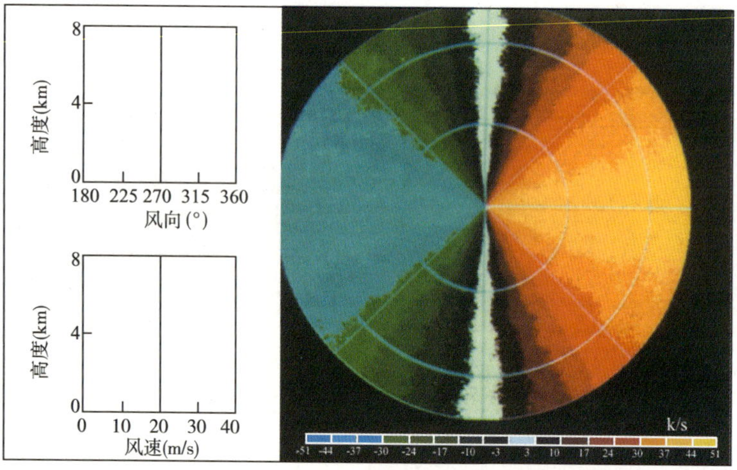

彩图 7.5　风向风速均不随高度变化的多普勒速度图像

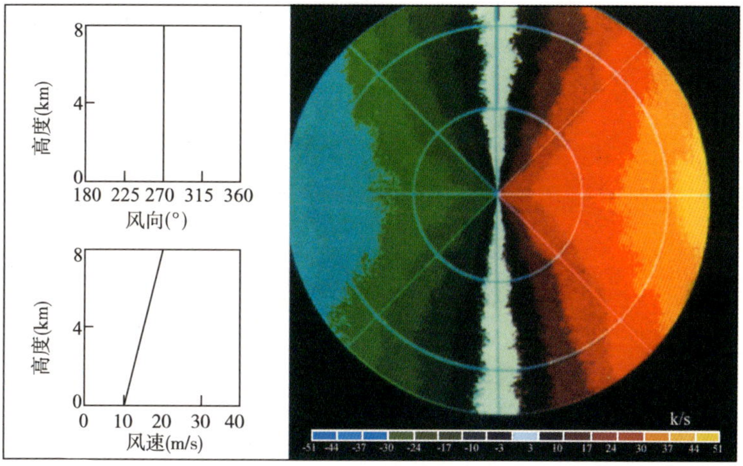

彩图 7.6　风向不变、风速随高度增加的多普勒速度图像

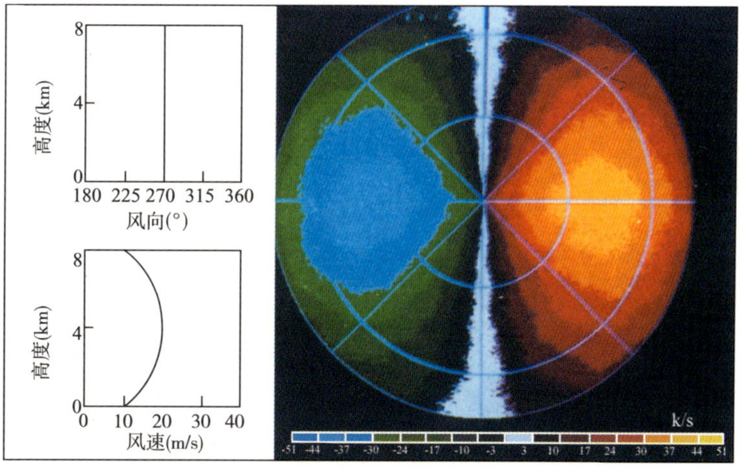

彩图 7.7　风向不变，风速随高度先增后减的多普勒速度图像

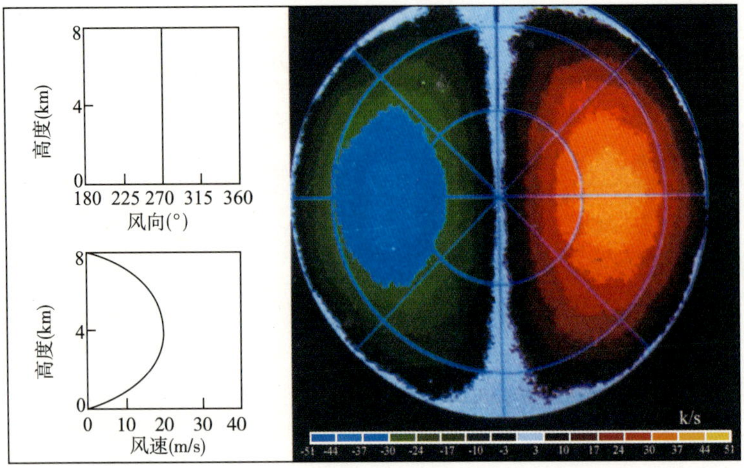

彩图 7.8　和图 7.7 相似，但地面和最高高度风速为零时的多普勒速度图像

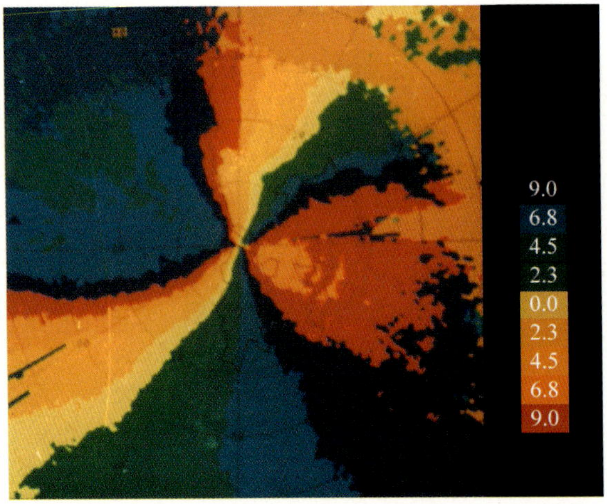

彩图 7.9　一次实测的大面积降水的多普勒速度图像

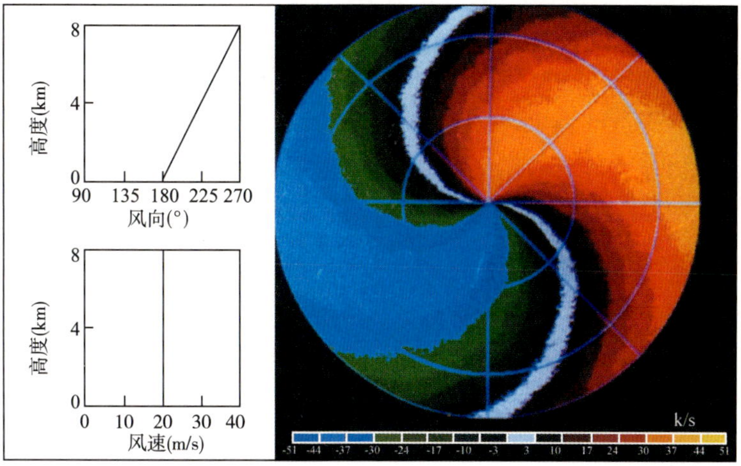

彩图 7.10　风速不变，风向随高度顺转的多普勒速度图像

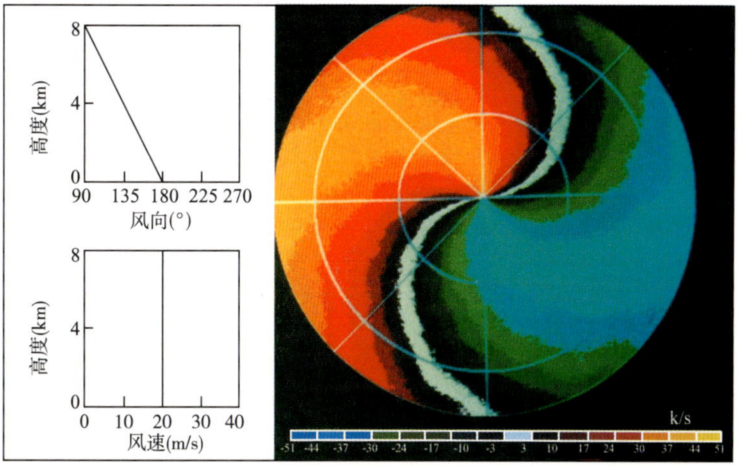

彩图 7.11　风速不变，风向随高度逆转的多普勒速度图像

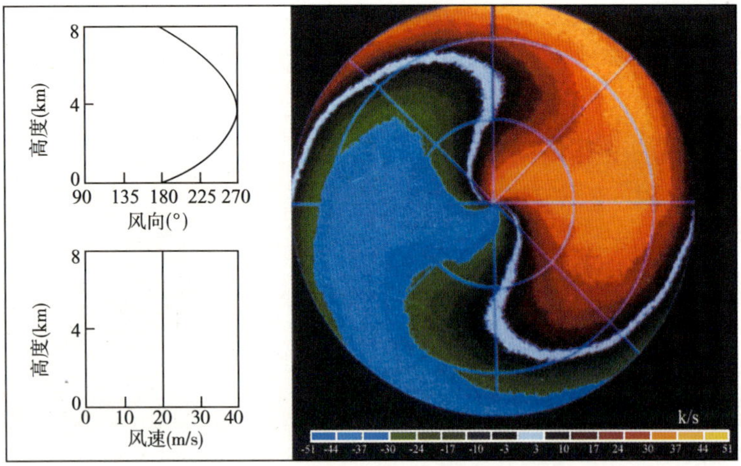

彩图 7.12　风向随高度先顺转后逆转的多普勒速度图像

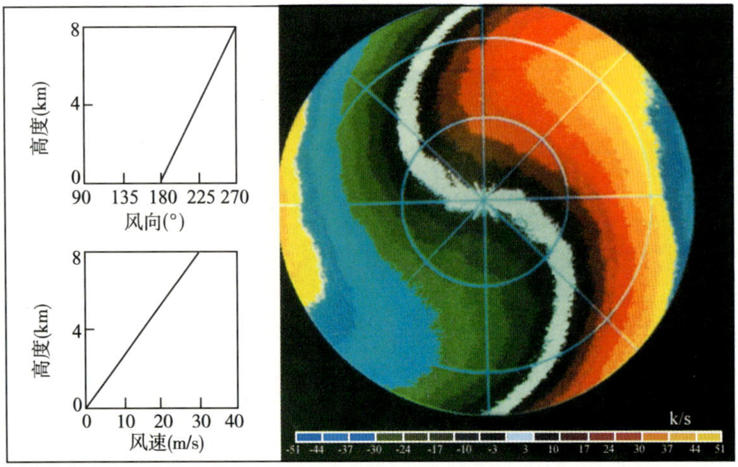

彩图 7.13　风向随高度顺转，风速随高度增加的多普勒速度图像

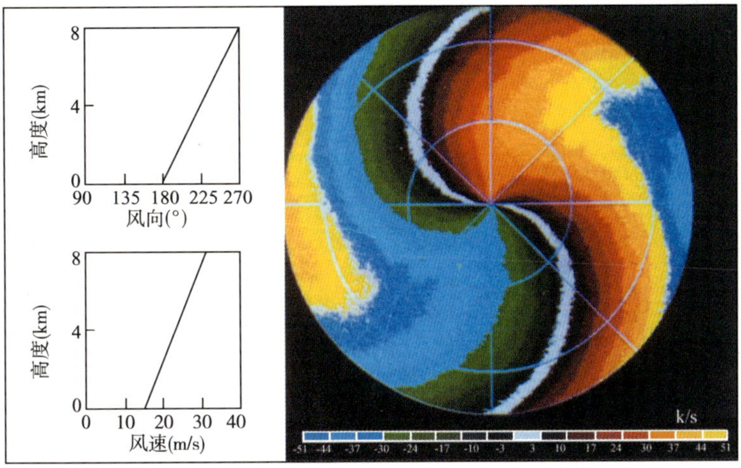

彩图 7.14　和彩图 7.13 类似，但地面风速不为零时的多普勒速度图像

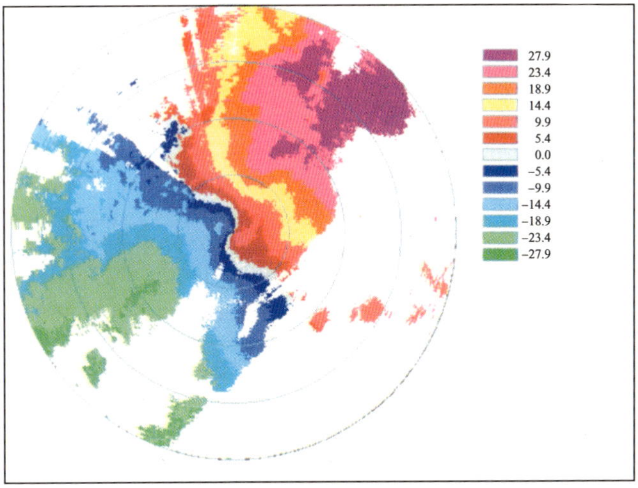

彩图 7.15　一次实测的风向随高度变化的多普勒速度图像

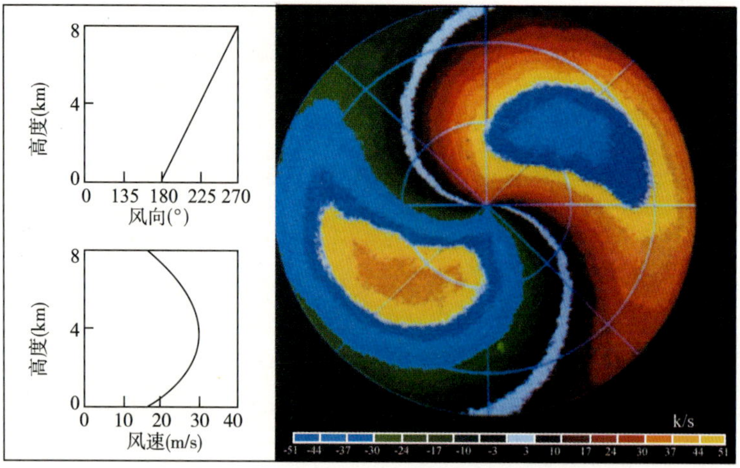

彩图 7.16 风向顺转，风速先增后减的多普勒速度图像

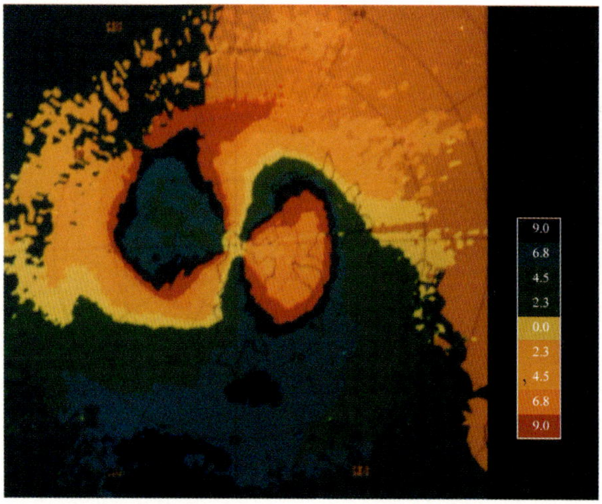

彩图 7.17 一次实测的风向顺转，风速先增后减的多普勒速度 PPI 图像

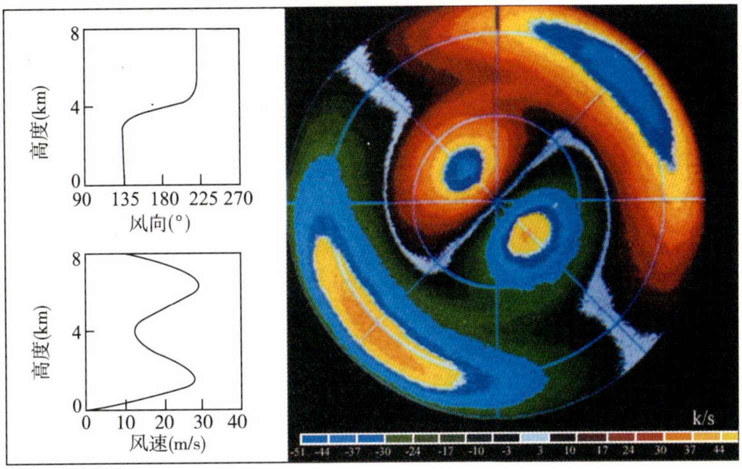

彩图 7.18　风向突变 90°，上下两层风速先增后减的多普勒速度图像

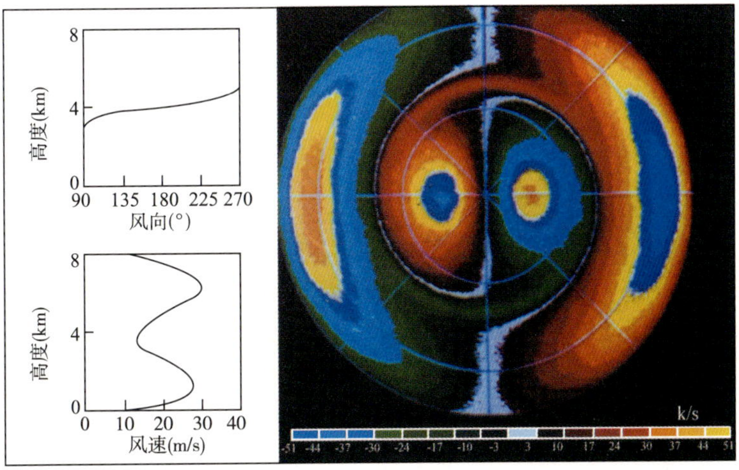

彩图 7.19　风向突变 180°，上下两层风速先增后减的多普勒速度图像

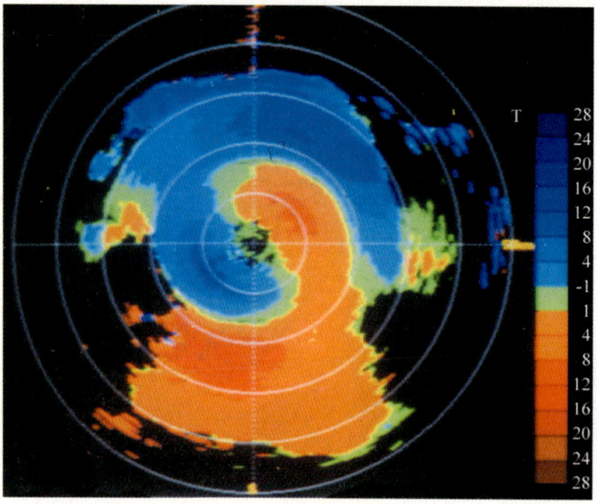

彩图 7.20　郑州雷达实测的多普勒速度图像，仰角 3°，距离每圈 10km

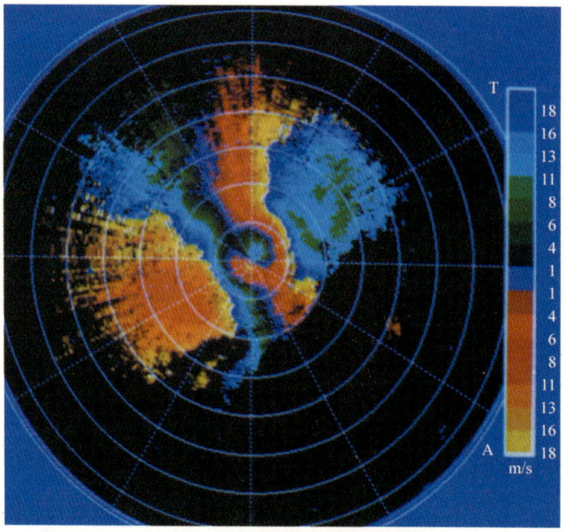

彩图 7.21　南京气象学院雷达实测的多普勒速度图像，仰角 5.1°，距离每圈 20km

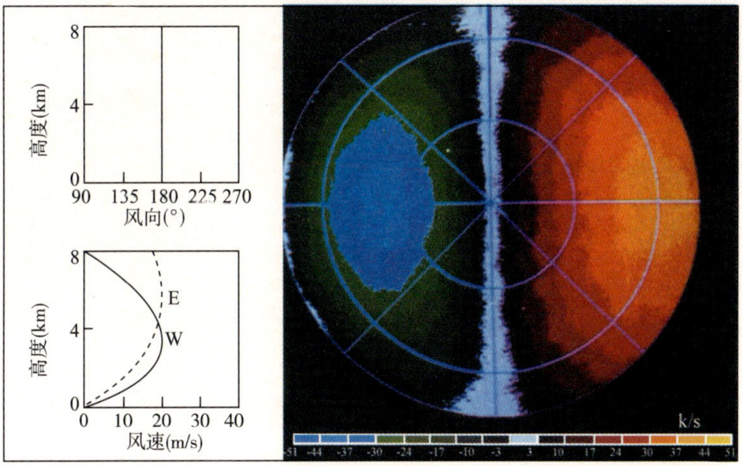

彩图 7.22 风向随高度不变，最大风速所在高度不同的多普勒速度图像

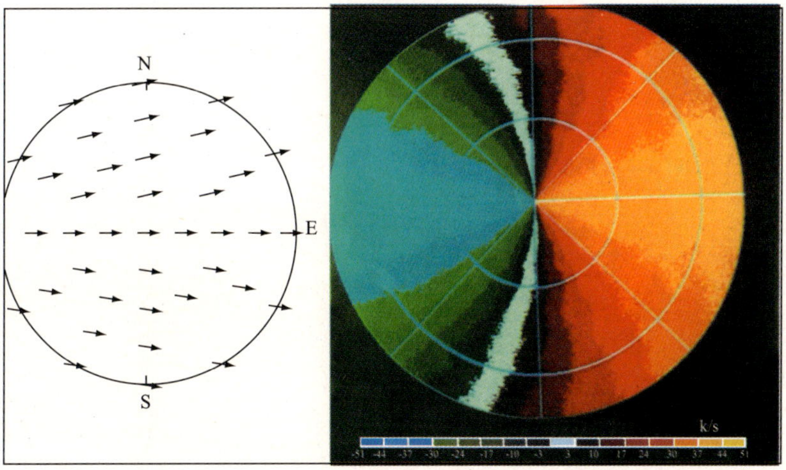

彩图 7.23 风速相同，风向辐散的多普勒速度图像

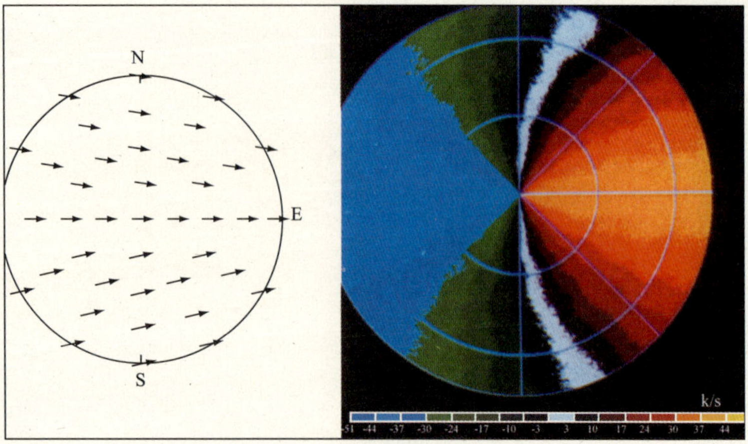

彩图 7.24　风速相同，风向辐合的多普勒速度图像

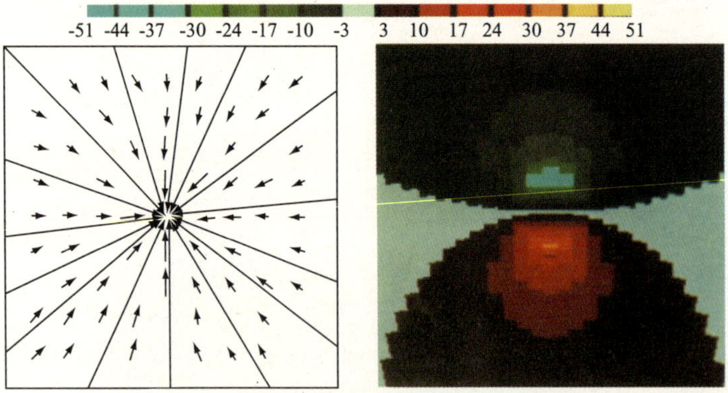

彩图 7.25　轴对称辐合运动的多普勒速度图像

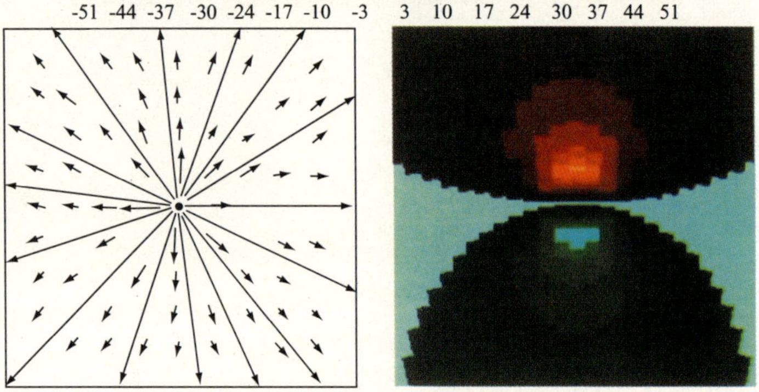

彩图 7.26　轴对称辐散气流的多普勒速度图像

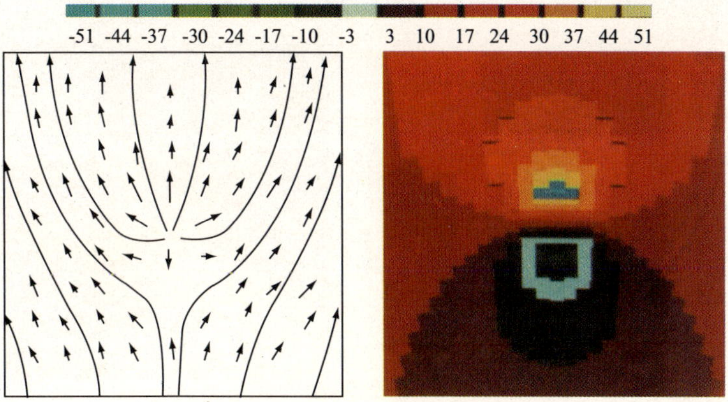

彩图 7.27　附加南风环境风时的多普勒速度图像

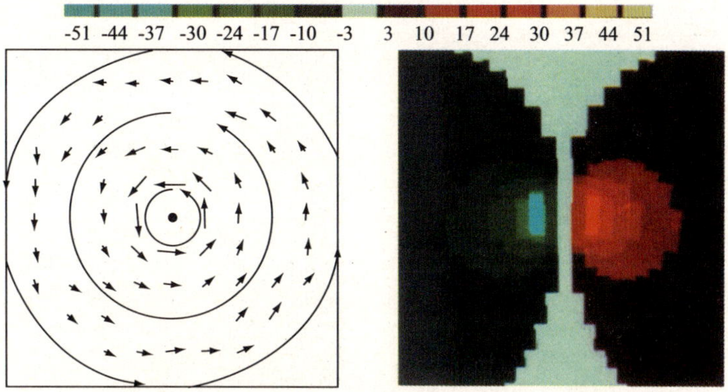

彩图 7.28　典型中尺度气旋的多普勒速度图像

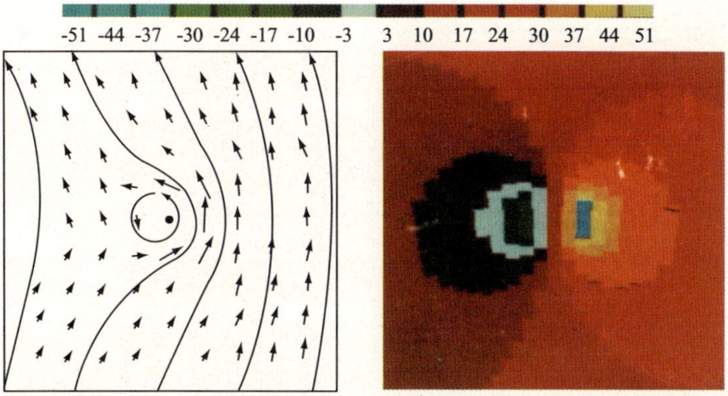

彩图 7.29　受环境南风影响的中气尺度旋的多普勒速度图像

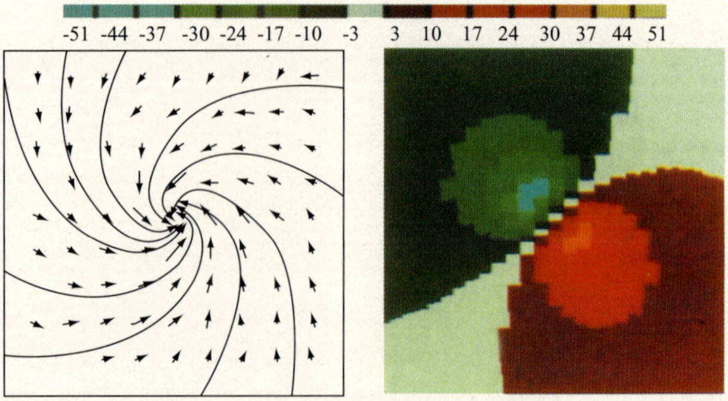

彩图 7.30　辐合型气旋的多普勒速度图像

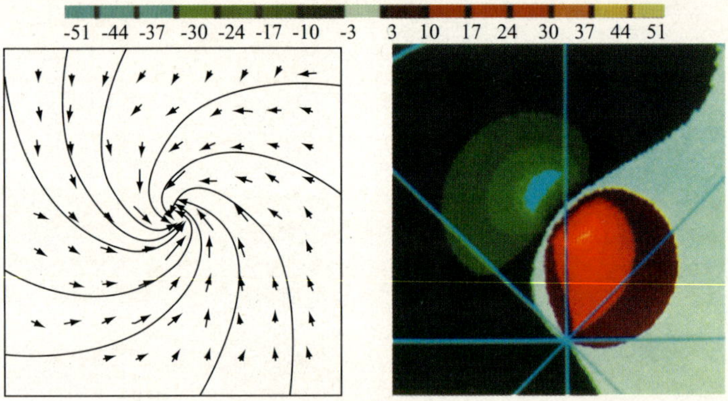

彩图 7.31　与图 7.30 相同，但雷达距中心 18km

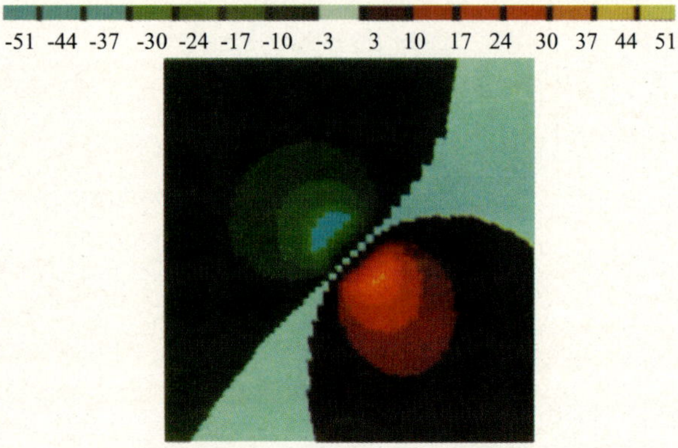

彩图 7.32　与图 7.30 相同，但雷达距中心 48km

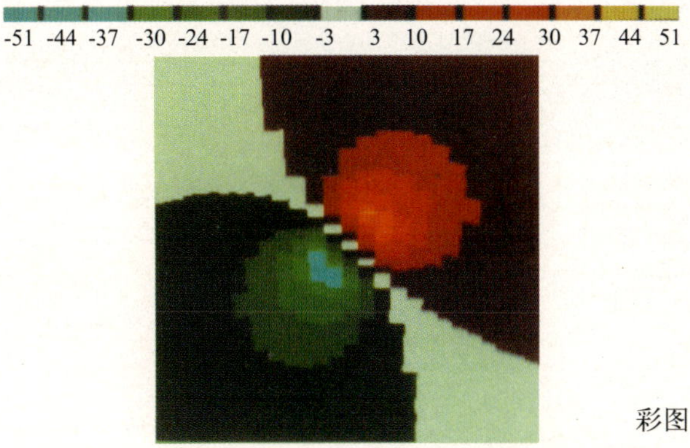

彩图 7.33　辐散型气旋的多普勒速度图像

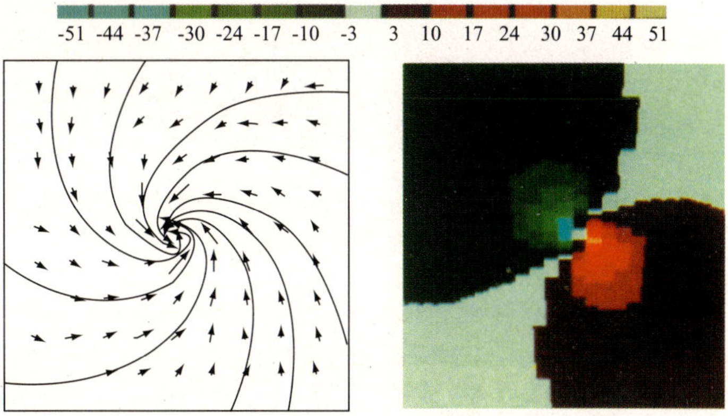

彩图 7.34　不同大小和强度的辐合型气旋的多普勒速度图像

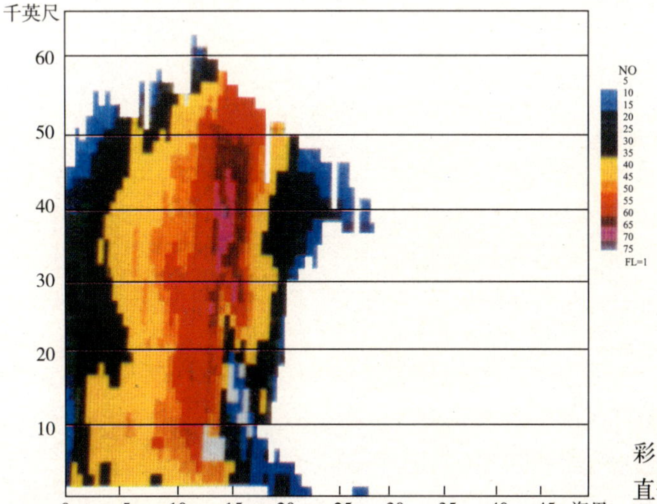

彩图 8.7　一次实测强风暴的回波垂直剖面图像

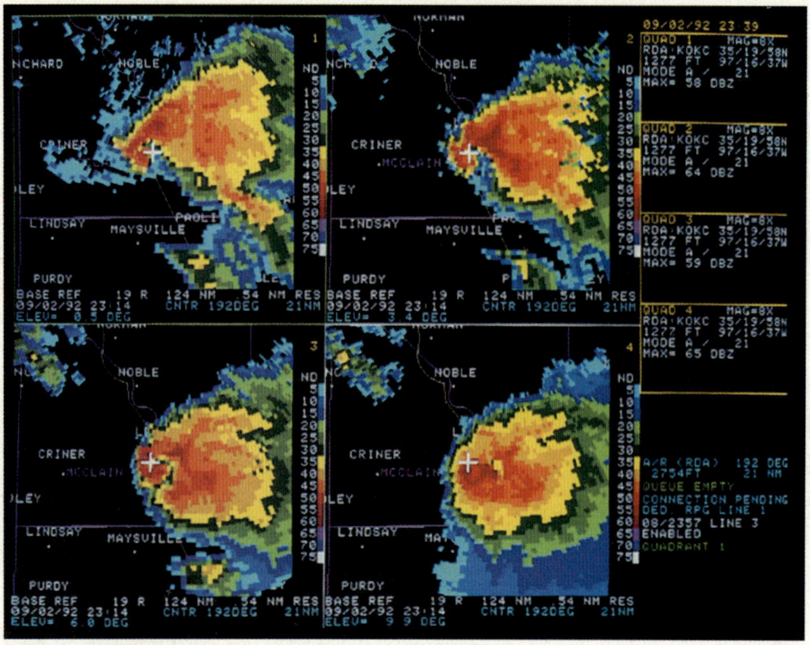

彩图 8.22 钩状回波

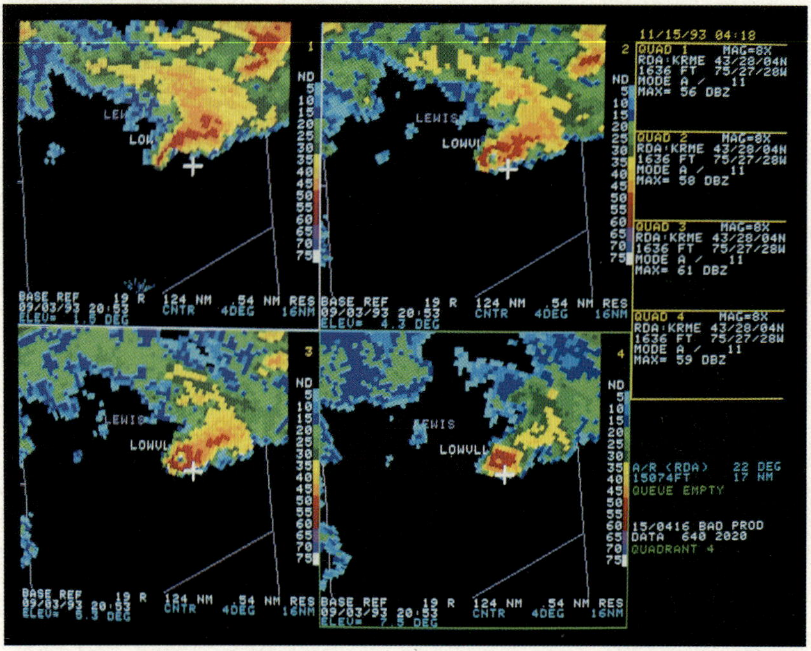

彩图 8.23 有界弱回波区（BWER）

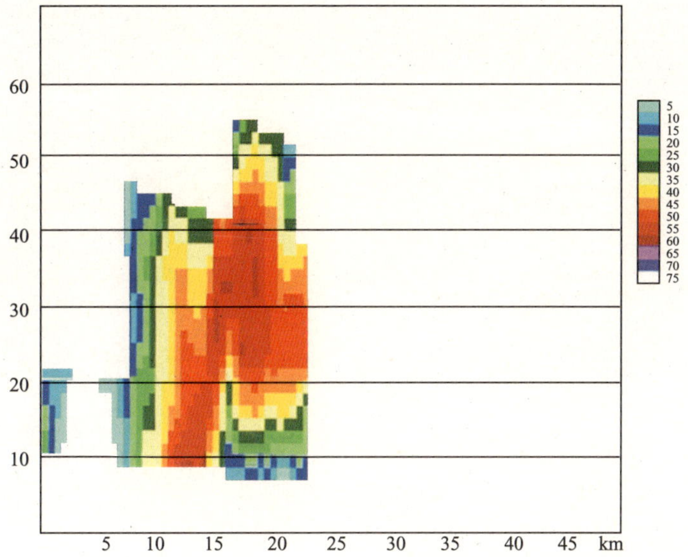

彩图 8.25 弱回波穹窿

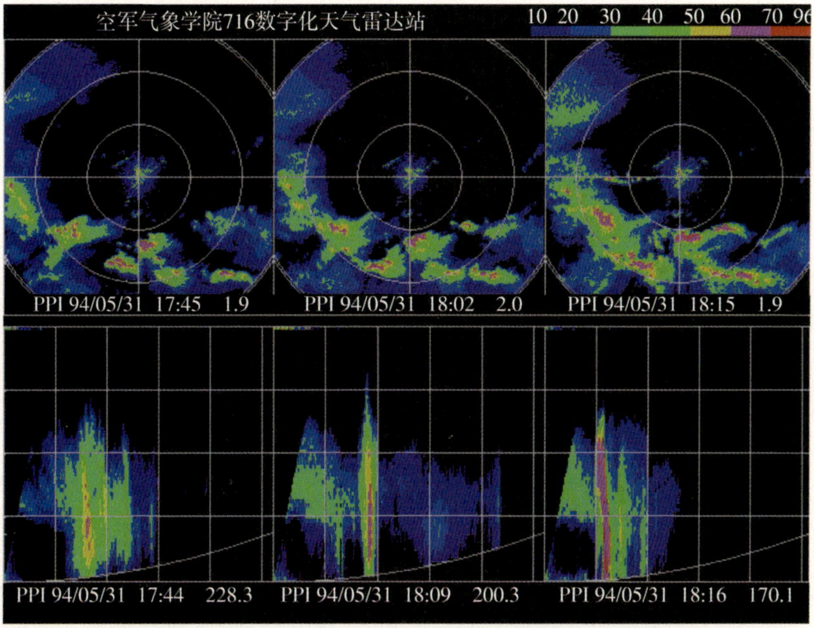

彩图 8.26 距离分辨率对观测弱回波穹窿结构的影响

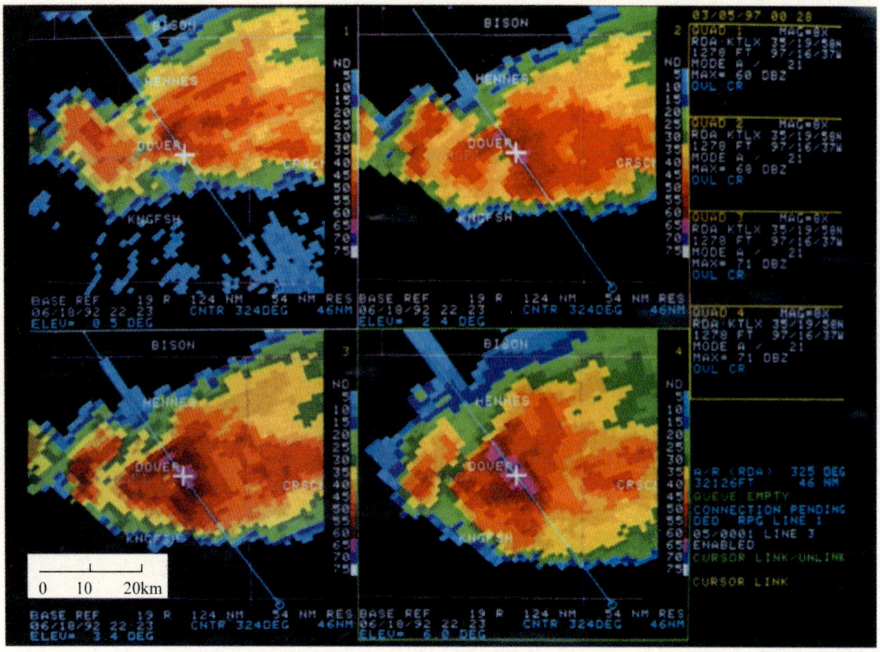

彩图 8.30　三体散射长钉状回波图像

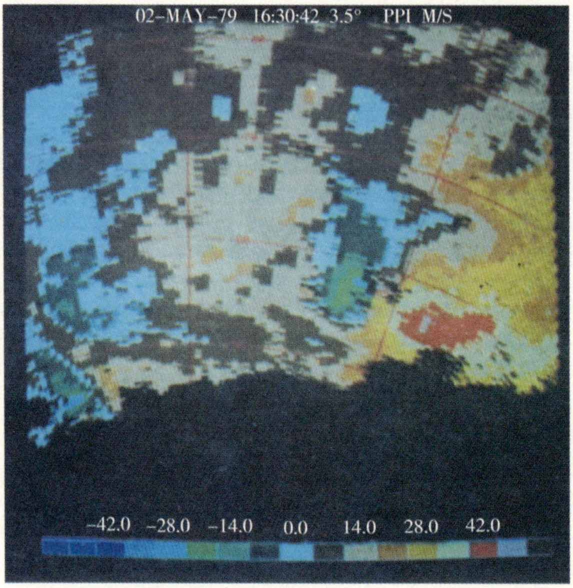

彩图 8.34　实测中尺度气旋的多普勒速度图像

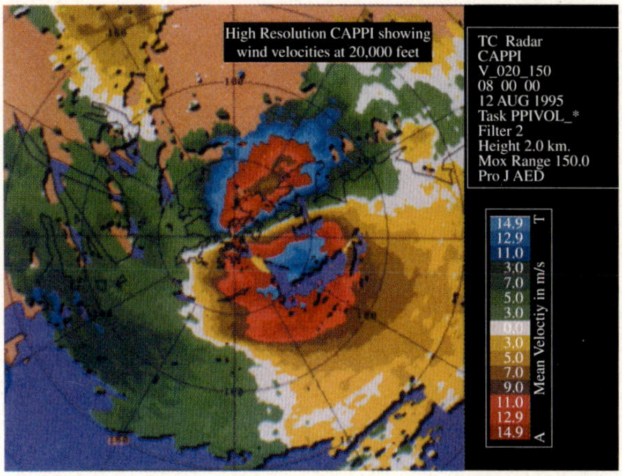

彩图 8.35　近海台风中心区域的多普勒速度图像

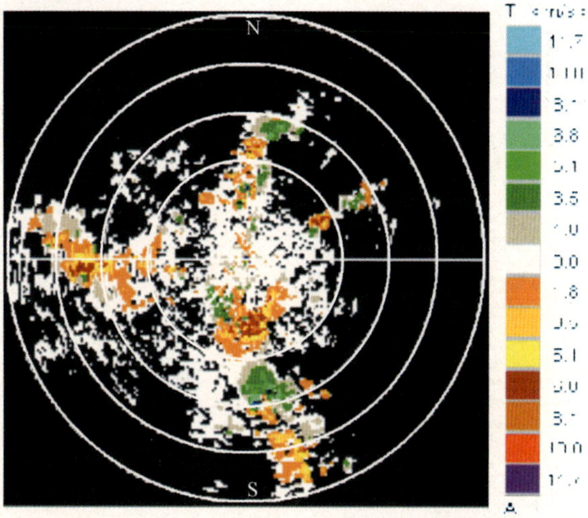

彩图 8.49　宁波地区一次实测下击暴流，距离每圈 12km

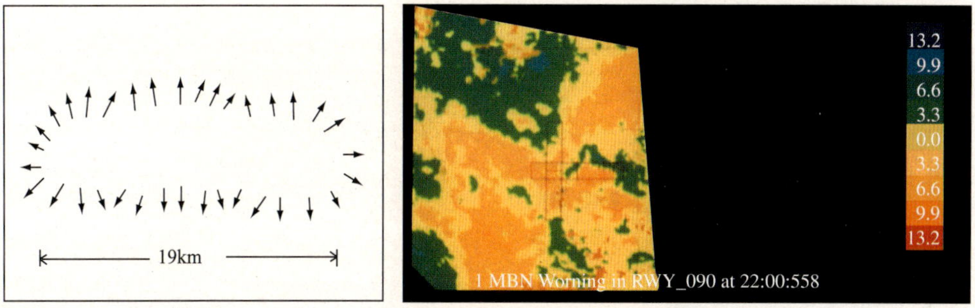

(a)　　(b)

彩图 8.54　线状微下击暴流示意图和实况图像

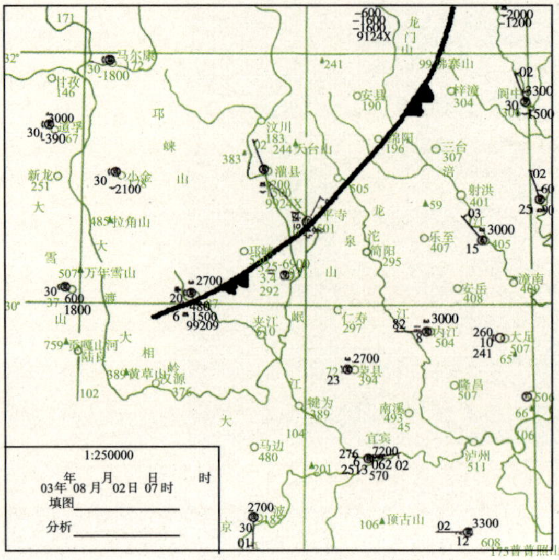

(a) 2003年8月2日07时地面天气图

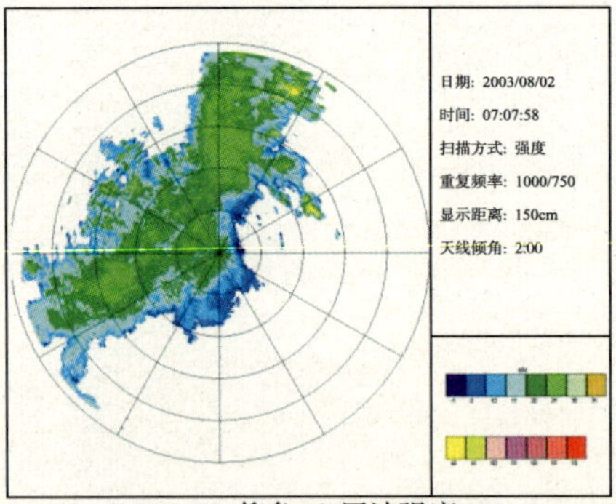

(b) 07: 07 仰角 2° 回波强度PPI

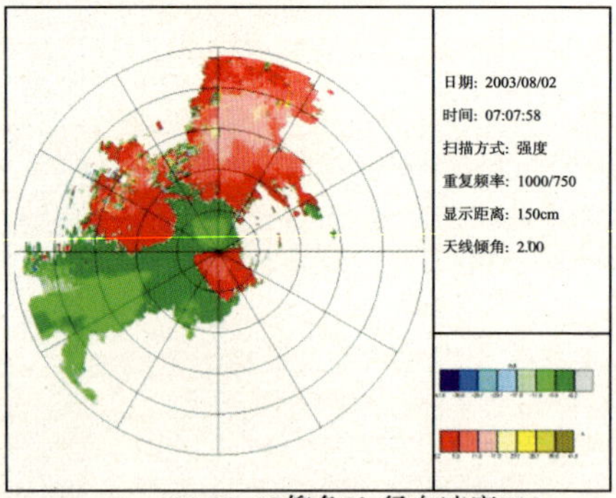

(c) 07: 07仰角2° 径向速度PPI

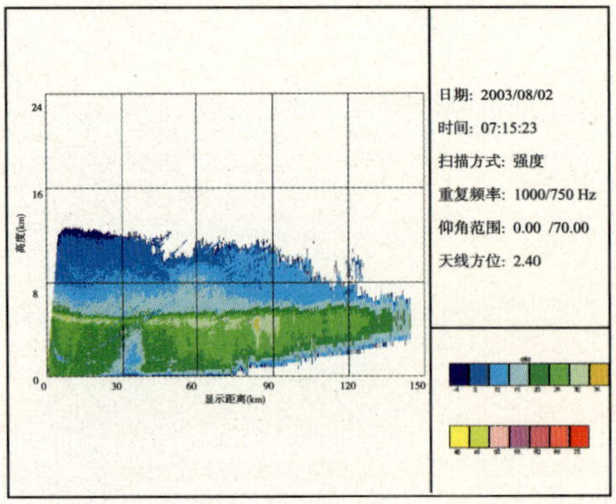

(d) 07:15方位2.4° 回波强度RHI

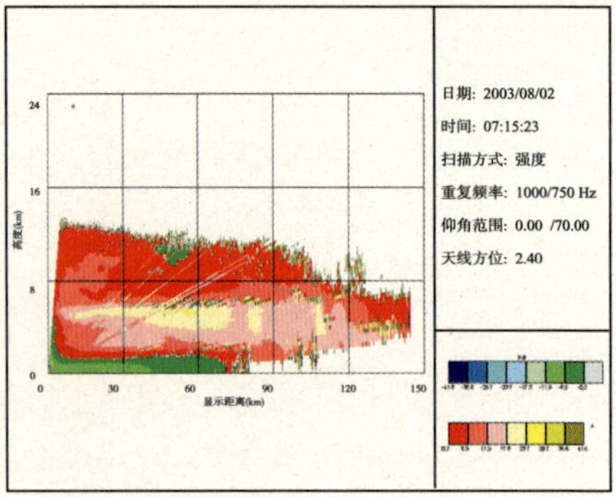

(e) 07:15方位2.4° 径向速度RHI

彩图 9.2　弱冷锋影响下的层状云降水回波

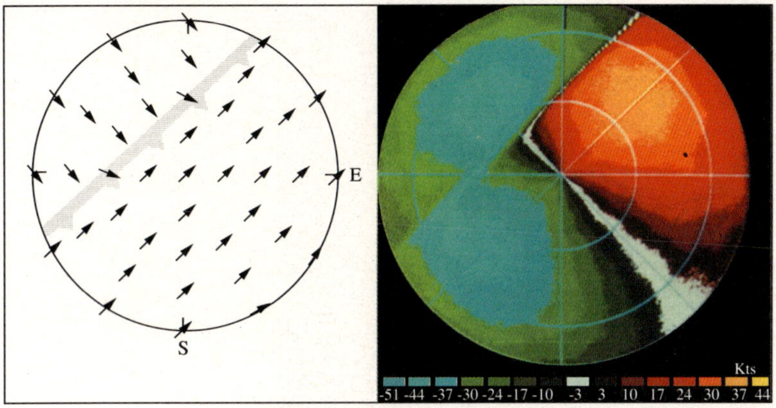

彩图 9.6　锋面移向测站时的多普勒速度图像

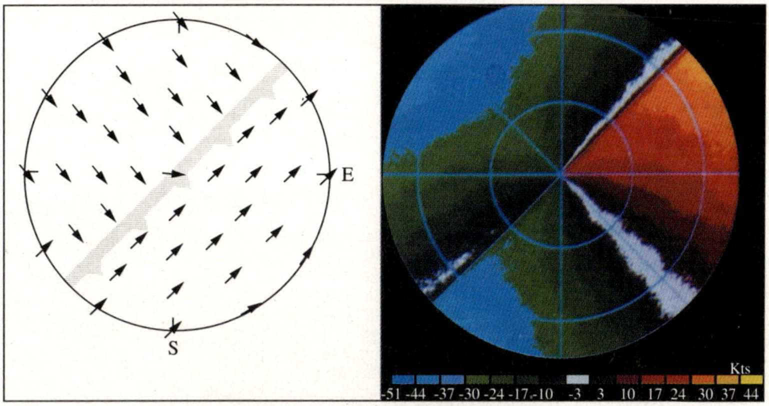

彩图 9.7　锋面移过雷达时的图像

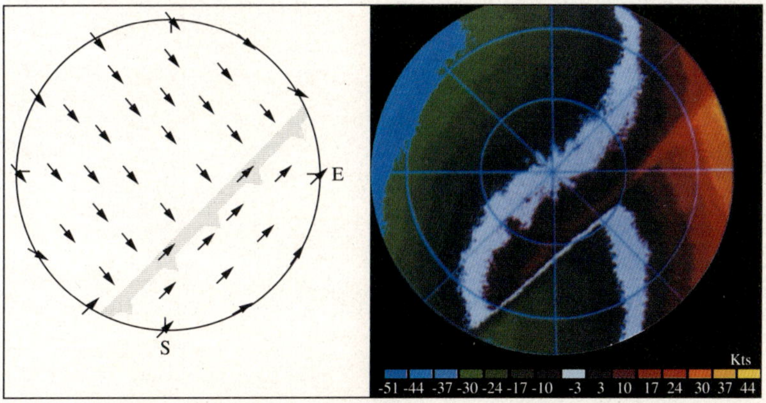

彩图 9.8　锋面过境后继续向东南方移动的多普勒速度图像

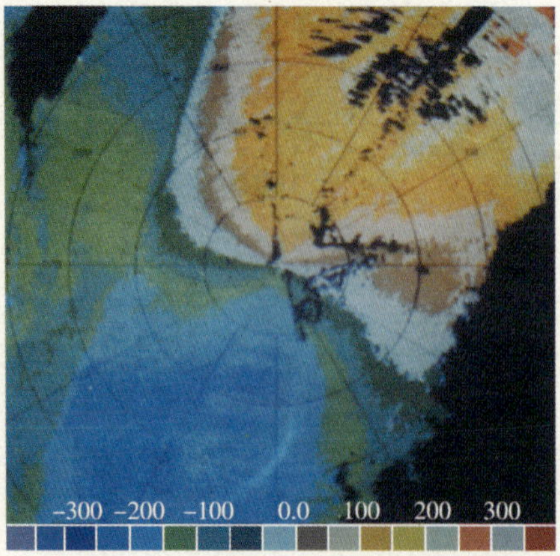

彩图 9.9　向测站移动的中小尺度锋面的实测多普勒速度图像

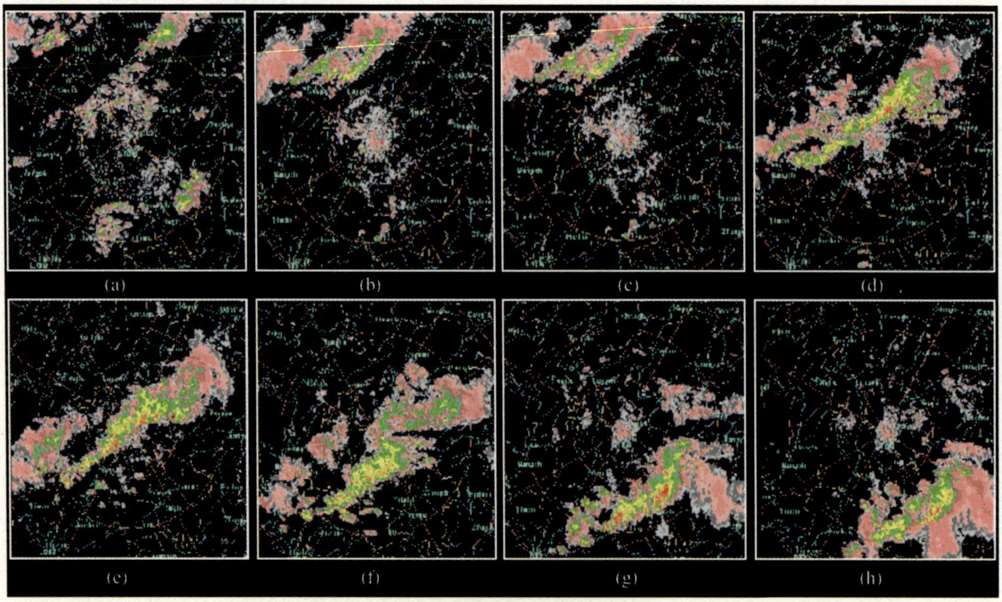

彩图 9.10　回波强度演变图

图中的时间（世界时）分别为：a（09：05）、b（10：31）、c（11：02）、d（11：51）、e（12：04）、f（13：29）、g（14：24）、h（15：33）

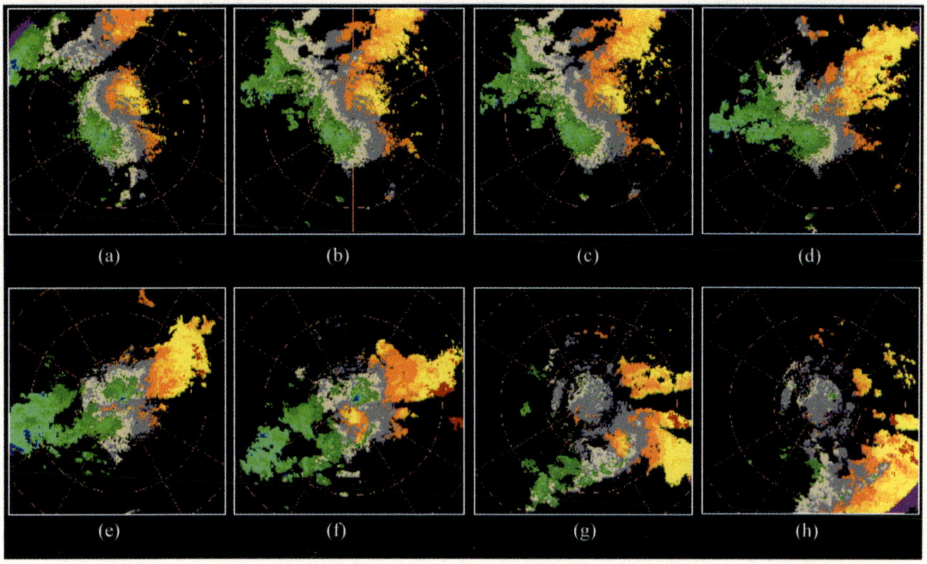

彩图 9.11　多普勒速度演变图

图中的时间分别为：a（10：31）、b（11：26）、c（11：32）、d（12：34）、e（13：23）、f（14：18）、g（15：26）、h（16：24）

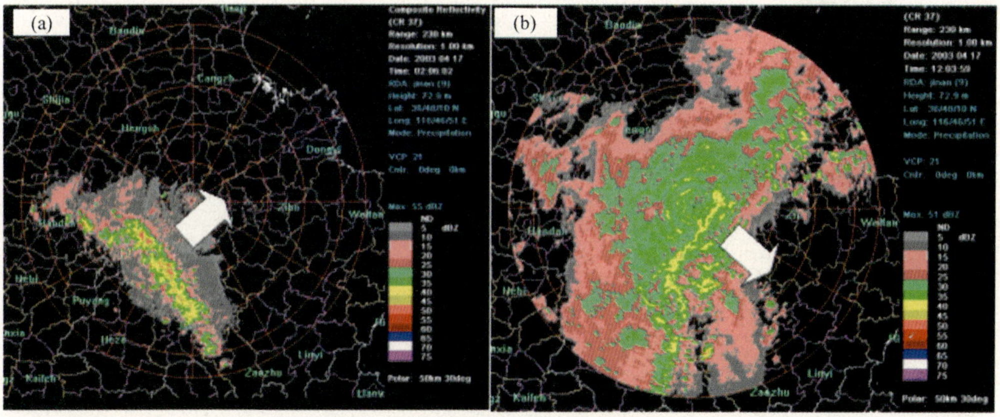

彩图 12.11　2003 年 4 月 17 日 02:06

（a）和 12: 03（b）济南多普勒天气雷达组合反射率产品

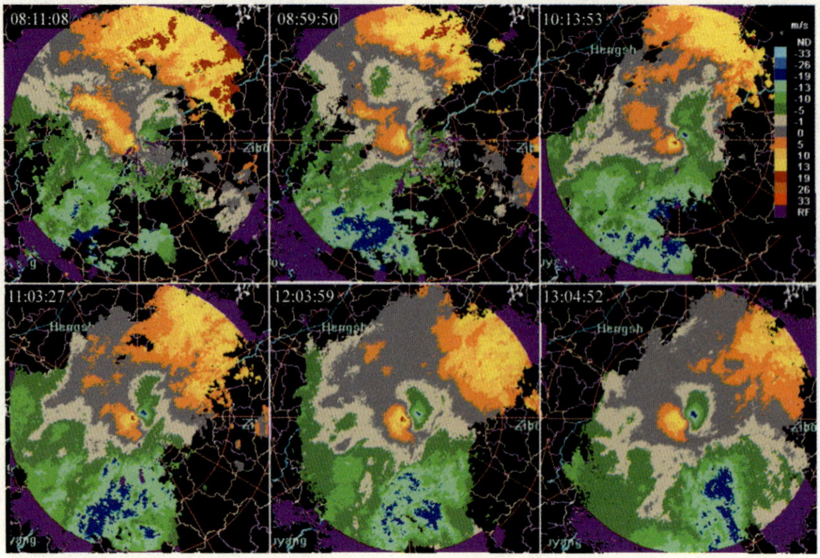

彩图 12.13　2003 年 4 月 17 日 08:11-13:04 济南雷达 2.4° 平均径向速度产品

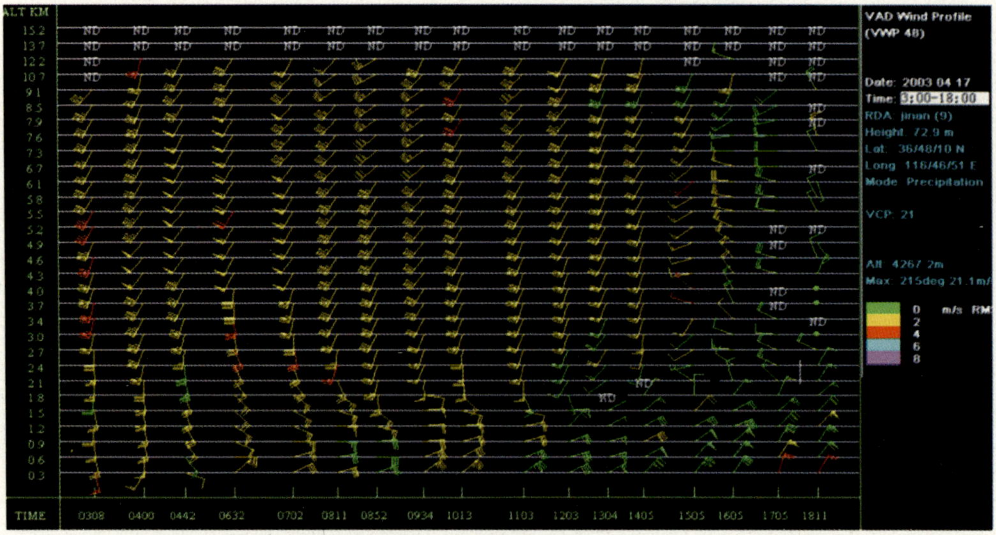

彩图 12.14　2003 年 4 月 17 日 03-18 时济南多普勒天气雷达垂直风廓线产品

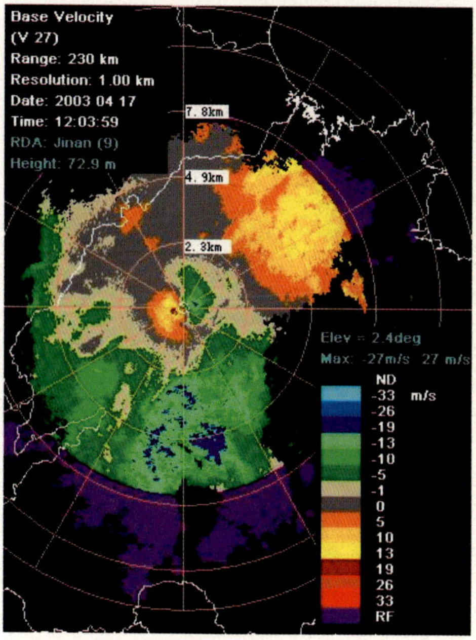

彩图 12.15(e)　2003 年 4 月 17 日 12 时天气图和济南多普勒天气雷达2.4°平均径向速度产品

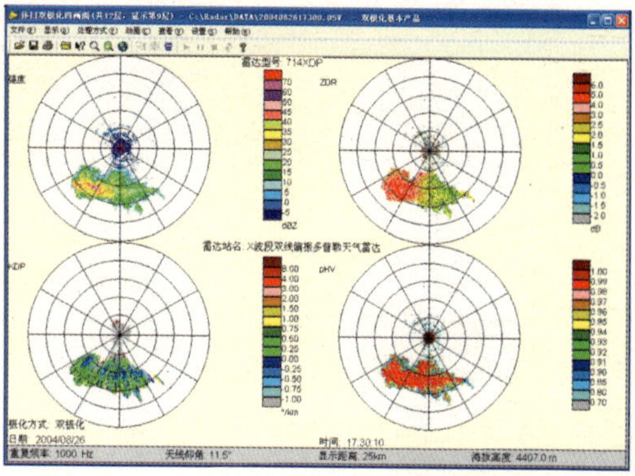

彩图13.5　双极化PPI图像,四幅图分别为Z_H、Z_{DR}、K_{DP}、ρ

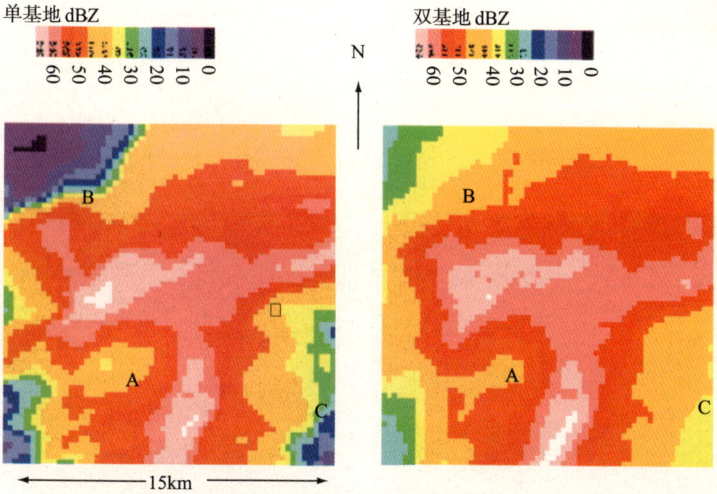

彩图 13.12　单基地雷达与双基地雷达反射率测量对比图（高度 1km）

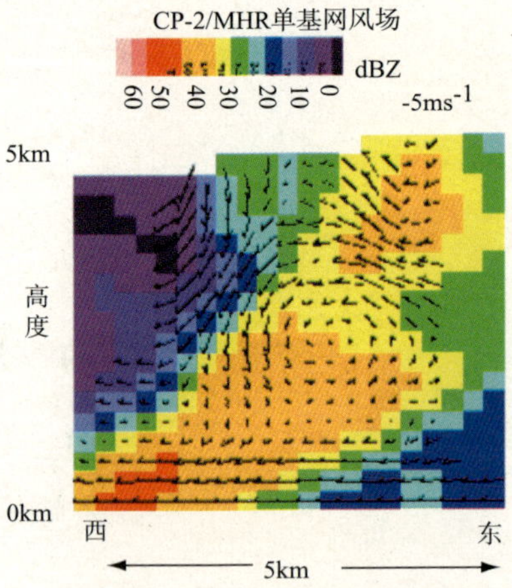

彩图 13.13　单基地雷达网与双基地雷达网速度测量对比图

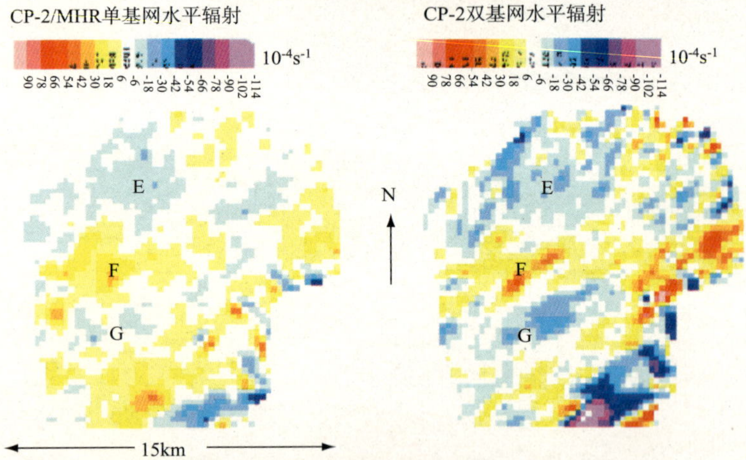

彩图 13.14　单基地雷达网与双基地雷达网辐散测量对比图（高度 250m）

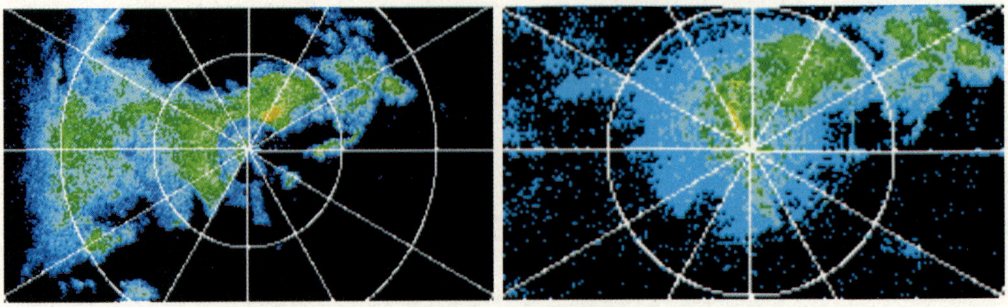

彩图 13.15　双基地多普勒天气雷达系统一次观测结果